国家林业和草原局普通高等教育"十四五"规划教材

草业经济学

苏德荣　主编

中国林业出版社
China Forestry Publishing House

国家林业和草原局草原管理司　支持出版

内 容 简 介

　　草业是以草地资源为基础，具有生态、生产和文化功能的综合性产业。草业经济学是研究草地资源利用与配置、草地生态服务价值与可持续性、草业生产与消费、草原文化产品与服务的经济学。因此，本教材按资源、生态、生产、文化的架构编写，同时，注重教材的实用性。全书共9章，包括绪论、草地资源经济、草地生态经济、草产品需求与供给、草业生产与市场、草业生产经济、草业项目经济评价、草业投资项目风险分析、草原文化经济。本教材可作为草学类专业学生的草业经济管理教材，也可供从事草业管理、技术人员参考。

图书在版编目（CIP）数据

草业经济学 / 苏德荣主编. -- 北京：中国林业出

版社，2025.5. --（国家林业和草原局普通高等教育

"十四五"规划教材）. -- ISBN 978-7-5219-3265-2

Ⅰ. F307.3

中国国家版本馆 CIP 数据核字第 2025NZ1718 号

策划编辑：李树梅　　高红岩
责任编辑：李树梅
责任校对：苏　梅
封面设计：睿思视界视觉设计

出版发行　中国林业出版社
　　　　　（100009，北京市西城区刘海胡同 7 号，电话 010-83143531）
电子邮箱：jiaocaipublic@163.com
网　　址：https：//www.cfph.net
印　　刷：北京盛通印刷股份有限公司
版　　次：2025 年 5 月第 1 版
印　　次：2025 年 5 月第 1 次印刷
开　　本：787mm×1092mm　1/16
印　　张：17.375
字　　数：420 千字　　　数字资源：30 千字
定　　价：52.00 元

《草业经济学》编写人员

主　　编　苏德荣

副 主 编　平晓燕　齐广平　王铁梅　张铁军

编　　者　(按姓氏拼音排序)

贺　晶(北京林业大学)

焦　健(青岛农业大学)

寇建村(西北农林科技大学)

林长存(北京林业大学)

马　欣(中国农业科学院环境)

马彦麟(甘肃农业大学)

平晓燕(北京林业大学)

齐广平(甘肃农业大学)

苏德荣(北京林业大学)

王铁梅(北京林业大学)

张铁军(北京林业大学)

张宇豪(北京林业大学)

主　　审　卢欣石(北京林业大学)

前　言

我国是一个草地资源大国，丰富的草地资源为我国草地生态建设和草产业提供了巨大的发展空间和发展潜力。以草地资源为基础的草产业具有重要的生态价值、经济价值和文化价值。自 20 世纪 80 年代以来，在以任继周为代表的一大批老科学家和国家行业管理部门的大力倡导下，草业从大农业中分离出来成为一个新的产业，在国家生态文明建设和国民经济建设中发挥的作用越来越大。我国普通高等学校草学类专业建设与培养目标是培养草地资源、草地生态环境建设与管理、草牧业生产和加工等方面的专业人员，从事草业科学的研究与教学、技术与管理、草产品生产与营销、草业企业管理等方面的草业复合型人才。立足新时代新农科建设的导向和要求，在人与自然和谐共生的命运共同体内，增强草业对经济社会发展的动力，推动我国由草原大国向草业强国的跨越要致力于促进草产业发展。为此，草学人才也需要具备草业经济方面的素养。

本教材最初申报国家林业和草原局普通高等教育"十四五"规划教材时的名称为《草业经济与管理》，经国家林业和草原局草学系列教材建设专家委员会讨论，修订为《草业经济学》。因此，编写组在原大纲的基础上又做了大量工作，按草业经济学的思路重新组织大纲。由于这是针对草学专业学生的有关草业经济方面的教材，编者根据近年来草业领域的发展，特别是草业是以草地资源为基础，具有生态功能、生产功能和社会文化功能特性的认识，认真学习和深刻领悟任继周的 4 个生产层理论，将视野拓展到草地资源、草地生态、草业生产和草原文化的经济学内涵。在这一背景下提出了全新的编写大纲，以培养草产业领域卓越工程技术和创新人才为目标，内容坚持面向草产业、面向生产实践、面向草学类本科生，突出草地资源、草地生态、草业生产及草原文化，并注重课程的实用性，增加了草业项目的经济评价和草业投资风险分析。总体而言，本教材将经济学理论应用于草产业，通过学习可使学生或草业工作者了解一定的经济学知识，能够运用基本的经济学思维来考察和分析草产业发展中的问题。

在草学教学及草业生产实践中，编者了解到无论是在校的本科生、硕士研究生，还是实际工作的人员，都迫切需要学习和了解一定的经济学知识，以便在自己的学习、工作实践中多一份经济学的思考。同时，我们深知草产业是建立在草地资源的基础上，以获得草地生态效益、经济效益和社会效益为目标，而不是单纯的经济效益目标。作为一门选修课教材，我们期望草业经济学涵盖草业的主要领域，为草产业的多目标服务，而不像传统经济学或部门经济学那样来建立草业经济学的理论框架。因此，教材中增加了草产品需求与供给、草业生产与市场、草业项目经济评价、草业投资项目风险分析等内容。

本教材编写分工如下：苏德荣、王铁梅编写第 1 章和第 9 章，林长存编写第 2 章，平晓燕、马欣、张宇豪、寇建村编写第 3 章，张铁军编写第 4 章和第 5 章，苏德荣、焦健编写第 6 章，齐广平、马彦麟编写第 7 章，贺晶编写第 8 章。全书由苏德荣、王铁梅、平晓燕统稿，平晓燕、张铁军协助文字处理。

本教材在编写过程中，参阅了许多农业经济学方面的著作和教科书，谨此向这些图书的作者们致以诚挚的谢意。在本教材编写过程中，得到了国家林业和草原局草原管理司和北京林业大学草业与草原学院的大力支持。草业界的老前辈、中国草业协会原会长、国家草产业科技创新联盟理事长卢欣石教授不辞劳苦审阅了书稿，在此对他们的辛勤付出一并表示衷心的感谢。

由于编者水平有限，书中存在的疏漏在所难免，恳请读者批评指正。

编　者

2024 年 11 月 8 日

目　录

第 1 章

绪 论

　　草业是以草地资源为基础，从事资源保护、植物生产和动物生产及其产品加工经营，获取生态、经济和社会效益的基础性产业。草业是大农业的重要组成部分，在国民经济中具有基础性地位。草业具有生态、经济和文化等多功能性，并具有前植物生产、植物生产、动物生产和后生物生产的多层次性。草业经济学研究草地资源保护与利用的经济途径；研究草地生态系统生态服务价值及其实现；研究草地景观资源利用、植物生产、动物生产及其产品加工经营的经济效果；研究草原文化对社会经济的影响。简而言之，草地资源经济、草地生态经济、草地生产经济以及草原文化经济共同构成了草业经济学的基本框架。

1.1　草业及其在国民经济中的作用

1.1.1　草业的发展

　　产业（industry）泛指国民经济中的各个具体产业部门，如工业、农业、服务业，或者更具体的行业部门，如纺织业、食品业、林业、渔业、种植业等。《辞海》中对产业的定义：产业是指由利益相互联系的、具有不同分工的、由各个相关行业所组成的业态总称。尽管它们的经营方式、经营形态、企业模式和流通环节有所不同，但它们的经营对象和经营范围总是围绕着共同产品而展开，并且可以在构成业态的各个行业内部完成各自的循环。产业是社会分工和生产力不断发展的必然结果，产业具有多层性，随着社会生产力水平的不断提高，产业的内涵会不断充实，外延也会不断扩展。

　　20 世纪 80 年代，在钱学森、任继周等一批科学家和行业管理部门的大力倡导下，顺应社会生产力不断发展的实际，提出了草业的概念并大力推动其发展，使草业成为国民经济行业部门中的一个产业，发挥着越来越重要的作用。"如果不重视草业，我觉得不行"，这是钱学森对发展中国草业的基本观点和鲜明态度。他认为，草业是阳光农业，可以把取之不尽的太阳能通过植物的光合作用进行产品生产，为人类创造财富。因此，在农业和林业之外还有一个草业，我国草原面积是农田面积的 3 倍多，怎么能忽视草业呢？纵观世界现代农业经济的发展，以农业为主的西方现代化国家无不以草业为重要基础产业。任继周评价说，钱学森是提出草业科学思想的第一人。1984 年，钱学森提出要"建立农业型知识密集产业——农业、林业、草业、海业和沙业"的科学构想。在这一构想中，草业、沙业和农业、林业、海业共同构成以生物技术为中心的第六次产业革命的重要内容。同时，提出"草业是草原的经营和生产，应当突破传统放牧的方式，利用科学技术把草业变成知识密集的产业"。这是他第一次对草业进行了定义，为推动我国草业产业的发展指明了方向。

任继周于 1984 年创刊《中国草原与牧草》，1987 年更名为《中国草业科学》，1989 年更名为《草业科学》。从草原到草业名称的演变中可以看出，任继周将我国草原学、牧草学等专业学科推进到一个新的产业，这就是草业。任继周是我国草业的重要开拓者和现代草业科学的奠基人，也是我国食物安全与生态安全的战略科学家。随着经济社会的发展，人们的食物结构也在发生改变，植物性食物少了，动物性食物多了。而动物性食物，特别是牛羊肉、奶牛又和饲料、牧草息息相关。任继周认为，如果饲料、牧草不解决，粮食是不会安全的。他认为，在我国农业发展中，作为面积最大的土地类型的草地，如果得不到重视，就是浪费资源。他创建了草地农业生态学，并提出将草地农业生态系统分为前植物生产层、植物生产层、动物生产层、后生物生产层的理论，由此推动了草业科学的发展，并将草业科学的理论付诸草业的生产实践，推进了草业的内部分工，形成了内部既有分工又有紧密联系的完整产业链。

在草业的发展过程中，草业行业管理部门对草业的明晰界定，也为草业的发展起到积极的推动作用。原农业部部长杜青林主编的《中国草业可持续发展战略》中，将草业定义为以草地资源为基础，从事资源保护、植物生产和动物生产及其产品加工经营，获取生态、经济和社会效益的基础性产业。从这个定义可以看出，草业是以草地资源为基础建立的国民经济的基础性产业，不仅涉及草产品的单一生产过程，而且包含资源保护，植物性和动物性产品的生产、加工与经营等环节，具有非常广泛的内涵。最重要的是，草业的发展不仅可以带来经济效益，还具有丰富的生态效益，发展草业具有实现经济效益和生态效益双赢的可能。

草地资源是草业赖以生存和发展的基础。根据 2021 年 8 月第三次全国国土调查主要数据公报，草地面积 26 453.01 万 hm²。其中，天然牧草地 21 317.21 万 hm²，占 80.59%；人工牧草地 58.06 万 hm²，占 0.22%；其他草地 5 077.74 万 hm²，占 19.19%。草地主要分布在西藏、内蒙古、新疆、青海、甘肃、四川 6 个省（自治区），占全国草地面积的 94%。对草地资源的保护与合理利用是草地展现多功能性和发挥生态价值、经济价值和文化价值的基础。草地资源包括天然草地和人工草地，是一定地域范围内的草地类型、面积和分布以及由此产生的物质蕴藏量，不仅包含草地植物、动物和微生物，而且包含草地土壤资源、草地水资源、草地气候资源、草地历史文化资源等。草地资源的多样性孕育了草业的多功能性。然而，草业的多功能性并不是一开始就被人们所认识和理解。在经济比较匮乏的 20 世纪中叶，人们普遍关注的是草地的生产功能，即草地的经济产出和价值。进入 21 世纪，草地的生态功能、文化功能及其价值，包括草地生态系统的气候调节、水源涵养、保持水土、固碳释氧以及草地休闲、旅游、体育、文化、科学、教育等功能才得到广泛关注。2008 年，我国举办了世界草地与草原大会，这是国际草地大会（International Grassland Congress，IGC）和国际草原大会（International Rangeland Congress，IRC）首次联合举办的国际草地会议，主题就是变化中世界的草地资源多功能性，会议的举办标志着草地资源多功能性在国际范围内得到广泛认可。草地资源作为生态资源，有其特殊的地域和环境属性，是所在地域和环境中维持生态系统平衡与稳定的物质基础。草地资源作为经济资源，草地上产生的经济价值是草原民族世代繁衍、社会经济发展和草原文化传承不可替代的动力。

1.1.2 草业的内涵与特征

从草业的概念可知，草业是以草地资源为基础，以草地生态保护、草地植物生产、草地动物生产及其草畜产品加工经营为目的的一个社会生产部门。草业的劳动对象主要是有生命的植物和动物，如各种牧草植物、草食家畜等。草业离不开草地，草地是草业不可替代的基本生产资料，而草地与自然环境条件密切相关。

(1)草业生产受草地植物的生物学特性影响

草地资源是草业生产和草地生态的基础，因此，草地植物的生物学特性对草地生产具有重要影响。草地植物因生物学特性不同，其再生能力也不同。例如，豆科植物的再生能力随种类差别很大，如紫花苜蓿等豆科植物的再生能力强，生长迅速，草产量也高；禾本科植物中草地早熟禾、无芒雀麦等的再生能力强，而冰草、洽草的再生能力则比较弱。草地利用方式有刈割和放牧两种。草地适当的刈割或放牧可以刺激草地植物的再生，但也要保持一定的留茬高度，使叶片光合作用得以进行。

(2)草业生产受区位因素的影响

草业区位因素是指影响草业生产的自然和人文因素，它们决定了草业的类型、规模、分布和效益。自然因素是草业区位因素中最基本的因素，主要包括气候、土壤、地形和水资源等。气候是草业最重要的自然因素之一，降水、温度、光照和季风等气候要素对草地植物的生长和发育有重要影响。土壤是草地植物生长的基础，地形影响着草业生产的类型和方式，水资源的多少和分布决定了人工草地的灌溉方式和水平。人文因素主要包括交通、市场、政策、技术和劳动力等。人文因素对草业的发展有间接的影响，它们决定了草业的规模和效益。

(3)草业生产具有空间、时间特征

草地资源的类型随区域自然气候条件而有所差别，例如，青藏高原高寒草地，以藏羊、牦牛为主要放牧和饲养的家畜，而内蒙古温带草原则以乌珠穆沁羊和三河牛为主要家畜。这反映了草业生产具有很强的地域性。我国的农业生产具有春播、夏种、秋收、冬藏4个重要的季节性农事活动，草业生产中，草原放牧直到现在还存在夏牧场、冬牧场，甚至四季牧场的轮牧传统。由于草原退化、产草量低、草原超载放牧问题突出，反映在草地动物生产中，就是"夏壮、秋肥、冬瘦、春乏"的现象。这些现象说明草业生产具有很强的时间性。因此，要合理利用草地资源，因地制宜发展草业生产。

(4)草业生产具有综合性

草地生态系统的组成与结构决定了草业生产的综合性。草业生产包含草地生态、草地植物、草地动物、草原文化等功能和产品的生产。草业的基本功能：一是生态功能，二是生产功能，三是文化功能。《中华人民共和国草原法》第一条：为了保护、建设和合理利用草原，改善生态环境，维护生物多样性，发展现代畜牧业，促进经济和社会的可持续发展，制定本法。其立法的价值追求就是草原的生态价值、经济价值和文化价值的统一，生态效益、经济效益和社会效益的统一。

(5)草业资源具有稀缺性

草业的基本生产要素——草地是重要的自然资源。草地所涵盖的资源包括动植物资源、气候资源、土地资源、水资源、土壤资源等。在草业生产中，草地资源相对于人类无限增长的需求而言总是有限的或稀缺的。草地资源不仅在一定的空间上是稀缺的或分布不均匀的，在一定时间范围内也是有限的，分布也是不均匀的。相对不足的资源与人类绝对增长的需求相比造成了资源的稀缺性。资源的稀缺性是经济学第一原则，一切经济学理论皆基于该原则，因为资源的稀缺性，所以人类的经济及一切活动需要面临选择，经济学理论则围绕这一问题提出观点和论证。

(6)草业产品具有特殊性

草业的生态、生产和文化三大功能决定了草业产品的特殊性，其特殊之处在于草业生产必须以草地资源为基础，依托稳定而健康的草地生态系统，才能进行草业生产，获得草地生态产品、物质产品(植物产品、动物产品)及文化产品。例如，草地生态产品包括草地的水源涵养、水质净化、水土保持、气候调节、生物多样性维持等；草地物质产品，如草地上的植物产品，主要是牧草及其加工的产品、家畜养殖及畜产品等；草地文化产品，如草地景观美学价值、草原旅游、草地运动等。

1.1.3　草业的结构与功能

1.1.3.1　草业的结构

任继周提出的4个生产层理论为我们阐明了草业的层次结构及其多功能特征，理清了草业各个功能之间的相互联系及其作用机制。4个生产层(图1-1)，即前植物生产层、植物生产层、动物生产层和后生物生产层，反映了草业的多功能性及其各个层次结构之间的紧密联系和相互作用的本质，体现了人与自然的协调发展和自然资源可持续利用的理念，是对传统草地生产和生态农业概念的更新和发展。草业的4个生产层是将草业生产过程划分为不同的层次结构，各层之间关系密切，相互作用。要使各个生产层发挥经济效益、生态效益和社会效益，需要草地、资本、劳动、技术和管理的投入，经过不同层次的生产过程，才能获得相应的产出。

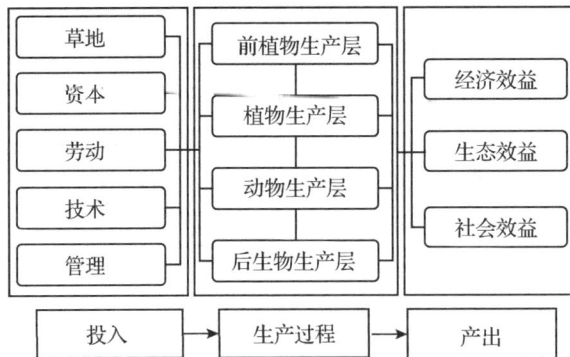

图1-1　草业的4个生产层结构示意图

(1)前植物生产层

前植物生产层不以生产动植物产品为目的，而以生产草地景观产品为主要目的。天然草原是大自然创造的一种自然景观，经过人类的发现、探索和认识，这种自然景观具有重要的美学价值。置身其中可为人们带来精神的愉悦和享受，带动人们去草原旅游、体验草原景观的热情，进而推动草原旅游经济的发展，即依托草地景观创造和积累社会财富，并使旅游者获得精神财富。

前植物生产层所产生的生态系统服务价值是草地生态系统最大的效益来源。草地产出的生态产品是最主要的社会产品，这种社会产品最主要的特征就是有用性，它为全社会所用，如一个健康优良的草地生态系统，不仅具有景观美学价值，更重要的是具有涵养水源、维持生物多样性、调节气候、保持土壤等生态价值。草地生态系统为全社会提供清洁的水源、新鲜的空气、肥沃的土壤、丰富的物种等生态产品，越来越受到人们的重视。数千年的草地土壤有机碳积累，使草地生态系统成为陆地重要的碳库。

不以生产动植物产品为目的的草地(包括人工草地、草坪、城市绿地等)，为人们提供了文娱体育、科学教育、文化传承的基地，使人们从中获得了愉悦的精神、健康的体魄、科学的发现，这不仅丰富了人们的精神财富，也为人们进一步在各种生产领域创造物质财富奠定了基础。

(2)植物生产层

植物生产层的功能以草地植物生产为目标，这是草地生产的主体，是草地生态系统初级生产力形成的关键环节。草地植物生产层以更高的植物生物量和更适宜草食动物饲用为根本。要保证天然草地较高的地上生物量，就需要保持草地生态系统的健康，不能超载放牧，不使草地退化、沙化和盐碱化。例如，一片天然草地毒杂草比例增高，即使地上生物量很高，但由于草食动物对地上植物的利用率降低，导致这片草地的植物生产层功能没有增加，反而下降。人工草地或栽培草地，可通过栽培品种的选择，以确保获得基础的产量和饲用品质，并且通过各种栽培措施包括培肥土壤、灌溉、排水、施肥、防治病虫害、清除杂草等，以及科学合理的收获、加工、运输、贮藏等技术手段，以确保生产的草产品高产优质。

植物生产层的功能相对比较单一，但对草业的意义极其重要。以放牧为主的天然草地，植物生产力越高，放牧承载力就越大，草地生产的直接经济效益就越高。以生产牧草产品为主的人工草地，产草量越高，草产品销售获得的经济效益就越高。所以，无论是天然草地还是人工草地，草产量直接与植物生产层的经济效益相关。

在草原牧区，依靠天然草地放牧为主的草原牧民，无不期盼着自己的草原如北朝民歌《敕勒歌》所描绘的那样："敕勒川，阴山下。天似穹庐，笼盖四野。天苍苍，野茫茫，风吹草低见牛羊。"这段著名的诗句，描述了一幅壮阔无比、生机勃勃、水草丰盛、牛羊肥壮的生动画面。从诗句提供的场景中可以看出植物生产功能的基础性地位。

现代草业为了挖掘草地植物生产层的生产潜力，引入企业运营模式规划、组织和实施草地生产。通过独资、合伙、公司等多种企业组织形式，以项目投资进入草业，生产草畜产品，通过产品市场销售，获得经济收益，从而带来草地植物生产方式的改变。项目投资、公司运作的草地植物生产方式，使草地植物生产从完全依靠自然条件的天然草地向施加更多农业栽培技术的人工草地转变，这种转变的直接效应就是集中土地、资金、技术、管理发展一小片人工草地，以人工草地高产优质的优势减小草原放牧的压力，从而保护天然草地。草地植物生产方式使草地生产从牧户经营向规模化方向发展，使草地生产中采用的技术装备更先进，草地生产需要的投资量更大，最终提高资源利用率和草地生产的经济效益。

(3)动物生产层

动物生产层以草食动物及其产品生产为主要目标，草地农业生态系统一半以上的生产力靠动物生产层来完成。随着国家的发展和人民生活水平的提高，我国食物消费结构也在发生根本性变化，最显著的特征就是动物性食品消费不断增加，谷物食品消费却逐年减少。动物生产层就是草地通过利用太阳能产生的有机物，经过动物的转化生产出肉、奶及动物产品。动物生产层是草地农业系统最富特色的生产层次。植物生产层生产的草地植物，绝大部分不能被人类直接利用，必须经过动物的转化。依托草地饲养草食动物，使植物生产层的生产价值转化为动物生产价值，是提升草地农业系统价值的必要途径。植物生产层与动物生产层是草业产业链条上最重要的两个环节，也是经济活动最为活跃的两个领域，两个生产层需要紧密结合。

(4) 后生物生产层

后生物生产层是在草地生态系统直接生产植物产品、动物产品的基础上，对这些产品做进一步的加工并进入市场销售，使草业产品转化为经济效益。所以，后生物生产层更多的是指以草地资源为支撑的草业工业、服务业为主的生产。后生物生产层不仅包括草业产品和畜产品的加工、销售，而且包括为加工销售草业产品而产生的草牧业机械设备、设施建筑、技术服务、教育培训等。显然，这一生产层包含的内容更为广泛，通过对草业产品的深加工以及对其使用过程中提供的服务，使草业产品的使用价值进一步提升，从而创造出更高的经济效益。

草业不同的生产层代表了草地的生产方式，4 个生产层分别对应草地景观及草地生态、草地植物、草地动物、草地工业及服务业的生产方式。产业结构就是不同生产方式在产业中所占比例多少。产业结构随着社会经济的发展在不断发展变化并且改造升级。多年以前，草地被认为是畜牧业的基本生产资料，说明了草地动物生产的重要性。现在人们普遍意识到草地是重要的生态屏障，草地生产关系到国家粮食安全，由此改变了人们对草地生产的认识，明确了保护草地资源、维持草地生态系统健康和提高草地生产力的重要意义。所以，草业结构的发展变化，实际就是草业经济发展模式的转变，其目标是推动草业经济朝着更高质量、更有效率、更可持续的方向发展。

1.1.3.2 草业的功能

草地生态系统不仅为人类提供了肉、奶、皮、毛等具有直接市场价值的产品，同时具有维持大气组分、改善区域气候、保持土壤养分、降低水土流失、维系民族文化等重要服务功能。草业生产是以草地资源为基础的产业，草业的价值是在草地功能的基础上体现的，这就是草地生态功能与生态价值、草地生产功能与经济价值、草地文化功能与文化价值。草业的三大功能及其价值的关系如图 1-2 所示。

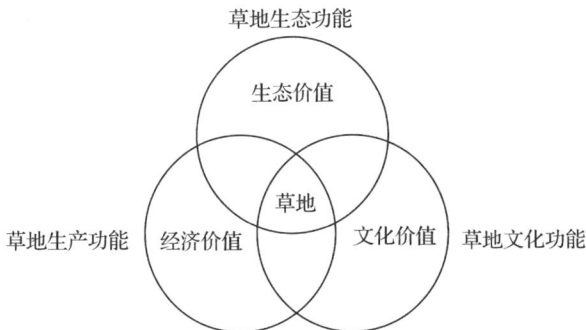

图 1-2　草业的三大功能及其价值的关系

　　图 1-2 中各个功能的关系均根植于草地资源；草地的各个功能之间并不是截然分开的，而是相互影响、相互作用的。例如，草原文化不仅仅是草原社会群体相互认同的心理基础，更是促进草原经济社会发展、生态文明建设的一种强大力量。如果把草原文化与草地生态、草业经济紧密融合，就会形成不同层次联动、衔接的草业链条。

　　草地生态保护与草业经济发展不是矛盾对立的关系，而是辩证统一的关系，不能把二者割裂开来，更不能对立起来。如果草地生态系统呈现出退化、脆弱、不稳定的趋势，草地生产力就不可能提高。草原超载放牧，加剧了草地生态系统的退化，最终使草地生产力枯竭，直接影响人们的生计。经济发展不应是对自然资源和生态环境的竭泽而渔，生态环境保护也不应是舍弃经济发展的缘木求鱼。实际上，良好的生态本身蕴含着无穷的经济价值，能够源源不断地创造生态效益、经济效益和社会效益，实现生态、经济、社会可持续发展。

1.1.4　草业在国民经济中的作用

1.1.4.1　草业与国民经济发展

　　草业在国民经济中的地位，主要体现在以下几方面：草地是国家生态安全的重要屏障，草地生态保护是生态文明建设的重要内容；草业生产事关国家食物安全，草业是提供人类生活必需的肉、奶食品的重要生产部门；我国 70% 以上的少数民族人口生活在草原地区，草原是牧民生活的家园、文化的摇篮；发展和壮大草业经济，是提高边疆少数民族地区生活水平、维护边疆稳定、促进草原地区经济社会发展的根本保证。

　　(1) 草业的生态作用

　　草业生产的基本要素是草地，草地本身就是重要的生态资源，生态资源是社会经济发展的物质基础，草地对人类最重要的作用就是发挥多种生态功能。只有生态环境的持续发展，才能源源不断地提供物质能量，才能促进经济的发展。例如，为了发展经济，草原超载放牧，导致草原植物生产力的增长赶不上草食动物对牧草的需求，其结果不仅使草原退化，而且造成草原可承载的放牧量减小，进而阻碍了地区经济的发展。所以，国民经济发展必须有良好的生态环境作支撑，经济发展不能以破坏生态环境为代价，生态本身就是经济，保护生态就是发展生产力。

　　(2) 草业的经济作用

　　草业在国民经济中的份额可能是微小的，但草业在国民经济中具有十分重要的作用。随着我国经济社会的发展，人们食物消费中肉、蛋、奶的比例在不断提高。但是，目前我国肉、蛋、奶的生产以消耗粮食为主，猪肉和家禽产品占优势，以消耗牧草为主的牛肉、羊肉、奶制品比例较小。这表示面积广大的草地资源没有得到很好的开发利用，而且增大了粮食需求，加剧了粮食安全风险。西方主要发达国家牛肉、羊肉在肉类中的比例都达到 50% 以上，农业总产值中草地畜牧业产值占比很高，而畜牧业产值中 60% 以上是由牧草转化来的。要提高草食动物产品在人们食物中的比例，减小对粮食的需求，必须大力发展草业经济。

　　近年来，我国市场上牛奶、牛肉、羊肉的需求数量不断攀升，驱动了牧草产品、肉类进口量的持续增加。从图 1-3 和图 1-4 中可以看出，我国苜蓿干草进口量近些年持续高位运行，牛肉进口量呈现增加趋势。这说明随着社会经济的发展和人民生活水平的提高，我国居民膳食结构中牛肉、羊肉比例持续增加，国内高产优质牧草生产不能满足奶业、肉牛养殖发展的需求。我国高质量牧草、肉类进口需求刚性增加，国内供给短板突出，牧草生产及草食动物生产对我国食物供应安全的重要性日益凸显。同时，这也说明了草业产品有需求、有市场，这对于调节食物生产产业结构、优化资源配置、保障国家粮食安全等具有重要意义。

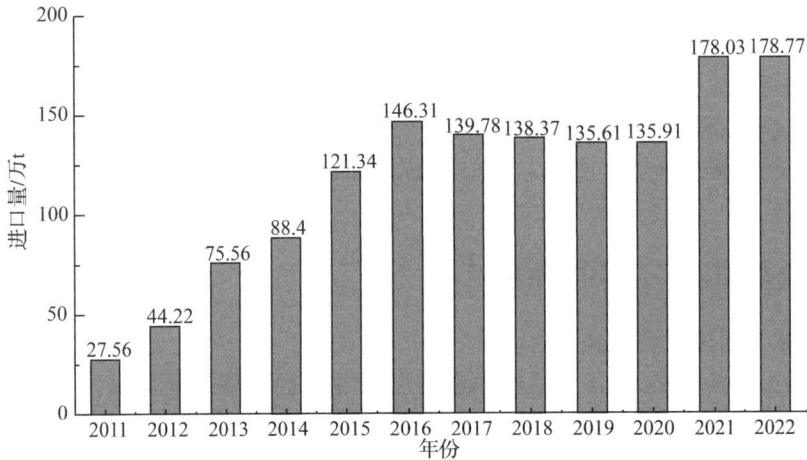

图 1-3　我国苜蓿干草进口量统计（2011—2022 年）

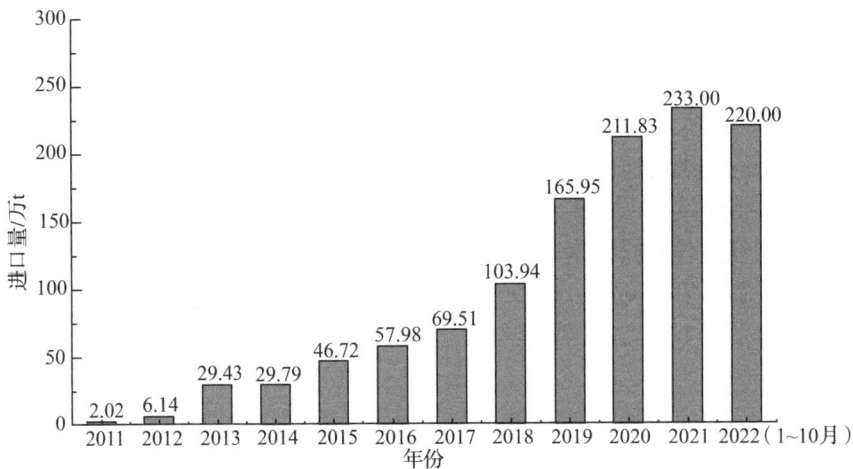

图 1-4　我国牛肉进口量统计（2011—2022 年）

现代草业既要为国家生态安全提供保障，也要为食物安全奠定基础。食物安全和生态安全都是"国之大者"，两者密不可分。在资源环境约束日益趋紧的情况下，草业要以生态安全为基础，为人们提供种类及数量更多、品质更优的草产品、畜产品，不仅要让中国人的饭碗任何时候都端在自己手中，更要让中国人的饭碗中有更多的乳、肉等高蛋白食品。同时，还要杜绝掠夺性开发，让草原、草地能够休养生息，保障食物供给的源源不断，促进资源永续利用和生产生态协调发展。人民群众对美好生活的向往，就是我们的奋斗目标。生态安全与粮食安全和人民群众的生活紧密相连，保障良好生态环境这一最普惠的民生福祉，就是保障人们"餐桌上的幸福"。草业的这种发展态势，必定对草业产生重大影响，促使草业在生产过程中采用先进的科学技术工艺和机械设备，以降低对自然资源的消耗，增加科技投入，减少人力劳动消耗，提高劳动生产率。这就要求草业在农牧民自给自足的生产方式基础上，采用规模化、机械化、商品化的生产方式。草业既能满足人们对牛奶、牛肉、羊肉等高蛋白食物的需求，又能保护生态、促进环境质量改善两者兼顾，而且极具现代产业的发展模式，这不仅是草业这个行业发展水平的重要标志，也是整个国民经济发展水平的一个标志，可在国民经济发展中起到引领示范的作用。

（3）草业的文化作用

要建设强大的经济强国，必须建设与之相辅相成、相互依存、相互依赖和相互适应的文化强国。文化以其人文格调和高科技含量，成为推动经济社会发展的新动力。以草原文化为代表的草业文化是一种与草原生态环境相适应的文化。在工业文明兴起之前的很长历史时期内，草原文化同农耕文化并列为人类社会两大重要文化形态，在人类社会发展历史上占有重要的地位。特别是在人与自然关系问题上，草原文化崇尚自然、尊重自然、爱护自然，坚持天人合一，推崇人与自然和谐相处，不仅为保护草原生态提供了重要的精神支柱，而且为经济社会发展、生态文明建设提供了重要的思想启迪和不竭发展的动力。

1.1.4.2 草业与生态文明建设

党的二十大报告提出，推动经济社会发展绿色化、低碳化是实现高质量发展的关键环节。这是我国全面建成社会主义现代化强国、实现第二个百年奋斗目标的新发展阶段的战略选择，必须牢固树立和践行绿水青山就是金山银山理念，坚持山水林田湖草沙一体化保护和系统治理，站在人与自然和谐共生的高度谋划发展。从党的十七大到二十大，始终贯穿着生态文明的发展理念，并将生态文明建设付诸实践。生态文明概念的提出和理论创新，以及生态文明建设的实践，是中国对人类社会可持续发展的一大贡献。

生态文明是实现人与自然和谐发展的必然要求，生态文明建设是关系中华民族永续发展的根本大计。大力推进生态文明建设、解决生态环境问题，我们就一定能推动形成人与自然和谐发展现代化建设新格局，让中华大地天更蓝、山更绿、水更清、环境更优美。生态文明的核心问题是正确处理人与自然的关系。人与自然的关系是人类社会最基本的关系。大自然本身是极其富有和慷慨的，但同时又是脆弱和需要平衡的，生态文明所强调的就是要处理好人与自然的关系，获取有度，既要利用又要保护，促进经济发展、人口、资源、环境的动态平衡，不断提升人与自然和谐相处的文明程度。

草原是我国面积最大的陆地生态系统，覆盖着 2/5 的国土，像皮肤一样保护和滋养着大地。草原承担着防风固沙、涵养水源、保持水土、吸尘降霾、固碳释氧、调节气候、美化环境、维护生物多样性等重要生态功能。草原是我国大江、大河的发源地，青藏高原更是"中华水塔"，草原还是巨大的碳库和重要的动植物物种资源库。因此，草原生态状况的好坏直接关系国家整体的生态安全和生态文明建设。近年来，我国草原生态局部改善，但总体恶化的趋势尚未扭转，绝大部分草原存在不同程度的退化、沙化、盐渍化、石漠化等问题。全国草原平均产草量较 20 世纪 80 年代下降 20%～30%。草原有毒、有害、劣质植物滋生蔓延，鼠虫害等生物灾害频发多发，天然草地大范围超载过牧，草的绿色生态屏障功能弱化，国家生态安全面临挑战。

　　林草兴则生态兴，生态兴则文明兴。从生态文明建设的角度，草业将草地生态与草地植物生产及草地动物生产相结合，把草地生态系统与食物生产系统作为一个整体来保护和利用，既充分利用了资源，又维持了生态系统的良性循环，还促进了草业经济的发展。所以，一方面，要加强草原的科学管理，合理规划畜牧业发展，避免过度放牧，推广可持续的草地畜牧业生产方式，确保草原的生态承载能力不被突破；另一方面，要加大草原生态修复力度，对已经退化的草原进行必要的人工干预，促进其恢复。同时，通过发展草原生态旅游等方式，让人们更好地认识草原的生态价值，提高公众的生态保护意识，实现经济发展与生态保护的良性互动。总之，草业对于生态文明建设具有不可替代的重要意义，我们应采取有效措施保护草原，发展草业，为构建美丽的生态家园贡献力量。

1.2　草业经济学的研究对象

1.2.1　草业经济学的性质

　　草地以草地资源为基础，为人类提供了生态服务、物质生产和文化传承多方面的福祉，因此，草地具有生态、生产和文化方面的重要价值。草地上为人类所用的各类资源总量是有限的，在有限资源条件下如何使草地在生态、生产、文化方面的价值最大化，使草地生态系统为人类提供更多更好的服务，这就是草业经济学所要研究的主要内容。因此，草业经济学需要研究草地资源的价值及其经济利用方式、草地生态系统的服务价值及其为人类提供生态产品的经济合理的途径、草地物质生产过程及其效益最大化的技术路线与方法、草原社会的经济发展规律及其草原文化对社会经济的影响机制等。简而言之，草地资源经济、草地生态经济、草地生产经济以及草原文化经济共同构成了草业经济学的基本理论框架。

　　草业多功能性的基础是草地资源。人类利用草地资源特别是草地生物资源，将草地环境中的光、热、水、气、土壤营养物质和能量转化为生态产品和生物产品，以满足人类的需要。将自然资源转化为人类需要的产品过程中，转化过程及其效率就是一种生产经济活动。草业生产既是一种自然再生产过程，也是一种经济再生产过程，是自然再生产与经济再生产相交织的过程。认识草业生产过程中的经济特点和经济规律，并为提高草业经济效率与管理水平服务，就是草业经济学研究的任务。

　　草业经济学是将经济学原理应用于草业领域中的一门应用学科，是研究草业领域经济问题，从经济视角为草地资源保护、草地生态建设和草业生产制订合理的保护、建设、生产方案提供决策依据。经济学研究的基本内容是人们生活中的各种经济活动及其运行和发展规律。经济学的研究主要是为了解决物品的缺少，如何有效利用现有的资源生产有价值的商品，并且能够很好地将其在不同的个体之间进行分配，主要分为微观经济学和宏观经济学。微观经济学研究的是个体以及个体与其他个体之间的问题，而宏观经济学则是将地区、国家作为研究对象，研究收入与生产、物价、国际贸易等。草业经济学研究草业中的经济活动、经济关系，研究草业的生产、商品交换、分配和消费组成。与一般经济类型相类似，生产方式对草业经济组织形式起最终决定作用，不同生产方式下的草业经济在生产、流通、分配和消费的环节中都表现出不同的组织状况。此外，草业经济结构还受到一般社会资源和资源条件的制约。草业经济的繁荣发展与农业经济、畜牧业经济相类似，需要市场、政府、企业与农牧户的协作配合，最终走向产业化、集约化、商品化和市场化的发展道路。

草业经济学也是一门部门经济学。根据草业的多功能性，草业内部又包含具有不同经济特点的多个部门。例如，前植物生产层中的草原旅游观光业、草地运动休闲产业、草原区各类草地自然保护、科学教育等，植物生产层的草地培育、牧草生产、功能草业等，动物生产层的牛业(奶牛、肉牛)、羊业、马业、鹿业、驼业等，后生物生产层的草畜产品加工业、销售、品种繁育业、专用机械制造业等，这些部门都具有自己的经济规律和经济特点。

草业经济学作为一门课程，是草业科学专业课程体系中最具特色的专业选修课。草业科学专业课程体系着重反映了自然科学及应用技术的专业属性，但是，要把自然科学及应用技术用于解决生产实践问题，没有经济学的思维往往是不全面的，容易犯技术上可行、经济上不合理的错误。因此，通过草业经济学这门课程，为草业科学专业课程体系补上经济管理知识方面的不足和短板，使草业科学专业培养目标更贴合生产实践。

1.2.2 草地资源经济

联合国环境规划署对自然资源的定义是：在一定的时间和技术条件下，能够产生经济价值，提高人类当前和未来福利的自然环境因素的总称。自然资源是人类赖以生存和发展的物质基础。草地资源以草地生物资源为主要组分(包括草地植物、动物和微生物)，还包括草地上的风、光、热等气候资源，草地的地上和地下水资源，草地土壤资源和草地景观资源等。草地资源是自然界赋予的或前人留下的，可直接或间接用于满足人类需要的所有有形之物与无形之物。草地资源与其他自然资源最主要的不同在于草地可更新资源多，如生物、水、土地资源等，能在较短时间内再生产出来或循环再现。同时，草地包含较多的可再生能源，如风力、太阳能等。

1.2.2.1 草地资源的稀缺性

草地资源是草地生态、草业生产、草原社会赖以生存发展的基础，草地不仅是草本植物生长发育所需水分和养分的来源和至关重要的环境条件，而且是发挥草地生态功能的基本载体，是草地植物性生产、动物性生产最重要的生产资料。草地资源具有两种特性：①草地资源是一类自然资源，作为一种土地类型，草地资源是稀缺的；依附于草地上的生物资源是可以再生的，如草地植物、动物、微生物，也可以称为草资源、动物资源、微生物资源，但其再生的速度和过程取决于草地生物本身的特性和环境条件。由于承载草地生物的土地是稀缺资源，因此，草地资源总体上是稀缺资源。这个稀缺是指草地资源的供给与人类对草地资源的需求相比存在差距，也就是说资源并不是取之不尽用之不竭的。②人类社会对草地资源的需求包括三类：生态、物质和精神。其中，生态需求是基础。生态需求是人类对优美、整洁、舒适、丰裕的生态环境的需求。如果没有良好的生态，草地生态系统就不会产出更多的物质，也就无法满足人类对物质的需求。例如，草地生态系统退化，地上生物量就会降低，可承载的家畜饲养量就会下降，草地景观优美程度随之下降。因此，生态需求得不到满足，最终也满足不了其他两种需求。草地资源既有需求性又有稀缺性，同时，由于草地的多功能性，草地资源也是多用途的，例如，用于生态保护的草地、牧草生产的草地、放牧的草地、运动休闲的草地等。既然资源存在不足，经济学上就有合理分配的问题。同时，草地资源在不同用途之间存在竞争性，就需要用经济学的方法确定分配原则及配置方案。

1.2.2.2　草地资源的价值与合理配置

　　草地资源经济的研究内容，首先是草地资源作为一种资产，对其非市场效益的价值评估，有助于深刻认识草地资源真实的价值。自然资源的价值由三部分构成，即自然资源的天然价值、人工价值(劳动价值)和稀缺价值。天然价值是指自然资源本身所具有的，未经人类劳动参与的价值。人工价值是指人类劳动附加在自然资源上所产生的价值。

　　草地资源经济最主要的研究内容就是在现实的社会、经济及可行的技术条件下，如何科学合理地利用这种资源。资源可以满足人类在物质及精神方面的需求，但在一定的社会生产力水平和可用技术条件下，资源可利用的程度是有限的。这就需要运用经济学原理，研究资源的配置问题，目的是通过科学合理的资源配置，力求使有限的资源达到最大的生态效益、经济效益和社会效益。

　　草地资源经济研究中需要注意的是，由于草地资源具有明显的区域特征，不同自然地理条件下形成的草地资源，其资源价值、可利用数量、利用难易程度、综合利用能力都有差别，因此，草地资源经济需要研究区域草地资源的特性对草地资源经济利用的影响。同时，既要考虑生产力要素的配置、资源的权属关系，还要考虑资源配置对社会习俗、文化传统的影响。

1.2.3　草地生态经济

1.2.3.1　草地生态系统服务价值研究

　　草地生态系统是陆地生态系统最重要的组成部分，是我国陆地面积最大的生态系统类型。草地对维持自然生态系统的格局、功能和过程具有重要的作用。草地生态系统服务基本可分为四大类：调节服务、支持服务、供给服务和文化服务。草地的调节服务包括气候调节、水源涵养、侵蚀控制、水调节、土壤固碳、营养循环等；支持服务包括生物多样性保育、土壤形成、培肥地力、生境提供等；供给服务包括草地植物为家畜养殖、野生动物提供饲料和养殖场地。另外，草地还可以提供一些草药和野生植物资源，用于传统医学和其他用途；文化服务包括草地提供人们欣赏和享受自然景观和绿色空间的机会，草地是人们进行休闲、娱乐和运动活动的理想场所，草原在历史和文化传承中扮演重要角色。

　　草地生态系统服务不仅提供了人类社会经济发展所需的植物产品、动物产品和文化产品，而且提供了人类赖以生存的自然环境条件和众多的生态产品。这些生态产品具有巨大的经济价值，如何评价或计算草地生态系统的服务价值成为生态经济学研究的热点。所以，草地生态经济研究的对象首先是不同类型、不同状态的草地，其次对各项生态系统服务价值评价或计算的理论、模型及具体应用开展研究。

1.2.3.2　草地生态经济价值实现的途径

　　草地生态经济要研究草地生态价值的实现途径。生态产品是人类从自然界获取的生态服务和最终物质产品的总称，既包括清新的空气、洁净的水体、安全的土壤、良好的生态、优美的环境、整洁的人居，还包括人类通过产业生态化、生态产业化形成的生态标签产品。生态产品价值实现的过程就是将被保护的、潜在的生态产品以政府购买、地区间生态价值交换、生态产品溢价等形式转化成现实的经济价值。生态产品保护补偿是生态产品价值实现的重要方式之一，以生态产品质量和价值为基础，通过转移支付、异地开发等方式实现优质生态产品可持续和多样化供给。我国草原生态补偿制度，就是草原使用者或受益方在利用草地资源及草地生态系统服务的过程中，为了维持草地生态系统的健康，对草地资源的所有权人给予相应的报酬。建立这种制度的目的在于支持并鼓励草原地区或草地资源的所有者更好地承担保护草原生态、改善草原环境的责任，实现草原生态系统的可持续发展与永续利用。这个制度的基本原则就是谁受益，谁补偿，公众受益，政府补偿。目前，草原生态补偿主要是通过以下几种方式：①政策性补偿，要像保护基本农田一样保护基本草原。②功能性补偿，按草原面积、流域水资源补给量、碳氧平衡、防风固沙、水土保持等功能的贡献大小确定补偿。③建设性补偿，即加大草原区工程建设力度，如围栏建设、人工草地建设、家畜棚圈、良种繁育、生态移民等建设工程和草原生产、生活基础设施建设等。④激励、导向性补偿，鼓励种草养畜，支持优质牧草及家畜生产等。

　　要把草地生态经济的基本原理应用于生产实践，解决现实生态保护和生态建设中的实际问题。例如，我国在草原区设置了自然保护区，保护区设置的依据、保护区的保护范围、保护区的管理等，都应当有生态经济的分析。首先，草地生态经济要研究保护的对象，它的资源价值、生态价值。通过科学的计算方法将无价的自然资源、自然遗产、生态系统服务功能等贴上价格标签，不同保护对象、生态产品价格统一换算为无差别的标准单位，成为自然保护价值的度量。其次，需要分析为保护这些资源及生态价值，社会所付出的成本。只有当保护价值与管理成本相匹配，设置保护区的目的才能达到，保护区才能管理得更好。在草地生态建设中，建设所得到的生产产品及其价值与建设成本也应相适应。也需要研究为了获得相同的生态产品，应从多个建设方案中选取经济合理的技术方案。在草业项目投资阶段，需要对项目建设中的草地生态经济效益做出合理的估算，为项目建设提供决策依据。同时，对已经建成的草业项目也要进行生态、经济、社会效益的后评价，这些都是草地生态经济研究的重要内容。

1.2.4　草地生产经济

1.2.4.1　草地生产全过程的经济研究

　　草地生产中，从草地植物生产、草地动物生产到畜产品进入市场，再到人们的餐桌，这一产业链条与人们的日常生活直接关联，这是草业发展之根本，也是草业经济活动最为典型和最为活跃的部分。

　　经济学中把生产什么、生产多少、怎样生产和为谁生产作为研究的基本问题，研究这些问题的关键在于生产物品所依赖的资源是有限的，生产什么、生产多少等都受到有限资源的制约。因此，就需要研究如何利用现有的资源去生产经济物品，以便更好地满足人类的需要，这就要求把有限的资源在不同用途之间做出选择。在不同用途之间如何分配有限的资源，这就是资源配置问题；同时，如何有效利用现有资源，使之生产出更多的物品，这就是资源利用问题。

　　草地生产经济主要研究草业产品的生产、流通、分配、消费的规律。无论是草地植物生产还是草地动物生产，都需要研究在既定自然资源、经济资源条件下生产什么产品，草产品或畜产品的生产过程、产品的供给与需求、产品价格、贸易流通等。草地生产依赖的草地是一种有限的或稀缺的自然资源，同时要生产出更多的草产品或畜产品，需要更多的资金、技术、人力的投入，这些投入也是有限的。因此，草地生产经济需要研究在生产过程中的多种方案，通过方案比较，选择最佳的生产方案或产品方案。例如，苜蓿草产品生产，有干草捆、草粉、草颗粒，也有苜蓿青贮等产品，在一定的土地、水资源、技术、资金、市场条件下选择哪种产品方案经济效益最大，就需要对不同的生产方案进行比较，选择最佳方案。

草地生产是一种生物再生产过程，生产周期比较长，生产过程受自然环境的影响大。传统的草地生产大多是利用天然草地资源的畜牧业生产，产业链中草地植物生产的功能和作用比较弱，重点是家畜的养殖，这是因为在以牧户为基础的草原畜牧业中，家畜养殖直接与经济相联系，而草地植物生产的草产品产业规模小，没有形成市场，从属于家畜养殖。现代草业生产，以项目建设引领草业高质量发展，无论是草地植物生产还是草地动物生产，通过项目投资，追求草产品或畜产品生产的规模化、商品化、市场化和专业化。因此，草地生产经济的研究对象也要顺应草业的发展，研究草地生产项目的投资效益评价，为草业建设项目提供经济上是否可行的决策依据。

1.2.4.2　草业经济问题研究

草地生产经济也要研究涉及产业经济的问题，包括草业结构、产业组织、产业布局、产业发展和产业政策等方面。例如，研究一定的资源条件下，天然草地及人工草地的草产品生产与加工、畜产品生产与加工、消费市场之间的产业链结构及其合理配置问题；研究草地植物生产、动物生产的产业布局与发展等。例如，在草业布局中，目前畜产品消费市场一般在人口密集的大中城市，而草食动物的饲草料产区往往在远离中心城市的草原及草原毗邻区域。通过研究区域经济发展中产业之间的关系结构、产业内部企业组织结构及其变化的规律，为国家制定草业发展战略、草业政策提供经济理论依据。草业布局的研究，对于资源要素的合理配置、推进草业科技进步、建立有效的产业组织结构都具有重要意义，也有利于产业结构的优化升级和合理布局，降低能耗，提高经济效益。

草地生产经济的内容涉及农业经济管理、畜牧业经济管理、技术经济学、管理经济学、工程经济学、产业经济学等不同的经济学分支，研究中应注重学科交叉，将经济学的基本原理应用于草业及草业生产，解决草业生产中的经济学问题。

1.2.5　草原文化经济

1.2.5.1　草原文化与经济发展

当前草原文化与区域经济社会发展的关系、草原文化与区域特色经济等方面的研究论述已常见诸报刊，但草原文化经济仍是一种全新的表述。在草地资源的基础上产生的草原文化，草地资源以其经济基础支撑草原文化的发展，并使草原文化充分体现了草地的特征，可以说，没有草地资源，就不会有草原文化。反过来，草原文化对草地资源的保护和永续利用又产生了直接或间接的影响。这就需要研究草原文化与经济学的关系，认识草原文化在区域经济社会发展中的作用和意义，发展草原文化以促进区域经济社会的发展。

草原文化经济的研究应当涵盖草原文化与草业经济的关系、草原文化需求与供给、草原文化商品与价格、草原文化生产与消费、草原文化市场与投资，以及草原文化发展战略等。通过这些研究，明确草原文化对草原生态、草地生产的作用和意义，进一步丰富草原文化和经济的理论与实际应用。

草原文化经济的研究对象并不是草原文化本身，而是通过草原文化活动过程中表现出来的经济现象，从传统文化与经济理论的结合上来研究草原文化产品、文化服务的市场及其需求与供给关系。科学技术是生产力，先进、健康的文化也是一种生产力。草原文化生产力的具体表现形式包括草原文化产品和服务的创造、生产和传播。草原文化对社会的影响是深远的。草原文化通过影响草原民族的生活方式、风俗习惯和宗教信仰，对草原生态保护和草原畜牧业的发展产生深远的影响，这种生活方式使他们形成了尊重自然、顺应自然、保护自然的价值观念，从而促进草原生态的可持续发展。此外，草原文化还通过其独特的生产生活方式，协调人与自然、人与动物、动物与草原之间的关系，形成和谐共生的生态系统。这种生态系统不仅有利于草业的健康发展，也为草原文化的传承提供了坚实的基础。综上所述，草原文化通过其独特的生活方式和生态理念，对草原畜牧业的发展产生深远的影响，促进畜牧业的可持续发展和生态平衡。通过研究草原文化与经济发展的关系，促进草原文化产业的发展，为地区经济注入新的活力和新的经济增长点，促进草原文化生产力在草原生态、草地生产中发挥更大的作用。

1. 2. 5. 2　草原文化的经济价值研究

草原文化经济不仅要研究草原传统文化，更要关注草原文化经济的新业态和发展趋势。随着人们生活水平的提高，文化需求正在发生新的变化，更具个性、参与性和互动性的文化活动受到人们欢迎，例如，草原游牧文化体验、草地文娱体育文化等都属于参与性的草原文化。随着经济社会的发展，草原游牧文化在逐渐消失。保护草原游牧文化并使之传承，就需要将游牧文化与经济发展联系起来，以文化经济学的视角来保护草原游牧文化遗产，促进牧区经济发展。在以国家公园为主体的自然保护地体系中，草原自然公园是重要的组成部分。在草原自然公园建设中，在强调自然保护的同时，深入挖掘草原自然景观美学资产潜力，更巧妙地植入文化元素，将使草原自然公园的社会经济价值持续提升。文化经济是人类社会发展的重要形态和现象。文化经济学正日益成为一门新兴的交叉性学科，成为文化研究和经济研究的重要对象，草原文化经济专注于草原文化，成就于草业经济。

复习思考题

1. 简述草业发展的背景及意义。
2. 如何理解草业的 4 个生产层理论？
3. 简述草业在国民经济及生态文明建设中的作用。
4. 简述草业经济学的性质及研究对象。

第 2 章

草地资源经济

草地及其上所生长的草地有机体，以及地上、地下自然环境因子统称为草地资源。草地资源属于自然资源，对人类当前和未来福利具有使用价值和潜在价值。尽管草地生态系统是地球上最大的陆地生态系统，但草地资源与人类的需求相比总是稀缺的。草地资源经济是利用经济学的理论和分析方法，来揭示、分析和评价草地资源本身具有的潜在资源资产及其价值，以及草地资源保护与利用中的经济学问题，研究在资源稀缺条件下人类社会为满足自身需要而利用草地资源的经济规律，研究草地资源保护与利用的资源管理政策，研究如何合理开发和最经济地利用草地资源，探索合理调节经济活动和草地资源保护之间的规律。

2.1 草地资源及其经济

2.1.1 自然资源的概念及特征

2.1.1.1 自然资源的基本概念及分类

（1）自然资源的基本概念

自然资源是指存在于自然界中，在一定的经济和社会条件下，能被人类通过一定的技术获取的以满足其生产、生活需要的所有天然生成物，以及作用于其上的人类劳动结果。自然资源是人类社会从自然界获取的初始投入，是人类生产生活的物质基础。

自然资源的定义包括以下几方面的含义。

第一，自然资源是自然过程所产生的天然生成物，风、光、水、土壤、矿藏、野生动植物等，都是自然生成物。自然资源是在不同时间和空间范围内，能为人类提供福祉的物质和能量。

第二，自然资源的范畴不是一成不变的，是一个动态概念，它的内涵是随着人类社会和科学技术的发展而不断扩展和加深的。一方面，人们对自然资源开发利用的范围、规模、种类和数量等不断扩大；另一方面，人们对自然资源的保护、治理、抚育、更新等观念也在逐渐深入。

第三，自然资源和自然环境是两个不同的概念，但从具体的对象来说又是同一种物质。自然资源是从人类需要的角度来认识和理解这些要素存在的价值，自然环境则是指人类周围所有的外界的客观存在物。

（2）自然资源的分类

由于应用目的的不同，尚无统一的自然资源分类系统。目前，通用的分类方法将自然资源分为可更新资源与不可更新资源两大类。生物资源属于可更新的，矿产资源属于不可更新的，恒定性的资源如水能、潮汐能、风能、波浪能、地热能、太阳能等也可列为可更新资源，而地下水(尤其是深层地下水)在很大程度上属于不可更新资源(图 2-1)。

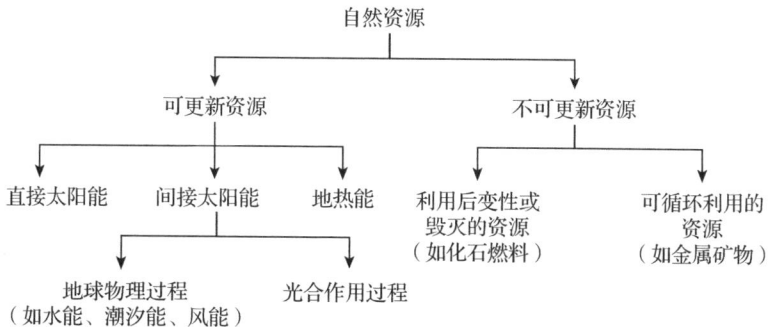

图 2-1 自然资源分类

2.1.1.2 自然资源的特征

(1)自然资源的有限性和稀缺性

自然资源的有限性是由人类对自然资源开发利用强度确定的。远古的游牧民族眼中草原资源似乎是无限的，然而当今世界正面临着草原资源面积减少、质量下降的威胁，更为严峻的是由此带来草原区生态系统功能的失调。这种前后迥异的差别源于人类对自然资源利用强度的变化。当人类利用数量超过自然资源数量，或人类利用强度超过自然资源更新速度的时候，自然资源的有限性就变得十分突出。

自然资源的稀缺性是根据经济发展需要决定的，它不是单纯以人口所占据的空间来判定。首先，对于不可再生资源，由于人类不断开采和利用，其数量会越来越少。其次，随着科学技术的发展，人类活动的半径不断扩大，消耗的资源越来越多，并且每一代人所消耗的资源都在加速度增加。如不可再生资源总量为 G，人类繁衍的世代数为 n，则每一代人消耗的资源为 G/n。当人类繁衍的世代数增加时($n\to\infty$)，则必然有

$$\lim_{n\to\infty}\frac{G}{n}=0$$

(2)自然资源的整体性

自然资源的整体性是指自然资源是自然环境系统中的构成要素，每一种资源都参与系统中的各种过程，并相互形成关联。当一种资源遭到破坏时，会通过系统的相互作用，波及其他资源。例如，人类对草地植物资源的过度破坏，不仅造成草地植物资源数量的减少和质量的下降，还会导致水土流失加剧，生物多样性锐减，在半干旱和干旱地区还导致土地荒漠化。可见，自然资源的整体性主要通过人与自然资源的相互关联表现出来，自然资源一旦成为人类利用的对象，人类就成为资源生态系统中的重要组成部分，人类通过一定的技术措施开发利用自然资源，在这一过程中又影响环境。

(3)自然资源的地域性

自然资源的地域性是指一个国家或区域的资源禀赋情况。自然资源的形成和演化，是地球系统形成和演化的结果，它只在一定的时间和特定的区域内进行，服从一定的地域差异规律和时间节律性。

自然资源地域分布的不均匀性表现为地带性和非地带性特征。这种地域特征包括自然资源的种类及其组合、数量、质量、特性等各方面的区域差异。同时，自然资源开发利用的社会经济和技术工艺条件也具有地域差异，自然资源的地域性就是所有这些条件综合作用的结果。

2.1.2　草地资源的概念及分类

2.1.2.1　草地资源的基本概念

草地资源是指草地及依附其上生存的植物、动物、微生物和景观环境作为人类开发利用的空间和陆地地面。它是一种可更新资源，是自然资源的重要组成成分。草地的特征植物为禾本科和类禾本科植物，有时杂类草及灌丛也占重要地位；草地的特征动物为有蹄类和啮齿类。在人类干预以前，原生草地面积占地球陆地面积的 40%~45%。由于人类的耕作和放牧活动，原生草地面积日渐缩小，19 世纪末以来，草地面积占地球陆地面积的 22%~25%。

2.1.2.2　草地资源的分类

草地资源通常使用生物分类的方法进行分类，具体分类结果如图 2-2 所示。

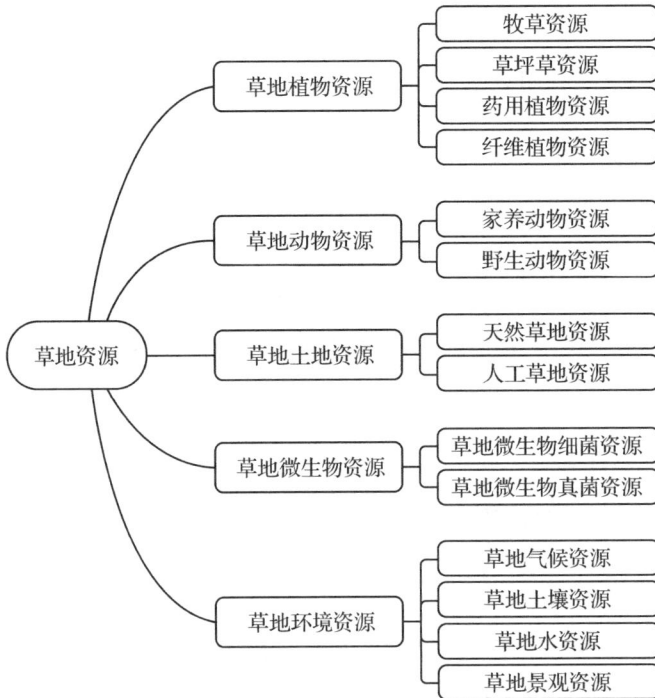

图 2-2　草地资源类型

（1）草地植物资源

草地植物的种类和属性特征是决定草原植被类型的性质、用途和经济价值的主要因素。草地植物具有多种属性，传统的草地植物调查侧重于植物的分类学、群落学和饲用特性等，但这已不满足作为草地植物资源研究的需要。草地植物资源的研究除了以植物分类学、植物群落学为基础，突出草地植物作为资源的属性，增加植物生态学和经济评价的基础，还应以个体性状研究为基础，逐渐上升到植物群落层次，形成从个性归纳为共性的特征群体。根据用途，草地植物可分为牧草、草坪草和其他经济草(环境、食用、药用、工业用草)。

①牧草资源：是指草原上供给家畜饲料的草本和木本植物(包括半灌木、灌木、小乔木和乔木的枝叶等)的总称，是草地植物资源的基本内涵，其种类和属性特征决定着草地性质、用途和经济价值。

根据全国草地资源调查资料统计，我国草原共有牧草 6 704 种(包括亚种、变种和变型)，分属 5 个植物门 246 个科 1 545 个属(表 2-1)。

表 2-1　我国草原牧草种类组成

类别	科		属		种	
	数量	占比/%	数量	占比/%	数量	占比/%
地衣	5	2	7	0.45	16	0.24
苔藓	14	6	17	1.1	31	0.46
蕨类	40	16	103	6.67	294	4.39
裸子植物	10	4	27	1.75	100	1.49
被子植物	177	72	1 391	90.03	6 263	93.42
合计	246	100	1 545	100	6 704	100

注：引自中华人民共和国农业部畜牧兽医司，1996。

牧草以多年生草本植物和半灌木、灌木为主，还包括一些乔木、一年生植物和低等植物。最常见的牧草有豆科、禾本科、菊科、莎草科、蔷薇科、藜科、百合科、蓼科、杨柳科等，其中禾本科和豆科占优势地位。

我国草原幅员辽阔、地形复杂、气候多样，优越的自然地理条件造就了我国丰富的草地牧草资源，它们是经过漫长的自然选择和人工培育形成的可再生自然资源。对草地牧草的经济类群的划分，通过大量国内外专家的研究总结完善，目前将其主要划分为禾草类牧草、豆科牧草、莎草类牧草、杂草类牧草、半灌木类牧草、灌木类牧草、乔木类牧草和有毒有害植物类牧草共 8 类。

禾草类牧草在我国草地资源中分布最广、参与度最高、饲用价值最大。其主要特点是富含碳水化合物和纤维素，可食植物的数量较多，家畜不喜食或不食的数量极少，有毒的也很少，易调制干草和青贮。

豆科牧草是天然草地上放牧家畜主要的蛋白质饲料来源，饲用价值较高。但不同的草地类型，豆科牧草参与度差异较大，因而饲用价值有较大差别。豆科牧草在温性草甸草原中参与度较高，饲用价值较大，而在其他类型中因参与度低，尽管种类较多，但饲用价值不大。其主要特点是根上具有根瘤，能固定大气中游离态的氮素以供自身营养的需要和增加土壤的含氮量。豆科牧草在栽培牧草中占据重要地位。豆科牧草的蛋白质含量高，适口性好。但豆科牧草中毒草较多，约有 6%的种具有毒性。

莎草类牧草在草甸类和沼泽类草地上分布和参与度均较高，是主要的饲用植物资源。在我国高山亚高山草地类组中，薹草属和嵩草属有较大饲用价值。莎草类牧草在饲用价值上，仅次于禾本科和豆科牧草，位居第三。缺点是含有较多硅酸，味淡薄，较粗糙，因而适口性较禾本科差，并且莎草类牧草一般植株低矮，产草量低。

杂草类牧草种类较多，包括除禾草、豆科、莎草类以外的各科饲用植物。杂草类牧草广泛分布于天然草地，但不同草地类型，其种类、参与度与作用都不同，在草地上起优势作用的种类较少，大都处于伴生地位，饲用价值差异比较大。有些科、属的植物饲用价值很高，如蓼科在山地草原中分类较广，其营养价值优于禾草，籽实富含淀粉，适口性良好，各类家畜均喜食；百合科葱属植物具有特殊的饲用价值，因其含有丰富的蛋白质，而纤维素的含量低，水分含量高，绵羊采食后易上膘，所以绵羊在葱属草地上放牧，可以适当减少饮水量，增加采食、卧息的时间。杂草类牧草在利用上，无论放牧或调制干草，均不如禾本科、豆科和莎草科牧草，但在天然草原上作为放牧家畜的饲草仍具有重要意义。

半灌木类牧草是指植物体无明显主干，当年生枝条先端呈草质，多年生枝条木质化的一类植物。在温带草原区和荒漠区分布较广，适口性较好，营养价值较高，饲用价值较大，种类比较多，但不同草地上分布有所不同。

灌木类牧草是指无主干、丛生的木本饲用植物。种类比较多，中生灌木主要分布在温性草原类的草甸草原亚类和草甸类草地的山地草甸亚类。

乔木类牧草主要指当年枝叶可作为饲料用的植物。一般草地上分布较少，其中饲用价值较大的是分布在温性荒漠中的小乔木，梭梭和白梭梭最具代表性，是骆驼的优良饲料。

有毒有害植物类牧草是草地上一种特殊的类型，是指那些植物体内含有有毒物质或在形态构造上具有芒刺或特殊物质，易造成家畜中毒或机械损伤和降低畜产品品质的植物。这些植物在草地上分布不均，家畜一般不采食，但在特殊年份或退化严重地段，因草地缺草而误食引起中毒。

②草坪草资源：草坪草是构成草坪的草本植物，是建植草坪的基本材料。由于草坪起源于天然放牧地，因此草坪草也源于草原，目前草坪中所应用的草坪草，基本是优良的牧草。

草坪草种类繁多，特性各异，其分类方法多样，可以依据科属、草叶宽度、植株高度、气候与地域分布、用途等进行分类。草坪草按科分为禾本科草坪草和非禾本科草坪草两类。禾本科草坪草占草坪植物的90%以上，植物分类学上分属于羊茅亚科、黍亚科和画眉草亚科。非禾本科草坪草一般具有发达的匍匐茎，低矮细密，耐粗放管理、耐践踏、绿期长，易于形成低矮草皮的植物。按草叶宽度来分类，草坪草可以分为细叶型和宽叶型两种。细叶型草坪草一般茎叶纤细，可形成平坦、均一致密的草坪，一般要求土质良好的条件，如匍匐剪股颖、细叶结缕草、草地早熟禾、多年生黑麦草等。宽叶型草坪草是叶宽茎粗，生长强健，适应性强的草坪草，适用于建植较大面积的草坪。按植株高度，可将草坪草分为低矮匍匐型和高大丛生型两类。低矮匍匐型草坪草一般株高 20 cm 以下，低矮致密，匍匐茎和根茎发达，耐践踏，管理方便，大多数适于高温多雨的气候条件，主要行无性繁殖。高大丛生型草坪草一般株高 20 cm 以上，以种子繁殖为主，生长较快，能在短期内形成草坪，适用于建植大面积的草坪，其缺点是必须经常修剪才能形成平整的草坪。按照气候与地域分布分类，可将草坪草分为暖季型草坪草和冷季型草坪草。

③其他经济草资源：即草地中各种经济用途植物的总称。在全国草地资源调查成果的基础上，结合资料将其他经济草资源按其主要用途初步分为六大类群，即除了饲用牧草和

草坪草外，还包括环境用草、食用草、药用草、工业用草。

环境用草　狭义可指用于改造环境的重要种类，按用途可分为环境改造植物、环保植物、美化植物。环境改造类植物主要包括用于防风固沙的柽柳、旱柳等，用于水土保持的芨芨草、芦苇等，用于草地建设的枸杞、沙棘等。环保植物是指用于环境污染监测和改造的植物，主要有酢浆草、三叶草等。美化植物一般是用作花卉观赏和绿化的植物，主要是菊属、铁线莲属等植物。

食用草　是指可被用于制作食品，被人类食用的那些植物。按其食用方式和重要性，可划分为菜蔬植物、果品植物、蜜源植物、饮料植物、淀粉植物和其他植物。草地中的食用植物种类多，分布广。其中，蜜源植物主要有旱柳、沙枣等；饮料植物主要有山里红、黄芪等；淀粉植物主要有毛百合、山丹等，其地下部分贮藏着丰富的淀粉，可供食用或酿酒等。草地中还有其他食用油料如播娘蒿等，食用香料如百里香、葱等。

草原是个天然的药库，是我国传统的药用产地。草原中的药用草多达 6 000 种，按其用途及重要性分为中草药植物、特种药用植物、兽用药植物及农药植物。中草药植物以疗效独特、毒副作用小而颇受欢迎，草地中的中草药植物极多，著名的有黄芪、甘草、防风、柴胡、贝母等，名贵的有冬虫夏草、雪莲等。特种药用植物是指用于提取治疗重大病症的有效成分的植物。其作用大，经济效益高，对人类健康有益，主要植物种有桃儿气、龙葵、龙牙草、麻黄、五味子、龙胆、草芸香等。兽用药植物是牧区重要的药物来源，包括黄芩、青蒿等。农药植物应用广泛，因其低毒性、无污染、成本低、使用方便而受重视，其植物大多是有毒植物，结合改良草地，两全其美。

草地中工业用草资源丰富，其中纤维植物、糖类植物蕴藏量较大。重要的纤维植物有用于麻类的冬葵、木棉等，供编织的芦苇、旱柳等，用于造纸的构树、香蒲等。糖类植物有蕨、芡实等。重要的油料植物有播娘蒿、黑莎草等，芳香油植物有藿香、薄荷等。

（2）草地动物资源

草地动物资源是以草原环境为栖居地的生态地理动物类群，通常包括驯养的动物资源和野生动物资源等。它与人类的经济生活关系密切，不仅可以提供肉、乳、皮毛和畜力，而且是发展食品、轻纺、医药等的重要原料。野生动物资源在维持生物圈的生态平衡中起着重要作用。草地动物资源依据可利用程度和形态分为家畜类动物、野生动物类、鸟类、昆虫类和土壤动物类。

①家畜类动物：草原是食草性家畜的天然场地，草原中不仅孕育着种类丰富的野生牧草资源，而且供养着种类繁多、遗传性状各异的食草动物资源，其中放牧家畜是构成草原地区食草动物的主体，此外还有野生食草动物。这些动物资源不仅是草原地区重要放牧家畜优良的遗传种质，也是未来人类开发利用草原的重要物质基础。

统计资料显示，由于我国草原地区所处的地理气候条件和植被类型各具特点，家畜种类、数量及畜群结构也存在着较大差异。据不完全统计，我国北方草原区人工放牧驯养和管理的主要食草家畜遗传资源（含地方品种、培育品种和引入品种）共有 253 个，经过多年驯化的地方品种 169 个，育成品种 40 个，从国外引进品种 41 个。主要食草动物种类有黄牛、牦牛、绵羊、山羊、羚羊、马、骆驼、兔、梅花鹿、马鹿等，此外还有许多家养动物的野生亲缘种和近缘种，如野牦牛、大额牛、野骆驼、野驴、黄羊、野兔等（表 2-2）。

表 2-2 我国草原地区主要食草家畜遗传资源种、品种

序号	品种名称	家畜种类小计	野生种数	地方品系	培育品系	引入品系
1	黄牛	69	—	52	5	12
2	牦牛	2	1	—	1	—
3	绵羊	50	—	31	9	10
4	山羊	50	—	43	4	3
5	马	47	—	23	17	7
6	骆驼	5	1	4	—	—
7	梅花鹿	3	—	—	3	—
8	马鹿	2	—	1	1	—
9	兔	15	2	4	—	9
	合计	253	4	158	40	41

注：引自杜青林，2006。

②野生动物类：草原有种类繁多的野生动物，它们广泛分布在辽阔的草原上，有的出没于崇山峻岭，有的在浩瀚无际的平原奔驰，有的飞翔于蓝天，有的栖息于草丛与洞穴。它们有各自的生态位，并且一代代地繁衍下去。我国草原地区的各种野生动物达 2 000 余种。其中，不少种数量少、种类珍奇，被列为国家重点保护动物。

此外，我国草原湿地野生动物资源丰富，世界 15 种鹤类在我国记录到的就有 9 种，大部分分布在草原湿地。由此可见，我国草原湿地在全球生物多样性保护中占有十分重要的地位。

③鸟类：在我国大约 1 250 种的鸟类中，与草原或草地有关的夏候鸟、旅鸟及冬候鸟近 400 种，其中，在草原繁殖的鸟类约 200 种，绿草如茵的草原养育了众多适应于草原环境的鸟类。草原以草本植物为建群种，多数草本植物以其发达的须根，似海绵一样充分吸收雨雪水，草原虽然干旱，但草籽却总能丰收，为鸟类提供充足的食物。干松的地表很适合蝗虫等虫卵的孵化，瓢虫、螽斯、蝗虫、蚂蚁、蚱蜢等数量很多，蛾蝶类在草丛间翩翩起舞，随处可见，很多鸟类可以轻而易举地享用到昆虫大餐。

在许多草原河滩湿地上特别适于体型高大的鹤类繁殖。内蒙古呼伦贝尔草原上的辉河湿地是名副其实的"鹤苑"，辉河河道 6 000 多万年前曾为湖泊，故河床平坦宽阔，河曲发育，芦荡遍布，这样的环境特别适于鹤类繁殖。

④昆虫类：我国草原上常见的昆虫有直翅目的 100 余种蝗虫，如分布于温带草原的东亚飞蝗、新疆的西伯利亚蝗、西藏高寒草原的大足蝗和蝼蛄、中华蚱蜢等。草原上五彩缤纷的蝴蝶和蛾类是鳞翅目昆虫，有几百种之多，蝶类触角顶端呈棒槌形，停歇时两翅竖立在背上。蛾类的触角多为梳状，停歇时双翅展开并下垂呈屋脊状，大多夜间活动。金龟子、天牛、瓢虫是鞘翅目昆虫，双翅目中的蚊、蝇与人类的关系更加密切，我国分布有伊蚊、按蚊和库蚊共约 100 种。

大多数昆虫是草原生态系统的初级消费者和生产力极高的次级生产者，是青蛙、蟾蜍、蜥蜴、蛇、鸟类及哺乳类的主要食物。

⑤土壤动物类：是草原生态系统土壤中和凋落物下生存着的各种动物的总称，土壤动

物在草地生态系统中扮演着重要的角色,在加速物质循环和能量流动过程中起着重要作用。土壤动物作为草地生态系统的重要组成成分,对于改善土壤的理化性状、监测大气污染、监控环境变化,以及实现草地生产力维持和提升等方面均具有重要的影响。作为土壤中的有机活体,土壤动物既是土壤生态系统的重要组成部分,也是衡量土壤肥力状况的重要指标,它会随着生产者、消费者的种群结构、数量的变化而变化,最终通过反馈调节作用影响整个草地生态系统。

（3）草地土地资源

草地土地资源是已经被人类所利用和可预见的未来能被人类利用的草地,包含草地的自然属性和社会属性。在我国,草地土地资源包括天然草地和人工草地。

（4）草地微生物资源

不同草地类型下的土壤微生物群落通常存在较大差异,其组成和多样性受生物因素和非生物因素的共同调控作用。生物因素主要包括植物凋落物的质量和数量、植物根系分泌物、植物群落组成和生产力、动物生命活动等,而非生物因素主要包括温度、降水、土壤质地、土壤养分含量、pH 值等。此外,根据分类学特征,土壤微生物又可分为细菌、真菌、古菌和部分未知微生物。不同类群微生物对环境因素敏感性存在差异,直接导致在多样化的草原生态系统中土壤微生物资源的高度多样化和区域特殊性,使草地微生物资源的研究、监测相对复杂,但在不同区域尺度上均具有较高的研究价值。

草地微生物资源主要包括真菌、古菌、细菌和其他未知的微生物等种类,具有代谢类型多样化、生长速度快、物种丰富且未知种较多、变异性大、开发利用潜力大等特点(表 2-3)。

表 2-3　草地微生物资源的种类

类群	已知种	估计种	已知种占比/%
病毒	5 000	1.3 万	4
细菌	6 000	50 万~150 万	<1
放线菌	4 000	3.5 万~8 万	2~11
真菌	69 000	150 万~几百万	5
藻类	40 000	6 万~40 万	1~6

注:引自徐丽华等,2010。

草地微生物细菌资源主要包括土壤细菌资源和植物内生细菌资源。

草地土壤细菌资源以放线菌资源为主。放线菌资源广泛分布于世界各地,对放线菌的研究工作已有约 100 年的历史,许多具有巨大经济价值和医用价值的抗生素如链霉素、土霉素等均为放线菌门下的链霉菌产生。我国对放线菌分布的研究主要集中在云南及青藏高原地区,而青藏高原地区主要以高寒草甸和高寒草原为主要植被类型。

草原植物内生环境为植物内生细菌提供了丰富的栖息地,依据内生细菌的生活方式,可以将其分为专性与兼性两大类。随着人们对植物内生细菌研究的深入,越来越多的内生细菌被分离获取,一些内生固氮菌和人类病原细菌也被研究人员从植物中提取出来。内生细菌在植物体内有着稳定的生存空间,不易受外界环境条件的影响,可在植物体内独立进行分裂繁殖及传递,是生物防治中有潜力的微生物农药及潜在生物防治载体菌。

真菌是一类巨大的资源，估计有 150 万种以上，是种类最多的一类微生物，目前国内对草原真菌资源的研究主要集中于云南、安徽、西北干旱地区及青海地区，西北干旱地区(新疆和甘肃的河西走廊以西)以草甸草地、森林草甸、典型草地等为主要植被类型。草原微生物真菌资源也分为土壤真菌及植物内生真菌。

丛枝菌根(AM)真菌是连接植物与土壤环境的重要纽带，通过与植物根系形成菌根结构并与土壤中的菌丝网络相连，提升植物的养分吸收能力和抗病能力，在调节植物群落结构、植物生物多样性及植物生态系统过程中起到重要作用。不同的植被类型中，丛枝菌根真菌的分布不同，其丰度和孢子密度也不同。

不同于菌根真菌，植物内生真菌完全生活于植物组织内，而且在根茎叶均有分布。依其宿主类别、定殖方式、生态功能及进化关系可分为麦角类内生真菌和非麦角类内生真菌。麦角类内生真菌可与一些禾草、牧草等共生，非麦角类真菌能从无症状的非维管植物和裸子植物、被子植物等维管植物中分离获得。

当前对草地微生物资源的利用主要集中在生物防治及环境治理和修复方面。在生物防治方面，微生物的作用主要体现在以下 3 个方面。

第一，增加土壤肥力。各种固氮微生物通过自生、联合、共生来增加土壤中的氮素来源，许多解磷、解钾微生物可促进植物对磷、钾的吸收；用丛枝菌根真菌制成的微生物肥料可与多种植物根系共生，通过菌丝吸收更多营养以供给植物吸收利用。

第二，产生植物激素类物质刺激作物生长。土壤微生物能够产生刺激和调节作物生长的植物激素类物质，使植物对营养元素的吸收及利用率得到提升。

第三，防治病虫害。通过在植物根部接种微生物，使之大量繁殖成为优势菌种，能够限制其他病原微生物的繁殖并起到拮抗作用，以达到减轻植物病害的目的。此外，通过喷洒蝗绿僵菌、苏云金杆菌和蝗虫微孢子虫等方式能够对多品种的蝗虫产生毒害作用，对草原蝗灾进行有效防治。

在环境治理方面，土壤微生物能够通过自身生长过程中的氧化、还原、甲基化等作用，减少重金属毒性，降低污染；微生物能够降解有机物及农药，从而达到治理污染、修复环境的目的。此外，有研究发现，草原地区土壤微生物的固碳能力要远大于森林、森林草原等生态系统的土壤微生物，越是恶劣环境下的草原土壤微生物对生态系统碳固定的贡献比例越高，随着相关研究的深入，未来草原微生物资源对于人工提升生态系统碳汇同样具有重要意义。

微生物还能够制成微生物饲料，通过利用微生物的分解与转化改造作用使植物饲料中的纤维素类物质更容易被牲畜消化吸收利用，通过增加微生物蛋白质提高饲料的营养价值等，对现代养殖业具有重要意义。

(5)草地环境资源

草地环境资源包括气候、土壤、地形地貌和水文等，它们提供草地植物生活所必需的物质与能量，是草地植物发生、发育、发展的基础。草地植被的类型、分布、生产力和生物多样性，主要受环境条件的制约和影响。植物的存在和发展，离不开所必需的光、温、水、肥、气等外界环境条件。从限制性因素来看，以水、热为主导的气候条件决定草地的性质、分布，在草地形成中起主要作用，同时土壤、地形等因素也起着重要作用。各个环境要素从不同角度以不同方式、不同程度、独立地或综合地影响着草地资源的综合特征。

千差万别的环境条件，导致了草地植被类型的多样化。同时，大面积的草地植被又在不同程度上影响了环境条件。因此，草地植被和草地环境是紧密相连的整体，草地环境资源是草地资源的一部分。

①草地水资源：千百年来草原游牧民族在广袤的大草原上，逐水草而居，因时而动，千里迁徙，形成了草原民族独特的生活方式和极具特色的草原文化。逐水草而居的目标只有两个：一是水，二是草，而且是有水就有草，说明草原水资源的重要性。

草原水资源主要是指淡水资源。虽然干旱半干旱区的草原上分布着许多咸水湖泊，但草原上的植物、动物所能利用的水资源主要是淡水资源。草原水资源的类型主要包括降水、地表水、地下水和冰川融雪水。

降水是指空气中的水汽冷凝并降落到地表的现象，它包括两部分：一部分是大气中水汽直接在地面或地物表面及低空的凝结物，如霜、露、雾和雾凇，又称水平降水；另一部分是由空中降落到地面上的水汽凝结物，如雨、雪、霰雹和雨凇等，又称垂直降水。《地面气象观测规范》(GB/T 35221—2017)规定，降水量仅指的是垂直降水，水平降水不作为降水量，发生降水不一定有降水量，只有有效降水才有降水量。降水量是草原类型划分的重要依据。

草原上的地表水是指河流、湖泊及湿地。三江源草原区境内的可可西里及唐古拉山脉，终年积雪，冰川广布，河流密布，湖泊、沼泽众多，是世界上海拔最高、面积最大、湿地类型最丰富的草原区。三江源区有大小河流约 180 多条，年总径流量 324.17 亿 m^3。长江总水量的 25%、黄河总水量的 49% 和澜沧江总水量的 15% 都来自三江源地区，使这里成为我国乃至亚洲的重要水源地，素有"江河源""中华水塔""亚洲水塔"之称。草原上星罗棋布的大小湖泊，在生物多样性保护方面发挥着巨大作用，在草原生态系统保护中具有特殊的地位。

埋藏于地表以下的水统称为地下水。地下水可作为草原居民生活用水的重要水源，同时也是部分低地草甸成因的主要条件。在地下水位较浅的平原、盆地中，潜水蒸发可能引起土壤盐渍化。在地下水位高、土壤长期过湿时则可能产生沼泽化。地下水主要有降水入渗、地表水入渗补给、越流补给、侧向补给等，地下水的排泄主要有泉水溢出、潜水蒸发、向地表水体排泄、越流排泄和人工抽取。

冰川融雪水是冬季积雪或冰川在春夏季节随着气温升高融化而形成的，主要分布在高纬度地区或海拔较高的山区。若前一年冬季降雪较多，而春夏季升温迅速，大面积积雪的融化便会形成较大冰川融雪水。在我国，冰川融雪水主要分布在东北和西北的高纬度地区。

草原水资源的保护大大优先于利用，保护草原水资源在很大程度上就是保护草原。草原是许多江河的发源地，丰富的草原水资源孕育了一片绿茵如织的大草原。我国草原水资源具有时空分布不均匀的显著特征。我国草原地域辽阔，从东北大兴安岭、松嫩平原和呼伦贝尔高原呈带状向西南延伸，经内蒙古高原、黄土高原到青藏高原。跨越高、中、低 3 个纬度带，由于东西距海的远近、南北纬度的高低相差大，降水量和径流量的分布极不均匀，总的趋势是由东南向西北递减。地表径流的分布趋势基本上与降水量相似，但地区分布的不均匀性比降水量更为明显。

我国水资源总量 28 000 亿 m^3，低于巴西、俄罗斯、加拿大、美国和印度尼西亚，居世界第六位。由于人口众多，人均水资源占有量仅有 2 100 m^3，仅为世界人均水平的 28%。

另外，我国属于季风气候，水资源时空分布不均匀，年际变化大。我国北方草原区大多处于干旱半干旱地区，以草原单位面积计算属于少水地区。

由于水的溶解能力强，可溶解大多数的液体、固体和气体，草原上的动物排泄物、有机质及进入草原水体的各种污染物很容易被水溶解，最终导致水质变差。以草原湖泊水体富营养化为例，草原放牧家畜的粪便、草原周边的农田化肥、草原植被枯落物的分解，都可能使其中的氮、磷等营养物质进入水体，促使水域中的浮游植物如蓝藻、硅藻和水草的大量繁殖，有时整个水面被藻类覆盖而形成"水华"，藻类死亡后沉积于水底，微生物分解消耗大量溶解氧，导致鱼类缺氧而死亡。水体富营养化会加速草原湖泊向沼泽化发展。

②草地土壤资源：是草原环境资源中的重要组成成分。土壤是植物扎根固定的场所，同时也是植物生长必需的水、肥、气的供应库和贮藏库。土壤的物理、化学和生物学的特性，综合作用于植物，影响植物生长发育，从而影响整个草原。

大多数草原土壤的形成具有明显的生物累积过程和钙化过程，在草原植被下，土壤上层进行着不同程度的腐殖质累积过程，土体中的碳酸盐普遍发生淋溶，并淀积在一定深度（钙化过程），而易溶性盐类则全部或大部分淋失（图2-3）。它们的共同特征是：剖面分化清楚，具有明显的"两层性"，即腐殖质层和钙积层；腐殖质含量自表层向下逐渐减少，颜色也相应变淡；土壤一般有石灰反应，土壤中易溶盐含量较少；土壤呈中性至碱性反应；土壤代换量和盐基饱和度很高；土壤矿物组成中二氧化硅和三氧化物在土体中均匀分布，无重新分配特征。这些也是草原土壤区别于森林土壤、荒漠土壤和其他土壤的最基本特征。草原土壤主要为黑土和黑钙土，以及钙层土纲的栗钙土、棕钙土和灰钙土。

（a）　　　　　　　　　　　　（b）

01~04分别代表每10 cm一层。

图2-3　草地土壤剖面

（a）温性草甸草原土壤剖面；（b）高寒草甸土壤剖面

草原土壤淋溶作用较弱，剖面下部均有钙积层。草原土壤的主要成土过程有腐殖质累积过程和钙化过程，但二者间的量的对比关系各土类有别，随干旱程度的增加，前者减弱，后者加强。

草原有机质主要以根系形式进入土壤，故腐殖质含量自表层向下逐渐减少。草原土壤开垦后有机碳含量下降，开始快，后来慢，逐步达到与生物气候地带相适应的相对稳定的水平上。如果长期不向土壤中补充新鲜有机物质，所剩下的有机质是难以分解的老化部分，则表现为土壤退化，影响土壤的物理性质和供肥能力，进而影响地上草原植被组成，表现为草原退化。

土壤基质可以推移或限制气候所决定的草地地带界线。在我国，北方草原区土壤基质对草地地带边界的影响非常明显，例如，天山北坡具有深厚风积黄土的细质土坡常为针茅与羊茅的禾草草原，而薄层黄土垫有碎石基质的斜坡，发育成以锦鸡儿为主的小禾草或半灌木，在石质山坡上为新疆圆柏灌丛；在高山植被带内，冰水沉积的细质土坡为高山小莎草草甸，有融雪水滋润的冰粒碎石质坡则为高山杂草类五花草甸，坡积或冰粒碎石质坡为高山坐垫植被，碳酸盐基岩的薄层土坡为圆柏灌丛。在较湿润和温暖的气候条件下，土壤基质对植被形成分布的影响就不很明显，其原因在于发育较好的土壤层和充足的水、热条件，大幅减小基质差异对草地植被的影响。

气候因素决定地带性植被与土壤的形成分布，而在相同的气候地带内土壤基质对水、热再分配起主导作用，成为决定植被分异的主要因素。尤其是在气候严酷的干旱荒漠、草原和寒冷的高山地区，基质的作用更为突出。我国荒漠草地是在荒漠气候条件下发育形成的，正是由于土壤基质所造成的水分与盐分状况的差异，出现了一系列不同的荒漠草地类型。

③草地气候资源：包括草原风力资源和草地光热资源两种。

a. 草地风力资源。风是由空气流动引起的一种自然现象，它是由太阳辐射热引起的。太阳光照射在地球表面上，使地表温度升高，地表的空气受热膨胀变轻而往上升。热空气上升后，低温的冷空气横向流入，上升的空气因逐渐冷却变重而降落，由于地表温度较高又会加热空气使之上升，这种空气的流动就产生了风，而在流动中产生的动能就是风能。风能可以通过风车来提取，当风吹动风轮时，风力带动风轮绕轴旋转，使风能转化为机械能。而风能转化量直接与空气密度、风轮扫过的面积和风速的平方成正比。国际能源组织估计到达地球的太阳能中虽然只有大约 2% 转化为风能，但其总量仍十分可观。全球的风能约为 27.4 亿 MW，其中可利用的风能为 0.2 亿 MW，比地球上可开发利用的水能总量还要大 10 倍。

我国是风力资源丰富的国家，全国理论可开发的风能储量为 10 亿 kW，实际可开发的风能储量为 2.53 亿 kW，其中草原地区的风能资源占全国 50% 以上。草原风能的利用形式主要是风力发电、风力提水灌溉。我国是世界上最早利用风能的国家之一，利用风能的历史可追溯到公元前。风力提水灌溉、风力发电在我国得到发展还是近些年才开始，至今已经建成了一批大型风力发电场。

b. 草地光热资源。在草地形成过程中，气候因素通过对生物及非生物环境的影响，形成草地的地带性分布，我国草原南北纬度相距约 50°，跨越热带、亚热带、暖温带、中温带和寒温带 5 个气候带；东西跨经度 62°，年降水量从东南沿海的 2 000 mm 向西北逐渐减少至 50 mm 以下，海拔-100~8 000 m。我国自然地理条件非常复杂，形成一个以青藏高原最高，向东逐渐降低的阶梯斜面。这样复杂的三维空间造就了复杂多样的草原气候类型，可以概括为东南季风区、西北干旱区和青藏高原区 3 个气候区。气候因素主要包括温度、湿度、气压、大气降水和太阳辐射等，其中对草地形成与分布影响最大的是温度和降水。太阳辐射作为地球各类生态系统最主要的能量来源，制约大气的增热和冷却过程、大气运动的变化过程和自然界水分的循环过程，从而决定气温、湿度、气压、大气降水和风等气候因素。太阳辐射在地球表面的不均匀分布及随时间变化的结果，形成了不同地区间的气候差异和各地气候的季节交替。太阳辐射的能量以热能的形式传递给地面及大气层，引起气温的变化。因此，太阳辐射对生物与非生物的影响，最终是以热的形式得以体现。

太阳以辐射形式不断地把巨大的热能传递给地面及大气层。以北半球为例，地球表面全年获得太阳辐射能最多的地方是赤道，随着纬度的增加，辐射量逐渐减少，北极最少，只有赤道的40%。这也是各地年均气温随着纬度的增高而降低的根本原因。根据热量在各纬度带的分布，从赤道向北可以划分出热带、亚热带、温带、亚寒带和寒带等几个热量带。上述各纬度的辐射总量，主要是由太阳高度角和日照时间的长短决定的。冬季，北方高纬度地区太阳高度角小，昼短夜长，南方低纬度地区太阳高度角大，白昼长于北方。因此，冬季南北方所获得的太阳辐射总量的相差很大。夏季，北方高纬度地区的太阳辐射虽不如南方低纬度地区大，但白昼却比南方长，使南北方所获得的太阳辐射量相差不大。这就决定了我国的气温具有冬季南北相差大、夏季南北相差小、北方冬季差别大、南方冬季差别小的特点。

大气环流是光热资源差异的另一个重要因素。各纬度地带的温度差异和大气环流的存在，促进高低纬度之间和海陆之间热量和水汽的交换，调整全球热量和水分的分布。同时，大气环流还具有削弱太阳辐射的作用。例如，在经常处于低气压控制的地区，因常有大片的云层反射太阳辐射，所以地面能获得的太阳辐射一定少于同纬度其他地区；而高气压经常控制的地区，则与之相反。世界上许多地区，虽然纬度相当，但由于大气环流情况不同，也常形成差别很大的气候。例如，我国的长江流域和非洲的撒哈拉大沙漠，按纬度位置都处在亚热带，也同样邻近海洋。但是我国长江流域由于夏季风带来大量水汽，所以雨量丰沛，成为良田沃野；而撒哈拉大沙漠则因终年在副热带高压控制下，所以干燥少雨，形成了广阔的沙漠。由此可见，大气环流对气候的形成起着重要作用。

由于上述热量分布的纬度地带性，草地的形成也表现出明显的地带性规律。例如，在热带湿润带，形成了炎热潮湿及暖热潮湿类型的草地；低纬度干燥带形成了暖热干燥类型的草地；温带湿润带形成了暖温微润类型的草地；高纬度寒冷带形成了冷湿和寒湿类型的草地。

2.1.3　草地资源经济研究概况

草地资源经济主要探讨人类经济与草地生态系统之间的联系和相互依存关系。草地资源是自然资源，自然资源经济的原理同样适用于草地资源经济。自然资源经济主要研究自然资源的供给、需求及配置问题。其目标是充分认识自然资源在经济中的重要作用和地位，学会对自然资源的可持续开发利用及资源管理方法。所以，草地资源经济的目标是为建立一个长期可持续、高效的草业经济提供理论支撑，了解草地资源及其特征，为草地资源的合理利用及可持续管理提供方法，以确保为子孙后代保留这片草地，永续利用这些草地资源。草地资源经济的研究注重草地资源经济系统、草地社会系统和草地生态系统的相互作用，将草地资源系统和经济系统分别作为子系统，通过物质、能量、信息和价值的交换或转换，相互作用、交织、耦合而构成具有独立特性和自身运动规律的复合大系统。它是一个多层次的、庞大而复杂的综合体，如图 2-4 所示。

草地资源经济是运用经济学理论和分析方法研究草地资源的供给、需求分配和保护等公共政策问题的经济学分支学科。草地资源经济首先指出草地自然资源配置问题进行优化决策的必要性，进而寻找资

图 2-4　草地资源经济系统与草地生态系统的关系

源问题的经济根源，最后设计经济机制来减缓以至消除资源与环境问题，以促进经济社会可持续发展。

草地资源经济的观点与纯粹的环境保护主义者的观点不同。前者并不认为仅强调保护且不利用自然资源是最优的，而是主张资源开发、保护与经济发展相协调，主张适度地利用自然资源。

2.1.3.1　草地资源经济的研究对象

草地资源经济的研究对象是草地资源经济系统，主要研究草原上稀缺型自然资源开发与利用的最优化配置问题，即如何使草原上自然资源在不同用途之间、在同一用途不同使用者之间、在现在和未来之间配置最优；研究采用何种经济机制来缓解草地资源的有限性问题，实现草地资源与经济社会发展的协调，研究草地资源与经济协调发展的理论、方法和政策。

草地资源经济首先指出草地自然资源配置问题上优化决策的必要性，进而寻找草地资源短缺问题的经济根源，最后设计经济机制来减缓以至消除草地资源错配问题，以促进经济社会可持续发展。草地资源经济研究领域包括草地资源的福利理论、草地资源利用与污染控制、草地资源退化与耗竭、草地资源管理、草地资源利用、草地资源价值评估、草地资源管理政策。

此外，草地资源经济的研究主题还包括农业、交通和城市化对草地生态系统的影响、地区发展中的草地使用、草地资源国际贸易和环境、气候变化等。

2.1.3.2　草地资源经济的研究内容

草地资源是具有空间、数量、质量结构特征，有一定范围分布，具备生产和生态功能的自然资源。我国作为草地资源大国，草原资源覆盖全国近 40% 的国土面积，是我国最大的陆地生态系统。草地资源作为重要的自然资源，是生态环境可持续发展的保障。草地资源经济的研究内容包括以下几方面。

①草地资源作为一种资产，对其价值进行科学评估，有助于人们认识草地资源的真实价值。

②在现实的社会、经济及可行的技术条件下，如何科学合理地利用草地资源。研究草地资源资产价值对于构建完善草地生态产品价值实现机制、加强草地资源保护修复均具有

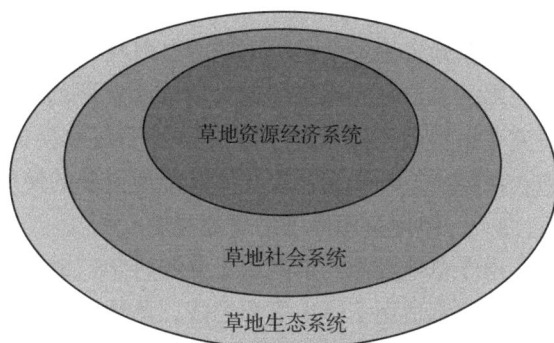

重要意义。

③草地资源虽然是可更新的自然资源，但过度利用也会造成草地的退化，最终导致资源耗竭。草地生态系统的退化及草地资源的消耗可以说是一个全球性的可持续发展问题。研究草地资源经济有助于解决如何平衡社会的需求，有助于政府制定保护草地资源的措施，从经济、环境和社会统筹对草地资源的使用。

2.1.3.3　草地资源经济的研究方法

由于草地资源经济既属于资源科学，也属于经济科学，这就决定了资源学和经济学研究的方法都适用于草地资源经济。草地资源经济研究的方法主要包括以下几种。

（1）实证分析方法

实证分析方法是草地资源经济运用实证的方法，对草地资源经济活动做出客观地描述。由于在草地资源开发和利用过程中形成的关系非常复杂，因此需要在揭示客观规律的过程中，通过推理形成理论和模型以概括复杂的资源经济过程。

（2）演绎法和归纳法

演绎法是从基本假定或者从已经建立的法则推论出结论的一种研究方法。它的基本步骤是：①根据所要分析的事实做出相关假设前提；②从假设的前提推演出结论；③对结论进行验证。演绎法推演出的结论，只是在假定范围内才是有效的。由于情况复杂多变，推演出来的结论大多也只是陈述性的。演绎法有两种形式：一种是非数学式的，另一种是数学式的。

归纳法是从许多个别的事实中，推论出普遍性原则的方法。它的基本步骤是：①观察；②形成假设；③得出结论；④验证结论。

演绎法和归纳法是互相补充的，在实际中二者是补充使用的。

（3）规范分析方法

草地资源经济运用规范分析方法，就是在研究草地资源经济问题时，需要做出价值评判，研究判别资源管理方式优劣的标准。在规范分析方法中，标准需事前确定，之后进行事件比照：若事件满足标准，则事件便被认为是优质的；若事件不满足标准，则被认为是劣质的。

草地资源经济运用规范分析方法，就是要考察何种资源开发和利用方式是符合可持续发展原则的，从而是优质的；何种资源开发方式不符合可持续发展的原则，从而是劣质的；对既有的资源政策做出优和劣的评判，并提出具体的草地资源管理政策等。

由于规范分析方法取决于研究者的价值评判，所以不同的研究者分析问题的出发点、所站的角度、分析方法、知识结构、价值标准等的不同，就会得出不同甚至完全相反的结论。

草地资源经济是资源经济学在草地自然资源系统上的延伸，草地资源经济的发生和发展与资源经济学一致，都是围绕人与自然的关系、人类对自然资源的认识和利用理念的发展同步。这一过程可分为以下3个阶段。

①萌芽阶段：自工业革命后的资本主义初期阶段到20世纪40年代，由于生产力的迅猛发展，对自然资源需求也大幅增长，进而产生了人与自然、生产与资源的尖锐矛盾。人们开始关注资源的开发和利用问题，并开始把注意力放在资源的经济问题上，从而资源经

济学作为一门独立的学科逐渐从经济学中分离出来。最早是人们开始研究"土地经济学"和"可耗竭资源经济学"。独立的资源经济学的形成始于 20 世纪 20 年代，代表人物为美国的伊利、莫尔斯和韦尔万，他们的著作被当作当时我国大学的农业经济专业教材。我国第一本土地经济学研究专著《土地经济学》于 1930 年出版。

②发展阶段：20 世纪 40~80 年代。资源经济学由土地经济学逐步拓展其研究领域，形成多学科、综合性的资源经济学。这个时期，由于资源问题日益突出，特别是 20 世纪 70 年代两次石油危机以后，人们更加关注资源环境问题。同期，国际上出版了许多关于资源与环境问题的专著和论文，对盲目追求经济增长的发展观进行反思和批判。在这一阶段，资源经济学作为一门独立的经济学已经产生并获得快速发展，并派生出了"生态经济学""资源与环境经济学"等新学科。

③成熟时期：20 世纪 80 年代以后，随着可持续发展观的提出，资源经济学的发展进入了一个崭新阶段。经济学家和资源学专家认为自然资源经济问题不能局限在资源管理这一孤立的角度进行研究，必须在可持续发展观的指导下，把资源问题放在"经济—社会—人口—资源—环境—发展"的大系统中进行研究，要兼顾现在和未来的发展，才能得出科学的结论。

在可持续发展观引领下，草地资源经济也逐渐从概念提出发展到了日趋完善和成熟的阶段。草地资源经济更加着重于天然草地资源状况、自然生态、草地适应性管理、草牧业产业发展、社会进步等方面，去认识和解决草地资源开发利用中的经济问题和社会经济发展中的资源问题。

2.2　草地资源价值及核算

2.2.1　草地资源资产

2.2.1.1　草地资源资产的概念

自然资源资产

草地资源是一种特殊的资产，除具有一般资产的属性外，还具有可再生性，受自然因素影响大，兼具经济、生态和社会效益于一体的特性。草地资源资产培育过程风险大、管护难度大、投资直接经济收益小，而生态价值巨大。而从自然层次讲，它具有支持生命生存的意义，能够满足生命生存和发展的需要，支持人类和其他生命的持续生存，从而实现草地资源本身的发展和演化。

草地资源与草地资源资产既有联系又有区别。作为资产，首先必须是一种经济资源，因此二者的物质内涵是一致的。但由于资产与资源分属不同的管理范畴，因而也有显著的区别。资产更加注重财富的经济属性和法律属性，而资源主要强调财富的物质属性。草地资源是构成草地资源资产的物质基础，是物质存在的反映；草地资源资产则是一种观念形态，是财产关系的反映。由草地资源变为草地资源资产，需要具备以下条件：①草地资源的物质实体具有使用价值，可作为经营对象，预期会给经营者带来经济利益，属于物质财富范畴；②数量确定，归属于明确的会计主体，为该主体所拥有或控制，并受法律保护；③其价值或成本能够可靠计量。

草地资源资产的概念是在草地资源的基础上发展而来的。草地资源资产是具有草地生态

系统的物质结构，受人类直接或间接影响的、实际或潜在的以草地资源为物质财富内涵的财产。草地资源要成为草地资源资产，首先必须是稀缺的，这是资源转化为资源资产的重要前提；其次是能够产生效益(既包括经济效益和社会效益，也包括资源所产生的生态效益)；最后是具有明确的产权，只有产权关系明晰，草地资源才有可能转化为草地资源资产。

草地资源资产可以表现为实物形态，存在形式如土地、水、草地植被、草原矿山等。草地资源资产也可以表现为价值形态，即价值通过货币形式统一计量。同时，草地资源资产的价值形态就是资源资本，它在运动中不仅可以保存自己的价值，而且可以给其所有者带来更多的价值，草地资源资产还可以表现为一定的权利，即"财产权"，这意味着草地资源资产可以在不同的经济主体之间进行流动。

2.2.1.2　草地资源资产的产权制度

由于我国的市场经济是从传统集中计划经济中脱胎而来的，仅承认草地资源的实物形态，忽视草地资源的价值，漠视草地资源的产权，使草地资源资产不能发挥其应有的效益，致使草地资源资产长期处于粗放利用，浪费严重。同时，只强调对草地资源的开发和利用，忽视对生态环境的保护。现今我们面临的许多生态环境问题，都是由于对自然资源不合理开发利用造成的结果。

2019 年中共中央办公厅、国务院办公厅《关于统筹推进自然资源资产产权制度改革的指导意见》指出，自然资源资产产权制度是加强生态保护、促进生态文明建设的重要基础性制度。目前，我国自然资源资产产权制度逐步建立，在促进自然资源节约集约利用和有效保护方面发挥了积极作用，但也存在自然资源资产底数不清、所有者不到位、权责不明晰、权益不落实、监管保护制度不健全等问题，导致产权纠纷多发、资源保护乏力、开发利用粗放、生态退化严重。

建立自然资源资产产权制度的基本原则就是，坚持保护优先、集约利用。正确处理资源保护与开发利用的关系，既要发挥自然资源资产产权制度在严格保护资源、提升生态功能中的基础作用，又要发挥在优化资源配置、提高资源开发利用效率、促进高质量发展中的关键作用。同时，发挥市场配置资源的决定性作用，努力提升自然资源要素市场化配置水平，加强政府监督管理，促进自然资源的合理利用。

草地资源资产也存在底数不清、管理不力等问题。应建立草地资源调查监测评价制度，摸清草地资源的数量、质量、空间分布、权属关系、利用现状和退化状况，对于提升草地生态系统的服务质量，制定草地资源资产产权制度及草地资源资产核算具有重要的作用。

2.2.2　草地资源资产价值核算

资源是经济社会发展的物质基础，储备的资源禀赋是未来发展的潜在动力。一个国家国民财富的富裕程度，不仅应用国民生产总值来衡量，还应用资源的储备来衡量。自然资源核算是对一定空间和时间内的某类或若干类自然资源，在其真实统计和合理评估的基础上，从实物和价值两方面，运用核算账户和比较分析等形式，来核实、测算其总量平衡和结构变化状况，从而反映供需平衡状况的一种经济活动。草地资源资产价值核算属于国民经济核算体系的重要部分，采用的核算方法与自然资源资产价值核算一致。

自然资源资产
价值核算理论
与构成

2.2.2.1　草地自然资源价值的核算方法

草地资源为资源型资产，在价值核算过程中不仅要考虑草地及地上附属物的价值，还应在全局角度对草地资源开发的影响、成本补偿、收益确认等进行核算计量。对草地资源进行价值核算，应突破传统资产核算方法的局限，综合计算国内生产总值和前端及后端产业生产成本。目前，草地资源价值核算可借鉴资源环境经济核算体系（又称绿色国民经济核算，俗称"绿色 GDP"）中资源环境经济核算方法。

草地自然资源价值核算，是在草地资源成本定价的基础上进行的核算，既包括存量的核算，又包括流量的核算；既要有实物形态的核算，又要有价值形态的核算；既要对各类自然资源分别进行分类核算，又要进行综合核算。由于核算的内容与要求不同，其核算的方法也各不相同。

（1）分类核算法

由于各类自然资源的属性和功能不同，需要分别核算，需对各类资源的变化量、开采量和其他损失量、存量等进行核算，针对各种环境介质、污染物所带来的损失、治理所需的成本等进行核算。由于资源环境的价格是资源环境核算的基础，而资源环境价格与资源环境产品的价格有着密切的联系，因此需要观察其价格是如何形成的，即它是由哪些因素构成的，进而为制定正确的自然资源价格政策提供依据。在对自然资源进行核算时，资源物品一般具有实物形态和价格，理论上进行核算并不复杂，只需将实物量乘以价格即可得到资源物品的价值。但在核算中存在着 3 个问题：①资源的实际价格往往低于市场均衡价格；②需要将资源的总价值折算到某一个时间点；③资源的环境属性很难进行估价。在对环境进行核算时，可以采用直接市场法、揭示偏好价值评估法和意愿调查价值评估法对每一种环境要素进行核算。例如，以不同草地类型、面积核算某一地区的草原土地资源资产的实物量，以征地补偿标准核算草原土地资源资产的价值量，即

$$V_l = \sum_{i=1}^{n} U_{li} \times A_i \tag{2-1}$$

式中　V_l——草原土地资源资产价值（万元）；

　　　U_{li}——第 i 类草原土地征地补偿标准（万元/hm^2）；

　　　A_i——第 i 类草原土地面积（hm^2）；

　　　n——地区草原类型的数量。

征地补偿标准一般与核算的草原土地单位面积年产值和征地补偿的年数有关，即

$$U_{li} = W_i \times N_i \tag{2-2}$$

式中　W_i——地区第 i 类草原土地单位面积年产值 [万元/（hm$^2 \cdot$ a）]；

　　　N_i——第 i 类草原土地补偿倍数，即征地时按该类土地年产值一次性补偿的年数。

（2）综合核算法

在现代社会化大生产对自然资源需求日益增大的情况下，单纯依靠自然再生产已远远不能满足需要，必须通过增加社会投入来扩大自然资源的再生产能力，提高环境对生产过程中排放的污染物质的消纳能力，从而满足今世和后代的需求。因此，要实事求是地把资源环境生产活动作为一种产业活动、一个产业部门来看待。对自然资源的总量进行核算，对总体环境质量为人类生产生活带来的收益和损失进行核算。各种资源环境的实物量是无

法加以综合观察与分析的，在商品货币的条件下，只有借助于价格这个相同的测量尺度，才能求得自然资源的总量，反映出资源环境产业部门的总水平。核算的过程是通过自然资源分配核算获得的价值量求得资源环境的价值总量。

目前，草地资源价值核算主要采用分类核算法。在草地资源直接交易价值能够可靠计量的情况下，采用可实现净值法。为了确认可直接交易价值，首先对草地资源进行分组，存在活跃市场的则以该市场中的报价为基础，不存在活跃市场的则可采用最近的市场交易价格，按资源差别进行调整过的类似资产的价格或行业基准价等为基础。在可直接交易价值不能可靠计量的情况下，初次确认时草地资源应按照其成本减去折旧和增减值来确定。在草地资源可直接交易价值不能可靠计量且成本、折旧、增减值无法衡量的情况下，可按评估价近似计量。因为评估价具有很强的专业技术性，要以草原经营方案、草原资源档案等为依据，通过修正有效的草地资源数据，区分草原的密度、生长期，结合评估的目的选用不同形式的评估方法，依据草原总体情况，采取实物核查、市场调查、技术经济分析等手段对草地资源资产进行评定估算。草地资源的公允价值的确定，是一项具有较强的专业性和特殊性的技术性工作，需要聘请专业的评估人员进行评估。

2.2.2.2　草地自然资源价值的核算过程

充分利用草地资源调查成果、草地资源确权登记成果，以及草地资源管理与业务流程中形成的相关数据成果，通过比对分析、归类汇总，辅以必要的补充调查、实验、量测等，核算不同草地类型下的草地资源实物量，以实物量核算结果为基础，利用草地资源资产评价评估成果、自然资源有偿使用和交易相关资料，借鉴草地资源评价评估方法、统计分析方法，核算自然资源资产价值量。以下为实物量和价值量的核算方法。

（1）草地资源实物量核算

草地资源实物量核算以现有草原调查监测成果为基础，通过分类提取、分析汇总实现。如数据库不满足实物量核算要求，基础数据补充获取方法应符合草地资源调查技术规程的相关规定。

草地资源资产实物量核算主要参照草地等级和原调查监测等各类草原质量调查评价成果进行，并随草原质量评价相关工作的深入而拓展丰富；如果既有质量评价成果不能满足需求，可按照《自然资源分等定级通则》的相关规定开展草地资源质量分级分等工作。

（2）草地资源价值量核算

依据价值量核算中的基本核算单元划分及预期实现的精度差异，草地资源价值量核算可选用宏观、中观、微观3种不同尺度的方法；结合主要参照的自然资源资产价值（价格）或费用指标，构成由多种具体核算方法组成的方法体系。

①宏观核算方法：以某一适当层级的行政辖区（如地级或县级）或具有宏观序列可比的资源质量等级作为基本核算单元，视其内部相应类型的草地资源在质量与价值的空间分布上具有总体均一性；评估核定基本核算单元内该草地资源资产的平均单位价值水平，与相应的资源实物量结合，核算资产总价值量。宏观核算方法主要参照的资源价值（价格）指标包括政府公布的自然资源基准价、监测价、自然资源税费及使用金征收标准、直接市场或替代市场交易价格及其他评估价格等。

②中观核算方法：在行政辖区内部，依据不同空间区位上草地资源的质量、功能、价

值等的差异划分均质区域，以各均质区域为基本核算单元，评估核定基本核算单元内该类草地资源资产的平均单位价值水平，与相应资源的实物量结合，核算资产总价值量。中观核算方法主要参照的资源价值(价格)指标包括自然资源政府公示价格(基准价、标定价)监测价、自然有偿使用金征收标准、直接市场或替代市场交易价格及其他评估价格等。

③微观核算方法：以自然资源资产登记中的具体草地的权属单元或图斑为基本核算单元，识别关键因素对核算对象价值的影响，评估核定各具体权属单元或图斑的价值水平，与相应资源的实物量结合，核算资产总价值量。

需要注意的是草地资源实物量核算应优先明确权属、范围、类型等关键属性指标。并且，草地资源价值量核算过程中，不同地区、不同草原类型对草地价格影响较大，市场交易数据较少，应注意多方价格数据参考对比，综合获取草原资源价值量。

总之，草地资源资产核算主要体现的是草地资源资产的所有权、使用权和支配权的问题，其中支配权是指通过租借、承包等方式获得对草地资源的临时使用权。

2.2.3 草地资源资产负债表的编制

(1)自然资源资产的分类和界定

在编制自然资源资产负债表时，先要对自然资源资产进行分类(图2-5)和界定，以便更好地进行数据统计和核算。

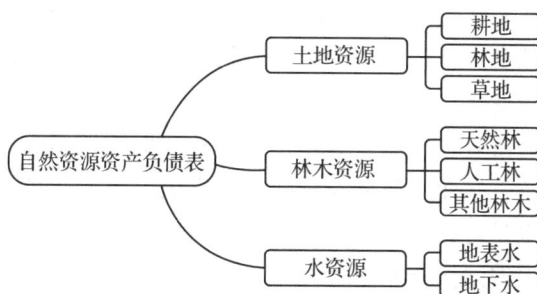

编制自然资源
资产负债表的
意义

图2-5 自然资源资产负债表的自然资源分类

自然资源资产负债表主要包括土地资源、林木资源和水资源。其中，土地资源资产负债表主要包括耕地、林地、草地等土地存量利用情况及其变化，耕地和草地质量等级分布及其变化；林木资源资产负债表包括天然林、人工林、其他林木的蓄积量和单位面积蓄积量；水资源资产负债表包括地表水、地下水资源情况，水资源质量等级分布及其变化。自然资源资产负债表反映自然资源在核算期初、期末的存量水平和核算期间的变化量。核算期一般以年度为单位。

(2)草地自然资源资产负债

草地自然资源负债是指由于人类活动导致自然资源数量减少，或资源质量下降而形成的债务。草地自然资源负债反映了人类对草地自然资源的损害程度。负债的确认和计量需要结合环境成本和修复成本进行估算。因为草地自然资源资产是指那些人类能够控制和管理，且能够给人类带来经济、生态和文化利益的自然资源，不包括人类暂时无法控制和管理的(如空气、阳光、风等)自然资源。如果人类对草地自然资源资产的利用和管理不当，

就会造成自然资源资产数量的减少或质量的下降，这种减少的资产量值就是负债。

草地自然资源资产负债是指草地资源资产的利用与破坏、退化所造成的草地资产的价值损失，包括草地占用、草原放牧、草原退化、病虫害、火灾、草地资源资产质量下降等引起的资源消耗量超过自然恢复量，草地资源资产存在合理负债区间，即草原利用、退化等小于等于其自然更新的速率。

草地资源资产的负债率 R_g 计算公式：

$$R_g = \frac{\text{草地资源资产负债}}{\text{草地资源资产总值}}$$（2-3）

草地资源资产负债可以区分为人为因素造成的负债与自然因素造成的负债，人为因素造成的草地资源资产负债率 R_{gh} 计算公式：

$$R_{gh} = \frac{\text{人为因素草地资源资产负债}}{\text{草地资源资产总值}}$$（2-4）

草地资源资产总值一般为初始资源资产总值。

（3）草地自然资源资产负债表编制

草地自然资源资产，应该满足最基本的 4 个要素：一是具有稀缺性，二是所有权明晰，三是有用性，四是可以计量。草地自然资源资产是指一定时间和地点条件下归属于所有者，能为人类带来经济利益、产生社会价值，存在于草地的全部物质和能量。

编制草地自然资源资产负债表，就是以核算账户的形式对全国或一个地区主要草地自然资源资产的存量及增减变化进行分类核算。编制负债表，可以客观地评估当期草地自然资源资产实物量和价值的变化，摸清某一时点上自然资源资产的"家底"，准确把握经济主体对草地自然资源资产的占有、使用、消耗、恢复和增值活动情况，全面反映经济发展的资源环境代价和生态效益，从而为环境与发展综合决策、政府政绩评估考核环境补偿等提供重要依据。同时，这也是对领导干部实行自然资源资产离任审计的重要依据。

草地资源资产负债表编制注意的问题：

①资源资产负债表编制要与现有的生态红线管控、领导干部自然资源资产离任审计、生态环境责任追究等重大制度相衔接。

②草地资源资产负债表编制的核算对象主要是各类草地资源资产及不同草地质量等级的数量和价值，而不是全部自然资源或生态系统。

③草地资源资产负债表编制既要注重量的指标，又要注重质的指标，并且要反映自然资源资产的规模变化情况。

④草地资源资产负债表编制过程中尽量不涉及草地资源的权属与管理关系。

编制草地资源资产负债表，首先，要反映特定主体在某一时段之初草地资源（包括天然草地和人工草地）存量，也要反映期末资源存量、时段内存量的增减变动量，以此说明主体管辖范围内草地资源的增减情况。其次，依据实物量资料编制出来的价值量报表要反映特定主体对草地资源的投入产出效益，核算其资产、负债、净资产。表 2-4 和表 2-5 分别为草地资源资产负债表编制的参考样表，其中草地质量综合等级参照《天然草原等级评定技术规范》（NY/T 1579—2007）评等定级再综合；期初、期末按资产负债表要求的时段确定。

表 2-4 草地资源资产负债表——草地资源数量及其变化

草地名称/ 草地类型	草地质量 综合等级	资源数量/hm²		资源数量变化/hm²		变化百分比/%	
		期初	期末	增加(+)	减少(-)	增加(+)	减少(-)
天然草原1	优质						
	中质						
	劣质						
天然草原2	优质						
	中质						
	劣质						
……							
合计							

表 2-5 草地资源资产负债表——草地资源资产价值量及其变化

草地名称/ 草地类型	草地质量 综合等级	资产价值/万元		资产价值变化/万元		变化百分比/%	
		期初	期末	增加(+)	减少(-)	增加(+)	减少(-)
天然草原1	优质						
	中质						
	劣质						
天然草原2	优质						
	中质						
	劣质						
……							
合计							

2.3 草地资源的利用与配置

2.3.1 草地资源利用

目前，对草地资源利用的定义尚无一致认识。草地资源利用内涵实质是人类通过与草地结合获得物质产品和服务的经济活动过程，通过与草地结合获得物质、能量、价值和信息的交流与转换过程。草地资源利用是人类根据草地资源的特性、功能和一定的经济目的，对草地的使用、保护和改造。它属于联合国粮食及农业组织(FAO)的定义："土地利用是由自然条件和人为干预所决定土地的功能。"

2.3.1.1 经济学原则

草地资源开发利用的最主要也最直接的目的之一，就是获得良好的经济效益。按照经济学原理去开发利用资源，能够以最低生产成本获得较好的经济效益。

经济效益是指盈利或利益，表示产值、成本、利润、税收等因素之间的消长关系，是综合活动的结果。在社会主义条件下，它是营利性和满足需要相结合的效果，真正体现了社会主义生产的目的性。

经济效率是单位时间内的资源投入同转换成果之间的对比，即劳动效果/劳动量×100%。也就是在尽量少的劳动时间里创造出尽量丰富的物质财富。经济效率包括生产效率、劳动效率、劳动生产效率等，它对经济效益具有极大的积累作用。

通常所说的经济效益临界就是指在经济上能否取得收益的数量界限，只有当具体数值表明产出大于投入时，才能真正获得经济效益。

在草业领域，扩大经营规模、增加产品质量等，必然会引起投入费用的相应变化，从经济上考虑，就需要有一个最佳选择，这就是经济效益界限分析（图 2-6）。

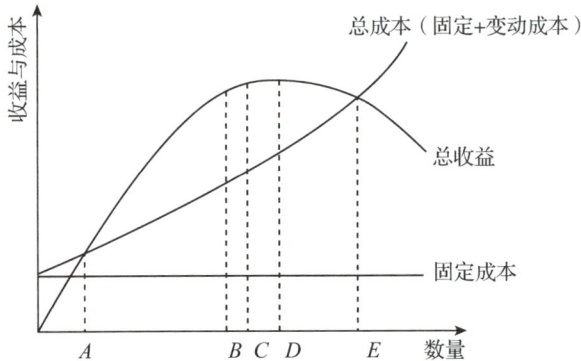

图 2-6　经济效益界限分析

图 2-6 中的 A 点和 E 点就是经济临界点，标志着经济效益盈亏点、转折点，是经济效益发展中质变的地方。图中 A~E 表示可以取得经济效益的数值范围，即经济效益范围，就是由临界点下限和上限所规定的区间和过程。图中 B~D 是优选区间的可行点集，又称可行性区间。在技术方案、技术措施进行比较选优时，经济效益界限主要就是指这个可行性区间。其中，最佳选择又称经济最佳，即图 2-6 中的 C 点，是可行性区间内最符合经济目标的某一具体数值，可以是最高产量、最大产值，或最大纯收入等，是可行方案的最佳选择。

2.3.1.2　可持续原则

可持续发展是一个动态的、发展的概念，其定义没有统一，但对可持续发展的核心思想却达成共识，即健康的经济发展应建立在生态可持续能力、社会公正和人民积极参与自身发展的基础上，它所追求的目标是既要使人类的各种需要得到满足，个人得到充分发展，又要保护资源和生态环境，不对后代人的生存和发展构成威胁。

自然资源是人类生存和发展的基础，其中草地资源是草业生存和发展的基础。可持续发展草业在很大程度上依赖于可持续利用草地资源。可持续草地利用概念从其在社会发展阶段的教训中，认识到了绝不能以掠夺草地和牺牲环境来换取经济发展这种短期行为，虽然也可以换取一时的经济发展，但那是不能持续的，最后会将草地与人类一同毁灭，所以可持续（sustainable）一词代表了人与自然关系发展的新阶段。

草地资源利用的可持续原则包括以下几个。

①生产性原则：保持和加强生产服务，即保证土地资源的合理利用和加强生产服务而提高其生产潜力，不能以牺牲生产来换取持续。

②稳定性原则：减少生产风险程度，即改善土地生产的生态条件而保证生产的稳定性。

③保护性原则：保护土地资源潜力和防止土壤与水质的退化，即不能因生产或高产而破坏水土资源。

④可行性原则：具有经济活力，即生产与经济要双向持续发展。

⑤可承受性原则：具有社会承受力，如要持续，则必须考虑社会的可承受性。第三世界国家目前首要考虑的是解决人的温饱，在解决温饱的过程中逐步加强其生态环境的保护措施，最后达到生产与生态的高度结合。

草地资源利用与配置的目标(图 2-7)就是在满足生态效益、经济效益、社会效益的条件下达到可持续利益。

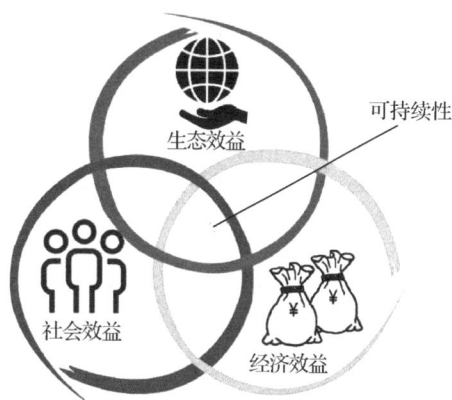

图 2-7　草地资源利用与配置的目标

2.3.2　草地资源配置

草地资源具有很强的综合性。首先，草地是国土资源的重要组成部分，具有土地资源的属性。其次，以草地而存在的既有生物资源，也有非生物资源；既有环境资源，也有景观资源；既有自然资源，也有文化资源；既有可再生资源，也有不可再生资源；既有现实的资源，也有潜在的资源。但无论如何，草地所拥有的自然生产力是任何经济资产都不具备的。人类对草地资源可以多用途利用，也可以永续利用，但利用过程不合理，就会使草地退化，资源减损。因此，草地资源配置应当从多维度的方法，从不同的方位和角度去考虑和处理资源的合理配置问题，从而找到资源配置的最佳途径。

2.3.2.1　草地资源的市场化配置

《关于统筹推进自然资源资产产权制度改革的指导意见》中指出，为加快健全自然资源资产产权制度，进一步推动生态文明建设，对自然资源的配置原则是坚持市场配置、政府监管。通过探索自然资源资产所有者权益的多种有效实现形式，发挥市场配置资源的决定性作用，努力提升自然资源要素市场化配置水平；加强政府监督管理，促进自然资源权利人合理利用资源。

使市场在资源配置中起决定性作用是市场经济的本质要求。市场经济是以市场机制导向社会资源配置，实现社会生产和再生产的经济形态。市场经济的显著特征是资源配置依据市场规则、市场价格、市场竞争实现效益最大化和效率最优化。市场决定资源配置的机制，主要包括价格机制、供求机制、竞争机制、激励和约束机制。其作用主要体现在以利润为导向引导生产要素流向，以竞争为手段决定商品价格，以价格为杠杆调节供求关系，使社会总供给和总需求达到总体平衡，生产要素的价格和投向、产品消费、利润实现、利益分配主要依靠市场交换来完成。

在草地资源中，根据草地资源资产的权属关系，有些属于个人，有些属于集体，也有一些属于国家。例如，牧民承包经营的草场，承包合同规定了承包草原的界限、面积，并且一般具有较长的承包期，牧户承包了这片草原，意味着在合同规定的期限内该牧户具有这片草原的使用权，别的牧户不得在这片草原上放牧，也不允许别人家的牛羊进入他承包的草场，为此往往将自己承包的草场用围栏围起来。再如，某企业租赁了一块土地种植牧草，生产干草草捆给养殖场出售，在草捆未出售之前，这些草捆就是这家企业生产的产品，该产品归这家企业所有。

经济学中凡是人类必须付出代价方可得到的产品或服务，也就是使用生产资源和人类劳动生产出来的产品或服务称为物品。根据物品属性可以分为两大类，即私人物品和公共物品。

私人物品是指个人消费的物品，它具有消费的排他性和竞争性。排他性是指一旦一个人拥有了某种物品，他就可以不让别人消费。例如，上述承包的草场和企业生产的草捆，这是自家的草场，不会允许他家来放牧，具有排他性；草捆未出售前，该生产企业不会允许未经付费(销售)就消费自己的草产品，消费草产品具有排他性。竞争性是指一个人消费了一定量的某种物品，就会减少其他人的消费量。因为市场上的物品数量是有限的。同样以上述例题，尽管草原很大，但面积还是有限的，一个牧户分到一片草原，别的牧户想多分一点是不可能的，即承包经营草原是有竞争性的；草产品生产企业每年生产的干草数量是有限的，如果一个养殖场订购一批，就得减少其他养殖场从该企业采购干草产品的数量。

私人物品的排他性和竞争性决定了每个人只有通过购买才能消费某种物品，也就是说，消费者只有通过市场交易向物品生产者购买才能消费某种物品。有市场交易就有价格。如果生产者认为消费者支付的价格使他自己有利可图，他就愿意生产。一个愿意生产，一个愿意消费，这就实现了物品的交易。这项交易由价格来调节，从而实现供求相等。在配置私人物品生产的资源时，市场机制是有效率的。

价格在市场上是自发地由供求关系决定的，也是在自发地调节着供给与需求。所以，在经济学中价格是一只"看不见的手"，它在生产者和消费者之间起传递信息、提供刺激和决策协调的作用。例如，我们在人工草地生产、城市绿地草坪建植中常通过宣传让生产者或管理者节约用水，但也可以使用价格手段达到节水的目的，显然价格手段是最有效的，通过价格调控使水资源在草地生产中得到有效配置。再如，奶牛养殖企业非常重视优质苜蓿草产品，而苜蓿草产品的市场定价就是按照质量等级确定的，优质优价。由此进一步刺激苜蓿草生产者更加注重提高草产品的质量，以获得较高的经济回报。

在草业生产中，有众多的草产品生产者和众多的草产品消费者，生产者根据饲草的市场价格做出自己的生产决策，消费者也根据饲草的市场价格做出自己的购买决策。例如，如果今年的牛肉价格很高，养牛户的收入就会增加，这就促使他养更多的牛，进而对饲草的需求增加；如果今年的牛肉价格过低，养牛户的收入就会减少，这就促使他减少牛的饲养，从而降低对饲草的需求。牛肉的价格关联着饲草的价格。饲草价格高，种草人的收入就会增加，促使其投入更多的生产资源以提高饲草产量或饲草品质；反之亦然。当生产者的供给与消费者的需求相等时，价格不再上升，消费者不再减少购买量，生产者也不再增加产量，市场实现了供需平衡，生产资源达到了最优配置。价格不断地变动调节供求关系的过程就是这只看不见的手在调节经济活动，使生产资源实现最优配置的过程。

与一切事物一样，市场也不是十全十美的。在许多情况下，通过价格的自发调节可以实现供求平衡，从而实现资源的最优配置。但在另一些情况下，仅仅是市场调节并不能实现供求平衡，这种情况就称为市场失灵(market failure)。公共资源往往会引起市场失灵。

2.3.2.2　公共物品与公共资源

(1)公共物品

与私人物品相对应,公共物品是由集体消费的物品,它具有非排他性和非竞争性。公共物品最经典的例子就是路灯。例如,在草原牧区定居点为方便人们晚间出行安全,居民点内的道路都安装了路灯。你可以利用路灯晚间出行,这并不影响其他人利用路灯晚上散步。路灯为所有过路的人照亮,因为路灯是公共物品,你利用路灯并无有效办法阻止别人利用,你利用了也不会影响别人利用。这就说明公共物品不具有排他性,也不具有竞争性。公共物品的非排他性和非竞争性决定了人们不用购买就可以进行消费。这种不用购买就可以消费的现象就是"搭便车"。搭便车现象实际就是这种公共物品没有进入市场交易,从而妨碍了公共物品供给与需求的市场自动调节过程。消费者不用购买就可以进行消费的行为意味着生产公共物品的供应商无法获得收益,从而无法弥补生产公共物品的成本,这就造成公共物品的供给不足,此时市场就出现了失灵。正是由于这个原因,一些公共服务包括公共物品必须由政府提供。

草原牧民自古以来逐水草而居,这是因为水是牧民生活、家畜养殖不可或缺的。因此,在草原承包划分地块时,必须留出一块水源地草场作为公共草场,每个牧户都可以将自己的牛羊赶进水源地草场以保证牛羊有饮用水源。此时这个公共草场不具有排他性,即大家都可以在此放牧。如果公共草场面积有限,放牧量又很大时,对公共草场的利用就会产生竞争,即一户的畜群占用了一定面积的公共草场,其他牧户就无法再占用这块草场。这种情况下公共草场具备了公共资源的特征。

(2)公共资源

公共资源指自然生成或自然存在的资源,它能为人类提供生存、发展、享受的自然物质与自然条件,这些资源是人类社会经济发展共同所有的基础条件。这就是说公共资源是自然资源,并且这些资源不为哪一个个人或企业组织所拥有,社会成员可以自由地利用这些资源。这就决定了公共资源不具有排他性,而具备竞争性。属于人类社会公有、公用的自然资源,如空气、水体、生态、环境等都被视为公共资源。

公共资源与公共物品不同,使用公共资源没有排他性,但使用时具有竞争性。公共物品和公共资源都是无排他性的,也就是说无法阻止人们使用这些物品或资源,任何人都可以免费得到它。但公共物品是没有竞争性的,公共资源是有竞争性的。公共物品是社会共有的物品,通常由政府组织提供;而公共资源是一种物质资源,可以被更广泛的群体使用,无须任何经济补偿。

1968 年美国人类生态学家加勒特·哈丁(Garrit Hadin)在《科学》杂志上发表了一篇题为《公地悲剧》(*The Tragedy of the Commons*)的文章,其中描述了这样一个具体事例:有一公共草地,周边牧民都在那里放牧,每一个牧民都想多放养一头牛,因为多放养一头牛增加的收益大于其购养成本,牧民可以获得收益。但是,由于每个牧民都争相在公共草地上养牛,造成养牛的数量不断增加,而草地被过度放牧导致产草量下降,致使所有牧民的牛都吃不饱甚至饿死,最终导致整个草地上养牛的单位收益下降。这就是公共资源的悲剧。

产生公地悲剧的逻辑是每个牧民都会通过增加养牛的数量,以尽可能地扩大自己的利益。如果总的放牧量在草地允许承载力以内,每增养一头牛,牧民会得到增加牛的全部收益;如果总的放牧量超过了草地允许承载力,就会造成草地产草量不能满足牛的需要量,使草地逐渐发生退化,但增加放牧对草地造成的损害由全体牧民分担,一个牧民只承担全体牧民每人平均分担的那一小部分。这样一合计,一户牧民会决定增加养牛的数量。然而,他这样做,别的牧民也会这样做。全体牧民落入一个在面积有限的公共牧场上无限增加牲畜的陷阱,最终使全体牧民的利益受损。这就是哈丁所称的"公地悲剧"。这种悲剧说明如果用与他人共享的公共资源以谋求个人眼前利益的最大,将有害于全体未来的整体利益。

由于公共草场具有公共资源的典型特征,即大家都可以使用,但使用有竞争。因此,政府部门应当对公共草场倾注更多的注意力,即强化政府在资源配置与管理中的作用,科学规划、合理利用。在进行公共草场的具体管理时,可以通过制定适当的补贴政策和有效的处罚政策,补贴与处罚相结合,使公共草场的利用竞争不会导致草场退化为界限,由非理性竞争走向理性合作,使合理使用公共草场和保护公共草场成为当地牧民的自发行为,确保公共资源得到合理使用与保护,使"公地悲剧"不再发生,实现草地生态与生产的可持续发展。

2.3.2.3　政府在草地资源配置中的作用

我们知道,草地具有重要的生态价值、经济价值和社会文化价值。但现实中的草地资源都是以不同的利用制度在使用,如承包经营、公共牧场、草原保护区等。承包经营草地的一般是个人或企业,他们追求的是经济价值,公共部门管理的公共草场、保护区等往往追求生态优先,兼顾经济及社会文化价值。草地资源的经济、生态、社会效益的综合性使草地资源除了给经营草地资源的一方带来直接经济收益外,还会对区域生态及社会利益产生影响。如果完全依赖市场配置这类兼具经济利益与公共利益的资源,市场所实现的资源配置效率可能是低的,甚至是无效率的,这就会引起市场失灵。因此,公共资源的合理配置应当是政府的职责之一,政府可以通过设立法规、制定政策实现对公共资源的管理。当然,在市场经济中,发挥市场对草地资源高效可持续利用的积极作用,抑制其消极作用,也是政府管理自然资源及其利用成败的关键。

(1)草业经济中的外部性问题

经济学中,如果某种经济活动给予这项经济活动无关的第三方带来影响,这种特性称为外部性,也称外部效应、溢出效应。例如,一个人或一群人的行动和决策使另一个人或一群人受损或受益的情况。经济外部性是经济主体的经济活动对他人和社会造成的非市场化的影响,即社会成员(包括组织和个人)从事经济活动时其成本与后果不完全由该行为人承担。外部性分为正外部性和负外部性。

正外部性是某个经济行为个体的活动使他人或社会受益,而受益者无须花费成本。例如,某企业通过土地流转承包了一片土地发展人工草地,以生产销售草产品获得经济收益。在该企业进行的草产品生产销售这一经济行为,改善了承包土地区域的生态环境;为附近农牧民提供了就业机会,增加了农牧民的收入。这就是该企业的经济行为使社会和他人收益,是典型的正外部性。天然草原的生态恢复、人工草地、城市草坪绿地的建设都具有很强的正外部性。

负外部性是某个经济行为个体的活动使他人或社会受损,而造成负外部性的人却没有为此承担代价。也就是说,这项活动会产生一些不由生产者承担的成本。例如,一个高尔夫球场草坪的管理中如果大量施用化学肥料或药剂,这些化学物质通过地表径流和土壤淋溶最终进入地面水体或地下水,造成当地水环境污染。当地环保部门为治理水环境污染承担了治理费用，而球场的经营者并没有承担水污染治理的费用。这就是一种负的外部效应。再如，一个土壤为沙质的草原牧场，如果放牧量严重超过草地适宜的载畜量，就会对草原造成破坏进而沙化。严重退化的草场草地生产力下降，使放牧量降低，草场放牧经营者的收益会减少，这会使经营者本身减少了收入，承担了草场破坏的成本，但草场沙化退化后的生态效益下降，而这部分效益的减少不由草场经营者承担，而是转嫁给了社会公众，当地政府代表公众治理沙化退化草地付出了成本。这里既对经营者自己或内部带来了负效应，也对社会带来了负的外部效应。

草地资源的配置和利用往往会带来外部效应，有些是正的外部效应，有些可能是负的外部效应，在草地资源配置时应充分论证，尽可能多地带来正外部效应，尽量减少负外部效应，使资源的配置达到最优。

（2）解决负外部性的方法

解决资源配置中负外部性的方法，最早由福利经济学家庇古（Arthur Pigou）在其1920 年所著的《福利经济学》一书中，提出了一种把"看不见的手"需要"看得见的手"扶持的理论，即因外部性导致公共资源配置市场失灵的问题，需要由政府解决的理论。庇古认为外部性产生的实质是企业成本与社会成本不一致所造成的。由于外部性的存在，产量会偏离社会最优产量，单纯的市场机制无法纠正外部性带来的市场失灵，此时需要政府来干预市场机制。他提出政府通过征税来调节资源配置，即政府向引起负外部性的企业征税。这个税被称为"庇古税"。征收庇古税就是把负的外部性内部化，即把引起负外部性的外部成本转给引起负外部性的企业承担，使企业在生产中提高了成本，当企业成本与社会成本相等时，达到了负外部性存在条件下的生产均衡，如图 2-8 所示，从而使资源配置效率更高。

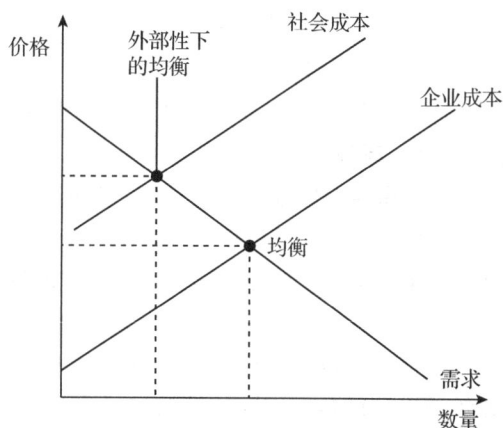

图 2-8 负外部性下考虑社会成本的供需平衡

在草业生产经营中如果存在负的外部效应，就会给社会或第三方增加成本，而经营者并没有因为存在负外部效应而增加成本，其收益不因负外部效应而受到影响，但给社会增加了成本。从社会角度看，社会成本大于社会收益。这说明这种资源利用并没有达到最优的配置。此时如果是市场配置资源，说明市场配置资源的结果并没有使社会收益最大，这也就是市场失灵的表现。如果通过政府介入调节资源配置以减小负外部效应，实现资源的最优配置。

上述公地悲剧产生的原因还具有外部性的特征。当一个牧户的羊群在公共草地上放牧时，它降低了其他牧户可以得到的草地质量，这就是一个牧户在公共草地上放牧的负外部效应。在每个牧户养多少羊时，并没有考虑或意识到这种负外部性，结果使放牧的羊数量越来越多。解决这种问题的方法可以有很多，例如，当地政府可以制定一种税费政策来管制每个家庭饲养羊的数量，多养羊就需要多缴费。也可以制定公共草场放牧许可证制度，这种许可证实行拍卖。另外，还可以把公共草场分配给每个家庭牧户，让公共草场的使用成为私人物品而不是公共资源。所以，当一个人使用公共资源时，他就减少了其他人对这种资源的享用。由于这种负外部性，公共资源往往被过度使用。因此，政府就应当采取各种方法限制公共资源的使用。

但是，必须看到，政府对公共资源进行监督管理的决策往往是各级政府官员做出的，或集体决策。如果这个决策不科学或决策有失误，就会导致公共资源配置的失误，这就出现了"政府失灵"现象，也就是政府虽然介入了资源配置，但没有达到配置的最优。"政府失灵"现象往往是政府干预经济不当，如决策失误、政策失灵等，未能有效克服市场失灵。因此，在草地资源配置方面政府要建章立制，使政府决策行为法治化，提高政府工作效率，及时收集公共资源使用与管理相关信息，完善各种公共决策制度，努力使公共政策所追求的目标接近社会公共利益。

2.3.3　草地资源的优化配置

自然资源的合理配置是人与自然物质交换的重要环节，也是人类干预和改造自然的过程，自然资源的有效配置或利用是决定和制约国民经济发展的重要因素之一。草地资源的优化配置是草地资源经济学、草地资源学和社会学原理的实际应用和深入延伸，是草地资源合理开发利用的根本前提，草地资源的合理开发利用是资源可持续利用的具体途径。

草地资源配置是指根据一定的原则合理分配草地上各种资源到用户的过程。草地资源配置的目的是使有限的资源产生最大的效能。草地资源配置的基本原理就是最优化原理。其具体含义就是要求经济效率最高，资源耗竭最小，资源可持续利用。

2.3.3.1　时间配置

草地资源时间配置是指草地上各类自然资源在不同时段上的最优分布，也就是通常所说的动态优化问题，即根据草地资源动态特征，实现资源开发利用的最佳时段、最佳时限的控制与决策。例如，草原区根据植被返青时期的不同，各地区制订了休牧期，规定天然草地在早春返青和秋季休眠两个重要时期禁牧，体现了草地植物资源在时间上的合理配置和利用。

根据自然资源的属性，可将其分为可更新资源和不可更新资源两大类。由于这两类资源的动态特征各不相同，其动态优化过程也自然不同。

（1）可更新资源的最优管理

可更新资源具有再生能力，并且在不受人为干扰的自然环境中具有自身特点决定的动态规律。这类资源包括植被、动物、土地及水资源等。大多数的可更新资源的数量具有时间动态特征。以草地上的家畜动物资源为例，如果将其限定在一种自然环境状态下，那么其数量变化表现为一个连续的生长繁衍过程，并呈现某种规律性，称为数量动态基本特征，或称自然成长规律。若假定所处环境是无限适应的，其生长的典型特征分为两种情况：如果环境是无限的，是指数增长模型；在有限环境条件下，是逻辑斯蒂模型（又称"S"形增长曲线）。生物累积量随时间变化：

$$\frac{\mathrm{d}R}{\mathrm{d}t} = rR\left(1 - \frac{R}{k}\right) \tag{2-5}$$

式中　　R——资源储量（或生物积累量）；

　　　　t——时间；

　　　　r——内禀增长率，即在最适环境条件下种群的最大瞬时增长率，内禀增长率反映了种群在理想状态下的扩繁能力；

k——环境容量。

上面的增长模型在可更新资源最优管理中具有重要应用价值,尤其是对如牧草生产或家畜生产等以"收获"生产量为主的资源,可以在观测工作的基础上对其增长规律进行拟合,从而得到单位时间内生长量最大的时间,以及可能达到的单位面积高产量,有利于制定资源管理和收获的最优策略。根据以上对可更新资源动态特征的分析,从管理者的角度看,这类资源的开发控制应侧重于对种群规模或资源存量的最优控制。

(2)不可更新资源的最优管理

在有限时间内,资源数量随人类的开采活动而减少的资源称为不可更新资源。随着对这类资源,特别是地下矿产资源的不断开采,可采储量会越来越少,长期开采成本逐渐提高,甚至在资源耗竭以前,就可能使成本高到足以扼杀需求量的程度。因此,资源耗竭的严格概念并非指储量为零,而是指成本升高到将需求量压低到零的水平,实际耗竭时限要比理论耗竭时限短得多。

不可更新资源在时间上的最优配置,是指在一个有限的时间周期内,各时期资源最优开采的策略。这里的最优不是指特定时期的个别变化,而是指保证整个开采周期取得最优效果的总策略及其在各时期的子策略。显然,子策略的最优化必须服从整个开发周期内的最优准则。

2.3.3.2 空间配置

世界上的草地面积广大,占陆地面积的40%以上,但草地资源仍然相对有限,且在空间分布上表现出极大的差异性。与此同时,各种资源要素的不完全流动性及社会经济状况的差异性进一步加强了这种差异。因此,近年来草地资源学研究的热点是在时间和空间上优化配置这些稀缺的资源,组织生产,在最大限度上满足人们的物质消费需求。

我国各地草地资源由于其所据地理区域的不同,草地本身各项自然经济特点是很不相同的。例如,我国北方是草原,西北是荒漠,东南是草丛和灌草丛,西南青藏高原主要是高寒草原和高寒草甸,它们的自然经济特性完全不相同。

草地资源的空间配置实质上就是资源在区域上的最优分配问题。从空间上看,草地资源的配置包括区域内及多区域间的资源配置。

(1)区域内的资源配置

区域内资源配置主要服从区位理论,即中心地域(或市场)对资源产地具有吸引力,不同的中心又可产生对同一资源产地的争夺。从理论上进一步解释这些现象对资源配置的实践具有重要指导意义。

在资源配置中产生区位效应的根本原因就在于存在区位成本,即在其他条件不变的情况下,由于资源地距离物质集散地(城镇、市场、集运点等)的远近而发生的成本。可以证明区位成本随距离增加而呈指数上升。因此,在市场辐射范围一定的情况下,企业配置资源的决策应在市场价格与边际运输成本之间权衡。即市场对资源具有吸引力,而引力的大小也随距离的缩短而呈指数增加。

例如,近年来各地纷纷打造城市名片,如呼和浩特市打造"中国乳都"、阿鲁科尔沁旗打造"中国草都"、齐齐哈尔打造"中国牛都"等,分别形成了奶产品收储加工、牧草生产经营物流平台和肉牛饲养屠宰加工的中心市场,这对周边的草牧业产业带动影响力是巨大的,但这种辐射带动作用随着距离中心的增加而逐渐减弱。

（2）区域间的资源配置

区域间协调配置的理论基础是比较利益原则。比较利益原则认为，一个地区应生产那些资源消耗最低的产品出口，以换取那些虽比区域外产品耗费低，但在区域内并非耗费最低的产品。因此，一个区域要生产什么，不是以它的资源绝对优势为依据的，而是以哪种产业耗费资源最少为依据，多个区域之间的交换方向和性质依据比较利益而定。

例如，紫花苜蓿是奶牛最好的饲料来源，我国北方干旱半干旱的草原地区也非常适合种植优良牧草紫花苜蓿。但由于人们生活水平日益提高，对优质奶产品的旺盛的需求也逐年增加，从而造成国内对紫花苜蓿的需求缺口。为了弥补紫花苜蓿的需求缺口，我国每年需要从国际市场进口大量的紫花苜蓿干草，其重要进口国为美国，主要原因是美国集约化管理下种植紫花苜蓿的成本更低，这也符合比较利益原则来进行区域间的资源配置。

复习思考题

1. 草地资源都有哪些组分？
2. 草地资源的经济价值体现在哪些方面？
3. 草地资源价值的构成有哪些？
4. 草地资源价值的核算方法有哪些？
5. 公共资源有什么特征？
6. 举例说明草业经济中的外部性。

第 3 章

草地生态经济

草地生态经济研究人类社会经济活动与草地生态系统之间的相互制约与相互作用，以便能找出社会经济活动与草地生态系统相适应的管理政策、措施或方法，使草地生态系统维持健康的生态系统功能，满足社会经济发展的需求，保持草地生态系统可持续发展。草地生态经济研究草地生态系统的生态服务价值，从经济学的视角研究草原牧区社会经济及草业生产活动与草地生态系统之间的相互作用及相互依赖关系，使人们明确草地生态系统的生态服务价值量，实现草地资源的可持续利用和环境、社会、经济的协调发展。

3.1 草地生态经济概述

3.1.1 草地生态经济及其研究内容

3.1.1.1 草地生态经济的内涵

人类社会经济活动依赖于某种生态系统之上，但生态系统可以完全不依赖社会经济系统而独立存在。生态系统是社会经济系统的基础，社会经济系统只能依附于适宜人居的生态系统之上。然而，社会经济系统的发展会对生态系统造成影响甚至冲击，这会导致生态系统的退化，而生态系统的退化又会造成社会经济系统的萧条乃至崩溃。所以，经济系统必须适应生态系统的要求。草业的发展离不开草地生态系统，没有稳定、健康的草地生态系统，

草业的各项经济活动，包括草地前植物生产层、植物生产层、动物生产层、后生物生产层的生产，就无法正常发展。反过来，如果草业过度扩张，超出了草地生态系统的承载能力，就会对草地生态系统造成破坏，导致草地生态系统的功能丧失，最终失去对草业的支撑能力。例如，一定面积的草原在一定时段内生产的牧草产量，只能为一定数量的家畜提供饲草保障，如果放牧的家畜数量超过了草地的牧草供给能力，一方面由于过度放牧影响草地植物的正常生长，使草地生态系统趋向退化；另一方面由于畜多草少影响家畜生长发育，最终造成经济损失。

草地生态系统为草业经济发展提供支持、调节、供给及文化服务，经济系统从草地生态系统中不断地获取产品以获得经济效益。同时，经济系统将压力、排泄物、对生态系统的侵蚀传导给生态系统，如大量放牧给草地生态系统施加了压力(图 3-1)。

因此，草地生态经济将草地生态学理论与经济学原理结合起来，针对草地生态系统与草业经济活动之间可能发生的各种相互作用，研究这些作用的类型、相互作用的过程、相互作用的机制及其调控措施，目的是把草业经济发展与草地生态保护与建设有机结合起来，使二者之间形成既能相互适应又能相互促进的经济活动形式，在经济与生态协调发展

支持、调节、供给、文化　　　　　　获取、消费

草地生态系统　　　　　　草业经济系统

草地、土、水、气　　　　　　压力、排泄物、侵蚀

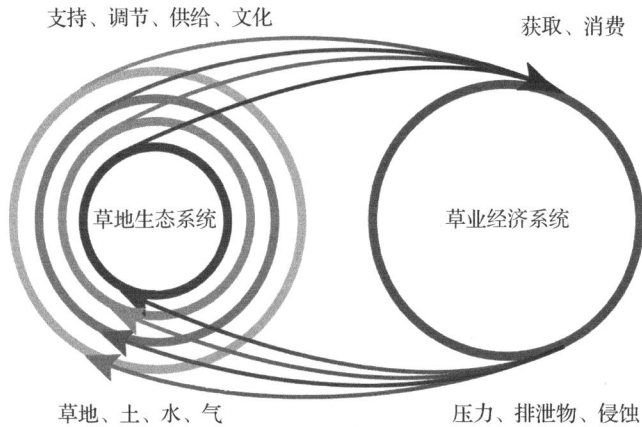

图 3-1　草地生态系统与草业经济系统的关系

的思想指导下，按照物质能量层级利用的原理，把自然、经济、社会和环境作为一个系统工程，立足于生态，着眼于经济，强调经济建设必须重视生态资本的投入效益，认识草地生态系统不仅是草业经济活动的载体，而且是草业经济活动重要的生产要素。草地生态经济更为具体和现实的研究还包括调控草地生态系统与草业经济活动之间相互作用的法规政策、管理措施、技术原理和方法等，总体目标就是既能使草地生态系统稳定健康，有内生的活力和恢复力，又能促进草业经济及草原牧区社会的可持续发展。

3.1.1.2　草地生态经济的研究内容

草地生态经济是在当前草原退化、资源危机和气候变化背景下，发展起来的新兴和交叉学科方向。其研究对象是将生态资源当作自由物品在当前资源紧缺、人口数量剧增和气候变化影响下已经变得不能成立，更容易导致资源的过度开采和利用，如草原水资源的过度利用和不考虑生态代价的草原矿产资源的开发导致矿山资源的枯竭。草地生态经济的基本原理借鉴于生态经济学，基本的组织原则之一就是关注草地生态的可持续性（包括系统承载能力和恢复力）、社会可持续性（包括财富和权力分配、社会资本和协同进化偏好）和经济可持续性（包括存在高度不完全和不完美市场时的配置效率）之间的这种复杂的相互关系。草地生态经济研究的内容主要包括以下几方面。

（1）草地生态系统的服务价值

草地生态系统为我们提供了产品供给、支持、调节、文化等诸多生态系统服务，对草地生态系统的服务进行价值评估对我们深刻理解草地生态系统的经济价值具有十分重要的意义，在这一部分探讨草地生态系统服务价值的概念及我国草地生态系统服务价值的评估方法。

（2）草地生态经济与生态补偿

草地生态系统的服务价值虽然大部分为虚拟价值，但当草地生态系统被占用或被破坏的情况下，需要通过生态补偿对生态服务提供者给予经济补偿，这对于草原区的生态、生产和生活功能（即"三生"功能）的实现和牧区社会经济可持续发展十分重要。在这一部分探讨草地生态补偿的概念及生态补偿的决策。

（3）草地生态产品供给与市场

"绿水青山就是金山银山"是对生态环境保护和经济发展的形象化表达，在草原生态环境保护的同时，也要实现牧区社会经济的可持续发展，其中草地生态产品的开发、产品供给和市场化运行是实现草原牧区乡村振兴的重要途径，如何基于草原生态系统的特点，开发特色生态产品，促进生态资源优势向经济社会可持续发展优势的转变是当前亟待解决的突出问题，在这一部分探讨草地生态产品的概念、实现途径和市场供应需求。

（4）草地碳汇经济

随着人类活动的加剧，二氧化碳和甲烷等温室气体的排放成为国际社会普遍关注的全球性问题，草地作为世界和我国最广布的生态系统类型之一和全球第二大陆地植被碳库，在全球碳循环和缓解气候变化方面发挥着十分重要的作用，如何合理利用草地资源，增加草原碳汇的固持能力，对缓解温室气体过度排放、促进经济持续增长和牧区经济社会可持续发展作用重大，在这一部分探讨草地碳汇功能，以及草地碳汇的核算方法和草地碳汇经济的发展前景。

3.1.2 草地生态经济的研究方法

3.1.2.1 系统学的方法

系统学的方法是从社会、生态和经济综合效益出发，以系统的观点，采用系统分析和综合分析的方法，把草地生态经济系统的目标性、整体性、相关性和适应性视为一个整体，对草地生态系统的要素、结构、功能、外部环境等进行定性和定量的综合分析。经济系统是生态系统的一个子系统。因此，草地生态经济是基于生态经济学的原理，把草地生态学和经济学基于以下3种策略进行整合：经济帝国主义、生态还原论、稳态子系统（图3-2）。每种策略开始都会把经济系统作为生态系统的一个子系统。

草地生态经济的形成与发展

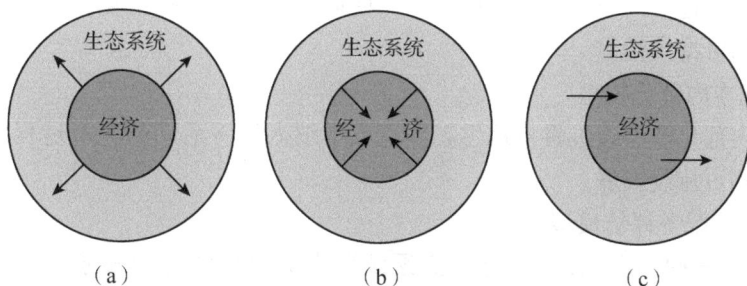

图3-2 整合草地生态学与经济学的3种策略
（a）经济帝国主义；（b）生态还原论；（c）稳态子系统

（1）经济帝国主义

经济帝国主义（economic imperialism）的目的是试图扩大经济子系统的边界，直到其囊括整个草地生态系统，其将草地生态系统作为一个整体的宏观来考虑，通过将草地生态系统所有外部成本和效益内化于价格之中即可完成这一目标。草地经济子系统包含可交易的草地生态产品如草产品、家畜产品，也包含一些不习惯在市场上交易的生态产品，可以折算为"影子价格"，即如果在完全竞争市场上交易，经济学家对草地生态功能价格的最佳估计值。所有产品的价格依赖于经济学家的主观判断。同时，经济帝国主义的缺陷在于其认为任何目标之间配置几乎任何手段的最有效机制是市场，事实上草地生态系统中很多产品是无法配置的，这些商品没有所有权，同时对其进行配置无效率，由于这些商品在使用后不产生消耗，包括草地生态系统服务的诸多功能。

（2）生态还原论

生态还原论（ecological reductionism）认为人类不能逃避自然法则，并且人的行动可以简化为自然法则。其将经济子系统缩减为没有，从而擦出了经济子系统的边界，在极端状况下，草地生态系统内的能量流、能源成本和市场相对价格均可以从没有目的和愿望的机械论体系中得到。

（3）稳态子系统

稳态子系统（steady-state subsystem）将经济子系统的边界扩展使之与草地生态系统相一致，或者将经济子系统缩小到没有。其肯定了边界的基本必要性及在正确位置重绘边界的重要性，认为人类子系统由边界界定的规模存在一个最佳状态，草地生态系统要维护和补充经济子系统，这之间存在生态可持续性。市场是分配资源和不适当区域的最有效手段。

3.1.2.2 模型分析方法

模型分析方法是在系统分析的基础上，对草地生态经济系统进行简化和抽象，通过模型来仿制草地生态经济系统内部的运行状况，间接对草地生态经济系统进行决策和分析。草地生态经济中的模型分析方法包括以下几种。

（1）生态足迹分析

生态足迹分析（ecological footprint analysis）是指特定数量人群按照某一种生活方式所消费的自然生态系统提供的各种商品和服务功能，以及在这一过程中所产生的废弃物需要环境（生态系统）吸纳，并以生物生产性土地（或水域）面积来表示的一种定量方法。它的意义是：通过生态足迹需求与自然生态系统的供给进行比较，可以定量地判断某一地区可持续发展的状态。通过对人类活动对草地自然环境造成的影响进行量化，评估和比较各种生产和消费方式的可持续性。

（2）环境成本内部化模型

环境成本内部化模型通过将草地生态环境成本纳入经济活动的决策过程中，促进对草地环境的保护和可持续发展。

（3）生态系统服务评估模型

生态系统服务评估模型评估草地生态系统向人类提供的各种服务，包括草畜产品提供、水源保护、气候调节、土壤保持、生物多样性维持等，以此为基础，制定相应的政策和管理措施。

（4）生态经济协同发展模型

生态经济协同发展模型强调草地生态系统和人类经济系统的相互作用与协同发展，通过产业生态、城乡规划等领域的创新与协调，实现草原区经济效益、社会效益和生态效益的可持续发展，优化草原区"三生"功能。

（5）系统动力学模型

系统动力学模型通过对草地生态经济系统内在的动态关系进行模拟和分析，揭示草地生态经济系统的复杂性和不确定性，为政策制定和管理提供科学支持。

3.2　草地生态系统服务

3.2.1　草地生态系统服务的概念

1970 年关键环境问题研究小组（Study of Critical Environment Problems，SCEP）在《人类对生态环境的影响》报告中首次使用了"生态系统服务"一词，把对人类具有价值的生态系统称为生态系统服务（ecosystem services）。例如，三江源地区的草原为区域稳定的气候条件、净化水源和防止水土流失提供支撑，所有这些对该区域居民都是难以估价的服务。任继周从草地生态系统的景观特征和生产流程角度提出了草地生态系统的 3 个界面的理论，3 个界面包括草丛—地境界面、草地—动物界面和草畜—经营管理界面。每个界面提供不同的生态系统服务，且相互之间存在错综复杂的相互依存和影响关系。

Daily 和 Costanza 于 1997 年最早提出生态系统服务的概念，他们指出生态系统服务是指自然生态系统及其组成物种得以维持和满足人类生命的环境条件和过程，自然生态系统可以在维持生物多样性的同时，提供各种生态系统产品。并将全球各类生态系统服务分为17 类，包括气体调节、气候调节、干扰调节、水调节、水供给、土壤形成、侵蚀控制、养分循环、废物处理、传粉、基因资源、避难所、生物控制、原材料生产、食物生产、娱乐、文化。2004 年联合国千年生态系统评估将这 17 类生态系统服务归为四大类，即支持服务、供给服务、调节服务和文化服务。草地生态系统服务（grassland ecosystem service）是指草地生态系统与生态过程所形成及维持的人类赖以生存的自然环境条件与效用。胡自治等（2005）系统分析了草地生态系统服务，包含支撑人类生存环境、调节服务、供给服务和文化服务等多重生态系统服务，具体内容如图 3-3 所示。

图 3-3　草地生态系统四大服务

3.2.2 草地生态系统服务的种类

3.2.2.1 供给服务

供给服务是指人类可以从草地生态系统获得的各种产品，包括食物、燃料、淡水、生化及药物材料、草地植物遗传资源、草产品和畜产品。

(1)水供给

草地生态系统是我国很多大江大河的发源地，为我们提供数量众多的淡水资源，其中青藏高原地区又被称为亚洲水塔，该地区包含 5 万 km² 的湖泊，10 万 km² 的冰川，蕴含超过 9 亿 m³ 水源，亚洲 13 条大河发源于青藏高原地区。草原的生草土具有较高的持水能力，可以形成巨大的蓄水库，能够削减洪峰的形成和规模，为江河和溪流提供水源。甘肃省玛曲县面积 1.02 万 km²，82.27% 的土地是高寒草甸和高寒沼泽，是黄河上游重要的水源补充地，黄河在玛曲入境时年流量为 38.91 亿 m³，流过 433 km 长的第一曲出境时，年流量达到 147 亿 m³，由此可见草原有巨大的水资源供应能力。

(2)食物生产

草原为我们提供了大量植物、动物和微生物等食物产品。草原生态系统为家畜和野生动物提供了种类繁多、适口性好的植物性饲料。我国草原上的饲用植物约占全国植物总种数的 26%，为马、牛、羊等放牧家畜提供了优良的饲料。此外，还通过牧养家畜将饲用植物转化为大量的肉、奶等优质动物性食物。

(3)原材料生产

草地生态系统为人类提供大量的植物性和动物性原料，如燃料、医药原材料、纤维、皮毛和其他工业原料等。

草地生态系统为我们提供柠条锦鸡儿、沙棘、沙枣、胡枝子等众多能源灌木，且草原中数量众多的牛粪曾是我国牧区主要的燃料来源。

此外，草原包含众多的野生药用植物、动物和矿物资源，药用植物常见的有甘草、麻黄、防风、黄芪、柴胡、赤芍、北苍术、玉竹、黄精、黄芩、银柴胡、远志、知母、瑞香狼毒、蒺藜、秦艽、列当、狭叶米口袋、萹蓄等。药用动物常见的有马鹿、麝、熊、野猪、刺猬、蛇、獾及一些鸟类等。药用矿物包括石膏、龙骨、云母、白石英、阳起石、禹粮石、麦饭石、蛇含石和寒水石等。

(4)基因资源

我国是世界上草原种质资源最丰富的国家之一，据估计，我国草原植物 15 000 余种、动物 2 000 余种、草原饲用植物 6 704 种、我国草原特有饲用植物 24 科 171 属 493 种，特殊的自然环境及长期的自然选择，造就了我国草原植物丰富而宝贵的遗传资源特性，是抗逆、抗病、优质高产及一些特异性状的基因宝库，是遗传育种的重要素材。

生物多样性是生态系统提供产品与服务的基础和源泉，是维持生态系统稳定性的基本条件。丰富的生物多样性资源构成了我国野生动植物资源基因库，特别是耐旱、耐寒、耐盐、食用、药用、景观、工业用植物最重要的基因库，是筛选、培育生态草、牧草、草坪草和观赏草的基本材料，是作物抗性育种的优异基因来源。草原植物作为主要栽培作物和草种的野生亲缘种，具有重要科学研究价值，如小麦的亲缘种冰草、偃麦草和披碱草，紫花苜蓿的亲缘种黄花苜蓿等。

（5）避难所

草地为众多草本植物和动物提供生境和栖息地，还为很多迁徙动物如天鹅、大雁、野鸭等提供特殊要求的育雏地和越冬场所。同时，也为高寒地区的动物和植物提供了避难所，使濒危动植物免于灭绝。

3.2.2.2　调节服务

草地生态系统的调节服务为人类从草地生态系统的调节作用中获取的服务功能和利益，主要包括气体调节、气候调节、干扰调节、水调节、侵蚀控制、废物处理和传粉。

（1）气体调节

草地生态系统具有调节大气成分的重要功能，主要包括保持 CO_2/O_2 平衡、维持臭氧的数量以防紫外线、降低 SO_2 和其他有害气体水平等作用。其中，最重要的气体调节功能是保持 CO_2/O_2 平衡。草地生态系统的动物、植物和微生物在其生命代谢过程中都要与大气进行气体交换，通过呼吸作用从大气中吸收 O_2，放出 CO_2。动物尤其是人类的正常生命活动需要一个相对固定的 CO_2/O_2 环境。草地生态系统中的绿色植物在生物生产中同时调节着大气中 O_2 和 CO_2 的量，保证生命活动的基本大气成分条件。因此，草原生态系统的气体调节功能对人类来说是极其重要的。

（2）气候调节

草地生态系统会对局地的微气候和全球尺度的气候产生影响，草地覆盖会通过增加地表粗糙度、降低近地面风速、增加植被蒸腾和减少地面蒸发等方式改变局地的微气候；也可通过吸收和排放温室气体，造成全球尺度的气候变化。

草地和森林一样，可以对温度、降水、湿度、蒸发及其他由生物媒介的全球及地区性气候要素进行调节。植物在生长过程中，从土壤吸收水分，通过叶面蒸腾把水蒸气释放到大气中，提高环境的湿度、云量和降水，减缓地表温度的变幅，增加水循环的速度，从而影响太阳辐射和大气中的热交换，起到调节气候的作用。此外，草地生态系统中的绿色植物和土壤生物还把碳贮存在其组织中，有助于减缓大气中 CO_2 的积累和温室效应的增强，起到调节气候的作用。

（3）干扰调节

干扰调节是指生态系统对环境波动的容量、衰减和综合的反应，如沙尘防治、洪水控制、干旱恢复等受植被结构控制的环境变化的反应。在降水不多的温带地区，草层的截流量可达到总降水量的 25%。植被破坏会改变局部地区的水分循环过程，大幅减少对降水的蓄积和调节功能，造成一系列生态环境恶化问题，江河源草地植被破坏引起长江洪水和黄河断流就是最明显的事例。

沙尘暴作为严重的生态环境问题和危害极大的气象灾害，早已引起全球关注。沙尘暴的产生其根本原因就是严重破坏了草原、荒漠尤其是草原的植被，土壤裸露，形成沙尘源，再加上频繁的大风将沙尘从空中吹向很远的地方而造成大面积的严重灾害。风沙地区的干旱草原植被，通过降尘、枯枝落叶、分泌物、苔藓地衣等的作用，地面逐渐形成结皮，流沙成土过程加强，地表日益变得紧密，抗风沙能力就会增强。

沼泽草地的草根层和泥炭层具有很高的持水能力，有助于一定区域水的稳定性，巨大的水面有利于调节气候，增加空气的湿度，防止环境趋于干旱形成旱灾。

（4）水调节

草地植物通过植被覆盖度的变化和草地植物根系的生长，改变地表径流的时节和规模，调节洪水和蓄水层的补给，从而实现调节水分和控制水土流失的效果。草地生态系统可以帮助滤除和分解进入草地水域的有机废弃物，从而达到净化水质的目的。草地的水调节服务主要是水文调节和水源涵养。草地植物和土壤可以吸收和阻截降水，延缓径流的流速，渗入土中的水通过无数的小通道继续下渗转变成地下水，构成地下径流，逐渐补给江河的水流，起到水源涵养的作用。

（5）侵蚀控制

草地对防止土壤风力侵蚀、减少地面径流和防止水力侵蚀具有显著的作用，草地植物可以增加下垫面的粗糙程度，降低近地表风速，达到减少风蚀作用的目的。草地群落盖度越高，对风蚀作用的控制作用越强。草原通过削弱雨滴对土壤的冲击破坏，促进降雨入渗，阻挡和减少径流，以及草地植物根系对土壤的固结作用等方式来减少和抵御水蚀。

（6）废物处理

草地生态系统中的植物和微生物在生长过程中，能够吸附周围空气或水中的悬浮颗粒、有机和无机化合物，并把它们吸收、分解、同化或排出，动物通过采食对活的或死的有机体进行粉碎和消化分解。在这种物质循环的过程中，有效地阻止了生态系统内外物质过度积累所形成的污染。

（7）传粉

草地生态系统包含数量众多的开花植物和传粉动物，从而为草地生态系统生物多样性的提升和产品供应作出巨大贡献。草原生态系统结构的变化会影响动物传粉的分布、多度和效力。70%的草原植物需要动物传粉；如果没有动物传粉不仅会导致牧草大幅度减产，还会导致一些物种的灭绝。草地植物不仅需要动物传粉，而且有些植物还需要动物帮助传播和扩散种子，有些种类甚至必须有一些动物的活动才能完成种子的扩散。草地放牧的奶牛每天排出的粪便中有车前种子8.5万粒，母菊属植物种子19.8万粒。动物在为植物传粉传种的同时，也取得了自身生长繁殖所需要的食物和营养。

3.2.2.3　文化服务

草地生态系统的文化服务是指人们通过精神感受、知识获取、主观印象、消遣娱乐和美学体验等从草地生态系统中获得的非物质利益。自然生态环境深刻地影响着美学趋向、艺术创造和宗教信仰。在漫长的文化发展过程中，草原独特的自然环境、动植物特点和生产条件，塑造了各游牧民族的特定习俗、生产、生活方式和性格特征等，从而形成各具特色的地方文化和民族文化。生活在青藏高原的藏族人民，他们在高寒草原的环境下，形成了淳朴善良、乐观吃苦的民族性格；他们以放牧为生，对草原有着深厚的感情，对草原很少挖掘，也不随便攀折一草一木；他们在长期的放牧生产和藏传佛教传播影响的过程中，不滥猎野生动物，不捕食鱼类，养成了珍视自然、爱护生灵，与大自然和谐共处的生态伦理道德。青藏高原高寒的自然环境也深刻影响着藏族人民的美学趋向和艺术创造，在与佛教思想的自然结合下，他们创造了独具特色的包括建筑、雕塑、绘画、音乐、舞蹈和运动等在内的文化和艺术。与藏族文明一样，我国其他草原民族的文化也同样具有这些特征。

（1）娱乐

草原由于独特的自然景观和民族特色，舒适的气候资源，草原动物及传统游牧文化和风土人情，草原地区发展生态旅游具有气候、自然景观、民族、历史与文化的多种优势。草原游憩和娱乐包含观光旅游、度假休闲、科考探险三大部分。在草原上人们可以开展观光、疗养、漫步、骑乘、开车、爬山、游泳、划船、漂流、滑雪、滑冰、狩猎、钓鱼、观赏野生动物、探险、考察、参观宗教和庆典等多种游憩和娱乐活动。青藏高原高寒草原的藏羚羊、蒙古高原的草原那达慕、新疆山地草原的"姑娘追"等丰富多彩的自然和人文景观，带给人们极大的精神享受。

（2）文化

草原是我国少数民族聚集区，因此形成了丰富多样的民族精神与宗教价值，蒙古族、藏族、哈萨克族、裕固族等少数民族的宗教价值与精神寄托于草原生态系统及其组分之上。草地生态系统为民众提供了丰富的美学价值，包括草原文学的美学价值、草原"天地人合一"生态理念的美学价值等。草地生态系统是为社会提供正式教育和非正式教育的基础，也是当前开展自然教育的重要目的地。草地生态系统及其民族风情文化可为艺术、民间传说、民族象征、建筑和广告提供丰富的灵感源泉。我国草原区具有非常丰富的文化遗产资源，仅内蒙古自治区就包含 203 处（组）国家级文物保护单位，319 处自治区级文物保护单位，还有众多有待发现和有待进一步研究的重要文化遗产。这些文化遗产是开展生态旅游的重要基础，将草原文化遗产与艺术采风基地建设、爱国主义教育基地建设、传统文化教育基地建设、国际交流文化展示基地建设等相结合的综合保护与开发措施，将在最有效保护文化遗产的同时，发挥其最大价值，实现牧区乡村振兴与绿色发展。

3.2.2.4　支持服务

草地生态系统的支持服务是保证其他所有生态系统服务功能所必须的基础和支撑，包括生物多样性维持、土壤形成、养分循环和生物控制等。支持服务相比供给、调节和文化服务其需要的时间周期较长，一般通过间接方式为人类提供利益。

（1）生物多样性维持

我国自然条件的复杂性和多样性形成和维系了我国草地生态系统较高的生物多样性。我国草原拥有 2 000 余种草原动物、1.5 万余种草类植物，仅产于我国的特有植物种有沙打旺等近 500 种。根据第一批《中国珍稀濒危保护植物名录》，389 种植物中草本植物占 14%，涉及 29 科 51 种及 3 个变种。其中，一级保护野生植物 1 种，二级保护野生植物 17 种，三级保护野生植物 19 种，濒危植物 31 种。天然草原也繁衍了丰富的野生动物资源，草原区已知国家一级保护野生动物 24 种，国家二级保护野生动物 34 种。

（2）土壤形成

草地在土壤形成与维持土壤功能上的作用，表现在生态系统内促进岩石风化和有机质积累；保持水土，防止土壤风蚀和水蚀；保持和提高土壤的生态功能。岩石在生物作用下的风化称为生物风化。岩石上微生物的代谢产物导致岩石风化。在低温干燥的草原区，生物风化具有重要的意义，例如，蓝绿藻、地衣使岩石表面变得疏松，成为成土母质，随着植物生长和有机质的积累，成土母质逐渐成为土壤。草原植被的根系和凋落物给土壤增加有机质，形成团粒，改善土壤结构，增强成土作用，提高土壤肥力，使土壤向良性的方向发展。

土壤微生物和土壤动物是土壤的改良者。在良好的保护和科学的利用条件下，草地植物、土壤动物和土壤微生物及其排泄物可以使土壤有机质不断积累，提高有机质含量。土壤微生物和土壤动物是草地生态系统中的分解者，它们使有机质粉碎、腐烂和分解，成为植物可利用的矿质化状态。草地土壤有机质的不断积累和分解，使草地不同土壤类型的理化条件相应地达到最优，肥力相应地达到最高，生态功能相应地达到最强。

（3）养分循环

草地生态系统内养分的循环包括氮、磷和其他元素及养分的获取、贮存和内循环等。草地生态系统中生命活动所必需的元素有30~40种，这些元素进入土壤后，土壤中带负电荷的颗粒可以吸附交换性的这些营养元素并将它们贮存起来，以供植物不断吸收利用；反过来说，如果没有土壤微粒，营养物质将很快流失。与此同时，土壤还作为人工施肥的缓冲介质，将营养物质离子吸附在土壤中，供植物在需要时释放。

草地生态系统由于有家畜的放牧、粪尿排泄物、草畜产品和活畜的运出等特殊的影响，它们能够改变元素循环的途径和养分分解释放的元素比例，通过长循环的途径使元素返回草地。在长循环中，家畜通过采食、咀嚼、消化，将植物体粉碎、变小，使其容易分解，加速物质循环的速率。如果没有草食动物的采食或采食很少，植物的养分就直接淋溶到土壤中，或以死的植物有机物经过分解，使元素以短循环的途径回到土壤中。

（4）生物控制

草地生态系统中作为生产者的各种草本植物，主要通过食物与作为消费者的大小不同的植食性、肉食性动物发生关系，这种关系以食物链和食物网的形式将各种植物与动物、动物与动物联系成为一个整体。食物网把生物与生物、生物与周围的环境成分连接成一个网状结构，网络上的各个环节彼此牵连，相互依赖，维护生态系统的平衡。例如，当草原上的鼠类由于传染病的流行而大量死亡后，依靠鼠类为生的鹰类只能面临饥饿的危机，但这却是暂时的现象，因为鼠类的数量减少之后，草原就会繁茂起来，给兔类提供了良好的繁殖环境。野兔大量增加给鹰类提供了新的食物源，鼠类被捕食的危险减少之后，就会逐渐恢复到原有的数量，使草原重新达到原有的状态和平衡。

3.2.3 草地生态系统的"三生"功能

草地生态系统功能根据草地的独特性，将其概括为生态、生产、生活的"三生"功能。草地生态系统与其他生态系统不同，是以土壤-草地-家畜-牧民为一体的生物群落与其生态环境间，在能量和物质交换及其相互作用过程所构成的一种复合生态系统，不仅对维持自然生态系统格局、保护生态安全屏障起着重要作用，而且是畜牧业的生产基地、牧民生活依赖和草原文化传承的基础。我国草地生态系统功能的分类如图3-4所示。

3.2.3.1 草地的生态功能

草地的生态功能是指其生境、生物学性质或生态系统过程，主要发生在草丛-地境界面，为生命系统提供自然环境条件，具有生命支持功能和环境调节功能，是维持经济社会发展的基础，主要包括水源涵养、土壤形成、侵蚀控制、废物处理、滞留沙尘和生物多样性保护等功能。这些功能是草地生态系统固有的难以商品化的，反映了草地的社会属性，具有公益性，其表现为间接经济价值。生态功能为系统所固有，是系统维持和发展的基础，其影响超越了地理和行政区域的界限，具有全局性。

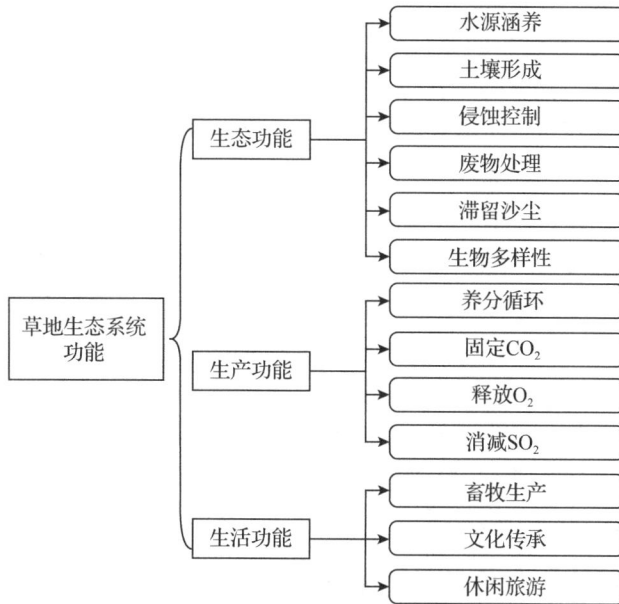

图 3-4 我国草地生态系统功能的分类

3.2.3.2 草地的生产功能

草地的生产功能是为生命系统生产各种消费资源，是对草地生态系统生产属性的具体反映，主要在草地-动物界面完成，包括养分循环、固定 CO_2、释放 O_2 和消减 SO_2 等，这些功能是可以商品化的，其表现为直接经济价值。草地的生产功能是影响草地生态系统服务功能发生改变的触发点，体现为特定区域畜牧业经济发展，具有地域性或行政区域性。

3.2.3.3 草地的生活功能

草地除了具有生态安全屏障和畜牧业生产功能外，还承载着特定环境条件下的生存和生产方式，是人-草-畜-生态有机结合的载体，主要表现在草畜-经营管理界面，包括畜牧生产、文化传承和休闲旅游等功能。这些功能有些是可以商品化的，表现为直接经济价值；有些不能量化，表现为间接经济价值。草地的生活功能主要取决于生态功能和生产功能的平衡关系和管理状况，体现为牧民的繁衍生存与草原文化传承，具有社会与文化的纵深性。

3.3 草地生态系统服务价值

3.3.1 草地生态系统服务价值的概念及内涵

3.3.1.1 草地生态系统服务价值的概念

草地生态系统服务价值是指草地生态系统为人类提供的各种产品和服务的经济价值，它体现了草地生态系统在维持生态平衡、促进经济发展和保障人类福祉等方面的重要贡献。

3.3.1.2 草地生态系统服务价值的内涵

草地生态系统服务价值会随着区域差异性、空间异质性和支付能力的变化而不同。当前各个生态系统类型的生态服务价值的估算普遍采用 Costanza 等（1997）以生态系统服务供给曲线为假定条件，基于全球的静态生态系统价值计量模型和基准单价，对生态系统服务进行价值估算。生态系统服务的总经济价值包括使用价值（use value，UN）和非使用价值（non-use value，NUV）两部分。其中，使用价值包括直接使用价值、间接使用价值和选择价值，非使用价值包括遗产价值和存在价值。在评估各类生态系统服务价值时，首先要确保公众认可该服务存在市场价值，然后基于个人对生态系统服务的"支付意愿"（willingness to pay，WTP）选择估价方法。

全球草原生态退化形势严峻，2020—2030 年被称为联合国生态修复的 10 年，2022 年 3 月 15 日，联合国大会全体会议通过了由蒙古国申请提出、国际组织共同推动的决议，宣布 2026 年为"国际草原与牧民年"（International Year of Rangelands and Pastoralists，IYRP）。2021 年 3 月国务院办公厅印发了《关于加强草原保护修复的若干意见》，表明草原生态修复的重要性和急迫性，草原生态保护和修复是保障草原生态系统服务的重要举措。如何科学合理地评价草地生态系统服务价值，使退化草地生态系统得到恢复，是提高草地生态系统服务功能和实现草地生态可持续发展的关键。

3.3.2 草地生态系统服务价值的评估方法

生态经济学的价值评估方法意味着评估生态系统服务的空间和时间动态，它们在满足个人和社会偏好方面的作用，以及所提供的福利和贡献。草地生态系统服务价值受限制于草地类型与草地的健康程度。草地生态系统服务价值基于支持服务、供给服务、调节服务和文化服务等生态系统服务，其中支持服务是其他 3 个服务的基础。草地生态系统服务价值评估框架如图 3-5 所示。

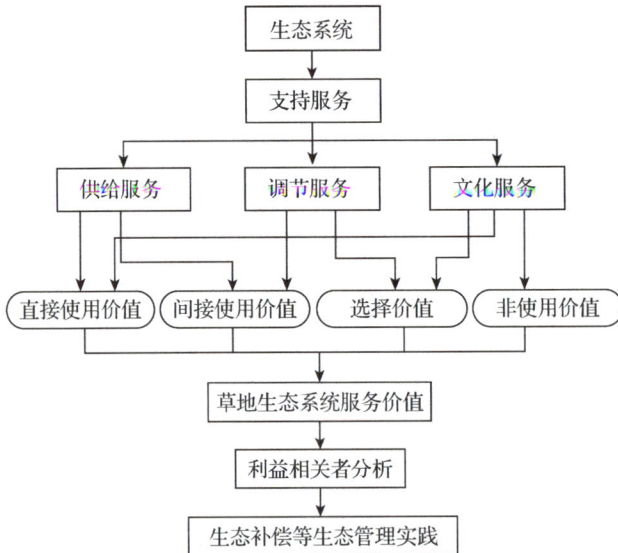

图 3-5　草地生态系统服务价值评估框架

草地生态系统服务价值的评估方法有以下几种，其中许多方法只适合于一部分生态系统服务价值的估算。在此参考生态系统价值评估（ecosystem valuation）网站，具体方法如下。

①市场价格法：估算商业市场上买卖的生态系统产品或服务的经济价值。

②生产率法：估算促进商业性市场商品生产的生态系统产品或服务的经济价值。

③享乐定价法：估算直接影响某种其他商品的市场价格的生态系统服务或环境服务的经济价值。

④旅游成本法：估算与生态系统或休闲场所有关的经济价值。假设一个景点的价值可以体现在人们为旅行去参观该景点的支付意愿。

⑤避免伤害成本、重置成本和替代成本法：以避免因失去生态系统服务而引起的损害成本、置换生态系统服务的成本，或是以提供替代服务的成本为基础，估算其经济价值的方法。

⑥条件价值评估法：估算几乎任何生态系统和环境服务的经济价值，这是使用最广泛、用来估算未使用价值或"消极使用"价值的方法。基于一种假设情景，要求人们直接陈述他们对某些具体环境服务的支付意愿。

⑦权变选择法：估算几乎任何生态系统和环境服务的经济价值。要求人们对生态系统或环境服务(或特征)进行权衡，以此为基础进行价值评定。

⑧效益转移法：通过将已经完成的对其他地方或其他问题的研究所得到的效益估计值进行转换，据此对经济价值做出估算。

⑨生态系统服务的国际支付：这是以市场为导向的受益者付费原则，为提供生态系统服务的国家给予补贴或庇护补贴。另一种替代方案是目前巴西正在使用的策略，即"生态 ICMS ecologico"，这是针对商品或服务的税，在某些州一部分税收按照城市生态目标(如小流域保护和森林保护区)的达标程度反补给市政当局，本质上说这是对生态服务供应的一种支付，这被证实很有效。

3.3.2.1　草地生态系统服务价值总体评价方法

根据草地在不同区域的差异性、同一区域内的空间异质性和经济发展水平差异而产生的支付能力的差异，在确定草地生态系统服务价值时需要引进一些重要的系数，具体系数如下：

(1)区域差异性系数

在一定的区域内草地面积占总土地面积的比例大小决定了草地生态系统在该区域中功能地位重要性的高低，其功能价值也会随其面积的变化而变化，用区域差异性系数来体现这一差别。

$$S_i = \frac{a_i}{A_i} \tag{3-1}$$

式中　S_i——某一区域的差异性系数；

　　　a_i——某一区域的总草地面积(hm^2)；

　　　A_i——某一区域的总土地面积(hm^2)。

(2)空间异质性系数

草地生态系统服务功能的大小与草地的生物量和盖度有密切关系，生物量和盖度越大，草地生态系统的服务功能越强。在同一区域内，不同草地类型的生态服务价值随其生物量和盖度的变化而有差异，用空间异质性系数来反映这一差别。

$$Q_j = \frac{b_j}{B_i} \times \frac{c_j}{C_i} \tag{3-2}$$

式中　Q_j——某一区域 j 类草地的空间异质性系数；

　　　b_j——j 类草地的平均生物量(kg)；

　　　B_i——某一区域草地的平均生物量(kg)；

　　　c_j——j 类草地的平均盖度(%)；

　　　C_i——某一区域草地的平均盖度(%)；

　　　其余符号同前。

（3）支付能力系数

人们对生态系统功能的支付能力随着社会经济发展水平的不断提高而逐渐提高。一般情况下，在经济发展水平较低的地区，人们对草地生态系统产品生产的需求要比生态服务的需求强烈，对产品功能的支付意愿也会相对高于服务功能的支付意愿。因此，不同区域人们经济收入水平的高低决定了其对生态服务价值支付能力的大小。这一差异用支付能力系数来反映。

$$T_i = \frac{n_i}{N \times f_i} \tag{3-3}$$

式中　T_i——某一区域的支付能力系数；

　　　n_i——某一区域的人均年纯收入(元/a)；

　　　N——全国的人均年纯收入(元/a)；

　　　f_i——某一区域的恩格尔系数。

（4）其他系数

草地生态系统服务功能的重要性通过区域差异性系数、空间异质性系数和支付能力系数的综合来反映，表明草地的生态服务价值随着地域、空间和人们支付能力的差异而变化。

$$E_i = S_i \times Q_i \times T_i \tag{3-4}$$

式中　E_i——某一区域的草地生态系统服务功能重要性指数；

　　　S_i——某一区域的差异性系数；

　　　Q_i——某一区域的空间差异性系数；

　　　其余符号同前。

3.3.2.2　草地生态系统服务价值单价核算方法

（1）水源涵养

$$W_{ij} = \theta_{ij} \times p_{ij} \tag{3-5}$$

$$V_{wij} = W_{ij} \times p_{wi} \tag{3-6}$$

式中　W_{ij}——某一区域 j 类草地单位面积的水源涵养量[m³/(hm²·a)]；

　　　θ_{ij}——某一区域 j 类草地的径流系数；

　　　p_{ij}——某一区域 j 类草地的降水量(mm)；

　　　V_{wij}——某一区域 j 类草地单位面积水源涵养的经济价值[元/(hm²·a)]；

　　　p_{wi}——某一区域单位体积库容工程费用(元/m³)。

（2）养分循环

$$V_{nij} = N_{ij} \times p_{ni} \tag{3-7}$$

式中　V_{nij}——某一区域 j 类草地单位面积土壤养分价值[元/(hm²·a)]；

N_{ij}——某一区域 j 类草地单位面积的土壤养分保持量 $[t/(hm^2 \cdot a)]$（N、P、K 含量）；

p_{ni}——某一区域化肥的市场售价（元/t）。

（3）侵蚀控制（土壤保持量）

$$M_{ij} = \frac{\delta_{ij}}{\rho_{ij} \times h_{ij}} \tag{3-8}$$

$$V_{mij} = M_{ij} \times p_{mi} \tag{3-9}$$

式中　M_{ij}——某一区域 j 类草地单位面积的土壤保持量 $[m^3/(hm^2 \cdot a)]$；

δ_{ij}——某一区域 j 类草地土壤侵蚀模数 $[t/(km^2 \cdot a)]$；

ρ_{ij}——某一区域 j 类草地土壤密度 (kg/m^3)；

h_{ij}——某一区域 j 类草地土层厚度（m）；

V_{mij}——某一区域 j 类草地单位面积保持土壤的价值 $[元/(hm^2 \cdot a)]$；

p_{mi}——某一区域水库工程费用 $(元/m^3)$。

（4）废物处理

$$R_{ij} = \alpha_{ij} \times A_{ij} \tag{3-10}$$

$$V_{rij} = R_{ij} \times p_{ri} \tag{3-11}$$

式中　R_{ij}——某一区域 j 类草地单位面积废物转化为土壤有机肥料的数量 $[kg/(hm^2 \cdot a)]$；

α_{ij}——某一区域 j 类草地废弃物分解速率（%）；

A_{ij}——某一区域 j 类草地废物的数量（土壤中有机物的含量）$[kg/(hm^2 \cdot a)]$；

V_{rij}——某一区域 j 类草地单位面积废物处理的价值 $[元/(hm^2 \cdot a)]$；

p_{ri}——某一区域有机肥的市场售价（元/t）。

（5）生物多样性维持

$$V_{bij} = \frac{V_{ij}}{A_i} \tag{3-12}$$

式中　V_{bij}——某一区域 j 类草地单位面积生物多样性维持的价值 $[元/(hm^2 \cdot a)]$；

V_{ij}——某一区域自然保护区保护成本总费用 $(元/hm^2)$；

A_i——草地面积 (hm^2)。

（6）释放 O_2

$$O_{ij} = 1.63 \times NPP_{ij} \tag{3-13}$$

$$V_{oij} = O_{ij} \times p_{oi} \tag{3-14}$$

式中　O_{ij}——某一区域 j 类草地单位面积释放 O_2 量 $[t/(hm^2 \cdot a)]$；

1.63——换算系数；

NPP_{ij}——某一区域 j 类草地单位面积的年净初级生产力 $[t/(hm^2 \cdot a)]$；

V_{oij}——某一区域 j 类草地单位面积释放 O_2 的价值 $[元/(hm^2 \cdot a)]$；

p_{oi}——某一区域工业氧气售价（元/t）。

（7）固定 CO_2

$$C_{ij} = 1.19 \times NPP_{ij} \tag{3-15}$$

$$V_{cij} = C_{ij} \times p_{ci} \tag{3-16}$$

式中　C_{ij}——某一区域 j 类草地单位面积固定 CO_2 量 $[t/(hm^2 \cdot a)]$；

　　　1.19——换算系数；

　　　NPP_{ij}——某一区域 j 类草地单位面积年净初级生产力 $[t/(hm^2 \cdot a)]$；

　　　V_{cij}——某一区域 j 类草地单位面积固定 CO_2 的价值 $[元/(hm^2 \cdot a)]$；

　　　p_{ci}——我国碳税价格（元/t）。

（8）消减 SO_2

$$S_{ij} = \alpha_{ij} \times \gamma_{ij} \tag{3-17}$$

$$V_{sij} = S_{ij} \times C_{si} \tag{3-18}$$

式中　S_{ij}——某一区域 j 类草地单位面积消减 SO_2 量 $[t/(hm^2 \cdot a)]$；

　　　α_{ij}——某一区域 j 类草地的健康状况系数；

　　　γ_{ij}——某一区域 j 类草地单位面积吸收 SO_2 能力 $[kg/(hm^2 \cdot a)]$；

　　　V_{sij}——某一区域 j 类草地单位面积消减 SO_2 的价值 $[元/(hm^2 \cdot a)]$；

　　　C_{si}——某一区域消减 SO_2 成本（元/t）。

（9）滞留沙尘

$$D_{ij} = \alpha_{ij} \times \varepsilon_{ij} \tag{3-19}$$

$$V_{dij} = D_{ij} \times C_{di} \tag{3-20}$$

式中　D_{ij}——某一区域 j 类草地单位面积滞留灰尘量 $[t/(hm^2 \cdot a)]$；

　　　α_{ij}——某一区域 j 类草地的健康状况系数；

　　　ε_{ij}——某一区域 j 类草地滞留灰尘的能力 $[t/(hm^2 \cdot a)]$；

　　　V_{dij}——某一区域 j 类草地单位面积滞留灰尘的价值 $[元/(hm^2 \cdot a)]$；

　　　C_{di}——某一区域消减灰尘的成本（元/t）。

（10）休闲旅游

$$V_{ti} = \frac{V_i}{A_i} \tag{3-21}$$

式中　V_{ti}——某一区域草地单位面积的休闲旅游价值 $[元/(hm^2 \cdot a)]$；

　　　V_i——某一区域草地总旅游收益（元）；

　　　其余符号同前。

（11）文化传承

$$V_{hi} = \frac{H_i}{A_i} \tag{3-22}$$

式中　V_{hi}——某一区域草地单位面积的文化传承价值 $[元/(hm^2 \cdot a)]$；

　　　H_i——某一区域政府和民间投入的文化传承与保护费用（元）；

　　　其余符号同前。

（12）畜牧生产

$$V_{gij} = G_{ij} \times p_{si} \tag{3-23}$$

$$G_{ij} = \frac{Y_{ij} \times U_{ij}}{I_i \times D_i} \tag{3-24}$$

式中　V_{gij}——某一区域 j 类草地单位面积的畜牧生产价值 $[元/(hm^2 \cdot a)]$；

G_{ij}——某一区域 j 类草地单位面积载畜力 $[\,羊单位/(hm^2 \cdot a)\,]$；

p_{si}——某一区域 1 个羊单位的市场售价(元/羊单位)；

Y_{ij}——某一区域 j 类草地单位面积的草产量 (kg/hm^2)；

U_{ij}——某一区域 j 类草地的牧草可利用率(%)；

I_i——某一区域牲畜的日采食量(kg/羊单位)；

D_i——某一区域牲畜的放牧天数(d)。

$$P_{ij} = \sum_{x=1}^{12} V_{xij} \times E_i \tag{3-25}$$

$$GV_{ij} = \sum_{j=1}^{n} P_{ij} \times A_{ij} \tag{3-26}$$

式中　P_{ij}——某一区域 j 类草地单位面积的生态服务价值 $[\,元/(hm^2 \cdot a)\,]$；

V_{xij}——某一区域 j 类草地各单项生态服务指标的价值 $[\,元/(hm^2 \cdot a)\,]$；

E_i——某一区域草地生态服务功能的重要性系数；

GV_{ij}——某一区域 j 类草地的总生态服务价值(元/a)；

A_{ij}——某一区域 j 类草地的面积 (hm^2)；

x——代表草地生态系统功能评价指标。

3.3.3　我国草地生态系统的服务价值

生态系统服务价值评估是制定区域生态环境保护、生态经济核算和生态补偿决策、开展生态功能区划、保护和恢复自然生态系统的重要依据和基础。自 1997 年 Costanza 等首次对全球主要生态系统类型开展服务价值评估以来，我国学者对草地生态系统服务价值开展了大量相关研究工作，从草地生态系统的总服务价值、各类草地生态系统的服务价值、草地生态系统不同服务功能的价值，以及不同区域草地生态系统的服务价值等多个维度进行了系统分析。

3.3.3.1　我国草地生态系统服务总价值

我国草地生态系统服务的总价值由于核算方法、测定指标和草地资源本底不同，得出的草地生态服务功能价值估测结果不尽相同。2000 年，陈仲新和张新时最早根据 Costanza 等(1997)的方法估算了我国草地生态系统的自然资本和服务的综合价值为 8 697.68 亿元，约为我国陆地生态系统服务总值的 15.50%；如果加上沼泽(草地)的生态服务价值，则为 35 461.68 亿元，占我国陆地生态系统总价值的 63.21%。

2001 年，谢高地等参照 Costanza 等的方法，在草地生物量订正的基础上，对全国草地生态系统服务价值进行了估算(表 3-1)，结果表明全国草地生态系统(包括沼泽、荒漠在内)的自然资本和服务平均综合价值为 12 402.6 亿元。

2004 年，赵同谦等运用影子价格、替代工程等方法探讨了草地生态系统的间接服务价值，选取侵蚀控制、截留降水、土壤碳累积、废弃物降解、营养物质循环和生境提供六类功能进行了评价，得出我国草地生态系统的六类服务的间接价值为 8 803.01 亿元。

2007 年，姜立鹏等利用遥感反演技术，提出了基于净初级生产力和植被覆盖率的草地生态系统服务价值估算方法，选取有机物质生产(物质生产)、维持 CO_2 和 O_2 平衡(气体调节)、营养物质循环(养分循环)、对环境污染的净化作用(废物处理)、土壤侵蚀控制(侵蚀

表 3-1　我国不同类型草地生态系统服务价值及占比

草地类型	每年每公顷草地生态系统服务价值(排序)/元	每年各类草地总生态服务价值(排序)	
		亿元	占比/%
温性草甸草原	2 502.2 (9)	363.5 (8)	2.9 (8)
温性典型草原	1 518.6 (10)	624.3 (6)	5.0 (6)
温性荒漠草原	776.7 (13)	147.4 (13)	1.2 (13)
高寒草甸草原	524.1 (15)	35.6 (16)	0.3 (16)
高寒典型草原	485.2 (16)	202 (11)	1.6 (11)
高寒荒漠草原	332.9 (17)	31.5 (17)	0.3 (17)
温性草原化荒漠	794.1 (12)	84.5 (14)	0.7 (14)
温性荒漠	562.2 (14)	253.4 (10)	2.0 (10)
高寒荒漠	199.5 (18)	14.9 (18)	0.1 (18)
暖性草丛	2 806.1 (8)	187.1 (12)	1.5 (12)
暖性灌草丛	3 021.4 (5)	351.0 (9)	2.8 (9)
热性草丛	4 513.4 (3)	642.5 (5)	5.2 (5)
热性灌草丛	4 314.7 (4)	757.6 (3)	6.1 (3)
干热稀树灌草丛	4 643.4 (2)	39.7 (15)	0.3 (15)
低地草甸	2 954.3 (6)	745.2 (4)	6.0 (4)
山地草甸	2 814.4 (7)	470.3 (7)	3.8 (7)
高寒草甸	1 506.1 (11)	959.7 (2)	7.8 (2)
沼泽	225 902.4 (1)	6 492.3 (1)	52.4 (1)
合计	—	12 402.6	100

注：引自谢高地等，2001。

控制)和涵养水源(水供给)六类功能进行评价，结果表明我国草地生态系统六类服务的综合价值达 17 030.3 亿元。

黄季焜等最新的研究表明全球草地生态服务价值年均为 219 000 亿美元，相当于 2020 年全球国内生产总值(GDP)的 16.4%。我国草地生态系统年均生态服务价值为 62 200 亿元(相当于 2020 年全国 GDP 的 6.13%或农业 GDP 的 80%)，其中草地生态系统的调节功能占比 84%，集中在西藏、内蒙古、新疆、青海等省(自治区)。

3.3.3.2　我国各类草原生态系统的服务价值

我国各类草地生态系统的服务价值取决于单位面积生态服务大小及其分布面积，同时也取决于生态系统服务价值的核算方法。据谢高地等(2001)利用 Costanza 等的方法进行我国各类草地生态系统服务价值的评估，结果表明，尽管沼泽的面积仅占全国各类草地总面积的 0.73%(居倒数第二位)，但其单位面积的生态系统服务价值位居各类草地生态系统之首，每年高达 225 902.4 元/hm²，生态系统服务总值每年高达 6 492.3 亿元，占全国草地生态系统总服务价值的 52.4%，排名第一。温性草原和高寒草甸的单位面积生态系统服务价值不高，但是面积较大，其生态系统服务总价值较高；热性草丛、热性灌草丛和低地草甸的面积不大，但是单位面积生态系统服务价值较高，其生态系统服务总价值较高，因此，这几类生态系统的总服务价值在全国草地生态系统服务价值的占比介于 5.03%～7.74%。其余类型草地生态系统或因面积较小或单位面积生态系统服务价值较低，其总服务价值在全国草地生态系统服务价值的占比均在 5%以下。

3.3.3.3　我国草地的各类生态服务价值

我国草地的各类生态服务价值的估测结果因测定指标、核算方法、草地资源本底不同而不同。

谢高地等（2001）基于 Costanza 提出的 17 类生态系统服务项目，估算了我国草地生态系统各类服务的价值及占比（表 3-2）。结果表明，我国草地生态系统提供的各类服务中，废物处理的价值最高，占服务总价值的 31.78%，为每年 3 919.4 亿元；干扰调节、水供给、食物生产次之，侵蚀控制再次之，其余的服务价值均低于 5%；气候调节、养分循环和基因资源的价值等本底数据缺乏，没有给出相应的结果。

黄季焜等（2023）最新的研究表明，调节服务在草地生态系统服务价值中占主导地位。其中，草地的调节服务总价值约为 52 300 亿元，占草地总经济价值的 84%；其次是供给服务（食物、淡水、原材料等），总价值 7 100 亿元，占 11%；文化服务价值最低，为 2 800 亿元，占 5%。从全国第一次到第三次国土调查的 30 多年间，草地面积减少了 13 500 亿 hm²，主要是退化为荒漠和转变为耕地与建设用地等。

表 3-2　我国草地生态系统各类服务的价值及占比

生态系统服务项目	价值/亿元	占比/%
气体调节	226.4 (10)	1.84 (10)
气候调节	—	—
干扰调节	1 982.0 (2)	6.07 (2)
水调节	79.0 (12)	0.64 (12)
水供给	1 733.2 (3)	13.45 (3)
侵蚀控制	694.9 (5)	5.66 (5)
土壤形成	23.8 (14)	0.20 (14)
养分循环	—	—
废物处理	3 919.4 (1)	31.78 (1)
传粉	601.9 (6)	4.88 (6)
生物控制	554.1 (7)	4.49 (7)
避难所	132.6 (11)	1.08 (11)
食物生产	1 725.8 (4)	13.99 (4)
原材料生产	46.1 (13)	0.38 (13)
基因资源	—	—
娱乐	298.9 (9)	2.42 (9)
文化	384.5 (8)	3.12 (8)
合计	12 402.6	100

注：引自谢高地等，2001。

3.3.4.4　我国不同区域草地生态系统总服务价值

由于生态系统和生态系统服务类型的空间分布异质性，各类草地因地理区域不同和本身各项自然经济特点不同，不同区域的生态系统服务价值有巨大差异（表3-3）。

表3-3　我国不同区域草地生态系统总服务价值

生态系统服务项目	价值/亿元						
	东北温带半湿润区	蒙宁甘温带半干旱区	西北温带、暖温带干旱区	华北暖温带半湿润半干旱区	东南热带、亚热带湿润区	西南亚热带湿润区	青藏高原高寒区
气体管理	57.47	20.83	33.68	8.65	20.09	30.30	47.18
气候管理	—	—	—	—	—	—	—
干扰管理	1 143.95	44.13	183.45	21.33	4.86	59.28	256.57
水管理	14.00	8.48	12.76	3.54	8.56	12.43	17.29
水供给	957.78	36.97	153.56	17.87	4.03	49.65	214.83
侵蚀控制	99.14	80.94	117.25	33.27	82.67	118.32	164.19
土壤形成	3.38	2.80	4.03	1.15	2.88	4.03	5.68
养分循环	—	—	—	—	—	—	—
废物处理	1 350.21	695.11	520.47	119.56	252.54	409.72	728.71
传粉	85.47	69.74	101.03	28.65	71.31	102.02	141.54
生物控制	78.63	1.82	92.96	26.43	65.63	93.87	130.26
避难所	76.66	2.96	12.27	1.40	0.33	3.95	16.96
食物生产	293.62	189.46	281.19	78.14	191.36	276.83	11.19
原材料生产	26.68	1.07	4.28	0.49	0.08	1.40	6.01
基因资源	—	—	—	—	—	—	—
娱乐	151.51	11.20	31.21	5.02	6.34	15.64	43.80
文化	6.31	8.56	1.01	0.12	0.91	11.36	49.82
合计	4 560.65	824.64	1 583.89	349.70	711.50	942.13	2 217.33

3.4　草地生态经济与人类福祉

近年来，随着人口增加和社会经济发展，草地生态资源的消耗巨大，部分草原区的生态环境恶化，导致生态资源被消耗甚至枯竭，为恢复草原区的生态环境和实现草原可持续发展，我国草原管理部门开展了多种生态保护修复工程和生态补偿工程，也出台了草原生态保护补助奖励政策。该政策的制定是基于被占用或被破坏的生态系统价值估算的基础上，通过生态保护补助奖励措施来弥补生态资源的损失。

3.4.1 生态草业

3.4.1.1 生态草业的概念

生态草业是以生态学、经济学原理和生态经济学原则为指导，遵循生态经济复合系统的规律，运用系统论和生态工程等方法，充分利用生态学原理和现代科技，实施草业集约化管理经营，以发挥草地生态系统多功能性和资源可持续利用为目的，达到草地生态效益、经济效益和社会效益同步发挥，强化草原牧区牧民"三生"功能的生态经济型草业。

生态草业整体产业体系包括精细生态草业、肉奶禽业、生物产业、生态旅游业和草−牧−工−科−贸联营体，又称"四业一体"。

(1) 精细生态草业

采用现代农业手段和水肥管理技术，利用草原雨热同期特点，保证植物生长必需的水、肥、热条件，采取综合生物防治对策，减少鼠虫害损失。在小面积优质土地上，进行优质饲草集约化种植和草地精细化管理，大力发展饲料蛋白牧草产业。同时，研制与引进现代化牧草收获、加工、储运等大型设备，生产专用和商品饲草料，提高劳动生产效率、饲草利用效率和经济效益。

(2) 肉奶禽业

充分利用草原牧草资源优势，控制草原牛羊养殖数量，实现当年出栏，减少冬春季节家畜掉膘造成的损失，大力发扬草原养禽业，发挥草原活动空间大、天然食物充足的优势，将家禽采食活动与害虫防治、草原有机肥施加相结合，发展草原有机食品加工业，培育草原有机食品品牌。

(3) 生物产业

基于草原光热水资源充足的优势，发展草原特色种质资源的引种驯化和栽培，发展高经济效益的资源植物和民族药业为主的生物产业，大力发展风能、太阳能和生物质能等清洁能源。发展草原区沙棘、瓜果等特供沙地种植产业。

(4) 生态旅游业

结合草原丰富的旅游资源和文化资源，结合生态保育和草原绿色发展需要，大力发展草原生态旅游业。

(5) 草−牧−科−工−贸联营体

通过体制与机制创新，建立具有中国牧区特色的由多方参股的草−牧−科−工−贸联营体，建设草原畜牧业可持续试验示范区，将草业特区的生态产品、有机食品、生物产业与生态旅游产品直接与大城市消费市场链接。

3.4.1.2 生态草业的基本原理

生态草业是以生态学和草业科学的基本理论为指导，结合生态系统的基本原理和系统原则，实现草业的可持续发展，其基本原理包括以下 4 个方面。

(1) 生态位理论

生态位是指种群在生态系统内在时间、空间上所占据的位置及与相关种群间的功能关系与作用。在进行生态草业配置过程中，要充分考虑不同发展对象间的资源生态位，在充分利用资源生态位的优势和特点的前提下，提出符合比较优势的生态、经济和社会发展规划。

（2）补偿理论

马世骏等认为，自然生态系统各成分之间具有一定程度相互补偿的调节功能，但这种补偿和调节作用是有限度的。《环境科学大辞典》将自然生态补偿（natural ecological compensation）定义为："生物有机体、种群、群落或生态系统受到干扰时，所表现出来的缓和干扰、调节自身状态使生存得以维持的能力；或者可以看作生态负荷的还原能力"或者是"自然生态系统对社会、经济活动造成的生态破坏所起的缓冲和补偿作用"。草本植物在面对家畜放牧和刈割处理后，会呈现出生态补偿的现象，因此，生态草业的发展要充分考虑草地植物的生态补偿机制。

（3）环境容纳量理论

任何生态系统的发展都具有生态阈值和环境容纳量。生态系统内的发展过程应结合环境阈值和环境容纳量，在系统发育初期，由于环境资源丰富，因此需要开拓环境，促进系统产出；之后系统产出呈现快速的指数型增长；后期受到环境容纳量的限制，系统产出速度变慢，呈现逻辑斯蒂的"S"形增长曲线。

（4）4个生产层理论

草地农业生态系统由4个生产层组成，即以生态功能为主要效益的前植物生产层，以植物产品为主要效益的植物生产层，以动物及其产品为主要效益的动物生产层，以动植物产品加工流通为主要效益的后生物生产层。每个生产层通过科学地利用、生产、加工和流通等都可获得相应经济效益和价值。草原旅游资源，无论是自然风光，还是民族风情，都符合现代人类的旅游需求趋势和潮流。利用草原地区特殊的地质地貌、自然景观和民族风情等来发展草原生态旅游业，为草原区农牧民增收开辟了新的途径。

3.4.1.3 生态草业的配置方法

生态草业要求草地生态系统内的各个要素之间的配置在属性关系、数量规模、时间顺序和空间地域上均能相辅相成，有机地组合在一起。

（1）同类要素的相辅相成

需要将草地生态系统内的同类要素进行配置，使之达到相辅相成、相互促进的作用。这主要是基于草地生物群落与无机环境之间的适宜配置，就目前人类对草地生态经济区域的调控程度来看，改造草地无机环境会存在较大的困难，而采取适宜的生物群落能达到改造和恢复草原生态环境的目的。例如，在水土流失区域补播牧草、黑土滩型退化草地的人工草地建植等，均会改善草地区域的气候和水文等无机环境，因此，生物群落和无机环境适宜配置的关键是做到"宜林则林、宜草则草、宜荒则荒"。

同时，还要做到产业部门与生物群落和无机环境的协调配置，以及产业部门之间的相关配置。产业部门要根据草原区域的生态环境和无机环境选择适宜的产业类型，并且产业部门之间要进行协调配置，要根据草原生物群落的多用途性和相关性进行综合开发与保护。对于生态环境恶化区域，对产业的布置和设置更要协调统一，将生态修复与区域经济发展相结合，大力发展环境友好型生态产业，如草原区发展生态旅游业、绿色能源等产业。

（2）适度规模的同阈组合

草原为草业提供必备的原料、劳动资料和劳动对象。各个区域内的生态经济要素需要合理配置，使生产规模、社会规模、环境容量、生物及其生长量之间相互匹配，使丰富资源的优势得到充分发挥，短缺资源的劣势得到有效避免。其中，要保障产业部门的规模必须适度，在考虑生产规模、环境容纳量及生物生长限制阈值的基础上，进行各要素间的合理调配，才能优化生态经济区域，确定草原合理的放牧强度、刈割强度和草原生态旅游强度，使各部门的生产规模不超过环境容量和生物生长量。同时，要调配好社会群落规模，人口的增长要与草原配套的土地、矿产、淡水和能源等资源相适应。

（3）同步配置草业各要素

为了更好地确定草业各要素间的合理配置，使各要素之间相互一致，协同呼应。首先，需要周期性地配置草业各要素，这就需要根据不同产业链条的生产周期之间的同步性，如畜牧业的各要素包括畜群结构、畜群年龄和利用年限要与草本植物的生长特性相一致，制定相应的放牧和轮牧周期。其次，要保证草地生态系统内各食物链的时序保持同步，包括使生物群落的生长发育特性与气候条件相一致，也要在食物链次序上配置生产要素，以及投入产出链的同步配置。最后，要在生态经济区域优势生物群落和无机环境协调的生态基础上建立草业各产业部门，按照产业的生态经济特性，建立相关的辅助产业。

（4）立体网络配置草业各要素

生态草业还要求各经济要素布局在适宜的地域空间，使各生产要素之间具有合适的经济生态位，各要素之间空间关系上呈现立体网络的格局。其中，不仅要确保草业各生物群落之间保持较好的立体配置，而且要充分利用其边缘效应。根据土地资源的特点及生物群落的特征，使之具有适合的生存及开拓环境，不同生物群落之间有合适的生态位是立体网络配置最重要、最关键的因素。将具有立体配置的各个生物群落进行合理配置，使之再循环、再利用、再增值。基于生态学理论，群落交错区的边缘地带出现物质循环、能量流动、价值增值和信息传递特别高的边缘效应，因此在草业生物配置时，要充分发挥边缘效应的作用。

3.4.1.4　生态草业的基本特征

生态草业具有环境友好、生产力高、科技含量高、经济效益与生态效益双高等特点。通过大力发展草原区生态草业，能够在保护草原区生态环境的同时，实现草原区的绿色发展和乡村振兴。生态草业将在保证我国粮食安全、边疆稳定和牧区经济发展过程中发挥重要的作用。

【案例 3-1】生态草业试验区设计——以正蓝旗为例

正蓝旗位于浑善达克沙地南部边缘、内蒙古自治区锡林郭勒盟南部，面积 10 182 km²，地理坐标 41°16′~43°10′N，115°43′~116°20′E，海拔 1 206~1 674 m。东与多伦县、克什克腾旗交界，西与正镶白旗、太仆寺旗为邻，南与河北沽源县为邻，北与锡林浩特市、阿巴嘎旗接壤。旗政府所在地为上都镇，离北京直线距离 180 km，公路距离 500 km。

根据生态草业试验区的规划原则，根据草地的生产功能，充分发挥其生态功能，在利用中保护草原。根据牧民的传统生活方式，同时充分结合市场规律，特规划正蓝旗生态草业产业。

本项目具有极为可观的潜在经济收益，每年直接经济效益大约 17.1 亿元，增加碳汇生态服务功能效益 16.4 亿元，总效益高达 33.5 亿元，扣除固定资产投入 1.84 亿元（年折旧10%），则产生的直接与间接效益每年达 31.6 亿元。

3.4.2　生态补偿

3.4.2.1　生态补偿的概念

目前，学界对于生态补偿的概念并未达成共识，一般认为生态补偿是指生态服务的受益者对生态服务的提供者所给予的经济上的补偿。生态补偿的理解有广义和狭义之分，广义的生态补偿包括污染环境的补偿和生态功能的补偿，包括对损害资源环境的行为进行收费和保护资源环境的行为进行补偿，以提高该行为的成本与收益。狭义的生态补偿是对生态功能的补偿，即通过制度创新实行生态保护外部性的内部化，让生态保护成果的受益者支付相应的费用，激励生态产品的足额供应，激励人们从事生态保护投资并使生态资本增值的一种经济制度。

3.4.2.2　生态补偿的性质

生态补偿作为一种资源环境保护的经济手段，其目的是调动生态建设者的积极性，是促进环境保护的利益驱动机制、激励机制和协调机制的综合体。国际上为了解决各国普遍存在且日益紧张的自然资源开发利用与保育之间的矛盾，将科学问题与政策的可行性紧密结合起来而进行的区域性综合生态评价，建立生态补偿的综合管理机制。生态补偿的根本目的是保护生态环境，促进人与自然和谐发展，是一种调节生态保护利益相关者之间利益关系的公共制度。生态补偿机制则是为了改善、维护和恢复生态系统服务功能，调整因保护或破坏生态环境活动而产生的环境利益和经济利益在相关利益者之间的分配关系，以内化相关活动产生的外部成本为原则的一种经济激励制度。

人类对自然资源管理改进主要包括以下两种方式：

（1）帕累托改进

帕累托改进是与帕累托最佳状态这一概念相联系的。帕累托最佳状态是指如果不使某个人的境况变坏，就不能使另一个人的境况变好的状态，这是一种高效率的状态。由非帕累托最佳状态向帕累托最佳状态的变化就称为帕累托改进。这种改进的基本特征是至少有一个人受益，但不会有任何人受损，这样的改进往往依赖于市场机制。

（2）卡尔多-希克斯改进

卡尔多-希克斯改进也称卡尔多-希克斯效率，是英国经济学家约翰·希克斯在1939年为了比较不同的公共政策和经济状况而提出的。如果一个人的处境因为这种变革而变得更好，这样他就可以补偿另一个人的损失并有剩余，那么整体利益就会得到改善，这是福利经济学的一个著名标准。实现这样的改进需要有一个条件：建立损益各方开展谈判的平台，建立补偿制度。

【案例3-2】卡尔多-希克斯改进

如果两个草场A和B建设项目只能选择一个，在草场A建设紫花苜蓿，甲可以获利150万元，乙可获利150万元，在草场B建设紫花苜蓿，甲可以获利200万元，乙可获利140万元。如果按照帕累托标准，我们不知道应该选择哪一个草场进行建设。选择草场B，甲同意乙不会同意；选择草场A，乙同意甲不会同意。但按照卡尔多-希克斯的标准，可以选择草场B，因为只要甲对乙进行适当补偿（甲对乙的补偿大于10），两人就都能同意选择草场B，使总效益达到最大。

草地生态补偿属于卡尔多-希克斯改进，通过受益地区、行业对生态保护付出代价，作出贡献的地区、行业及生态保护者获得应有的补偿，达到生态环境质量改善的目的。这也是国际上广为使用的一种环境保护措施，多数发达国家通过建立完善的生态保护立法体系，设立专项的生态保护补偿费，保证生态保护补偿的顺利实施。实施这一制度既离不开不同区域、不同行业、不同部门、不同经济主体之间的自愿协商，又离不开政府的强制力和行政协调。

生态系统修复项目可以通过生态补偿或生态系统服务支付来进行，但这需要明确一些重要问题，包括谁来修复、为谁修复、谁来承担成本、谁是受益者，以及如何平衡短期和长期的社会和生态效益。面对这些挑战，鼓励自下而上的公众参与可能是促进生态系统恢复的重要途径，因为当地社区和企业及其拥有的本土知识对如何实现生态保护和经济发展的双赢有了更深入的了解。因此，在生态系统恢复过程中考虑和协调多个利益相关者的意见是解决上述复杂问题的当务之急。

3.4.2.3 草地生态补偿的主体

草地生态补偿的主体包括受偿主体和补偿主体，它们分别是补偿机制的权利主体和义务主体。

（1）受偿主体

草地生态补偿的受偿主体应该是对草地生态保护产生积极影响的实施者，包括作为行为的实施主体和不作为行为的实施主体。前者如牧民在沙化草地建立防沙带和开展生态修复的行为，后者如保护野生动物，不伤害、不杀害损害自己草场的野生动物的行为，不开发对环境有严重负面影响的湿地等行为。对生态环境产生消极影响的主体，如向环境排污者，他们应是补偿主体。

受偿主体按组织形式可分为国家、地区、单位和个人。国家之间按环境污染排放交易制度进行交易时，出售排污指标而获得收入的国家就是受偿主体。流域环境管理中下游的生态环境受益地区对上游地区生态环保投入所做的补偿，受偿主体就是地区。生态企业单位对环境保护作出有益贡献而获得补偿，受偿主体便是单位。相应的农民、牧民或林业承包户等受偿主体则是个人。另外，如企业之间按环境污染排放交易制度进行交易时，出售排污指标而获得收入的企业也是受偿主体。

（2）补偿主体

补偿主体在理论上应该是生态保护的受益者，由于生态环境的公共产品特性，所有人都是环保行为的受益者。因此，国家就是补偿主体，相应地对某种特定的环境因子，特定区域的代表——地方政府也是补偿主体，同时在工业企业中对污染治理投入较少的企业是经济利益的受益者，也是补偿主体。

从各国的立法实践来看，补偿主体一般是国家，也可以是一定的社会组织和单位。在我国，补偿主体表现为中央政府和地方各级政府，以及一定的社会组织。中央政府应是主要的补偿主体，各级地方政府可以因地制宜地对当地的生态保护项目或独立地实施补偿，或与中央政府按比例配套实施补偿。社会组织如生态环保基金会，也可以对某一项具体的生态环保项目实施补偿。

3.4.2.4 草地生态补偿的类型

由于不同区域的草地在国家生态屏障中的地位和区域经济发展中承担的主要职能及其对经济发展贡献的大小不同，其生态服务功能的重要性不同。在选择生态补偿对象或者区域时要考虑不同区域草地生态系统提供生态服务的质量差异、生态系统受损风险与草地使用者的参与成本和区域差异。同时，也存在补偿资金数量低于由放牧利用转化为退牧保护所造成的损失，或生态补偿成本超过了所获得的生态效益的情况。因此，在实施草地生态补偿决策时，应以发挥补偿资金效益的最大化为目标。

草地生态补偿的类型根据不同划分有以下几种。

（1）从补偿对象划分

①对为生态保护作出贡献者给予补偿：因为生态保护是一种公共性很强的物品，完全按照市场机制是不可能提供市场需要的那么多数量的。例如，草地保护、草原修复、水源地保护、种质资源保护等，这些物品都属于公共物品。既然是公共物品，就存在生产不足甚至产出为零的可能性，这就需要另外一种机制来解决。通过补贴那些提供生态保护这种公共物品的经济主体，以激励他们的积极性。

②对在生态破坏中的受损者进行补偿：因为他们往往是生态破坏中的受害者，给受害者以适当的补偿是符合一般的经济原则和伦理原则的。生态破坏中的受害者可以分成性质不同的两种受害者：生态破坏中的受害者和环境治理过程中的受害者。两类受害者的受害原因是不同的：首先，生态破坏过程中的受害者是因生态破坏者的行为而受害，环境治理过程中的受害者则是因治理环境的行为而受害；其次，生态破坏过程中的受害者不仅在经济上受损失，可能在身体上受伤害，甚至生命受威胁，环境治理过程中的受害者则主要是收入或财产受损失，但不会有身体上的受损和生命上的受害；最后，环境治理中的受害者往往能够预感到收入的变动，因此会主动提出补偿的要求，而生态破坏中的受害者或者在事后才发现自己在某些方面受损，或者在较长时间之内觉察不到自己的受损，因而没有提出补偿的要求。

③对减少生态破坏者给予补偿：因为有些生态破坏确实是迫于生计，是"贫穷污染"所致。在发展中国家普遍存在这种现象：越是贫穷，越是依赖自然资源，对生态环境的破坏就严重，经济越是得不到发展。如此循环往复，越贫穷、越破坏，越破坏、越贫穷。在这种情况下，如果没有从外部注入资金和机制就不可能改善生态环境。因此，对生态环境的破坏者也不得不给予补贴。例如，在西部大开发过程中，我国政府非常重视生态环境建设，采取了如退耕还林、退耕还草、退耕还牧、退耕还江等措施，其中就采用了以粮代赈的补贴手段，即让农民、牧民减少森林的砍伐和草地的开垦，由政府发给一定数量的粮食补贴，以资奖励。

（2）从条块角度划分

①上下游之间的补偿：流域上游的生态保护直接影响下游地区的生态质量，对上游地区的环保努力和机会成本给予相应的补偿。生态资源由社会共享，然而通常是贫困的山区却担负着保护江河上游生态的重任，在目前生态补偿制度尚未完善的情况下，与享受生态受益的下游地区相比，显然有失公平。需要通过生态保护补偿机制，由经济比较发达的下游地区"反哺"上游地区，如对下游地区利用水、森林、矿产等资源的，在相关产业的税费中提取一定比例作为上游地区生态补偿资金的来源。上下游之间的补偿可以是跨省的，也可以是省内跨市、县的补偿。

②部门与部门之间的补偿："直接受益者付费"补偿，如草原管理部门和水利部门花了大力气建设生态环境，旅游部门受益于良好的生态环境，产生了较好的旅游效益；水利部

门得益于淤塞减少，水量增大；当地牧民得益于抗洪救灾支出减少；航运部门得益于河流通畅、货运增加，那么可以在这些部门之间进行利益的再调配。

（3）从政府介入程度划分

①政府的"强干预"补偿：通过政府的转移支付实施生态补偿机制。由于生态环境资源的公共产品属性，生态问题的外部性、滞后性及社会矛盾复杂和社会关系变异性强等因素，使企业在许多领域和场合根本无法得到补偿。由于生态效益评估十分困难、交易费用较高，即使在市场机制健全的美国也是通过"强干预"的方式，"由政府购买生态效益、提供补偿资金"这样一种政策手段来提高生态效益。

②政府的"弱干预"补偿：在政府的引导下，实现生态保护者与生态受益者之间意愿协商的补偿。美国、巴西和哥斯达黎加是 3 个成功实施了生态效益补偿政策的国家。其经验表明，政府虽然是生态效益的主要购买者，但竞争机制依然可以在生态效益补偿政策的实施过程中发挥重要的作用。政府提供补偿并不是提高生态效益的唯一途径，政府还可以利用经济激励手段和市场手段来促进生态效益的提高。

（4）从补偿效果划分

①"输血型"补偿：是指补偿主体将筹集起来的补偿资金转移给受偿主体。这种支付方式的优点是受偿主体拥有极大的灵活性，缺点是补偿资金可能转化为消费性支出，不能从机制上帮助受偿主体真正做到"因保护生态资源而富"。

②"造血型"补偿：是指补偿主体运用项目支持的形式，将补偿资金转化为项目安排到受偿主体，帮助生态保护区群众建立替代产业，或者对无污染产业予以补助以发展生态经济产业，补偿的目标是增加落后地区发展能力，形成造血功能与自我发展机制，使外部补偿转化为自我积累能力和自我发展能力。项目支持包括对各种生态环境保护与建设项目、生态环境重点保护区域替代产业和替代能源发展项目、农民教育项目、循环经济工业区项目和生态移民项目的支持。

"造血型"补偿的具体方式：由过去的以政策扶贫为主转变为以项目扶贫为主，如实施生态经济防护林扶贫工程，既可改善这些地区的生态环境质量、防止水土流失、根除洪涝水患，又能促进当地农牧业综合协调发展和加快农民脱贫致富步伐；重点扶持交通、电信、水利等基础设施建设，重视生产条件的改善，降低这些地区进入市场的成本，增强"造血"功能；重视人力资源开发，通过发展文化教育和卫生事业，普及科技知识，加强职业技能培训，提高人口素质，为江河上游地区可持续发展构造人力基础；利用青山秀水、自然和人文景观独具特色的优势，加强山水风光旅游、民族风情旅游、自然生态旅游、休闲度假旅游等旅游功能区建设，将生态旅游培育成为区域经济的新增长点。

"造血型"生态补偿机制通常是与扶贫和地方发展相结合的，这种补偿方式的优点是可以扶植受偿主体的可持续发展，缺点是受偿主体缺少灵活支付能力，而且项目投资还得有合适的主体。

3.4.2.5　生态补偿资金的筹集方式

（1）政府转移支付

基于生态保护是一种公共产品或准公共产品这一属性，补偿资金从政府财政中直接支出，通过财政转移支付的方式实施。这种渠道取决于政府的财政收支状况和政府公共投资的偏好。政府公共财政的转移支付是生态补偿基金的主要来源，但不是唯一来源。

（2）受益者付费

基于生态保护是一种具有很强正外部性的行为，按照"谁受益，谁付费"的原则，由生态保护成果的享受者支付相应的费用。当然，其前提是生态收益的可计量性。通过建立受益者补偿机制，可以筹集到一笔专项基金，用于生态环境保护和建设。例如，对草地的生态效益补偿，可以通过草地的蓄水效应、保土效应、气候效应等，向不同类型的受益者征收不同比例的补偿。

（3）使用者付费

基于生态环境是一种稀缺资源的认识，既然是稀缺资源就应该通过价格信号显示其稀缺性，因此，按照"谁使用，谁付费"的原则筹集生态保护补偿基金。开发、利用生态环境资源，如矿产资源的开采、草地资源的旅游、放牧、采药等活动，一方面利用了有价值的生态资源，另一方面会对生态环境造成破坏。因此，开发、利用生态环境资源应该支付相应的补偿费。生态环境补偿费可以按照生态环境资源的开发利用量来征收。

（4）社会捐赠

基于生态保护是一种"功在当代，利在千秋"的具有很强公益性特征的行为，生态保护补偿费可以通过发行生态补偿基金彩票、公众募集等方式筹集资金。通过成立生态保护的慈善机构，设立慈善基金，接受社会各界人士和有关单位的捐赠，慈善机构通过广播、报刊、电视等媒体举办慈善晚会，筹措生态保护补偿资金。

（5）国际援助

生态环境问题具有全球性特点，而发达国家在工业化过程中占据了大部分环境容量，发展中国家在工业化进程中要实现环境与经济的协调发展需要外部资金的注入。各类国际组织(包括环保组织)提供的专项环保资金，用于发展中国家或欠发达地区的环境治理与生态保护。此外，一些非政府组织如国际环境保护组织经常以捐款的方式，资助发展中国家开展"生物多样性""湿地环境保护"等项目，由于无须偿还，这类小额资金，更适用于贫困地区申请使用。

3.4.2.6　我国草原生态保护补助奖励政策

从2011年开始，国家在主要草原牧区省（自治区）及新疆生产建设兵团，启动实施草原生态保护补助奖励政策，即对实行禁牧管理的草原给予适当补助，对实行草畜平衡的草原进行奖励，以调动农牧民保护草原的积极性，到2020年已实施两轮。草原补奖政策实施十年来，国家累计投入资金超过1 500亿元，实施范围覆盖河北、内蒙古等13个省（自治区）、新疆生产建设兵团和北大荒农垦集团的657个县（旗、团场、农场），共计1 200多万农牧户，是中华人民共和国成立以来我国草原牧区投入规模最大、覆盖面最广、受益农牧民最多的一项政策。2021年，国家开始实施第三轮草原补奖政策，财政部、农业农村部和国家林业和草原局联合印发《第三轮草原生态保护补助奖励政策实施指导意见》，明确2020—2025年国家将继续实施第三轮草原生态保护补助奖励政策，并增加了资金投入，扩大了政策实施范围。

草原补奖政策实施区域划分为草畜平衡区和禁牧区。划定为草畜平衡区的草原，根据其承载能力核定合理载畜量，实施草畜平衡管理，对履行草畜平衡责任、实现草畜平衡要求的农牧民、国有农牧林场员工给予草畜平衡奖励；划定为禁牧区的草原，对履行禁牧责任、实现禁牧要求的农牧民、国有农牧林场员工给予禁牧补助。第三轮草原补奖政策以第二轮落实面积为基础确定保护任务量，以国家提供的补奖面积和禁牧面积数据为依据，继续采用标准亩系数计发资金，并结合全国第三轮草原补奖政策总面积、禁牧和草畜平衡任务，以禁牧 7.5 元/标准亩、草畜平衡 2.5 元/标准亩为标准测算资金。

2016—2020 年，中央财政每年安排补奖资金 187.6 亿元，其中 155.6 亿元用于禁牧补助和草畜平衡奖励，32 亿元用于绩效奖励，支持地方草原保护利用等方面，政策覆盖河北、内蒙古等 13 省(自治区)38.1 亿亩草原。通过两轮补奖政策的实施，草原生态得到有效恢复，牧民保护草原意识明显增强，牧区生产生活生态在保护中发展，取得了显著的阶段性成效。

【案例 3-3】阿拉善左旗草地生态补偿

阿拉善左旗是国家实施草场生态补偿的重点地区，同时也是全国范围"禁牧"的源头和示范工程。阿拉善左旗位于内蒙古自治区，贺兰山西麓，全旗土地总面积 11 998.65 万亩，其中草场面积 7 874 万亩，主要为荒漠、半荒漠草原；沙漠面积 5 100 万亩，主要是腾格里、乌兰布和两大沙漠。年降水量 80~220 mm，年蒸发量 3 000 mm，属于典型的中温带干旱区。草原畜牧业是该地区传统的资源利用方式，也是当地牧民最主要的收入来源，饲养牲畜的品种包括山羊、绵羊、马、牛、骆驼，其中小畜以山羊为主，大畜以骆驼为主，是我国白绒山羊及双峰骆驼的产区。20 世纪 90 年代开始，阿拉善左旗草原生态问题得到重视，尤其是一些研究认为阿拉善是北京沙尘暴的主要源头，更加推动了该区域草原的生态治理政策。阿拉善左旗从 20 世纪末开始，先后实施了贺兰山天然林保护工程、退牧还草工程，随着国家生态奖补政策的出台，阿拉善左旗的生态补偿政策在之前的基础上继续推进，截至 2016 年，阿拉善左旗草原补奖项目区总面积为 7 100.45 万亩(占草原总面积的 90.2%)，其中禁牧区面积 4 884.2 万亩(占草原总面积的 62.0%)、草畜平衡区面积 2 216.25 万亩(占草原总面积的 28.1%)，覆盖全旗全部牧业嘎查和半农半牧嘎查。在该地区，"减畜"和"移人"是减少天然草场压力的主要措施，绝大多数放牧户将牲畜出栏处理，在配套的生态移民工程下，搬迁到距离城镇较近、自然条件较好的地方集中安置，安置方式以农业种植或者舍饲圈养为主。

3.4.3　草地生态效益与社会效益评价

草地生态效益是指草地生态系统及其变化引起的人类生存和社会经济发展条件的改善程度，这种改善可以提高人类福祉，反映了草地生态系统为人类生存和社会经济可持续发展提供适宜生活环境和优良生产条件的能力。广义的生态效益包含所有草地生态系统产生的人类福祉，涵盖部分经济效益和社会效益，而狭义的生态效益不包括草地生态系统所产生的经济和社会效益。

生态效益与生态系统服务功能既有区别又有联系，首先，生态系统服务包括产品提供功能(即我们一般所说的经济效益)、支持功能、调节功能和文化功能(部分社会效益)；其次，生态系统服务更多从生态系统对人类贡献的角度考虑，具有自然特征，而生态效益更多考虑人类从生态系统获得的利益，具有一定的社会经济特征。

生态效益的提出，其目的在于提高人们对自然规律的关心和对生态经济协调发展规律的认识，要求人类在经济发展中合理开发、利用、保护自然资源和生态环境这个人类赖以生活、生存乃至发展的自然物质基础。

3.4.3.1　草地生态效益评价

借鉴王效科所提出的生态效益评价框架，草地生态系统的生态效益评价框架如图 3-6 所示。

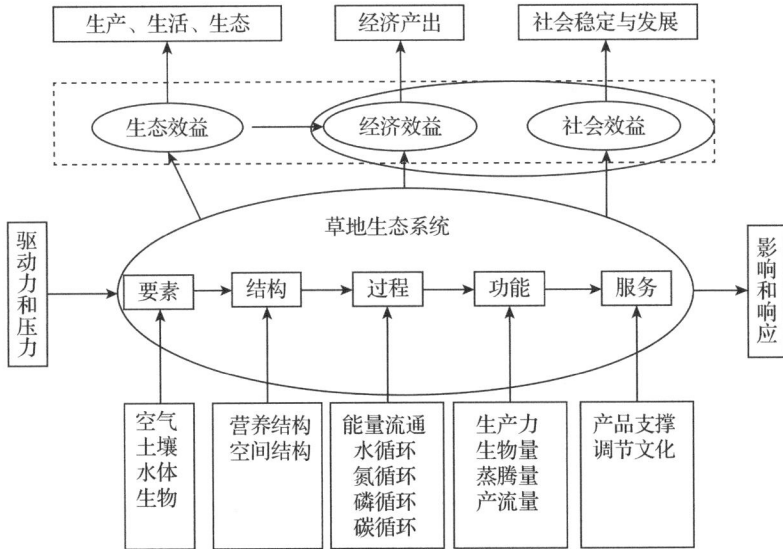

图 3-6　草地生态效益评价框架

生态效益、经济效益和社会效益共同构成了人类社会的价值判断标准和决策依据，生态效益是经济效益和社会效益的基础，生态效益综合了生态系统的多层级贡献，生态效益与生态系统的驱动力和人类应对能力有关。生态效益评价的出发点是为了认识生态系统的重要性和为制定生态环境保护政策提供科学依据。对于不同的外在驱动力和压力，生态系统的要素、结构、过程、功能和服务变化是不同的。受到这些变化的影响，人们从中得到的效益也就不同。因此，生态效益评价要考虑生态系统发生变化的驱动力及其对生态系统状态造成的压力，还要考虑生态系统变化对人类社会造成的影响和人类采取的响应措施，为生态系统环境保护修复决策提供科学依据(王效科等，2019)。

草地生态效益评价指标需要从大量的与草地生态效益相关的生态系统要素、结构、过程、功能，以及服务指标中，筛选出简单易行和科学客观的指标体系。目前筛选指标的方法主要有频度分析法、专家咨询法和层次分析法等。由于生态效益评价主要是通过评价人为干预后生态系统变化引起的人类福祉改变，认识人类活动的成效和存在问题，为人类活动的改进和成效提升的政策制定提供科学依据。因此，生态效益评价指标要考虑其对决策的支撑作用。

3.4.3.2　草地社会效益评价

草地的存在为人类提供了多种福祉，为人类提供衣食住行和生活资料，也为区域牧民生活的文化和精神生活提供支持。

①提供休闲和娱乐空间：草地是人们进行户外活动的理想场所，如野餐、散步、跑步等，满足人们追求健康生活方式和休闲娱乐的需要。

②维护生态平衡：草地是许多动物和植物的栖息地，因此，草地的存在有助于维护生态平衡，促进生物多样性。

③改善空气质量：草地通过吸收二氧化碳、释放氧气，可以改善空气质量，减轻空气污染对人类健康的影响。

④减少洪水和土壤侵蚀：草地可以增加土壤的渗透性，减少洪水和土壤侵蚀的发生，维护周边环境的稳定性。

⑤提供食品和药物来源：草地上生长的许多植物具有药用价值，可以为人们提供自然的食品和药物来源。

总之，草地的存在对人类福利是至关重要的，我们应该努力保护和维护草地的生态系统，让人与自然和谐共生。

3.5　草地碳汇经济

3.5.1　草地碳汇经济的概念及内涵

碳汇(carbon sink)指碳的汇合，是指植被、藻类等通过光合作用吸收大气中的二氧化碳，并将其固定在植被和土壤中，从而减少二氧化碳等温室气体在大气中浓度的过程、活动或机制，也指生态系统吸收并贮存二氧化碳的能力。生态系统碳汇主要包括森林碳汇、草地碳汇、湿地碳汇、海洋碳汇(蓝碳)等。

草地碳汇是指草地植物通过光合作用将大气中的二氧化碳吸收并固定在植被与土壤当中，从而减少大气中二氧化碳浓度的过程。长期以来，我国草地受到过度放牧、开垦和人为活动干扰，植被循环转换较快，地表凋落物的积累量较少。因此，草地碳汇的重要特征是吸收的二氧化碳主要固定在植物和土壤中。

根据德国全球变化咨询委员会(WBGU)估算，全球草地生态系统碳储量约为 1 200 PgC(1 Pg＝10 亿 t)，其中草地植被层碳储量约为 110 PgC，土壤层中约为 1 100 PgC。我国草地生态系统碳储量约为 44.09 PgC，其中草地植被碳储量为 3.06 PgC，草地土壤碳储量为 41.03 PgC。我国草原总碳储量 300 亿~400 亿 t，草地总碳储量约占全球草地碳储量的 8%。现有的碳汇体系实践中通常认为，草原植物在草地生物量积累方面不如森林蓄积量容易测量统计，因此，关于草地碳汇虽然已有大量研究，但在具体实践中并没有真正发挥应用草原本有的碳汇功能作用。其实，草地是光合作用最大的生态载体，我国草地面积占国土面积的 2/5，是面积最大的绿色生态资源，生物量增长速度也更快，对碳的固定能力也更强，随着草地生态系统的不断改善和对草地碳汇的重视，草地碳汇将发挥不可替代的作用。

草地固碳潜力主要通过退耕还草、草地保护与修复和草地管理等措施，吸收大气中的二氧化碳的过程、活动或机制。草地碳库是指具有贮存或释放碳能力的系统，包括草地生物量、凋落物、立枯、土壤、草产品、畜产品等。碳源是指向大气中释放碳的过程、活动或机制。自然界中碳源主要是海洋、土壤、岩石与生物体，另外，工业生产、生活等都会产生二氧化碳等温室气体，也是主要的碳排放源。这些碳中的一部分累积在大气圈中，引起温室气体浓度升高，打破大气圈原有的热平衡，影响全球气候变化。

联合国政府间气候变化专门委员会(IPCC)对碳源做了较为详尽的分类，主要将其分为能源及转换工业、工业过程、农业、土地使用的变化和林业、废弃物、溶剂使用及其他共

7个部分。但因IPCC的研究是在发达国家的背景下产生的，因此对发展中国家的化石燃料和工业发展所涉及的排放状况没有足够的估计。以我国为例，在能源活动中，除化石燃料外，由于我国农村很大程度上还是以传统的生物质为燃料的。因此，在2001年10月启动的"中国准备初始国家信息通报的能力建设"项目中，正式将温室气体的排放源分类为能源活动、工业生产工艺过程、农业活动、城市废弃物和土地利用变化与林业5个部分。

碳汇交易是基于《联合国气候变化框架公约》及《京都议定书》对各国分配二氧化碳排放指标的规定，创设出来的一种虚拟交易。即因为发展工业而制造了大量的温室气体的发达国家，在无法通过技术革新降低温室气体排放量达到《联合国气候变化框架公约》及《京都议定书》对该国家规定的碳排放标准的时候，可以采用在发展中国家投资造林，以增加碳汇，抵消碳排放，从而降低发达国家本身总的碳排量的目标，这就是碳汇交易。

自1992年《联合国气候变化框架公约》通过以来，以增加生态系统碳汇与减少温室气体排放为举措应对气候变化，已经成为世界各国的共识和共同选择。2015年通过的《联合国气候变化框架公约——巴黎协定》（以下简称《巴黎协定》）为2020年后全球应对气候变化行动做出安排，提出"在本世纪下半叶实现温室气体源的人为排放与汇的清除之间的平衡"的目标要求。通俗理解，就是实现二氧化碳排放"碳源"与二氧化碳去除或吸收"碳汇"之间的平衡。基于此，越来越多的国家提出碳中和目标。

碳中和是指企业、团体或个人测算在一定时间内，直接或间接产生的温室气体排放总量，通过植树造林、节能减排等形式，抵消自身产生的二氧化碳排放，实现二氧化碳的"零排放"。

通俗意义是指，通过增加碳汇等"碳吸收"和降低碳源的"碳排放"两个主要方面的措施，抵消人类在一定时间内生产和生活中直接或者间接产生的二氧化碳排放总量，实现二氧化碳"净零排放"。目前，实现碳中和的二氧化碳去除技术主要包括发展碳汇技术和碳捕集利用与封存技术（CCUS）两大类。相对于碳捕集利用与封存技术，草原生态系统的碳汇具有较高的固碳量和生态系统服务价值。

碳汇经济是指各种市场主体通过草原、森林等生态系统建设增加碳汇并以碳抵消、碳中和或碳投资等方式促使碳汇流通交易而开展经济活动的统称。

碳汇经济本质属性的概念内涵，就是通过碳汇实现经济价值。鉴于碳汇与碳源相对的属性，只有通过碳排放配额分配和履约等强制减排的认证机制确认的碳汇，才可以进行交易而产生碳汇的直接经济价值。因此，反映碳汇经济本质内涵的相关产业，是由以碳汇交易为导向贯穿碳汇生产与实现交易过程的各项专业服务业态组成，包括造林、森林经营与草原建设和管理等碳汇产生环节，以及项目设计、审查、注册备案、监测、核证、签发等碳汇交易环节。

碳汇经济概念的外延，则是因增强碳汇生产与交易服务进而衍生出的各类经济活动，相关产业包括碳汇生产环节紧密关联的生态服务、自愿减排项目的开发管理和交易、碳金融等。

2005年开始生效的《京都议定书》于2020年年底终止，代表国际"碳排放权交易制度"的清洁发展机制（CDM）也随之结束。2020年之后，《巴黎协定》成为国际气候合作基本框架。各国为此提出的碳中和目标，为碳汇经济相关产业的发展提供了重要驱动。随着各国碳中和目标的推进实施，碳汇经济相关产业的范围还将进一步丰富，将催生一批新技术、新业态和新模式。因此，碳汇经济及其关联的相关产业将进入快速发展的阶段。

同时，发展碳汇经济能带来多重效益。除经济的新业态和新增长点外，碳汇首先是具有独特性的优质生态产品，发展碳汇经济的效益首当其冲就是生态效益，有利于改善生态环境、厚植绿色发展根基。其次，发展碳汇经济对地区产业结构向绿色低碳转型发展有重要牵引作用，有利于构建绿色低碳循环发展的产业优势。最后，发展碳汇经济的社会效益也很突出，碳汇生产与交易环节，创造更多生态服务的就业机会、先进技术服务的就业机会等。

综上，碳汇经济及其相关产业，既是生态产业，又是经济新增长点，是生态优先、绿色低碳发展的新路子，是经济与产业高质量发展的重要部分，也是联动国际大循环和畅通国内大循环构建"双循环"新发展格局的重要内容。

3.5.2 草地碳汇的核算方法

按照碳汇方法学基本原理，草原碳库主要包含地上生物量、地下生物量、凋落物和土壤有机质 4 部分形成的碳库。以内蒙古草地碳汇核算为例说明计算过程。

3.5.2.1 计算方法

本案例计算的碳储量主要是草原地上生物量、地下生物量和土壤有机质的碳储量。由于草原凋落物一般不在草原监测范围内，故未将凋落物纳入碳储量统计范围。

IPCC 在《国家温室气体排放清单编制指南》（以下简称《IPCC 指南》）中给出了估算土壤碳含量变化的计算方法。该方法分为 3 个层次：第一层方法（Tier1）是利用 IPCC 报告中提供的粗略省略值进行估算；第二层方法（Tier2）是基于本国实际调查获取数据进行的较为符合地方性质的估算，中国、日本、欧洲等国多采用该方法；第三层方法（Tier3）是基于更为详细的数据库或者计算模型和基于监测网络的测量清单的高精度估算方法。

本案例采用 Tier2 方法，按照 IPCC 优良做法指南和《生态系统固碳观测与调查技术规范》，对内蒙古草地三类碳库的碳储量进行计算，具体计算公式见表 3-4 所列。

表 3-4　本案例采用的草地各类碳库计算公式

碳库名称	计算方法	计算公式	公式说明
植被地上生物量碳储量	单位面积碳储量法	植被地上碳 = $A×B×CF$ 草	针对不同植被类型，采用干重与含碳率计算；A 为各类草地面积，B 为各类草地单位面积地上生物量（g/m^2 或 $0.01\ t/hm^2$），CF 草为草种含碳率
植被地下生物量碳储量	生物量关系模型法	植被地下碳 = $A×B×p×CF$ 草	针对不同植被类型，通过地上部分干重与标准株所得根冠比计算地下部分干重，并结合含碳率计算；A 为各类草地面积，B 为各类草地单位面积地上生物量（g/m^2 或 $0.01\ t/hm^2$），p 为草种根冠比，CF 草为草种含碳率
土壤有机碳储量	单位面积碳密度法	土壤碳 = $A×E$ 土壤	按土层深度，采用容重与碳含量进行计算；A 为各类草地面积，E 土壤为单位土壤有机碳含量

注：CF 草数据采用国际植物碳含量参数（45%），存在一定误差（5%），单位面积生物量与碳含量相乘为碳密度（g/m^2）。

3.5.2.2 内蒙古草地各类碳库碳储量与变化动态

本案例依据文献数据，分别计算了内蒙古草地的地上生物量碳储量、地下生物量碳储

表 3-5   内蒙古草地生物量碳储量分布表

草地类型	草地面积/hm²	地上生物量碳密度/(g/m²)	地下生物量碳密度/(g/m²)	地上生物量碳储量/Tg	地下生物量碳储量/Tg	根冠比
温性草甸草原	8 358 827	62.33	630.40	5.21	52.69	10.11
温性草原	26 453 512	42.24	485.66	11.17	128.47	11.50
温性荒漠草原	8 490 672	17.28	115.69	1.47	9.82	6.69
温性草原化荒漠	5 154 490	10.96	53.68	0.57	2.77	4.90
温性荒漠	16 293 871	3.08	3.35	0.50	0.55	1.09
低地草甸	8 700 228	64.51	580.66	5.61	50.52	9.00
山地草甸	1 430 905	178.72	362.88	2.56	5.19	2.03
沼泽类	790 342	199.04	464.19	1.57	3.67	2.33
零星草地	193 852	—	—	—	—	—
总计	75 866 699			28.66	253.68	8.85

表 3-6   内蒙古草地总生物量与土壤有机碳储量分布表

草地类型	草地生物量碳密度/(g/m²)	生物量碳储量/Tg	土壤有机碳密度/(kg/m²)	土壤有机碳储量/Tg	土壤/生物量碳储量比
温性草甸草原	692.73	57.90	7.14	596.82	10.33
温性草原	527.90	139.65	6.83	1 806.77	12.94
温性荒漠草原	132.97	11.29	4.54	385.48	34.14
温性草原化荒漠	64.65	3.33	4.54	234.01	70.23
温性荒漠	6.44	1.05	3.92	638.72	609.10
低地草甸	645.17	56.13	—	—	—
山地草甸	541.60	7.75	6.78	97.02	12.52
沼泽类	663.23	5.24	44.50	351.70	67.10
零星草地	—	—	—	—	—
总计	—	282.34	—	4 110.52	14.56

量和草地土壤有机碳储量(表 3-5、表 3-6)。

从计算结果看,内蒙古草地碳库总计为 439 287 万 t,其中生物量碳库总量为 28 234 万 t,包括地上生物量碳库 2 866 万 t 和地下生物量碳库 25 368 万 t,土壤有机碳库 4 110.52 万 t。计算结果表明,土壤有机碳是内蒙古草原最大的碳库,占内蒙古草原碳储量的 93.57%,是草原生物量的 14.56 倍。在草原生物量碳库中,地下生物量碳库约为地上生物量碳库的8.85 倍。

内蒙古九大类型草地由于面积不同,碳密度不同而具有不同的碳汇能力。按照草地生物量碳库分析,碳储量最大的草原类型是温性草原、温性草甸草原和低地草甸,其生物量碳储量分别占到草原生物量总碳储量的 49.46%、20.51% 和 19.88%,其余六大类草原类型,包括温性荒漠草原、温性草原化荒漠、温性荒漠、山地草甸、沼泽等总生物量的碳储量不足

2 866 万 t，约占全部草原生物量碳储量的 10.15%。从草原生物量的碳汇贡献量分析，温性草原、低地草甸、温性草甸草原分别为全区草地地上生物量的碳储量贡献了 38.99%、19.58%、18.18%，为全区草地地下生物量的碳储量分别贡献了 50.46%、19.91%、20.77%。

　　土壤有机碳库的动态变化是当前全球研究的热点和难点。我国草地调查中普遍缺乏对于土壤有机碳储量的调查，特别是对于较深层（30～100 cm）土壤有机碳库的计量，所以有关我国草地土壤碳储量的动态变化也存在很大争议。根据《IPCC 指南》分类草地碳库组成，96.6% 的碳贮存于土壤有机质中。本案例依据草原类型面积和土壤有机碳密度核算，内蒙古各类草地土壤有机碳库总碳储量为 411 052 万 t，占草地生态系统总碳储量的 93.57%，该项值与《IPCC 指南》数据基本相符。本案例表明，内蒙古草原类型中，温性草原、温性荒漠、温性草甸草原是最主要的草原土壤有机碳库，其碳储量分别为 180 677 万 t、63 872 万 t 和 59 682 万 t，占全区碳库的 43.95%、15.54% 和 14.52%。

3.5.2.3　内蒙古草地碳汇潜力

　　(1)草地碳汇潜力的影响因素

　　草地是一个十分活跃的碳库，其减排增汇潜力巨大。与森林生态系统不同，草原生态系统每年在生长期产生碳汇，而在枯草期通过土壤呼吸、枯落物分解等方式又将碳释放到大气中。草地系统管理对草地碳贮存的影响很大。如果草地退化，将导致草地生物量减少，土壤有机质丢失，必然成为草地碳库丢失碳储量的驱动因子，反之，通过科学管理可以增加系统碳吸收或减少碳损失，从而有效地增加碳储量。从全球看，草地增加植被、荒漠地带保护植被、实施人工栽培管理、适当火烧、苔原冻土保护等都可以增加草原生态系统的碳固定或减少碳释放。

　　(2)草地碳汇潜力的计算方法

　　根据《IPCC 指南》，碳汇潜力可用库差别法计算。库差别法的理论基础是生态系统的演替理论，认为生态系统在环境相似、受到干扰情况相近的不同地点具有相似的演替过程。因此，可以通过构建一个不同演替阶段的变化系列来模拟生态系统碳储量的时间变化过程。库差别法认为相同区域的自然生态系统碳储量应为当地该类生态系统碳储量最大值的参考值。因此，现实生态系统碳储量与参考自然生态系统碳储量的差值可以认为是碳汇潜力，与演替至自然生态系统状态所需时间 ΔT 之比作为增汇速率（C_V）。

$$CSC_P = CSC_{max} - CSC_{(t)} \tag{3-27}$$

$$C_V = \frac{CSC_{max} - CSC_{(t)}}{\Delta T} \tag{3-28}$$

式中　CSC_P——碳汇潜力；

　　　CSC_{max}——为生态系统的最大碳储量；

　　　$CSC_{(t)}$——基准年或 t 时刻的生态系统碳储量；

　　　C_V——碳汇速率；

　　　ΔT——生态系统从 t 时刻的生态系统碳储量演替至最大碳储量所需时间或年限。

　　(3)内蒙古草地碳汇潜力及其分布与总量

　　根据文献数据，计算所得的各类草地未退化状态平均生物量较实地调查数据高出 40% 以上，主要分布在温性荒漠、温性草原化荒漠和温性荒漠草原，可能形成的碳汇甚至占现有碳储量的 3 511.62%、343.35% 和 153.15%（表 3-7）。草地退化普遍导致了草地生物量的

表 3-7　内蒙古各类草地生物量碳汇潜力

草地类型	文献未退化平均草地生物量碳密度/（g/m²）	文献未退化草地生物量碳储量/Tg	可能形成的生物量碳汇/Tg	可能形成的碳汇占现有碳储量比例/%
温性草甸草原	1 079.36	90.22	32.32	56
温性草原	867.19	229.40	89.75	64
温性荒漠草原	336.61	28.58	17.29	153
温性草原化荒漠	286.61	14.77	11.44	343
温性荒漠	232.43	37.87	36.82	3 512
低地草甸	626.89	54.54	−1.59	−3
山地草甸	760.55	10.88	3.13	40
沼泽类	942.73	7.45	2.21	42
零星草地	—	—	—	56
总计		473.71	191.37	67.78

减少，这种现象在原本脆弱的干旱草原区域造成了更为严重的碳库损失。根据数据，低地(盐化)草甸暂未产生碳库损失，在于低地(盐化)草地没有受到放牧压力。

　　根据库差别法计算，内蒙古主要草地类型中温性草原、温性荒漠、温性草甸草原、温性荒漠草原和温性草原化荒漠存在较大的碳汇潜力，分别为 8 975 万 t、3 682 万 t、3 232 万 t、1 729 万 t 和 1 144 万 t CO_2e(二氧化碳当量)。

　　土壤有机碳库变化与生物量碳库变化具有协同性，但是其变化相较生物量碳库更为平缓与漫长。目前，关于内蒙古土壤有机碳库研究相对较少，前文粗略估算的碳库损失在1 081 万～12 271 万 t。由于尚未有文献报道内蒙古各类草地土壤有机碳库最大碳储量的值，因此目前无法通过库差别法计算土壤碳库的碳汇潜力。

　　综上所述，内蒙古全区草地理论碳汇潜力 19 137 万 t，占目前草地生物量碳储量的67.78%。由于缺乏草地碳汇项目实例，参考近年文献，目前森林生态系统的平均生态固碳边际成本在 200～250 元/t，以此计算内蒙古全区草地生物量碳汇潜力价值为 382.76 亿～478.45 亿元。

　　(4) 草地生态恢复工程的碳汇潜力

　　从 2000 年开始，内蒙古按照国家生态工程部署，先后启动了退牧还草工程、退耕还草工程、京津风沙源治理工程、防沙治沙工程、草原生态补奖机制等。这些工程采取的草原管理措施主要有草原围栏封育、补播改良、休牧、禁牧、划区轮牧、固沙种草、人工栽培草地建设、草原自然保护区建设等。其中，2003—2018 年，中央投入内蒙古草地退牧还草的财政资金达 60.54 亿元，2011—2018 年投入的草原生态补奖资金 50.87 亿元。内蒙古草原监测数据表明，2019 年，草原植被平均盖度达到 44%，比 2011 年提高了 7%。按照《内蒙古草业可持续发展战略》规划，到 2050 年，草原退化沙化面积下降到 10%以下，草原自然保护区建设占草原总面积的 20%以上。随着草原保护建设的持续深入，草原植被将不断改善，草原碳库的碳储量将会进一步增加。2011—2018 年内蒙古用了 8 年的时间，通过草原生态保护建设，将草原植被盖度提高了 7%，到 2050 年，内蒙古草地生物量有可能提高

15%~20%。

按照这样一个趋势统计，对内蒙古不同草地类型通过生态工程提高碳汇潜力目标进行粗略估计，当草地生物量分别提高 5%、10%、20% 和 30% 时，内蒙古草地总计可分别产生 1 412 万 t、2 823 万 t、5 648 万 t 和 8 470 万 t CO_2e 的碳汇量(表 3-8)。

表 3-8　草地生态恢复后的预测碳汇量　　　　　　　　　　　　　百万 t CO_2e

草地类型	草地生态恢复目标(生物量提高量)/%			
	5	10	20	30
温性草甸草原	2.90	5.80	11.58	17.37
温性草原	6.98	13.97	27.93	41.90
温性荒漠草原	0.56	1.13	2.26	3.39
温性草原化荒漠	0.17	0.33	0.67	1.00
温性荒漠	0.05	0.10	0.21	0.31
低地草甸	2.81	5.61	11.23	16.84
山地草甸	0.39	0.77	1.55	2.32
沼泽类	0.26	0.52	1.05	1.57
零星草地	—	—	—	—
总计	14.12	28.23	56.48	84.70

实际上草地恢复工程效果因不同草地类型结果存在较大差异，参考表 3-7 中"可能形成的碳汇占现有碳储量比例"列数据，对于内蒙古境内的温性荒漠草原、温性草原化荒漠和温性荒漠进行生态恢复效果会更为理想。对于内蒙古主要草地类型，生态恢复工程效果产生的生物量提高率最高可能在 40%~60%，由此产生的碳汇量可能在 12 000 万~18 000 万 t CO_2e。按照这样一个碳汇增加历程，如果通过 10 年草原生态建设工程，使草地碳汇增加的速率计算公式如下：

$$CSR = \frac{CSC_{max} - CSC_{(t)}}{\Delta T} \tag{3-29}$$

式中　CSR——碳汇速率；

　　　CSC_{max}——生态恢复后碳储量；

　　　$CSC_{(t)}$——生态恢复前碳储量；

　　　ΔT——生态恢复年限。

按照式(3-29)计算，通过 10 年生态工程的植被恢复，当使草地生物量分别增加 5%、10%、20% 或 30% 的情况下，年均碳汇速率最高的是温性草原，可以分别达到 698 t、1 397 t、2 793 t 和 4 190 t CO_2e/a；而温性草甸草原可以分别达到 290 t、580 t、1 158 t 和 1 737 t CO_2e/a；温性荒漠碳汇增加速率最小，分别达到 5 t、10 t、21 t 和 31 t CO_2e/a。

综上所述，关于内蒙古草地碳汇，研究得出如下结论和认识：

第一，内蒙古天然草原面积近 11.38 亿亩，内蒙古草地碳库总计为 439 278 万 t，其中生物量碳库总量为 28 234 万 t，包括地上生物量碳库 2 866 万 t 和地下生物量碳库 25 368 万 t，土壤有机质碳库 411 052 万 t。内蒙古全区草地碳汇潜力 19 137 万 t，占目前草地生物量碳储量的 67.78%。根据平均生态固碳边际成本 200~250 元/t 计算，内蒙古全区草地生物量碳汇潜力价值为 380 亿~480 亿元。

第二，内蒙古草地碳储量主要由地上生物量、地下生物量和土壤有机碳库决定。在三大碳库中，地下生物量和土壤有机碳是碳汇主体，分别占内蒙古草地碳汇的 5.77% 和 93.57%。要提高内蒙古草地碳汇总量，必须从保护草地的土壤和植被入手，防治草地土壤的水土流失、有机质损失和植被退化，增加草地植被的覆盖度和密度，增加生物量，提高储碳能力。

第三，内蒙古九大草原类型中，对内蒙古草地生物量碳库具有重要贡献的是温性草原、温性草甸草原和低地草甸，这部分类型的草地主要分布在呼伦贝尔草原区、锡林郭勒草原区和科尔沁草原区。对内蒙古草地土壤有机碳库具有重要贡献的是温性草原、温性荒漠、温性草甸草原、温性荒漠化草原，这部分类型的草地主要分布在锡林郭勒草原区、内蒙古中部草原区和西部荒漠区。这些地区的草地土壤保护和植被恢复对内蒙古草地碳汇具有决定性意义。

第四，内蒙古草地碳库具有强大的碳汇潜力，碳汇潜力较高的草原类型有温性草原、温性荒漠、温性草甸草原、温性荒漠草原和温性草原化荒漠，主要分布在内蒙古中部和西部的鄂尔多斯草原区、乌兰察布草原区、科尔沁草原区、锡林郭勒草原区和阿拉善草原区。这些草原区的植被恢复是未来发挥草地碳汇潜力的重要发力点。同时，对于退化程度更高的草地进行生态恢复工程，使草地恢复至原有水平时，其生物量增长和土壤有机碳的积累更多，是未来草地碳汇的重点区域。

3.5.3　草地碳汇经济发展前景

草地碳汇当前还处于起步阶段，目前只有造林、再造林等固碳项目被"清洁发展机制"所承认，其他土地利用方式固碳项目（包括草原固碳项目）都未纳入清洁发展机制之列。2012 年国家发展和改革委员会出台了《温室气体自愿减排交易管理暂行办法》，明确了温室气体自愿减排量的审定、核证、备案、交易和管理等办法，但草地畜牧业减排项目当前只能在自愿交易市场中进行交易。而从碳市场的份额看，自愿交易市场仍然只占很小的比例，受金融危机的影响，2011 年全球自愿交易市场达到了 7 900 万 t CO_2e 的交易规模，但我国的自愿交易市场的交易量仅为 23 万 t。

碳市场"双碳"战略目标

科学的碳核算方法是碳汇交易的基础。国内已经备案了约 200 个不同领域的碳汇计量和监测方法学，其中应用最多的为可再生能源供电或供热项目、林业碳汇和甲烷利用项目。这些方法学中直接与草地畜牧业有关的减排计量和监测方法学包括以下几种：可持续草地管理温室气体减排计量与监测方法学（AR-CM-004-V01）、动物粪便管理系统甲烷回收（CMS-021-V01）、粪便管理系统中的温室气体减排（CM-090-V01）、反刍动物减排项目方法学（CMS-081-V01）、畜禽粪便堆肥管理减排项目方法学（CMS-082-V01）等。其中，可持续草地管理温室气体减排计量和监测方法学是国际上第一个真正与草地碳汇管理直接相关的方法学，但草地碳汇核算方法尚未被应用于实际。与国外相比，我国草地碳汇交易市场仍处于探索阶段，欧洲、北美、日本、澳大利亚等地在碳汇基础研究、碳汇核算方法学、项目试点、相关政策等方面已经有了较为深入的研究。例如，美国在 2012 年启动了草地碳汇交易试点工作，并在 2018 年参照《草地碳汇标准》，完成了首个草地碳交易；澳大利亚也开发建立了牧草中的土壤碳核证方法学，尽管如此，全球的草地碳汇交易也仍然处于起步阶段（李紫晶等，2023）。

我国草地生态碳汇面临的机遇与挑战并存。一方面，在气候变化的挑战和全球碳中和趋势的影响下，各方需要采取一切可能且有效的手段进行减排。除减缓效益以外，基于自然解决方案(NbS)还可带来多重生态效益，因此受到多国政策的支持，已在 2019 年 9 月正式成为应对气候变化的九个关键行动领域之一。另一方面，部分基于自然解决方案项目成本较高，收益周期较长，且自然资本核算的机制还不够完善，许多投资者、特别是私人资本难以评估项目的风险和收益，导致资金流入较为困难。在全球碳交易市场和各区域碳市场没有统一的情况下，如何保证自然碳汇没有被重复计算，以保障碳中和成果的准确性，也是各主要经济体在增加自然碳汇量时需要考虑的问题。

要减缓全球气候变化的影响，坚持走生态系统管理的途径、遵守国家积极应对气候变化的承诺和行动，需要在对天然草地生态系统植被和土壤碳储量及其碳汇功能科学评估的基础上，通过对草地生态系统的可持续管理，增强陆地生态系统生物固碳，减少排放源。可持续的放牧管理可以增加碳输入和碳储量，而不会减少牧草产量，放牧管理也可以用来恢复生产牧草，进一步增加碳输入和土壤碳储量。除了减排增汇、改善我国生态环境外，对农牧民的经济创收也有直接作用，在保证我国经济社会稳定发展的同时，对生物多样性保护、沙漠化治理等方面也有直接的贡献，具有十分重要的意义。

目前，我国 70% 以上的草原仍在遭遇不同程度的退化，因此随着退牧还草、京津风沙源工程、草原生态保护补助奖励政策等草原生态工程的实施，将会显著改善草原区域生态环境条件，促使草地碳汇能力增强。结合人工草地建设、草原生态保护和修复，将显著提升草原生态质量，不断增强草地的碳汇功能。

为加强草地碳汇经济的发展，未来需要建立草地碳汇交易试点，搭建草地碳汇交易信息化平台，包括在草地资源较为丰富的省份建立草地碳汇交易试点，结合强制减排与自愿碳交易市场相结合，鼓励企业在自愿碳交易市场购买碳汇，实现企业的"碳中和"，建立碳汇贸易运行机构及市场化信息交易平台，促进草地生态产品落地，促进草地节能减排，为"双碳"战略目标作出相应的贡献。

3.6 草地生态产品与市场

3.6.1 草地生态产品

生态产品属于中国特色社会主义发展过程中产生的名词，与我国生态文明建设发展相适应。2022 年国家发展和改革委员会、国家统计局联合印发的《生态产品总值核算规范(试行)》将生态产品定义为"生态系统为经济活动和其他人类活动提供且被使用的货物与服务贡献"，草地生态系统具有丰富的生态产品资源，草地生态产品可以概括为草地生态物质产品、草地调节服务产品和草地文化服务产品 3 个类型(图 3-7)。

3.6.2 草地生态产品实现途径

生态产品价值实现是将生态产品供给中的利益相关者的分配关系，通过运用市场和政府手段进行制度安排，生态产品是否具有或能否建立消费中的排他性，是其能否采用市场支付机制的前提，具有公共产品特性的生态产品产权归属不明晰时，其价值实现机制不同于经济产品，在其产权保持社区共用时，实现草场产权与资源特征的匹配，降低了产权界

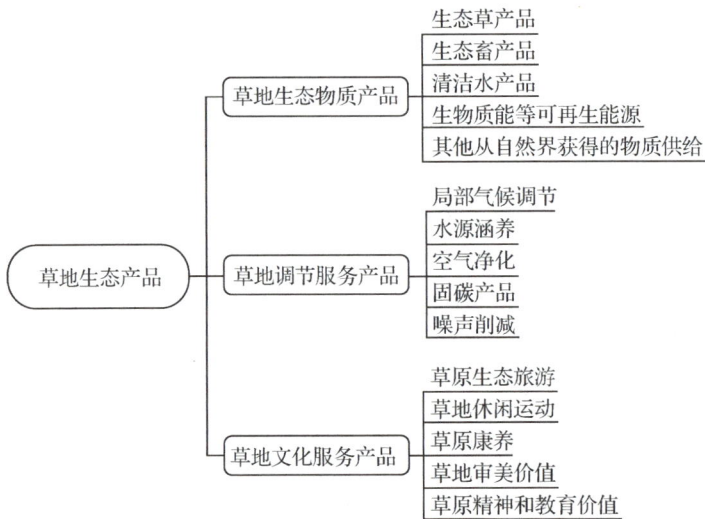

图 3-7   我国草地生态产品

定成本，其产品价值得以实现。

　　草地生态产品价值分为直接经济价值与间接经济价值两大类，产生直接经济价值的草地生态产品包括原材料（草产品）、食物生产（畜牧业生产）、土壤形成等，其中原材料（草产品）、食物生产（畜牧业生产）收益表现为经济效益，土壤形成指标带来生态效益。间接经济价值的草地生态产品指标包括气体调节、气候调节、废物处理、文化、娱乐（生态、休闲、文化旅游等）与保护生物多样性等，其中气候调节、废物处理指标带来的生态效益较多，文化、娱乐（生态、休闲、文化旅游等）与保护生物多样性指标带来的社会效益较多。

3.6.2.1   草地生态产品直接经济价值的实现

　　草地生态产品单位面积提供的直接经济价值为 5 314.7 元/hm²，这部分草地生态产品价值实现的方式分为市场交易法和替代价值法。808.7 元/hm² 的原材料与食物生产的生态价值可以通过草产品和畜产品市场交易得以实现；而 4 506 元/hm² 的土壤形成与保护指标的生态价值可以通过替代价值法得以实现，即可以用节约保护土壤所支出的费用来替代生态价值，只要草地生态产品提供的保护土壤功能所享有的区域产权能够界定，就可以用该区域实施保护土壤所支出的费用作为草地生态产品保护土壤价值实现的依据。草地生态产品直接经济价值实现需要借助于资产评估、市场机制等管理体系和规章制度，以便达到草地生态产品公平交易和价值实现效率提高的目的。

3.6.2.2   草地生态产品间接经济价值的实现

　　草地生态产品的间接经济价值包含产生生态效益与社会效益各指标的总生态价值为 11 415.1 元/hm²。从草地生态产品的单位生态价值来看，间接经济价值是直接经济价值的 2.15 倍。直接经济价值的实现较容易，而间接经济价值的实现较难，原因是基于草地生态产品公共产品特性，产权界限不明晰，其经营者行为产生正外部性，这部分价值的实现需要采用补贴的方式，对草地生态产品经营者进行补偿使外部效益内部化，补偿资金主要来源对不负任何成本而享有生态产品的其他人，采用收取费用或税收的方式筹集资金。同时，通过健全与创新草地生态产品价值实现的政策体系与制度体系，为草地生态产品间接经济价值得以实现提供保障。

复习思考题

1. 草地生态经济学的研究方法有哪些？
2. 我国草地生态系统服务有哪些？
3. 草地生态系统服务价值如何计算？
4. 我国不同草地类型生态系统服务价值之间是否有差异？什么因素导致这种差异？
5. 我国当前主要的草地生态补偿类型是什么？
6. 如何更好地提高草地的生态产品？

第 4 章

草产品需求与供给

市场经济条件下，生产什么，如何生产，主要通过价格供求机制来调节。供给与需求是经济学中的基本概念。草业生产的产品要面向市场，产品的供求关系决定了其在市场中的价格。市场上产品价格上升，产品供给就会增加，而产品的需求就会减少。需求弹性和供给弹性影响企业制订供给计划和产品价格，也影响资源配置。对草产品供给与需求的内涵及其影响因素的深刻认识是草业经济学的基础。本章从草产品概念入手，介绍草产品市场供给与需求、草产品供给价格弹性、需求价格弹性等概念，并介绍草产品供需均衡理论，分析影响草产品供给和需求的因素及其变动对供求均衡的影响。

4.1 草产品需求

4.1.1 草产品及其特征

草业是一个综合性很强的产业，除了具有生产功能外，还具有环境功能、生态功能和美学功能等多种功能。所以，作为草业链的最终产品，草产品也具有狭义和广义两个层面的含义。其中，狭义的草产品是指植物性产品，包括各种草产品，如草种、牧草、饲料作物、草副产物加工调制而成的产品等。从生产特性来看，这类草产品属于植物生产层（初级生产层），以植物资源表现其生产意义，是草业经济中的基础产品，是草业和畜牧业的重要物质基础。广义的草产品是指所有以草业为基础的产品，包括植物生产层、前植物生产层、动物生产层和外生物生产层。近年来，在社会需求和科学技术的支撑下，现代草业快速发展，草产品多样性日益凸显，有力促进了我国生态文明的建设和发展。许多草产品的价值尚不能完全通过市场交易和产品价格来体现，有待学术界的进一步探索和研究。

本章所阐述的草产品特指狭义的草产品，即作为畜牧养殖的草、料产品及加工产品和草种，以及草副产物加工调制而成的产品等。有关草地生态产品、文化产品等在其他章节叙述。

4.1.2 草产品需求及其影响因素

4.1.2.1 草产品需求

在经济学中，需求是指消费者在某一特定时期内，在一定价格水平下，愿意并能够购买得起该种商品的数量。消费者为了获得一定数量的商品所愿意支付的购买价格称为需求价格。市场上对某种商品的需求源于最终消费者和中间消费者。由于中间消费者的需求是由最终消费者的需求派生而来的，商品的需求主要是由最终消费者所决定的。必须明确的是，经济学所说的需求与一般意义上的需求不同，该需求是指有效需求，必须同时满足以下两个条件：第一，购买者具有购买意愿；第二，在现行价格条件下具有购买能力。缺少任何一个条件都不是有效需求。需求可以分为个人需求和市场需求，个人需求是指单个消费者的需求量，市场需求是所有消费者需求量的总和。

草产品需求是指在某一特定时期内，在一定的价格水平上，消费者愿意并且能够购买的某种草产品的数量。草产品作为商品，既有一般商品属性，也有其特殊的自然属性。在草产品的供需关系中，不同草产品的地位和贡献是不同的，例如，草种在发展草业生产和恢复草地生态中具有决定性的地位；苜蓿草以较高的粗蛋白含量而著称，奶牛养殖尤其是泌乳期的奶牛必须配给苜蓿草（干草、青贮等）。梯牧草又称猫尾草，因草质细嫩、柔软，适口性好，是马业必不可少的优质饲草料。草产品的产品属性决定了草产品的需求特点。

4.1.2.2　影响草产品需求的主要因素

按照草产品需求的定义，影响草产品需求的因素可以分为 3 个方面：草产品购买能力、草产品购买意愿和其他因素。草产品购买能力的影响因素主要有草产品当期价格和消费者收入水平。草产品购买意愿的影响因素有购买意愿、替代商品与互补商品的价格、消费者的偏好和消费习惯、文化习俗。其他因素包括政策扶持、价格补贴等。

（1）草产品当期价格

草产品的需求受当期价格的影响。根据需求原理，某种草产品自身的价格和其需求量呈负相关关系，即价格上升，需求量减少；价格下降，需求量增加。当然，也有价格和需求量同方向变动的特例，一类是吉芬商品，另一类是奢侈品。

吉芬商品（Giffen goods）通常是消费者维持最低生活所需的商品。英国学者罗伯特·吉芬（Robert Giffen）于 19 世纪在爱尔兰观察到一个现象：1845 年，爱尔兰爆发了大灾荒，虽然马铃薯的价格在饥荒中急剧上涨，但爱尔兰民众反而增加了对马铃薯的消费。这是因为当时人们本来就非常贫穷，而马铃薯是其维持生计的食品。当马铃薯价格较低时，人们还有经济能力消费一些其他的食品。但当价格上涨时，为了维持生计，人们根本没有能力消费和以前同等数量的其他食品，只好转而消费更多的马铃薯。

奢侈品（luxury goods）因为其价格昂贵非一般人消费得起，消费奢侈品一般是为了炫耀，以显示其身份与地位。当价格很低时，拥有它就无法达到炫耀的目的，需求量反而下降。例如，最典型的奢侈品就是珠宝。当珠宝价格很高时，购买它才足以显示自己的身份和地位，所以此时需求量会增加。再如，某些高尔夫球场的会员证虽然价格高昂，但需求量却很高，购买的重要原因就是获得身份与地位的象征。

（2）消费者收入水平

草产品的需求受消费者收入水平的影响。对于大部分商品而言，收入和需求量呈正相关，即收入增加，需求量会随之增加，收入减少，需求量减少，这类商品称为正常商品（normal goods）。并不是所有商品都是正常商品。当收入增加需求量反而减少，收入减少需求量反而增加的商品称为低档商品（inferior goods）。低档商品并不是质量差的商品。但是对于不同的人有不同的劣等品和正常品，可能会因消费者的收入阶层而不同。

（3）购买意愿

消费者对未来的预期也会影响现在的需求。如果消费者认为未来某种草产品价格会上涨，则将会增加贮存，提高当期草产品的消费意愿，减少未来的需求；反之，如果消费者认为未来某种草产品价格会降低，则会减少当期的消费，将收入留到下一期再消费。

（4）替代商品与互补商品的价格

对于替代商品而言，一种草产品与其替代商品在市场上是相互竞争的，一种草产品价格的升高将会导致消费者减少对它的购买意愿，转而消费其替代商品。因此，一种草产品的价格与其替代商品的需求量正相关。例如，当苜蓿干草的价格上涨时，人们就会减少对苜蓿的采购，从而转向购买更多的燕麦草。

对于互补商品而言，一种草产品价格的上升将会导致消费者减少该种草产品的消费，连带其互补商品的需求量也会减少。因此，一种草产品的价格与其互补商品的需求量负相关。例如，在美国，面包圈通常和奶酪一起吃，如果面包圈的价格上涨，消费者对面包圈的需求量减少，那么消费者对奶酪的需求也会减少。

（5）消费者的偏好和消费习惯

决定一个消费者需求的最明显的因素是偏好。消费偏好不仅受经济因素的影响，而且受社会因素、心理因素等的综合影响。消费者的偏好在受到经济因素、社会因素和心理因素等影响下会发生改变，从而导致对某种产品的需求量的变化。消费习惯也是影响需求的重要因素。消费习惯的形成往往与所居住的自然环境、社会传统、消费者受教育程度和文化背景等有关。

（6）文化习俗

不同的文化习俗对草产品的需求也有影响。例如，虽然牛奶已成为中国人的重要饮品，但是许多中国人仍然喜欢饮用豆浆，在很多人眼中选择牛奶还是豆浆是文化形成的习惯，无法完全地相互替代。

（7）其他因素

除以上因素外，还有很多其他因素也影响着人们对草产品的需求。例如，政策扶持、价格补贴等都是政府调节草产品需求的重要手段。随着人们生活水平的提高和消费观念的转变，人们对牛奶、牛羊肉等产品的需求越来越多，连带干草等需求量也会增加，从而促进了草业的快速发展。

4.1.3　草产品需求曲线

4.1.3.1　草产品需求函数

草产品需求函数表示一种商品的需求数量和影响该需求数量的各种因素之间的相互关系。影响草产品需求的因素有很多，如果我们把需求量和这些影响因素之间的关系表示成函数的形式，则称为草产品需求函数。我们用 Q_d 表示消费者对草产品的需求量，则需求函数可以由以下公式表示：

$$Q_d = f(P, I, N, P_r, F, E, O) \tag{4-1}$$

式中　Q_d——草产品的需求数量；

　　　P——草产品自身的价格；

　　　I——消费者的收入；

　　　N——消费人口的数量和结构；

　　　P_r——相关草产品的价格；

　　　F——消费者的偏好和消费习惯；

　　　E——消费者对未来的预期；

　　O——其他影响因素。

　　也就是说，在以上的分析中，影响需求数量的各种因素是自变量，需求数量是因变量。一种商品的需求数量是所有这些影响因素的函数。需求函数的表达式并不是严格的数量关系，而只是显示草产品需求和影响因素之间的变化趋势关系。

　　需要指出的是，如果我们对影响一种商品需求数量的所有因素同时进行分析，就会使问题变得复杂。在处理这种复杂的多变量问题时，通常可以将问题简化，即假定其他条件保持不变，研究一个或多个影响因素和需求量之间的数量关系。例如，由于一种商品的价格是决定需求数量的最基本的因素，我们假定其他因素保持不变，仅仅分析价格是怎样影响某种草产品的需求量。即把一种商品的需求数量仅仅看成这种商品的价格的函数，于是，可以得到一个简单的需求函数：

$$Q_d = f(P) \tag{4-2}$$

式中　符号意义同前。

　　由式(4-2)可知，随着市场价格 P 的变化，消费者会不断调整自己的需求数量 Q_d。一般来说，对应每一个市场价格 P，都会有一个市场的需求数量 Q_d 与其相匹配。既然在商品市场上价格与需求数量呈现出一一对应的关系，那么，这种对应关系会有什么规律呢？这对于我们了解市场需求及市场机制的运行是至关重要的。因此，需要利用草产品需求曲线来分析和回答这个问题。

4.1.3.2　草产品需求曲线

　　(1)需求曲线的内涵

　　从表4-1可以看出某草产品的价格与需求量之间的函数关系。例如，当商品价格为1 000元时，商品的需求量为1 000单位；当价格上升为1 500元时，需求量下降为800单位；当价格进一步上升为2 000元时，需求量下降为600单位；如此等等。根据表4-1中每一个商品的价格—需求量组合，在平面坐标图上描绘相应的各点 A、B、C、D、E，然后顺次连接这些点，便得到需求曲线 $Q_d=f(P)$，即图4-1(a)。它表示在不同价格水平上消费者愿意而且能够购买的商品数量。

表 4-1　某草产品市场的需求表

价格—需求量组合	价格/(元/t)	需求量/t	价格—需求量组合	价格/(元/t)	需求量/t
A	1 000	1 000	D	2 500	400
B	1 500	800	E	3 000	200
C	2 000	600			

　　微观经济学在论述需求函数时，一般都假定商品价格和相应的需求数量的变化具有无限分割性，即具有连续性。正是由于这一假定，在图4-1(b)中才可以将商品的各个价格—需求量的组合点 A、B、C 连接起来，从而构成一条平滑的、连续的需求曲线。当需求函数为线性函数时，相应的需求曲线是一条直线，如图4-1(a)所示，直线上各点的斜率是相等的；当需求函数为非线性函数时，相应的需求曲线是一条曲线，如图4-1(b)所示，曲线上各点的斜率是不相等的。在微观经济分析中，为了简化分析过程，在不影响结论的前提下，大多使用线性需求函数。线性需求函数的通常形式：

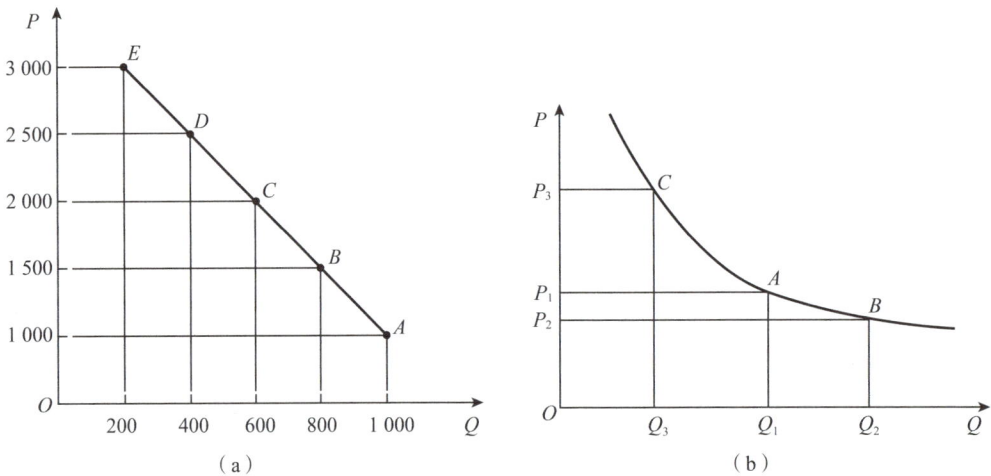

图 4-1　某草产品的需求曲线

$$Q_d = \alpha - \beta \times P \qquad (4\text{-}3)$$

式中　α，β——常数，且 α 和 $\beta > 0$；

其余符号同前。

该函数所对应的需求曲线为一条直线。

草产品需求曲线（demand curve）是描述价格和草产品需求量之间关系的图形。需求曲线上的每一点都反映了价格和需求量的对应关系。如图 4-1(b) 所示，A 点表示当草产品价格为 P_1 时，需求量为 Q_1。需求曲线显示价格和需求量具有负相关关系，即价格上升，需求量降低，此时价格和需求量的组合移动到 B 点；价格下降，需求量上升，此时价格和需求量的组合移动到 C 点。这种在同一条需求曲线上的变动称为需求量的变动。

（2）需求定理

建立在需求函数 $Q = f(P)$ 基础上的需求（表 4-1）和需求曲线（图 4-1）都反映了商品市场的价格变动与所引起的需求量变动两者之间的关系。在表 4-1 中，商品的需求随着商品价格的上升而减少；在图 4-1 中，需求曲线的斜率为负，表示商品的价格和需求量呈反方向变动的关系。据此，其他条件不变的情况下，某种草产品的价格越高，消费者对该产品的需求量越少，反之，如果某种草产品的价格越低，消费者对该产品的需求量越多。简而言之，商品的价格和需求量呈反方向变动，这一规律称为需求定理（the law of demand）。

（3）需求曲线的移动

如上所述，市场上影响草产品需求的因素是多方面的。在其他因素保持不变的情况下，如果我们只考虑某商品的价格变化对该商品需求数量的影响，那么，可以用一条需求曲线来表示。但是，如果需要考虑除了价格以外的其他因素变化对该商品需求数量的影响，就要用需求曲线位置的移动来表示。也就是说，需要区分沿着需求曲线的移动和需求曲线位置的移动。

①需求量的变动：沿着需求曲线的移动。在其他因素保持不变的条件下，仅由商品自身价格变化导致的商品需求数量的变化，称为需求量的变动。在需求曲线图形中，草产品的需求量随着价格的变动而变动，表现的是需求曲线上点的移动，如图 4-1(b) 中，商品的价格—需求组合沿着既定的需求曲线由 B 点出发经过 A 点，运动到 C 点。可见，需求量的

变动是用沿着既定需求曲线 $Q_d = f(P)$ 的价格—需求量组合点的移动来表示的，它并不体现整个需求状态的变化。

②需求的变动：需求曲线位置的移动。除了商品自身的价格以外，还有其他一系列因素会影响该商品的需求量，这时需求曲线就会发生移动（shift in demand）。图 4-2 说明了需求曲线的移动。这些其他因素包括消费者收入水平的变动、相关商品价格的变动、消费者偏好的变化、商品预期价格的变化，以及消费者人数的变化等。除商品自身价格以外的其他因素变化所导致的商品需求数量的变化，称为需求的变动。

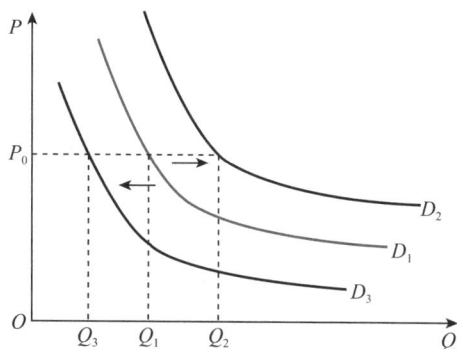

图 4-2　某草产品需求的变动和
需求曲线的移动

使既定价格水平下的需求量增加的任何变动都会使需求曲线向右移动，这种移动称为需求增加。例如，在商品价格不变的前提下，如果消费者的收入增加使需求增加，则表现为需求曲线 D_1 向右移动到曲线 D_2 的位置；相反，使既定价格水平下的需求量减少的任何变动都会使需求曲线向左移动，这种移动称为需求减少，如需求曲线 D_1 到 D_3 的移动。显然，需求变动所引起的需求曲线位置的移动，表示整个需求状态的变化。

4.1.4　草产品市场需求的基本形态

如何充分地认识和了解市场需求，把握市场机会，最大限度地满足草产品市场的需求，以求得自身利益的最大化，始终是草产品生产企业在市场经济条件下面临的首要问题。从市场角度分析，市场需求可分为正需求、负需求和零需求 3 种形态，其中一些还可以进一步细分。

4.1.4.1　正需求

（1）潜在需求

潜在需求是指市场上消费者已对某种草产品和服务有了明确的需求欲望，而这种草产品尚未开发上市，服务尚未有人提供，或指在一定市场环境下，市场需求的最高限量中扣除现实需求后的那一部分需求。善于发现和了解市场的潜在需求，及时把握机会，是保证企业开发、改进新产品、开拓新市场、增强企业生存能力和竞争发展能力最可靠的源泉。因此，企业的管理层应将主要精力集中于研究市场潜在需求，针对需求的紧迫性，结合企业自身的条件，果断决策，大胆创新。

（2）动摇性需求

动摇性需求也称退却性需求，是指市场上对某种草产品或服务的需求出现逐渐减少的趋势。这多是由新产品或服务的加入和冲击引起的。由于产品和服务都有一定的市场生命周期，当其进入市场一段时间后，需求经历了上升和高涨之后将会趋于衰退。然而，通过营销努力，企业可以在一定程度上扭转或缓和这种局面，从而延长产品的市场寿命。解决这一问题的主要途径是进行重复性营销，如实行改变市场策略、开拓和寻找新市场或进行市场转移、实行产品改进策略和改进营销手段的策略等。目的是激发更多的对该产品和服务的需求，或使现有的顾客扩大使用等。但任何产品和服务最终都会趋向衰退，因此有计划地进行资源的战略转移、主动用新产品取代老产品、实行产品的更新换代、不断推出新产品和新品种才是企业的根本出路。

（3）不规则需求

不规则需求也称被动需求，是指市场需求量和供应能力之间在时间或地点上不吻合或不平衡，表现为产品过剩和短缺的现象交替出现。一般来说，产品的供给受企业生产能力变化的限制短时间内往往变动不大，但市场需求则是比较活跃的，在不同时期、地点往往表现出较大差异从而导致了不均衡。草产品的生产又带有较强的季节性和区域性，因此更容易产生供需的失调。因此，草业企业应设法采取各种同步（调节性）市场营销手段，调整供给与需求，使二者实现同步变化。例如，增加合理的产品库存、加强淡季的广告宣传、调整季节差价、调整付款方式、实行预销售或提前销售或分期付款等。

（4）饱和需求

饱和需求即充分需求，是指市场上的需求水平和需求时间与企业预期的需求水平和时间基本一致、供需之间基本平衡，但这种情况的出现往往是相对的或短暂的。由于需求受多种因素的影响，而客观环境在不断变化，再加上竞争的存在，供求平衡的现象随时可能被打破，从而出现新的不平衡。特别是技术进步速度的加快、消费观念的变化，使草产品等商品的畅销只是短时的现象。所以，当企业面对饱和需求时，经营者决不能掉以轻心，应居安思危，自觉地采用各种营销手段和维持性营销策略，其主要途径有：严格控制成本、保证产品质量、灵活调整价格；稳定销售渠道、维持必要的销售量；保持优良的销售服务；增加提示性广告宣传、进行非价格竞争等。

（5）超饱和需求

超饱和需求又称过度需求或增长型需求，是指市场需求超过了企业的供应能力，呈现供不应求的局面。当企业面临超饱和需求时，等于自己的产品市场出现了"空挡"，如不能及时补充，则根据市场竞争规律，别的企业就会挤进市场，市场竞争加剧。对此，企业可采取以下方式：在市场预测的基础上，有计划、有步骤地迅速扩大生产规模，同时采取积极的营销策略，如果企业一时难以扩大供应量，可暂时采取降低性营销策略抑制需求，暂时提高价格，减少服务内容，降低促销和推广的力度，目的是使消费者暂时降低需求水平，但绝不是杜绝需求。

4.1.4.2　负需求

（1）否定需求

否定需求是指在某个地区全部或多数消费者对某些草产品和服务不但不产生需求，反而对其持回避或拒绝的态度。否定需求的产生，可能是由于消费者对某种产品或服务存在误解，或该产品本身的确不适应该地区或该环境。针对否定需求，企业应进行改善性或扭转性营销，在充分进行市场调研的基础上，了解需求方对产品的意见，采取各种办法消除使消费者产生厌恶和回避的因素，使否定需求变为肯定需求，或彻底放弃不适宜的商品，代之以顾客真正需要的商品。

（2）有害需求

有害需求是指那些无论是从消费者利益、社会利益甚至生产者利益来看，都只会带来危害的需求。例如，产品中包含了过量的某种对人有害的物质，由于这些产品的特殊性质，对于这种产品及需求必须进行反击性营销。一般情况下，保护消费者、生产者和社会公众利益的宣传、法律及组织行动都属于反击性营销内容。

4.1.4.3　零需求

零需求不同于负需求，不是由于消费者对产品产生厌恶或反感情绪而对产品采取否定态度，而是由于对产品还缺乏了解或缺乏使用条件，因而对产品不感兴趣或不关心。导致无需求的情况一般有 3 种：一是对于某些熟悉的但对其价值不了解的产品无需求；二是某些产品通常是有价值的，但在某一特定的市场或地区内却没有价值，因而没有需求；三是由于消费者对商品的效能缺乏了解和认识，因而没有需求，这种情况常发生在新产品刚上市时。针对上述情况，企业要通过市场营销设法使无需求变成有需求，要采取促进或刺激性营销策略，努力将产品或劳务与市场上现有的需求结合起来；改变市场环境，引导新的需求；加大广告宣传的力度，加深顾客对产品特点的认识和了解，以激发人们的购买消费欲望。

4.1.5　草产品市场的消费需求特征

由于草产品具有明确的使用目的，如饲喂家畜生产肉奶皮毛畜产品、为轻工业或医药业提供原料、保护环境、改善生态、美化环境，以及为人们娱乐和体育活动提供优美舒适的场地等，因此草产品市场更多地表现出消费品市场的特点和消费需求特征。

4.1.5.1　草产品市场的特点

（1）使用者或消费者数量众多

在我国，草产品被广泛用于企业、农牧户的畜禽水产养殖，草坪被广泛地用于风景区、公园、游园、广场、小区、庭院、街道、高尔夫球场及足球场等，直接购买者主要是政府的市政部门、房地产商、公司、企事业单位和个人等，因此草产品的使用者或消费者数量众多。

（2）具体的消费用途差异性较大

除主要作为饲草料用途的草产品外，有的草产品用作医药、化工、轻纺等产品的原料，有的草产品（如草坪）则被用于保护环境、改善生态、美化环境，以及为人们娱乐和体育活动提供优美舒适的场地等。

（3）购买力受地区经济发展水平的影响大

购买力流动性较大，表现出明显的地区性差异。这一特点在草坪这一类草产品市场上尤为突出。改革开放以来，我国草坪面积发展最快的地区也是城市化速度发展较快的地区，如沿海地区和北京、上海、深圳、大连等大城市，广大农村尤其是西部农村则发展很慢。

4.1.5.2　草产品市场的消费需求特征

消费品市场需求是指消费主体在市场上获得所需的有货币支付能力的愿望和要求。草产品市场的需求特征可概括为以下几点。

①消费需求的多样性：随着社会经济发展水平的提高，人们对草产品的消费需求除数量增加外，也呈多样性变化。如传统的草产品消费需求基本上是为了满足养殖业，现在则增加了医疗保健、环境保护、环境美化、休闲娱乐、观光旅游等。

②消费需求的发展性：随着生活条件的不断改善，人们对生活质量和生活环境的要求

越来越高，对草产品的需求也不断发生着变化。一种需要满足了，就又产生新的需求；一些产品由畅销变滞销，老产品退出，新产品进入，不断循环往复。

③消费需求的伸缩性：草产品的销售数量受经济发展水平、购买力水平、畜牧业发展规模与速度、城市化进程等因素的影响，会随着价格的变动而变动。

④消费需求的层次性：由于收入水平、生活环境的不同，消费者对草产品(如草坪产品)品质的需求表现出由低到高的层次性及变化。

⑤消费需求的时代性：草产品中的草坪除具有实用价值外，还具有鲜明的美观效用。因此，对它的消费需求往往受到时代流行的审美趣味、价值观的影响。

⑥消费需求的可诱导性：在某种程度上，广告和示范区等方式对草产品可以起到促销作用。

⑦消费需求的关联性和替代性：草坪具有环境保护(净化空气、改善小气候、降低噪声、减少光和视觉污染、保持水土等)、环境美化、绿化作用，对人类具有休闲娱乐和医疗保健等众多的社会效应，在园林绿化和其他领域有广泛的运用，但草坪的这些功能和社会效应无不是与周围环境的其他部分结合为一体时才能得到实现。因此，草产品的消费具有突出的与其他消费的关联性和一定的可替代性。

4.2　草产品供给

4.2.1　草产品供给的概念及影响因素

4.2.1.1　草产品供给的概念

在经济学中，把一定时空条件下，对应着一定价格水平上的生产者愿意并且能够提供出售的商品数量称为商品的市场供应，简称商品供给。

草产品供给是指草产品生产经营者在一定时间内、在一定价格条件下愿意并且能够出售的某种草产品的数量。可见，草产品供给的形成必须同时具备两个条件，一是生产经营者有出售草产品的愿望，二是生产经营者有供应能力。如果只有供给意愿或是只有供给能力，都无法形成草产品市场的有效供给。因此，供给是出售愿望和出售能力的统一。

供给有个人供给和市场供给之分：个人供给是指单个生产者的供给数量；市场供给也称总供给，表示在一定的市场价格下，所有愿意提供草产品的生产者提供的草产品数量之和。

草产品供给的定义表明了其性质：第一，草产品供给是有效供给或称实际供给；第二，草产品供给量不等于草产品生产量。这是因为，一方面，供给者愿意供给的草产品量不一定等于草产品生产量，可能小于草产品生产量；另一方面，供给者能够供给的草产品量不一定等于草产品生产量，可能由于存在库存且大于草产品生产量。

4.2.1.2　影响草产品供给的主要因素

按照草产品供给的定义，影响草产品供给的因素可以分为3个方面：草产品产量、草产品供给意愿和其他因素。草产品产量的影响因素主要有：草产品上一期价格、草产品生产要素价格、技术进步、替代商品与互补商品的价格、自然因素、草产品当期及预期价格、政策因素、草产品储备等。

（1）草产品上一期价格

草产品的产量很大程度上是由上一期草产品生产者的生产决策导致的，这是因为农业生产的周期性决定了草产品的产量无法在短期内进行调整。而草产品生产者上一期的草产品生产决策又受到上一期草产品价格的强烈影响，尽管这种现象经常被认为是草产品大幅度波动的原因，需要降低这种影响。但在草产品市场中，这种影响是普遍存在且很难被消除的。

（2）草产品生产要素价格

草产品生产要素的价格决定了草产品的生产成本，在草产品市场价格不变的情况下，成本的降低意味着利润的增加，利润的增加会使农民或企业增加对该种草产品的投资，因而更多地生产该种草产品。相反，如果草产品生产要素价格上升，则意味着该种草产品利润的减少，就会使农民降低对该种草产品的生产。

（3）技术进步

草产品的供给受土地约束最为严重，在土地面积保持不变的情况下，单产的提高就主要依靠技术进步来实现。任何有利于降低单位草产品的成本、增加单产的技术都会增加供给。从历史上看，农业生产技术的进步极大地增加了草产品的产量和质量，这也是人类为了解决温饱问题、提高生活品质不断追求的目标。在土地、劳动力、资金等主要生产要素的约束下，技术的进步是破解资源约束、提高草产品产量的有效手段。例如，2018 年我国"杂交水稻之父"袁隆平领衔的科研团队研发的超级杂交稻"超优千号"百亩试验田平均亩产 1 203.36 kg，继续创下我国水稻大面积亩产的最高纪录，而 20 世纪 70 年代我国水稻亩产平均只有 400 kg。

（4）替代商品与互补商品的价格

除了草产品自身价格外，其他相关商品的价格也会影响该草产品的供给量，主要考察替代商品（substitutes）和互补商品（complements）。

当两种草产品是替代商品时，二者能够满足消费者相似的供给，在市场上是相互竞争的。一种草产品替代商品价格的上升会导致农民更多地生产该种替代草产品，而减少被替代商品的生产，如苜蓿和燕麦。根据供给原理，如果苜蓿价格大幅度上涨，农户就会多种植苜蓿而减少燕麦的种植，从而导致燕麦的供给量减少。因此，一种草产品的供给量与其替代商品的价格具有负相关关系。

当两种草产品是互补商品时，二者通常同时消费才能满足消费者的某种供给，在市场上往往是配套出现的。一种草产品互补商品价格的上升导致了其产量的增加，而其产量的增加又要求有更多的该种草产品的生产，如苜蓿种子和配套除草剂。根据供给原理，当苜蓿商品的价格上涨后，种植面积会扩大，生产者会增加对苜蓿种子的供给，从而配套除草剂的供给也会增加，因为它们被同时消费。因此，一种草产品的供给量与其互补商品的价格具有正相关关系。

（5）自然因素

除以上几大因素外，自然因素对于草产品生产的影响也是不可忽视的。部分地区自然灾害频发、气候恶劣等，经常给农业生产造成致命性的打击。在其他条件不变的情况下，风调雨顺，没有自然灾害，草产品的供给就会增加。

（6）草产品当期及预期价格

根据供给原理，草产品的价格升高，供给量增加；价格下降，供给量减少。但是由于耕地面积限制等因素影响，在短期内当价格升高时，草产品的供给量不会无限制地增加。不同的草产品随着自身价格的变化，供给量的变化趋势也不一样。例如，当价格相对较低时，对一些易贮存的草产品（如苜蓿干草），草产品生产者往往会采用贮存的方式进行延期出售，待这些草产品价格上涨时再出售，导致当期草产品的供给量会明显减少；对一些不易贮存的草产品将采用加工的方式即时或延时销售，但是对于没有条件加工的、不易贮存的草产品，即使价格下降，农户也不得不低价出售，生产者的供给意愿不会受到很大影响，因此供给量在短期内不会发生很大的变化。

对于草产品价格的预期也是影响草产品供给意愿的一个重要因素，如果生产者对于未来市场价格不看好，认为草产品价格会降低，则会减少库存，当期草产品的供给意愿增加；反之，当生产者对于未来草产品价格看涨，则会增加库存，当期草产品的供给意愿降低。

（7）政策因素

农产品储备是国家为了调节农产品市场价格所采取的预防性政策措施，起着调节市场供求的作用。当农产品价格过高时，国家就会放出储备的农产品提高农产品供给，从而降低价格。当农业生产歉收、供不应求时，库存量还可以弥补市场供给的不足。此外，对于容易贮存的农产品，在市场供大于求、价格低落时，可以暂予贮存，减少市场供给量，等价格上涨时再出售。

其他政策因素，如国内征税、提高关税、制订收购价等都是政府调节草产品供给的重要手段。当政府在草产品的生产上施加重税时，草产品供给一般会降低。当政府限定草产品出口，如施加出口重税时，国内草产品供给就会增加。例如，自2011年初，农业部和部分省份启动实施"振兴奶业苜蓿发展行动""粮改饲"等政策，对规模化集约化的饲草生产给予一定的补贴。这些政策的实施减轻了企业和种植户的负担，提高了生产草产品的积极性，优质草产品供给增加。

（8）草产品储备

适量的草产品储备是政策制定者不断研究的问题，过少的草产品储备将会导致草产品价格的不安全和民生的不稳定，而过多的草产品储备又会浪费储备时所需的费用。例如，粮食储备对于一个国家乃至全世界粮食市场的调节具有重要意义。国际上习惯把粮食储备的年终库存量占当年消费量的比例称为粮食安全系数，并把其作为衡量当年世界粮食安全的标准，一般以17%~18%作为最低的粮食安全水平。当粮食安全系数低于17%时，世界粮食市场价格可能会迅速上升；当粮食安全系数高于20%时，粮食价格可能会大幅度下降。

4.2.1.3　草产品供给的特殊性

草产品供给的特殊性主要表现在以下几个方面：

（1）草产品供给总量有限

因为土地是草产品生产不可替代的基本生产资料，而土地又是有限的稀缺资源。所以，在一定地域和一定技术条件下，草产品的可能供给总量是有限的，不会随价格的提高呈现无限增长趋势。价格的提高只能在一定范围内促进草产品供给量的增加，而这个范围又是十分有限的。

（2）草产品生产周期长

草产品的生产过程是经济再生产和自然再生产交织在一起的过程，这一过程是不能间断的，也是不能违背自然规律。如果草产品突然供给不足，无论价格多高，都无法在短期内刺激供给的增长。

（3）草产品供给受自然环境的影响大

草产品生产是有生命的动植物的再生产过程。所以，与动植物再生产相关的众多因素，如土地、温度、光照、降水等都对草产品的生产产生影响，自然条件的较大变化增加了草产品生产的机遇，也增加了草产品生产的风险，直接影响草产品的供给量，给草产品的供给带来了较多的不稳定性和不可控性。

（4）草产品供给的政府调控程度较大

由于草产品的供给涉及国计民生，政府对草产品的生产和供给进行调控是必要的。否则，草产品供给的不稳定可能造成社会的不稳定。因此，草产品供给不仅受到自然因素和经济因素的影响，也受到政治和社会因素的影响。

4.2.2　草产品供给曲线

4.2.2.1　草产品供给函数

草产品供给函数表示一种草产品供给量与影响草产品供给量的因素之间关系的函数，其中草产品供给量为因变量，影响因素为自变量，供给函数可以由以下公式表示：

$$Q_s = f(P, T, P_r, S, E, O) \tag{4-4}$$

式中　Q_s——草产品的供给量；

T——技术进步；

S——农产品储备；

E——政策因素；

其余符号同前。

需要注意的是，以上供给函数的表达式并不是严格的数量关系，而只是显示草产品和影响因素之间的变化趋势关系。在研究当中，通常只关注一部分影响因素，将其他因素假定为稳定不变的，从而使模型简化。例如，假定其他因素均不发生变化，仅考虑一种商品的价格变化对其供给量的影响，即把一种商品的供给量只看成这种商品价格的函数，则可以得到一个简单的供给函数：

$$Q_s = f(P) \tag{4-5}$$

式中　符号意义同前。

由上述供给函数式可知，随着商品价格 P 的变化，生产者会不断调整商品的供给量 Q_s。一般来说，每一个商品价格 P，对应地都会有一个商品的供给数量 Q_s。由此可见，一种商品的供给是指在其他因素不变的条件下，生产者在一定时期内对各种可能的价格水平，愿意并且能够提供出售的该商品的数量。显然，供给指的是有效供给，即要求生产者既具有提供出售商品的意愿，又具备提供出售商品的能力。倘若有意愿而没有能力，则不构成有效供给。

那么，由供给函数式和相应的供给定义出发，在商品的供给量随着商品价格的变化而变化的过程中，会呈现哪些基本的特征呢？以下利用供给曲线来分析和回答这个问题。

4.2.2.2 草产品供给曲线

（1）草产品供给曲线的内涵

表4-2为某草产品市场的供给表，可以看出某草产品的价格和供给量之间的函数关系。例如，当商品价格为3 000元时，商品的供给量为1 000单位；当价格下降为2 500元时，供给量下降为800单位；当价格进一步下降为1 000元时，供给量下降为200单位；如此等等。

图4-3便是根据表4-2所绘制的一条供给曲线。图中的横轴Q表示商品供给量，纵轴P表示商品价格。根据表4-2中每一个商品的价格—供给量组合，在平面坐标图上描绘相应的各点A、B、C、D、E，然后顺次连接这些点，便得到供给曲线$Q_s = f(Q)$，即图4-3（a）。它表示在不同价格水平上生产者愿意而且能够提供出售的商品数量。

表 4-2 某草产品市场的供给表

价格—供给量组合	A	B	C	D	E
价格/元	1 000	1 500	2 000	2 500	3 000
供给量/单位	200	400	600	800	1 000

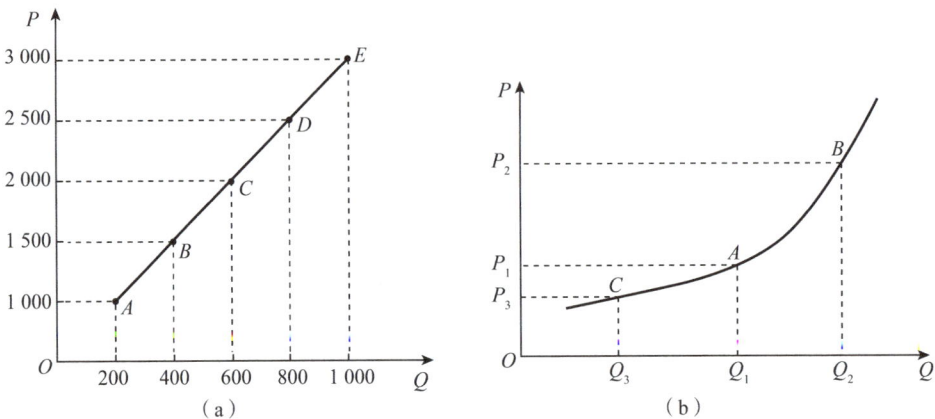

图 4-3 某草产品的供给曲线

供给曲线以几何图形来表示商品的价格和供给量之间的函数关系。和需求曲线一样，供给曲线也是一条平滑的和连续的曲线，它是建立在商品的价格和相应的供给量的变化具有无限分割性即连续性的假设上的。

图4-3（a）中的供给曲线是一条直线。实际上，如同需求曲线一样，供给曲线可以是直线形的，也可以是曲线形的。如果供给函数是线性函数，则相应的供给曲线是直线形的。如果供给函数是非线性函数，则相应的供给曲线就是曲线形的。直线形供给曲线上各点的斜率是相等的，曲线形供给曲线上各点的斜率则不相等。在微观经济分析中，使用较多的是线性函数。它的通常形式为：

$$Q_s = -\delta + \gamma \times P \tag{4-6}$$

式中　δ, γ——常数，且 δ、$\gamma > 0$；

其余符号同前。

该函数所对应的供给曲线为一条直线。

（2）供给定理

在表 4-2 中，商品的供给量随着商品价格的上升而上升。在图 4-3（a）和图 4-3（b）中，供给曲线呈现出向右上方倾斜的基本特征；或者说，供给曲线的斜率为正。无论是供给表还是供给曲线都表明，商品的价格和供给量呈同方向变动的关系。

据此，在其他因素保持不变的条件下，一种商品的价格上升，则该商品的供给量增加；一种商品的价格下降，则该商品的供给量减少。简而言之，商品的价格和供给量呈同方向变动的关系，这一规律称为供给定理（the law of supply）。

（3）草产品供给曲线的移动

如上所述，市场上的商品供给量受很多因素影响。在其他因素保持不变的情况下，如果仅考虑某商品的价格变化对该商品供给量的影响，那么，就可以用一条供给曲线来表示。但是，如果需要考虑除某商品价格以外的其他因素变化对该商品供给量的影响，那么，就要用供给曲线位置的移动来表示。也就是说，需要区分沿着供给曲线的移动和供给曲线具体位置的移动。

①供给量的变动：沿着供给曲线的移动。在其他因素保持不变的条件下，仅由商品自身价格变化导致的商品供给量的变化，称为供给量的变动。在供给曲线图形中，草产品的供给量随着价格的变动而变动，表现的是供给曲线上点的移动，如图 4-3（b）中，商品的价格供给组合沿着既定的供给曲线由 B 点到 A 点和 C 点的移动。可见，供给量的变动是用沿着既定供给曲线 $Q = f(P)$ 的价格—供给量组合点的移动来表示的。由于这种组合点的移动都发生在既定的同一条供给曲线上，因此它并不体现整个供给状态的变化。

②供给的变动：供给曲线位置的移动。在商品自身的价格保持不变时，其他一些因素也会影响商品市场的供给量，这时供给曲线就会发生移动（shift in supply）。图 4-4 说明了某草产品供给曲线的移动。这些其他因素可以是生产成本的变动、生产技术的变化、相关商品价格的变动、生产者对未来预期的变化，以及生产者人数的变化等。除商品自身价格以外的其他因素变化所导致的商品供给量的变化，称为供给的变动。

使既定价格水平下的供给量增加的任何变动都会使供给曲线向右移动，这种移动称为供给增加。例如，在商品价格不变的前提下，新品种新技术的采用可能会导致草产品供给增加，则表现为供给曲线 S_1 向右移动到 S_2 的位置。相反，使既定价格水平下的供给量减少的任何变动都会使供给曲线向左移动，这种移动称为供给减少，如供给曲线 S_1 到 S_3 的移动。可见，供给的变动所引起供给曲线位置的移动，表示整个供给状态的变化。

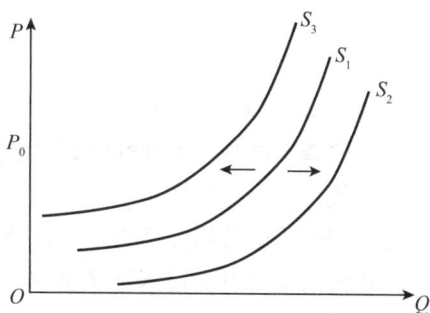

图 4-4　某草产品供给曲线的移动

4.3 草产品需求和供给的弹性

商品本身的价格是影响商品供求数量及方向的最基本因素。价格变动会引起供求量多大程度的变动？对这一问题的分析构成了价格弹性理论，它是价格原理的重要内容，并具有广泛的应用性。

4.3.1 草产品价格弹性

弹性是物理学中的一个概念，于 19 世纪被应用于经济学中。在经济分析中，弹性是指因变量对自变量变化的反应程度或敏感程度。弹性的大小一般用弹性系数来反映，弹性系数是因变量变化的百分比同自变量变化的百分比之间的比值。例如，弹性可以表示当一种商品的价格上升 1% 时，相应的需求量变化的百分比具体是多少。在经济学中，弹性的一般公式表示：

$$弹性系数 = \frac{因变量的变动比例}{自变量的变动比例} \tag{4-7}$$

假设两个经济变量之间的函数关系为 $y=f(x)$，则弹性的一般公式还可以表示：

$$e = \frac{\dfrac{\Delta y}{y}}{\dfrac{\Delta x}{x}} = \frac{\Delta y}{\Delta x} \times \frac{x}{y} \tag{4-8}$$

式中　e——弹性系数；

　　　x——自变量；

　　　y——因变量；

　　　Δx，Δy——变量 x、y 的变动量。

该式表示，当自变量 x 变化百分之几时，因变量 y 变化百分之几。

若经济变量的变化量趋于无穷小，即当式(4-8)中的 $\Delta x \to 0$ 且 $\Delta y \to 0$ 时，则弹性公式写为微分形式：

$$e = \lim_{\Delta x \to 0} \frac{\dfrac{\Delta y}{y}}{\dfrac{\Delta x}{x}} = \frac{\dfrac{dy}{y}}{\dfrac{dx}{x}} = \frac{dy}{dx} \times \frac{x}{y} \tag{4-9}$$

通常将式(4-8)称为弧弹性公式，将式(4-9)称为点弹性公式。

需要指出的是，由弹性的定义公式可以清楚地看到，弹性是两个变量各自变化比例的一个比值。所以，弹性是一个具体的数字，它与自变量和因变量的度量单位无关。本节将以需求和供给的价格弹性为重点，分析与需求和供给有关的几个弹性概念。

任何两个具有一定函数关系的变量都可以建立弹性概念，如果以商品供求量为因变量，以商品自身价格为自变量，那么所得出的弹性就是价格弹性。因此，价格弹性是指供求量对价格变动的反应程度或敏感程度。价格弹性的大小用价格弹性系数来表示，价格弹性系数是供求量变化的百分比与价格变化的百分比之间的比值。用公式表示：

$$e_p = \frac{\frac{\Delta Q}{Q}}{\frac{\Delta P}{P}} = \frac{\Delta Q}{\Delta P} \times \frac{P}{Q} \tag{4-10}$$

式中　e_p——价格弹性系数；

　　　Q——商品供求量；

　　　P——商品价格；

　　　ΔQ——供求变化量；

　　　ΔP——价格变化值。

4.3.2　草产品的需求价格弹性

4.3.2.1　需求价格弹性的概念

需求方面的弹性主要包括需求价格弹性、需求的交叉价格弹性和需求的收入弹性。

需求价格弹性是指在一定时期内一种商品的需求量变动对于该商品的价格变动的反应程度，简称需求弹性。或者说，它表示在一定时期内一种商品的价格变化一个百分点时所引起的该商品的需求量变化的百分比。需求价格弹性的大小用需求价格弹性系数来衡量。其公式：

$$需求的价格弹性 = -\frac{需求变动率}{价格变动率} \tag{4-11}$$

由于需求量与商品价格之间一般是负相关关系，数量变动的百分比与价格变动的百分比总是一正一负。因此，需求价格弹性系数一般为负值。但是我们需要了解的主要是需求价格弹性系数的绝对值，所以一般将需求价格弹性系数的负号省略。由此可知，需求价格弹性越大，表明需求量对价格越敏感。

4.3.2.2　需求价格弹性的计算

需求价格弹性包括弧弹性和点弹性两种计算方法。当需求量的变动率和价格的变动率较大时，用需求价格弧弹性公式计算；当需求量的变动率和价格的变动率不大时，用需求价格点弹性公式进行计算。

（1）需求价格弧弹性

需求价格弧弹性简称弧弹性，表示某商品需求曲线上两点之间的需求量的变动对于价格的变动的反应程度。简单地说，它表示需求曲线上两点之间的弹性。假定需求函数为 $Q = f(P)$，ΔQ 和 ΔP 分别表示需求量的变动量和价格的变动量，以 e_d 表示需求的价格弹性系数，则需求价格弧弹性的公式：

$$e_d = -\frac{\frac{\Delta Q}{Q}}{\frac{\Delta P}{P}} = -\frac{\Delta Q}{\Delta P} \times \frac{P}{Q} \tag{4-12}$$

在通常情况下，由于商品的需求量和价格是呈反方向变动的，即 $\frac{\Delta Q}{\Delta P}$ 为负值，所以为了便于比较，在式(4-12)中加了一个负号，以使需求的价格弹性系数 e_d 取正值。结合图 4-5 来看具体计算过程。该图是需求函数 $Q = 2\,400 - 400P$ 的几何图形。图中需求曲线上 a、b 两点

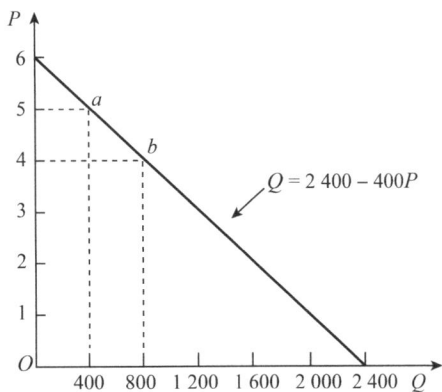

图 4-5 某草产品的需求价格弹性

的价格分别为 5 和 4，相应的需求量分别为 400 和 800。

当商品的价格由 5 下降为 4 时，或者当商品的价格由 4 上升为 5 时，应该如何计算相应的弹性值呢？根据式 (4-12)，相应的弧弹性分别计算如下：

由 a 点到 b 点（即降价时）：

$$e_d = -\frac{\Delta Q}{\Delta P} \times \frac{P}{Q} = -\frac{800-400}{4-5} \times \frac{5}{400} = 5$$

由 b 点到 a 点（即涨价时）：

$$e_d = -\frac{\Delta Q}{\Delta P} \times \frac{P}{Q} = -\frac{400-800}{5-4} \times \frac{4}{400} = 4$$

显然，由 a 点到 b 点和由 b 点到 a 点的弧弹性系数值是不相同的。其原因在于：尽管在上面两个计算中，ΔQ 和 ΔP 的绝对值都相等，但由于 P 和 Q 所取的基数值不相同，所以，两种计算结果便不相同。这样一来，在需求曲线的同一条弧上，涨价和降价产生的需求的价格弹性系数值便不相等。所以，要根据涨价和降价的具体情况来求得不同的 e_d 值。

但是，如果仅仅是一般地计算需求曲线上某一段的需求价格弧弹性，而不是具体地强调这种需求的价格弧弹性是作为涨价还是降价的结果，为了避免不同的计算结果带来的不便，通常取两点价格的平均值和两点需求量的平均值来分别代替式 (4-12) 中的 P 值和 Q 值。因此，需求价格弧弹性又指需求曲线上任意两点之间的平均价格弹性，即需求曲线上任意两点之间的中点价格弹性。式 (4-12) 又可以写为：

$$e_d = -\frac{\Delta Q}{\Delta P} \times \frac{P}{Q} = -\frac{\Delta Q (P_1 + P_2)}{\Delta P (Q_1 + Q_2)} \tag{4-13}$$

式中 ΔQ——需求变化量；

ΔP——价格变化值；

Q_1——原来的需求量；

Q_2——变化了的需求量；

P_1——原来的价格；

P_2——变化了的价格。

该公式也称需求价格弧弹性的中点公式。

根据中点公式，上例中 a、b 两点间需求的价格弧弹性：

$$e_d = -\frac{\Delta Q}{\Delta P} \times \frac{P}{Q} = -\frac{\Delta Q (P_1 + P_2)}{\Delta P (Q_1 + Q_2)} = -\frac{(800-400) \times (5+4)}{(4-5) \times (400+800)} = 3$$

由此可见，需求价格弧弹性的计算可以有 3 种情况，它们分别是涨价时计算的 e_d、降价时计算的 e_d，以及按中点公式计算的 e_d。至于到底应该采用哪一种计算方法，需要视具体情况和需要而定。

【例题 4-1】B 商品的价格为 200 元时，每周平均销售 40 件；当价格下降到 100 元时，每周平均销售 80 件。B 商品的需求价格弹性系数用弧弹性公式计算为：

$$e_d = -\frac{\Delta Q (P_1 + P_2)}{\Delta P (Q_1 + Q_2)} = -\frac{(80-40) \times (200+100)}{(100-200) \times (40+80)} = 1$$

（2）需求价格点弹性

当需求曲线上两点之间的变化量趋于无穷小时，需求的价格弹性要用点弹性来表示。需求价格点弹性简称点弹性，是指需求曲线上某一点的弹性。也就是说，它表示需求曲线上某一点的需求量变动对于价格变动的反应程度。在式（4-12）的基础上，需求价格点弹性的计算公式：

$$e_d = \lim_{\Delta P \to 0} \left(-\frac{\Delta Q}{\Delta P} \times \frac{P}{Q} \right) = -\frac{dQ}{dP} \times \frac{P}{Q} \tag{4-14}$$

比较式（4-12）和式（4-14）可见，需求的价格弧弹性和点弹性的本质是相同的。它们的区别在于：前者表示需求曲线上两点之间价格变动时的弹性，而后者表示价格变动无穷小时需求曲线上某一点的弹性。

利用需求的价格点弹性的定义公式，结合需求函数 $Q = 2\ 400 - 400P$ 和图 4-5 来说明这一计算方法。

根据式（4-14），由需求函数 $Q = 2\ 400 - 400P$ 可得

$$\frac{dQ}{dP} = \frac{d(2\ 400 - 400P)}{dP} = -400$$

代入式（4-14）得到

$$e_d = -\frac{dQ}{dP} \times \frac{P}{Q} = -\left(-400 \times \frac{5}{400} \right) = 5$$

即图 4-5 中需求曲线上 a 点的需求价格弹性值为 5。

同样的，在图 4-5 中需求曲线上的 b 点，当 $P = 4$ 时，由需求函数可得

$$Q = 2\ 400 - 400P = 2\ 400 - 400 \times 4 = 800$$

即相应的需求量组合为（4，800），那么

$$e_d = -\frac{dQ}{dP} \times \frac{P}{Q} = -\left(-400 \times \frac{4}{800} \right) = 2$$

即图 4-5 中需求曲线上 b 点的需求价格弹性值为 2。

最后要注意的是，在考察需求的价格弹性问题时，需求曲线的斜率和需求的价格弹性是两个紧密联系却又不相同的概念，必须严格加以区分。其原因在于：首先，经济学使用弹性而不是曲线的斜率来衡量因变量对自变量反应的敏感程度，由于弹性没有度量单位，所以，弹性之间大小的比较很方便。不同的是，斜率是可以有度量单位的，例如，苜蓿干草的价格变化（以人民币元计）所引起的苜蓿干草需求量的变化（以 kg 计）。此外，不同的物品往往又会使用不同的计量单位。所以，为了比较弹性数值的大小，消除度量单位是很有必要的。其次，由前面对需求的价格点弹性的分析可以清楚地看到，需求曲线在某一点的斜率为 $\frac{dP}{dQ}$。而根据需求的价格点弹性的计算公式，需求的价格点弹性不仅取决于需求曲线在该点的斜率的倒数值 $\frac{dQ}{dP}$，还取决于该点的价格—需求量的比值 $\frac{P}{Q}$。

由此可见，直接把需求曲线的斜率和需求的价格弹性等同起来是错误的。严格区分这两个概念，对于任何形状的需求曲线的弧弹性和点弹性来说，都是有必要的。

4.3.2.3　需求价格弹性的类型

需求价格弹性告诉我们，当商品的价格变动 1% 时，需求量变动的百分比究竟有多大。

由此可以设想：在商品的价格变化 1% 的前提下，需求量的变化率可能大于 1%，这时有 $e_d>1$；需求量的变化率也可能小于 1%，这时有 $e_d<1$；需求量的变化率也可能恰好等于 1%，这时有 $e_d=1$。因此，根据弹性系数绝对值的大小，需求价格弹性可分为以下 5 种类型，如图 4-6 所示。

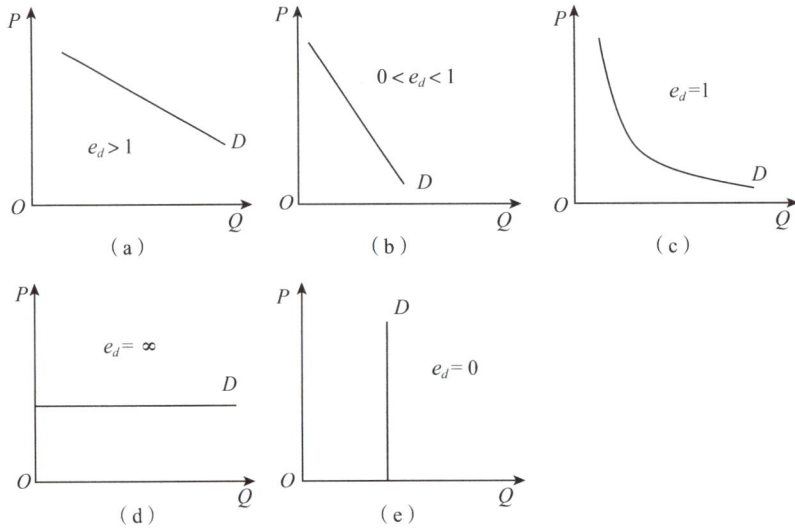

图 4-6 需求价格弹性的 5 种类型

（1）需求富有弹性（$e_d>1$）

需求富有弹性即需求量变化的百分比大于商品价格变化的百分比。在需求富有弹性的情况下，需求曲线相对比较平坦，如图 4-6(a) 所示。这表明：商品价格上涨，需求量将减少，但减少的百分比大于价格上涨的百分比，从而使企业总收益减少；相反，如果价格下跌，则需求量增加，但增加的百分比大于价格下跌的百分比，从而使企业总收益增加。现实中，大部分商品的需求量对其价格的变动很敏感，尤其是高档商品和奢侈品。

（2）需求缺乏弹性（$e_d<1$）

需求缺乏弹性即需求量变化的百分比小于商品价格变化的百分比。在需求缺乏弹性的情况下，需求曲线相对比较陡峭，如图 4-6(b) 所示。这表明：商品价格上涨，需求量将减少，但减少的百分比小于价格上涨的百分比，从而使企业总收益增加；相反，如果价格下跌，需求量将增加，但增加的百分比小于价格下跌的百分比，从而使企业总收益减少。现实中，生活必需品和具有特定用途或价值的商品需求缺乏弹性。

（3）需求单一弹性（$e_d=1$）

需求单一弹性即需求量变化的百分比等于价格变化的百分比。在需求单一弹性的状况下，需求曲线表现为一条直角双曲线，如图 4-6(c) 所示。这是一种特例，它表示需求量和价格的变动率刚好相等。

（4）需求完全弹性（$e_d=\infty$）

需求完全弹性即商品价格的任何微小变化都会导致需求量无穷大的变化。在需求完全弹性的情况下，需求曲线是一条与横轴平行的直线，如图 4-6(d) 所示。这也是一种特例，如战争时期的常规军用物资及完全竞争条件下的商品近似于完全弹性。

（5）需求完全无弹性（$e_d = 0$）

需求完全无弹性即无论价格如何变动，需求量都保持不变。在需求完全无弹性的情况下，需求曲线是一条与纵轴平行的直线，如图 4-6（e）所示。这也是一种特例，如火葬费、自来水费等近似于无弹性。

上述前 2 种类型在实际生活中是比较常见的，后 3 种类型的需求价格弹性比较罕见。此外，这 5 种基本类型也适用于其他任何一个具体的弹性概念。

4.3.2.4　需求价格弹性与企业销售收入的关系

在实际的经济活动中会发生这样一些现象：有的厂商降低自己的产品价格，能使自己的销售收入得到提高，而有的厂商降低自己的产品价格，反而使自己的销售收入减少了。这意味着，通过降价促销来增加销售收入的做法，对有的产品适用，对有的产品却不适用。这便涉及商品的需求价格弹性的大小和厂商的销售收入两者之间的相互关系。

企业的销售收入等于价格乘以销售量，价格变动会从反方向影响需求量，从而影响销售量。需求价格弹性不同，价格对销售量的影响程度就不相同，从而企业销售收入的变化也会不同。可见，一种商品价格的变动对生产经营这种商品的企业的销售收入会产生多大的影响，与该商品需求价格弹性的大小密切相关。下面就 $e_d > 1$、$0 < e_d < 1$、$e_d = 1$ 这 3 种情况进行说明。

（1）$e_d > 1$

对于 $e_d > 1$ 的富有弹性的商品，降低价格会增加厂商的销售收入；相反，提高价格会减少厂商的销售收入，即厂商的销售收入与商品的价格呈反方向变动。这是因为当 $e_d > 1$ 时，单位商品价格降低（或提高）会导致销售量更大幅度地增长（或下降），从而使企业的销售收入增加（或减少）。

如图 4-7 所示，D 是一条富有弹性的需求曲线。a、b 两点之间的价格变动率引起一个较大的需求量变动率。当价格为 P_1，需求量为 Q_1 时，销售收入 $B_1 = P_1 \times Q_1$，相当于矩形 OP_1aQ_1 的面积；当价格为 P_2，需求量为 Q_2 时，销售收入 $B_2 = P_2 \times Q_2$，相当于矩形 OP_2bQ_2 的面积。显然，由于富有弹性的商品 $e_d > 1$，说明价格有一小的变动会引起需求较大的变动，图中前者面积要小于后者面积。这就是说，若厂商从 a 点运动到 b 点，则降价会使销售收入增加；若从 b 点运动到 a 点，则提价会使销售收入减少。

（2）$0 < e_d < 1$

对于 $0 < e_d < 1$ 的缺乏弹性的商品，降低价格会减少厂商的销售收入；相反，提高价格会增加厂商的销售收入，即厂商的销售收入与商品的价格呈同方向变动。这是因为当 $0 < e_d < 1$ 时，单位商品的价格降低（或提高）的幅度比销售量增长（或下降）的幅度大，从而使企业的销售收入减少（或增加）。

如图 4-8 所示，D 是一条缺乏弹性的需求曲线。a、b 两点之间的价格变动率引起一个较小的需求量变动率。具体地看，当价格分别为 P_1 和 P_2 时，销售收入分别为矩形 OP_1aQ_1 的面积和矩形 OP_2bQ_2 的面积，且前者面积大于后者面积。这就是说，当厂商降价即从 a 点运动到 b 点，销售收入减少；相反，若厂商提价即从 b 点运动到 a 点，销售收入增加。

（3）$e_d = 1$

对于 $e_d = 1$ 的单一弹性的商品，降低价格或提高价格对企业销售收入都没有影响。这

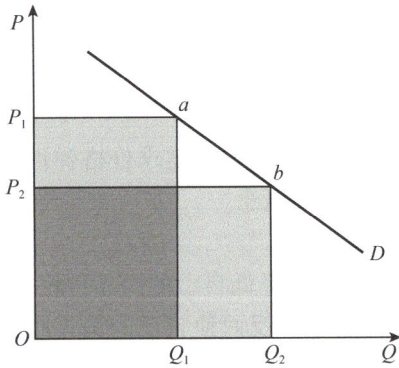

图4-7 富有价格弹性的需求曲线

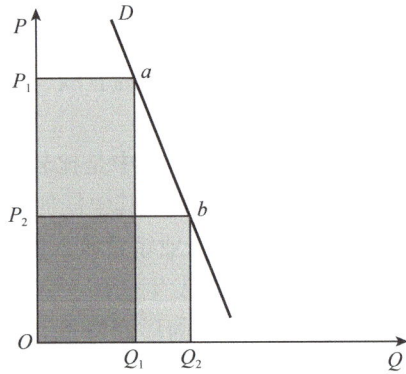

图4-8 缺乏价格弹性的需求曲线

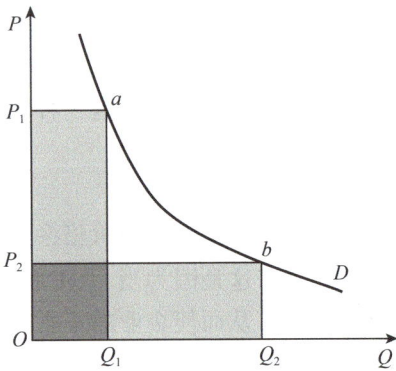

图4-9 单位价格弹性的需求曲线

是因为当 $e_d = 1$ 时，单位商品的价格降低（或提高）会导致销售量同幅度的增长（或下降），从而使企业的销售收入不发生变化。

如图4-9所示，图中需求曲线上 a、b 两点之间的需求弹性为单位弹性。价格为 P_1 时的销售收入即矩形 OP_1aQ_1 的面积等于价格为 P_2 时的销售收入即矩形 OP_2bQ_2 的面积。显然，不管厂商是因降价由 a 点运动到 b 点，还是因提价由 b 点运动到 a 点，其销售收入量都是不变的。

以上3种情况都是以需求的弧弹性为例进行分析的。事实上，经数学证明，对这3种情况进行分析所得到的结论，对需求的点弹性也是适用的。

将 $e_d = \infty$ 和 $e_d = 0$ 两种特殊情况考虑在内，商品的需求价格弹性和厂商的销售收入之间的综合关系见表4-3所列。

表4-3 需求价格弹性与企业销售收入的关系

价格变化	$e_d > 1$	$e_d = 1$	$0 < e_d < 1$	$e_d = 0$	$e_d = \infty$
提价的影响	减少	不变	增加	随价格上升而增加	减少为零
降价的影响	增加	不变	减少	随价格下降而减少	既定价格下无限增加

在西方经济学中，也可以根据商品的价格变化所引起的厂商销售收入的变化来判断商品的需求价格弹性的大小。如果某商品价格变化引起厂商销售收入反方向的变化，则该商品是富有弹性的。如果某商品价格变化引起厂商销售收入同方向的变化，则该商品是缺乏弹性的。如果厂商的销售收入不随着商品价格的变化而变化，则该商品具有单位弹性。

4.3.2.5 影响需求价格弹性的因素

影响需求价格弹性的因素很多，主要有以下几个方面。

（1）商品的可替代性

一般来说，一种商品有许多替代品，而且替代程度越高，则该商品的需求价格弹性往往就越大。因为当这种商品的价格上升时，消费者会购买其他商品来替代这种商品；该商品价格下降时，人们又会购买这种商品来替代其他价格未下降的商品。相反，如果一种商品的替代品很少，或替代程度不高，那么该商品的需求价格弹性就越小。例如，食盐没有很好的可替代品，加之食盐又是生活必需品，所以，食盐价格的变化所引起的需求量的变化几乎等于零，它的需求价格弹性是极其微小的。

此外，对一种商品所下的定义越明确、越狭窄，这种商品的相近的替代品往往就越多，需求价格弹性也就越大。例如，甜馅面包的需求比一般的面包的需求更有弹性，而面包的需求价格弹性比一般的面粉制品的需求价格弹性又要大得多。

（2）商品用途的广泛性

一般来说，一种商品用途越广泛，其需求价格弹性就可能越大；相反，商品用途越狭窄，它的需求价格弹性就可能越小。这一点实际上与上面谈到的商品的替代程度有关系。这是因为，如果一种用途广泛的商品价格下降，消费者的购买量就会增加并广泛地使用它，也包括用它来替代其他商品，所以其需求量就会大增；反之，当它的价格较高时，消费者只购买较少的数量用于最重要的用途，其需求量就会大减。

（3）商品的必要性

商品可以划分为生活必需品和奢侈品。一般来说，生活必需品的需求价格弹性较小。例如，粮食、食盐等都属于缺乏需求价格弹性的商品，不管价格是升还是降，人们都必须消费这些商品。相反，奢侈品的需求价格弹性较大。例如，到国外旅行就是一种富有需求价格弹性的奢侈品，有足够的钱就去，没有钱完全可以不去。当然，什么是必需品，什么是奢侈品，在不同的地区、不同的时期都是不同的，并没有绝对的界限。

（4）商品价格占生活总支出的比例

如果一种商品的消费支出在人们的总支出中占较小的比例，那么消费者往往不太重视这类商品价格的变化，所以不会因为这种商品的价格变化而大幅度地改变自己的需求量，这种商品就缺乏需求价格弹性，如食盐、牙刷、肥皂等商品的需求价格弹性是比较小的。反之，如果一种商品的消费支出在消费者总支出中所占的比例较大，那么消费者对这种商品的需求量与其价格变化的相关性就大，该商品的需求价格弹性就可能越大，如手机、汽车等。

（5）商品的耐用性

商品的需求价格弹性与其耐用性一般呈正相关关系，即一种商品的使用时间越长，耐用性越高，其需求价格弹性就越大；反之，其需求价格弹性就越小。因为对于耐用品，人们可以根据其价格变化，较灵活地选择购买时间。例如，自行车的价格如果很便宜，许多人就愿意买一辆新车来淘汰旧车，但如果自行车的价格很贵，许多人就会继续使用旧车。而非耐用品就没有选择余地，因此其需求价格弹性较小。

需要指出，一种商品的需求价格弹性的大小是各种影响因素综合作用的结果。所以，在分析一种商品的需求价格弹性的大小时，要根据具体情况进行全面的综合分析。

4.3.3 草产品供给价格弹性

根据弹性概念的一般公式可知，在任何两个具有函数关系的经济变量之间都可以建立弹性，以研究这两个经济变量变动的相互影响。在西方经济学中有许多弹性，下面将详细介绍供给价格弹性。

4.3.3.1   供给价格弹性的概念

供给方面的弹性包括供给的价格弹性、供给的交叉价格弹性和供给预期价格弹性等。在考察供给的价格弹性时，它通常被简称为供给弹性。

供给价格弹性表示在一定时期内，一种商品的供给量变动对于该商品价格变动的反应程度。或者说，它表示在一定时期内一种商品的价格变化一个百分点时所引起的该商品供给量变化的百分比。它是商品的供给量变动率与价格变动率之比。供给价格弹性的大小用供给价格弹性系数来衡量，计算公式：

$$供给的价格弹性系数 = \frac{供给量变动率}{价格变动率} \tag{4-15}$$

由于供给量的变动与商品价格的变动通常呈正相关关系，因此，供给价格弹性系数一般为正值。供给价格弹性越大，表明供给量对价格越敏感。

4.3.3.2   供给价格弹性的计算

与需求的价格弹性一样，供给的价格弹性也分为弧弹性和点弹性。当供给量的变动率和价格的变动率较大时，用供给价格弧弹性公式计算；当供给量的变动率和价格的变动率不大时，用供给价格点弹性公式进行计算。

供给的价格弧弹性表示某商品供给曲线上两点之间的弹性。供给的价格点弹性表示某商品供给曲线上某一点的弹性。假定供给函数为 $Q=f(P)$ ，则供给的价格弧弹性的公式：

$$e_s = \frac{\dfrac{\Delta Q}{Q}}{\dfrac{\Delta P}{P}} = \frac{\Delta Q}{\Delta P} \times \frac{P}{Q} \tag{4-16}$$

供给的价格点弹性公式：

$$e_s = \lim_{\Delta P \to 0}\left(\frac{\Delta Q}{\Delta P} \times \frac{P}{Q}\right) = \frac{\mathrm{d}Q}{\mathrm{d}P} \times \frac{P}{Q} \tag{4-17}$$

式中 e_s——供给价格弹性；

Q——供给量；

P——供给价格；

ΔQ，ΔP——供给量的变动量和价格的变动量。

在通常情况下，商品的供给量和商品的价格是呈同方向变动的，供给量的变化量和价格的变化量的符号是相同的。所以，在上面两个公式中，$\dfrac{\Delta Q}{\Delta P}$ 和 $\dfrac{\mathrm{d}Q}{\mathrm{d}P}$ 两项均大于零，计算结果 e_s 为正值。

供给价格弹性的计算方法和需求价格弹性是类似的。给定具体的供给函数，则可以根据要求，由式(4-16)求出价格上升或价格下降时供给的价格弧弹性，也可以由中点公式求出供给的价格弧弹性。供给的价格弧弹性的中点公式：

$$e_s = \frac{\Delta Q(P_1+P_2)}{\Delta P(Q_1+Q_2)} \tag{4-18}$$

供给的价格点弹性可以直接用式(4-17)计算求出。

【例题 4-2】某商品价格由 8 元下降为 6 元，供给量由 24 件增加为 28 件，则供给价格弹性：

$$e_s = \frac{\Delta Q(P_1+P_2)}{\Delta P(Q_1+Q_2)} = \frac{(28-24)\times(8+6)}{(8-6)\times(28+24)} = \frac{7}{13} \approx 0.54$$

4.3.3.3 供给价格弹性的类型

根据供给价格弹性系数的大小，供给价格弹性可以分为以下 5 种类型。

(1)供给富有弹性($e_s>1$)

供给富有弹性即供给量变化的百分比大于商品价格变化的百分比。在供给富有弹性的情况下，供给曲线与坐标纵轴相交，如图 4-10(a)所示。供给曲线的斜率为正，其值小于 1。这类商品多为劳动密集型商品或易保管商品。

(2)供给缺乏弹性($e_s<1$)

供给缺乏弹性即供给量变化的百分比小于商品价格变化的百分比。在供给缺乏弹性的情况下，供给曲线与坐标横轴相交，如图 4-10 (b)所示。供给曲线斜率为正，其值大于 1，这种商品多为资金或技术密集型商品和不易保管商品。

(3)供给单一弹性($e_s=1$)

供给单一弹性即供给量变化的百分比等于商品价格变化的百分比。在供给单一弹性的情况下，供给曲线与坐标原点相交，如图 4-10 (c)所示。供给曲线斜率为正，其值为 1，是一种特例。

(4)供给完全弹性($e_s=\infty$)

供给完全弹性即商品价格的任何微小变化都会导致供给量的极大变化。在供给完全弹性的情况下，供给曲线是一条与坐标横轴平行的直线，如图 4-10(d)所示。其斜率为零，当劳动力过剩时，劳动力供给弹性无穷大。

(5)供给完全无弹性($e_s=0$)

供给完全无弹性即商品价格的任何变化都不会引起供给量的变化，供给量为一个常量。在供给完全无弹性的情况下，供给曲线是一条与坐标纵轴平行的直线，如图 4-10 (e)所示，其斜率为无穷大。

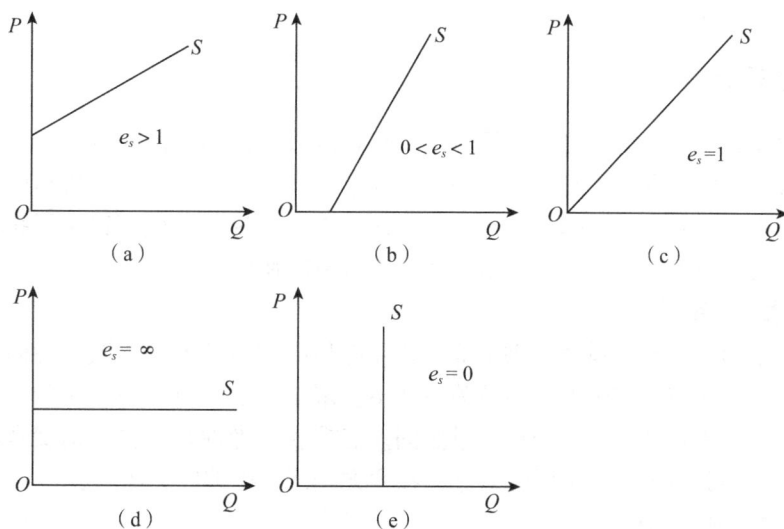

图 4-10 供给价格弹性的 5 种类型

4.3.3.4 影响供给价格弹性的因素

影响供给价格弹性的因素较多，主要有考察期限的长短、生产的技术类型、生产要素的供给弹性和草产品的耐贮存性。当然很多时候，草产品的供给价格弹性是受这些因素的综合作用影响的。

（1）考察期限的长短

当价格变化时，生产者需要通过调整产量来改变供给量，所以时间因素对商品的供给价格弹性有重要的影响。考察草产品对价格的敏感程度可以从短期、中期和长期来判断。短期内，由于草产品生产具有周期性，因此草产品的供给价格弹性很小。例如，一旦苜蓿播种后，企业就只能等苜蓿收获后再向市场供应；在苜蓿生长期间，企业对市场上苜蓿价格的变动几乎无能为力。从中期来看，草产品表现出较高的供给价格弹性。如果去年苜蓿干草的价格不断攀升，那么今年企业会选择大量增加苜蓿的种植面积，以期获得较高的收入。从长期来看，我们可以看到草产品供应表现出波动性。

（2）生产的技术类型

一般来说，生产商品的技术越简单，形成新的生产能力所费的时间越短，增加供给相对容易，对价格信息做出反应的总时间就越短，供给价格弹性就越大，如劳动密集型产品；反之，技术装备复杂的资本或技术密集型产品，由于增减供给量困难，因此供给价格弹性相对较小。

（3）生产要素的供给弹性

一般来说，商品产量取决于生产要素的供给。生产要素供给弹性大的商品，其供给弹性也大。反之，生产要素供给弹性小的商品，其供给弹性也小。

（4）草产品的耐贮存性

如果草产品不易贮存或者贮存费用很高，当价格较低时，企业无法或者不愿意贮存部分农产品，所以当价格降低时，草产品的供给量不会减少；当价格升高时，因为没有存货，所以无法增加供给。对于较耐贮存的草产品来说，草产品的供给可以根据价格的变化通过存货进行调整。因此，通常来说，耐贮存的草产品的供给价格弹性较高，不耐贮存的草产品的供给价格弹性较低。

4.3.4 其他价格弹性

根据弹性概念的一般公式可知，任何两个具有函数关系的经济变量之间都可以建立弹性，以研究这两个经济变量之间的互动关系。除了需求价格弹性、供给价格弹性外，西方经济学者又提出了一系列有关弹性的概念，从而使弹性理论及其应用得到了拓展。下面将详细介绍需求收入弹性、需求交叉价格弹性和价格预期弹性。

4.3.4.1 需求收入弹性

前面所介绍的需求价格弹性、供给价格弹性都是围绕商品的供求数量与商品的价格相互之间的关系进行研究。实际上，弹性关系并不仅限于商品的供求数量和价格之间，弹性概念被广泛地运用于各种相关的经济变量之间。需求收入弹性是建立在消费者的收入量和商品的需求量之间关系上的一个弹性概念，在西方经济学中被广泛运用。

（1）需求收入弹性的计算

需求收入弹性简称收入弹性，是指消费者对商品的需求量对消费者收入变动的反应程度或敏感程度。或者说，它表示在一定时期内消费者的收入变化一个百分点时所引起的商品需求量变化的百分比。需求收入弹性的大小用需求收入弹性系数来衡量。它是商品的需求量的变动率和消费者的收入量的变动率的比值。假定某商品的需求量 Q 是消费者收入水平 M 的函数，即 $Q=f(M)$，则该商品的收入弹性公式：

$$e_m = \frac{\dfrac{\Delta Q}{Q}}{\dfrac{\Delta M}{M}} = \frac{\Delta Q}{\Delta M} \times \frac{M}{Q} \qquad (4\text{-}19)$$

或

$$e_m = \frac{\mathrm{d}Q}{\mathrm{d}M} \times \frac{M}{Q} \qquad (4\text{-}20)$$

式中　e_m——需求收入弹性系数；

　　　Q——需求量；

　　　M——消费者收入水平；

　　　其余符号同前。

式（4-19）和式（4-20）分别为需求收入弹性的弧弹性和点弹性公式。

（2）需求收入弹性的类型

根据需求收入弹性系数的大小，需求收入弹性可以分为以下 5 种类型。

①需求收入富有弹性（$e_m > 1$）：即需求量变化的百分比大于消费者收入变化的百分比。在需求收入富有弹性的情况下，需求收入曲线表现为一条斜率较小的曲线，如图 4-11（a）所示。

②需求收入缺乏弹性（$0 < e_m < 1$）：即需求量变化的百分比小于消费者收入变化的百分比。在需求收入缺乏弹性的情况下，需求收入曲线表现为一条斜率较大的曲线，如图 4-11（b）所示。

③需求收入单一弹性（$e_m = 1$）：即需求量变化的百分比等于消费者收入变化的百分比。在需求收入单一弹性的情况下，需求收入曲线的斜率等于 1，如图 4-11（c）所示。

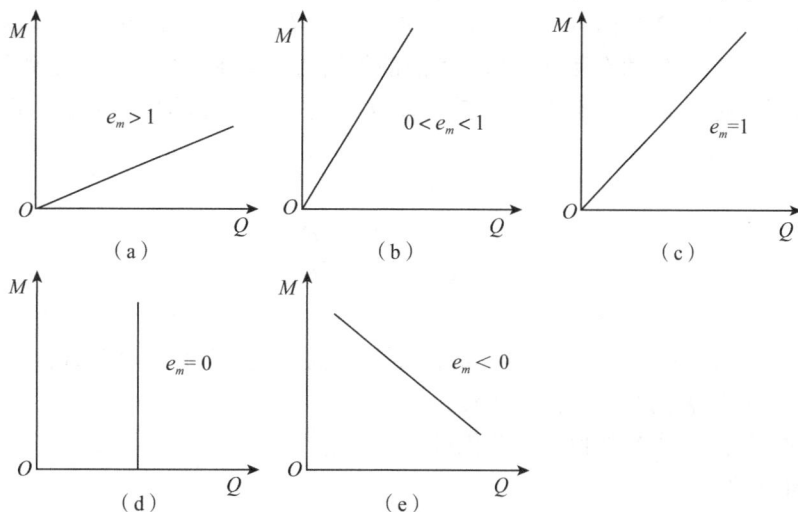

图 4-11　需求收入弹性的 5 种类型

④需求收入无弹性($e_m = 0$)：即无论消费者的收入如何变化，消费者购买该商品的数量都不变。在需求收入无弹性的情况下，需求收入曲线表现为一条与坐标纵轴平行的直线，如图4-11（d）所示。

⑤需求收入负弹性($e_m<0$)：即消费者对某种商品的需求量与其收入呈反方向变动，也就是收入较低时买得多，收入较高时买得少。在需求收入负弹性的情况下，需求收入曲线为一条斜率为负值的曲线，如图4-11（e）所示。

（3）需求收入弹性与需求量的关系

根据商品的需求收入弹性系数值，对商品进行分类。首先，商品可以分为两大类，分别是正常品和劣等品（又称低档品）。具体地说，$e_m>0$的商品为正常品，消费者对普通商品的需求随着收入的上升而增加，因此需求收入弹性系数是正值；$e_m<0$的商品为劣等品，消费者对劣等品的需求随着收入的上升而下降，因此需求收入弹性系数是负值。

对于消费者来说，大多数商品都是正常品。然后，将正常品再进一步区分为必需品和奢侈品两类。具体来说，$0<e_m<1$的商品为必需品，$e_m>1$的商品为奢侈品。这是因为，当消费者的收入水平下降时，尽管消费者对必需品和奢侈品的需求量都会有所减少，但对必需品的需求量的减少是有限的，或者说，是缺乏弹性的；而对奢侈品的需求量的减少是较多的，或者说，是富有弹性的。

因此，不同的商品在同样的收入条件下具有不同的收入弹性，同一种商品在不同的收入条件下也具有不同的收入弹性。及时而准确地了解和掌握各种商品的需求收入弹性，对政府制定经济政策、企业进行生产经营决策是非常必要的。

4.3.4.2　需求交叉价格弹性

如前所述，一种商品的需求量受多种因素的影响，相关商品的价格就是其中一个重要因素。假定其他因素都不发生变化，仅仅研究一种商品的价格变化和其相关商品的需求量变化之间的关系，就需要运用需求交叉价格弹性。

（1）需求交叉价格弹性的概念与计算

需求交叉价格弹性简称交叉弹性，是指某种商品的需求量对相关商品价格变动的反应程度或敏感程度。或者说，它表示在一定时期内一种商品的价格变化一个百分点时所引起的另一种商品的需求量变化的百分比。需求交叉价格弹性的大小用交叉弹性系数来衡量。它是该商品的需求量的变动率和它的相关商品的价格的变动率的比值。假定商品X的需求量Q_X是它的相关商品Y的价格P_Y的函数，即$Q_X = f(P_Y)$，则商品X的需求交叉价格弧弹性公式：

$$e_{XY} = \frac{\dfrac{\Delta Q_X}{Q_X}}{\dfrac{\Delta P_Y}{P_Y}} = \frac{\Delta Q_X}{\Delta P_Y} \times \frac{P_Y}{Q_X} \tag{4-21}$$

式中　e_{XY}——当商品Y的价格发生变化时商品X的需求交叉价格弹性系数；

　　　ΔQ_X——商品X的需求量的变化量；

　　　ΔP_Y——相关商品Y的价格的变化量；

　　　其余符号同前。

当商品X的需求量的变化量ΔQ_X和相关商品价格的变化量ΔP_Y均为无穷小时，则商品X的需求交叉价格点弹性公式：

$$e_{XY} = \lim_{\Delta P_Y \to 0} \frac{\Delta Q_X}{\Delta P_Y} \times \frac{P_Y}{Q_X} = \frac{dQ_X}{dP_Y} \times \frac{P_Y}{Q_X} \tag{4-22}$$

（2）需求交叉价格弹性的类型

需求交叉价格弹性系数的符号取决于所考察的两种商品的相关关系。

商品之间的相关关系可以分为两种：一种为替代关系，另一种为互补关系。一般可以简单地说，如果两种商品之间可以互相代替以满足消费者的某一种欲望，则称这两种商品之间存在着替代关系，这两种商品互为替代品，如苹果和梨。如果两种商品必须同时使用才能满足消费者的某一种欲望，则称这两种商品之间存在着互补关系，两种商品互为互补品，如电脑和软件。

根据两种商品之间的相关关系、需求交叉弹性系数大小，将需求交叉价格弹性分为以下 3 种类型。

①交叉正弹性（$e_{XY} > 0$）：即商品 X 的需求量与相关商品 Y 的价格呈同方向变动。这表明 X、Y 两种商品之间是替代关系，一种商品的价格与它的替代品的需求量之间呈同方向的变动，相应的需求的交叉价格弹性系数为正值，如图 4-12（a）所示。例如，当苹果的价格上升时，人们会在减少苹果的购买量的同时，增加对苹果的替代品（如梨）的购买量。

②交叉负弹性（$e_{XY} < 0$）：即商品 X 的需求量与相关商品 Y 的价格呈反方向变动。这表明 X、Y 两种商品之间是互补关系，一种商品的价格与它的互补品的需求量之间呈反方向的变动，相应的需求的交叉价格弹性系数为负值，如图 4-12（b）所示。例如，当电脑的价格上升时，人们会在减少电脑的购买量的同时，作为电脑的互补品（如软件）的需求量也会因此而下降。

③交叉无弹性（$e_{XY} = 0$）：即商品 X 的需求量不随商品 Y 的价格变动而变动。这表明 X、Y 两种商品无相关关系，意味着其中任何一种商品的需求量都不会对另一种商品的价格变动做出反应，相应的需求的交叉价格弹性系数为零，如图 4-12（c）所示。

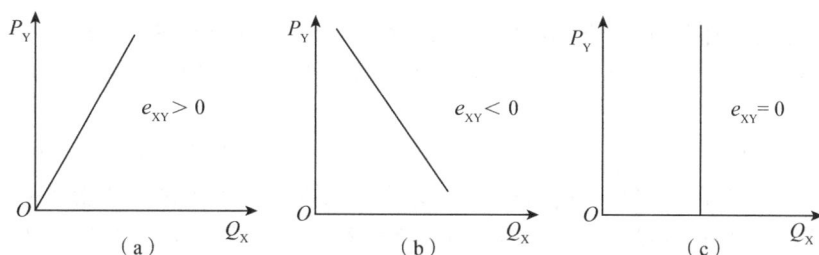

图 4-12　需求交叉价格弹性的 3 种类型

【讨论题 4-1】两个草企 A 和 B 分别生产苜蓿干草和燕麦干草，这两个商品是可以相互替代的。经调查计算两款产品的交叉弹性数据见表 4-4 所列。请运用交叉弹性理论解释，草企 A 担心草企 B 降价，还是草企 B 担心草企 A 降价？

表 4-4　苜蓿干草与燕麦干草的交叉价格弹性

企业	产品	需求价格交叉弹性
草企 A	苜蓿干草	0.05
草企 B	燕麦干草	1.74

4.3.4.3 价格预期弹性

无论是生产经营者还是消费者，都会根据当前市场行情的变动，预测未来的价格变动，从而调整即期购销决策，这就需要运用价格预期弹性的概念。

（1）价格预期弹性的概念与计算

价格预期弹性是指预期的未来价格对当前价格变化的反应程度或敏感程度。价格预期弹性的大小用价格预期弹性系数来衡量。价格预期弹性系数是预期的未来价格变化百分比与当前价格变化的百分比之间的比值。其计算公式：

$$e_{P(t)} = \frac{\dfrac{\Delta P_t}{P_t}}{\dfrac{\Delta P}{P}} = \frac{\Delta P_t}{\Delta P} \times \frac{P}{P_t} \tag{4-23}$$

式中　$e_{P(t)}$——价格预期弹性系数；

　　　P_t——预期的未来价格；

　　　P——当前价格；

　　　其余符号同前。

（2）价格预期弹性的类型

根据价格预期弹性系数的大小，价格预期弹性可以划分为以下 5 种类型。

①价格预期富有弹性[$e_{P(t)}>1$]：即高预期弹性，表明消费者或生产者预期未来价格变动的百分比大于当前价格变动的百分比。这会导致消费者随着当前价格的上升而增加购买量，随着当前价格的下降而减少购买量，出现"买涨不买跌"的情况，生产者会随着当前价格的上升而减少供给量"惜售"，以待价而沽，并随着当前价格的下降而增加供给量，出现"卖跌不卖涨"的情况。

②价格预期缺乏弹性[$0<e_{P(t)}<1$]：即低预期弹性，表明消费者或生产者预期未来价格变动的百分比小于当前价格变动的百分比。这种情况会使消费者随着当前价格的上升而减少购买量，并随着当前价格的下降而增加购买量，出现"买跌不买涨"的情况；生产者则随着当前价格的上升而增加供给量，并随着当前价格的下降而减少供给量，出现"卖涨不卖跌"的情况。

③价格预期单一弹性[$e_{P(t)}=1$]：即单一预期弹性，表明消费者或生产者预期未来价格变动的百分比等于当前价格变动的百分比。这种情况既不会引起消费者提前或推迟购买，也不会导致生产者惜售或抛售，即消费者和生产者都不会对这一预期做出特别的反应。

④价格预期无弹性[$e_{P(t)}=0$]：即零预期弹性，表明消费者或生产者预期当前价格的变动对未来价格的变动没有影响。这种情况下不会引起当前需求和供给的大幅度变动。

⑤价格预期负弹性[$e_{P(t)}<0$]：即负预期弹性，表明消费者或生产者预期未来价格变动与当前价格变动呈反方向，也就是预期当前价格上升会导致未来价格下降，当前价格下降会导致未来价格上涨。这种情况会导致消费者的行为与当前价格呈显著的反方向变化，生产者的行为则与价格呈显著的同方向变化。

价格预期弹性的存在会使供需曲线发生位移，如图 4-13 所示。$e_{P(t)}>1$，会使需求曲线 D 右移，使供给曲线 S 左移；$e_{P(t)}<1$，会使需求曲线 D 左移，使供给曲线 S 右移；$e_{P(t)}=1$，需求曲线 D 和供给曲线 S 不移动。当然，人们的价格预期除了受当前价格变动的影响外，还受多种因素的影响，如消费者的偏好、商品的耐用性与耐贮藏性、流行舆论、过去价格

变动的经验等。

4.3.5　弹性原理的应用

对需求弹性的分析直接影响生产企业对商品价格的定位。准确了解物品的弹性特点，从而制订合理的营销策略，有助于实现企业经济利益的最大化。下面根据物品的需求弹性特征来说明两种常见的经济现象。

（1）企业薄利多销

需求富有弹性的商品，价格与总收益呈反方向变动，如对滞销商品的销售方式。滞销商品是指因季节交替、款式过时或保质期将至等因素难以销售，但质量合格的商品。如果卖不掉或以过低价格销售，都会给销售者带来损失，因此定价问题非常重要。如图 4-14 所示，有一批滞销商品数量为 Q_1，其需求曲线为 D，需求价格弹性较大。定价可有 3 种方案。

①价格定为 P_1，则商品全部卖掉，销售收入为 OP_1AQ_1。

②按高于 P_1 的价格 P_2 出售，只能卖掉数量为 Q_2 的商品，其销售收入为 OP_2BQ_2，则仍有数量为（Q_1-Q_2）的商品卖不掉，其销售收入变化为四边形 Q_2EAQ_1 和四边形 P_2P_1EB 的面积差。

③按低于 P_1 的价格 P_3 出售，则滞销商品全部卖掉，其销售收入减少 P_1P_3CA。显然，第一种方案最好。

（2）谷贱伤农

在农业生产活动中，存在着一种谷贱伤农现象，其含义是：在丰收的年份，农产品价格过低，导致农民收入减少，伤害农民利益。农产品价格与农民收入的关系，可以用弹性原理进行解释。

在前面分析需求价格弹性与企业销售收入的关系时，得到这样一个结论：对于缺乏弹性的商品来说，商品的价格与厂商的销售收入呈同方向的变化。这一结论同样适用于农产品，造成这种谷贱伤农经济现象的根本原因在于：农产品（如谷类）的需求的价格弹性往往是小于 1 的，即当农产品（如谷类）的价格发生变化时，农产品的需求往往是缺乏弹性的。下面，我们具体地利用图 4-15 来解释这种经济现象。

在图 4-15 中，农产品需求曲线 D 较为陡峭，即缺乏弹性。当农业丰收时，供给曲线由 S_1 的位置向右平移至 S_2 的位置，在缺乏弹性的需求曲线的作用下，农产品的价格由 P_1 大幅度下降为 P_2，而农产品的均衡数量仅由原先的 Q_1 小幅度地增加到 Q_2。由于农产品价格的下降幅度大于农产品数量的增加幅度，最后导致农

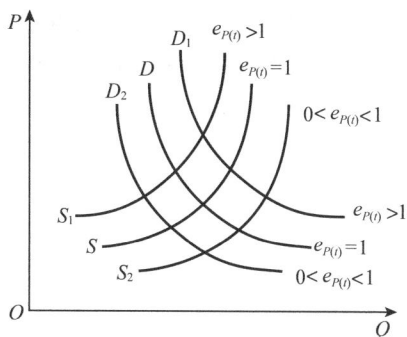

图 4-13　价格预期弹性的变化

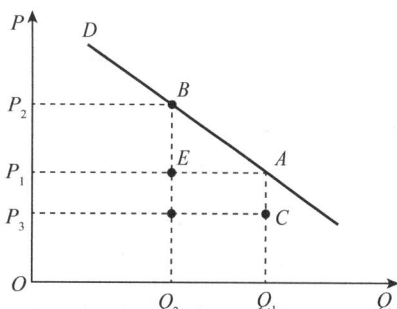

图 4-14　富有弹性的供给曲线与不同价格下的销售收入

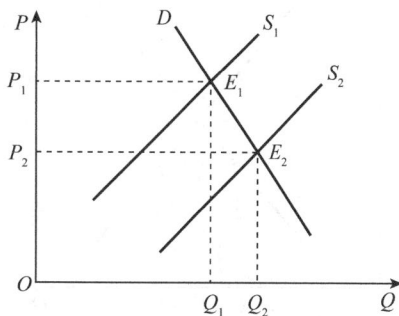

图 4-15　农产品缺乏弹性的需求曲线

民的总收入量减少。从图中来看，丰收前农产品销售收入为 $OQ_1E_1P_1$，丰收后销售收入为 $OQ_2E_2P_2$，图中矩形 $OQ_1E_1P_1$ 的面积>矩形 $OQ_2E_2P_2$ 的面积，总收入的减少量相当于两个矩形面积之差。

类似地，在歉收年份，只需先假定农产品的歉收使供给曲线由 S_2 的位置向左平移至 S_1 的位置。同样由于缺乏弹性的需求曲线的作用，农产品均衡数量减少的幅度将小于由它所引起的均衡价格的上升幅度，最后使农民的总收入量增加。

基于以上的经济事实及其经验，为保护农民利益，稳定农业生产和支持农业发展，世界许多国家对农产品采取补贴政策，以保护和激励农民生产的积极性。

4.4　草产品价格对需求和供给的影响

4.4.1　草产品供需均衡的形成及其调整

4.4.1.1　供求规律

草产品市场供求既受一般供求规律支配，又具有自身的特殊性规律。在生产某商品的成本一定的情况下，当商品的价格越高时，意味着生产者的单位利润越多，所以生产者就会积极向市场提供更多商品；然而，当商品价格较高时，生产成本较高的生产者也有了参与生产的机会，从而使该商品的市场总供给量增大。反之，当某商品的价格越低时，意味着生产者的单位利润减少，甚至无利可图，生产者就会转而生产其他商品，从而使该商品的市场总供给量减少。这种在其他条件不变情况下，商品的供给量随价格的上升而增加，随价格的下降而减少的普遍现象，称为一般供给规律。

当影响草产品供给的其他一切条件保持不变的情况下，草产品的供给随着其本身的价格变动而做出供给反应，这时的供给反应是价格和供给量的组合点在同一条供给线上发生移动，即价格低供给量则相应减少，价格高则供给量相应增加。当某种草产品的销售价格升高时，需求量就会减少，销售价格降低时，需求量就会增加。这种销售价格与需求量反方向变动的现象，经济学中称为一般需求规律，大部分草产品符合一般需求规律。

4.4.1.2　草产品市场均衡价格及数量

现在综合分析供给和需求是如何影响某一种草产品的市场价格和销售量。如图 4-16 所示，某种草产品的市场需求曲线和供给需求相交于 E 点，对应的价格为 P_e，对应的需求量和供给量相等为 Q_e。我们把在某种价格（如 P_e）条件下，市场上某种草产品的供给量和需求量恰好相等的状态称为该草产品市场均衡（equilibrium），这个价格称为均衡价格（equilibrium price），这时的数量称为均衡数量。在均衡价格下，消费者愿意且能够购买的数量恰好和生产者愿意且能够出售的数量相等，实现了生产和消费的统一。

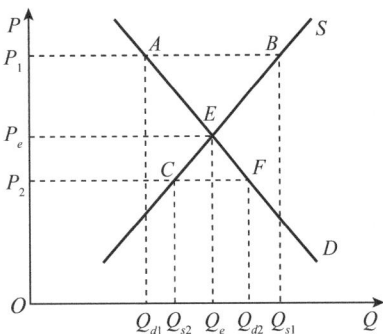

图 4-16　某草产品市场均衡

当草产品的市场价格不等于均衡价格的时候会出现什么情况呢？假设某种草产品的市场价格高于均衡价格，如图 4-16 中的 P_1，此时需求量为 Q_{d1}，供给量为 Q_{s1}，供给量大于需求量。此时该草产品存在过剩（surplus），即在现行的价格条件下，供给者不能卖出他们想卖的所有草产品，A 点和 B 点之间的距离为超额供给。供给者对于过剩的反应就是降低价格，从而使需求量增加，供给量减少。价格会持续下降，直到降至 P_e，此时市场达到均衡的稳定状态。

同样，当草产品的市场价格低于均衡价格时，如图 4-16 中的 P_2，此时需求量为 Q_{d2}，供给量为 Q_{s2}，供给量小于需求量。此时该草产品存在短缺（shortage），即在现行的价格条件下，需求者不能买到他们想买的所有草产品，C 点和 F 点之间的距离为超额需求。供给者对于短缺的反应就是提高价格，从而使需求量减少，供给量增加。价格会持续升高，直到升至 P_e，此时市场达到均衡的稳定状态。

4.4.1.3 草产品市场均衡与需求和供给的变动

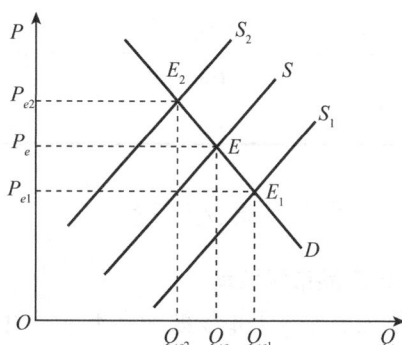

如果需求曲线或者供给曲线发生移动，即当市场需求或供给发生变动时，均衡价格和均衡数量会发生怎样的变化呢？

（1）草产品市场均衡与需求的变动

首先考虑草产品的供给曲线保持不变、需求发生变动（即需求曲线发生移动）的情况。前面我们讨论过草产品供给的特征之一是草产品生产周期长，从而使草产品的供给在短期内不能得到调整，短期内供给曲线不发生变化。如图 4-17 所示，供给曲线 S 保持不变，初始的需求曲线为 D，此时的市场均衡点为 E，均衡价格和均衡数量分别为 P_e 和 Q_e。当需求增加时，即在任何一种价格水平下，消费者愿意且能够购买的草产品的数量增加了，需求曲线向右移动至 D_1，新的均衡点为 E_1，均衡价格和均衡数量分别为 P_{e1} 和 Q_{e1}。从图中可以看出，新的均衡价格和均衡数量都提高了。同样可以从图中看出，当需求减少时，新的均衡价格（P_{e2}）和均衡数量（Q_{e2}）都降低了。

（2）草产品市场均衡与供给的变动

现在考虑草产品的需求曲线保持不变、供给发生变化（即供给曲线发生移动）的情况。虽然短期内草产品的供给不会发生变化，但长期内供给会因为草产品的收获、进口等而发生改变。如图 4-18 所示，初始的市场均衡点为 E。当需求不变、供给增加时，供给曲线向右移动至 S_1，新的均衡点为 E_1，均衡价格和均衡数量分别为 P_{e1} 和 Q_{e1}。从图中可以看出，新的均衡价格下降了，而均衡数量增加了。同样可以从图中看出，当供给减少时，新的均衡价格（P_{e2}）上升，均衡数量（Q_{e2}）减少。

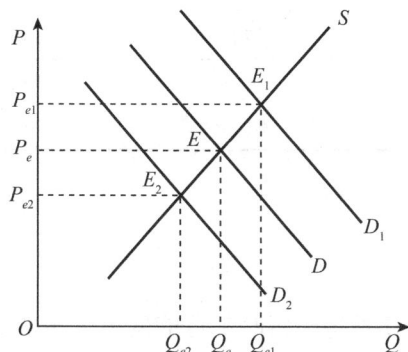

图 4-17 草产品市场均衡与需求的变动　　图 4-18 草产品市场均衡与供给的变动

（3）草产品市场均衡与需求和供给的同时变动

如果需求和供给同时发生变化，即需求曲线和供给曲线同时发生移动，市场均衡点是如何调整的呢？有 4 种可能的情况：需求增加，供给增加；需求增加，供给减少；需求减少，供给增加；需求减少，供给减少。在这里以需求增加、供给增加为例，分析市场均衡价格和均衡数量的变化。

根据需求和供给变动幅度的相对大小，可能出现两种情况。图 4-19（a）表示需求变动的幅度大于供给变动的幅度，图 4-19（b）表示供给变动的幅度大于需求变动的幅度。通过对比可以发现，两种变动使新的均衡数量都升高了，但它们对价格的影响是不确定的，前者使新的均衡价格升高，而后者使新的均衡价格降低。通过同样的方法，我们也可以分析其他 3 种情况对均衡价格和均衡数量的影响。

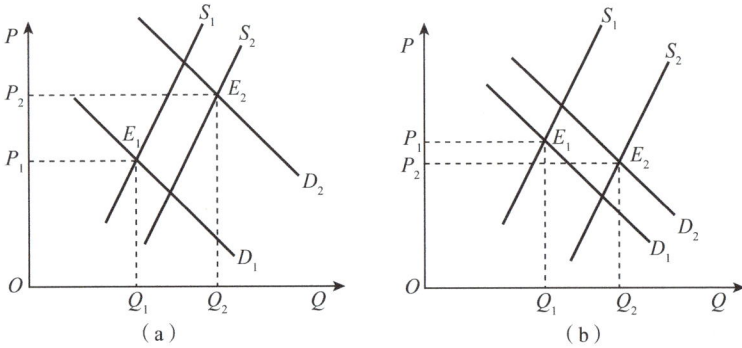

图 4-19　草产品市场均衡与供给及需求的同时变动

通过分析以上所有情形，可以总结出在需求变动和供给变动的任意一种组合下，均衡价格和均衡数量变化的预期结果，见表 4-5 所列。

表 4-5　草产品供给与需求变动时商品价格和数量的变化

需求情况	因素	供给不变	供给增加	供给减少
需求不变	价格	不变	下降	上升
	数量	不变	增加	减少
需求增加	价格	上升	不确定	上升
	数量	增加	增加	不确定
需求减少	价格	下降	下降	不确定
	数量	减少	不确定	减少

4.4.2　动态平衡与蛛网理论

4.4.2.1　草产品市场波动

在市场经济条件下市场波动是不可避免的，几乎每天每时都可能发生。如果依据市场波动是否有规律可循进行分类，则可将市场波动分为两类：一些有规律可循的市场波动（如季节性波动、周期性波动等）和一些无规律可循的市场波动（如偶然性波动）。

（1）季节性波动

草产品季节差价是因为草产品供给或者需求在季节上的不均衡造成的，如果这种市场波动具有季节规律性，则可称其为季节性波动。草产品供给的季节性波动是因为草产品生产是与生物的生长发育规律、环境因素密切相关。某些草产品只能或最好在特定的季节生产出来，然后加以贮藏，贮藏费用造成了季节差价；另一些草产品虽然能够在不同的季节生产出来，但生产成本可能相差较大，这些特性使草产品供给存在着明显的季节性波动。草产品的季节性价格波动决于季节供给波动和需求波动，如果供给和需求的季节变动方向是一致的，那么价格的季节变动幅度就相对较小，但如果供给和需求的变动趋势不一致时，市场价格就会出现很大波动。

随着科技进步，平衡草产品供求的措施越来越多、越来越有效。贮藏设施和技术的发展使贮藏时间变得越来越长，品质损失越来越小；设施农业技术使草产品等相关产品供给的季节波动减弱；交通设施的改善使世界在日益变小，市场半径在不断扩大，地区间的商品调剂能力大大增强，有利于协调供求关系，不断减少供给和价格的季节性波动幅度。

（2）周期性波动

在草产品市场上，由于供给的反应时滞性和同一性，产生了一种周期性的价格和数量的波动。这种波动的轨迹如果用图像法表示出来，与蛛网很相似，因此通常称为蛛网波动。概括这种波动现象的理论称为蛛网理论。草业生产者通常数量众多，规模较小，产品又具有高度的同一性。在某一时期，当市场上某种产品的价格由于某种原因而偏离原来的市场均衡价格显著上升时，千千万万个农户都会倾向于扩大该产品的生产。虽然这种扩大生产的意愿要经过一个生产周期之后才能成为现实，但是，农民在生产反应上的同一性常常造成反应过度，使下一期的供给量太高，超过了市场需求，从而引起市场价格下跌，以至于跌到原来的均衡价格之下。在这种情况下，农民在安排生产时又会做出缩减生产的反应，从而又会使下一期市场供给大大减少，远远低于市场需求，又会把价格抬高到原来的均衡价格之上。由于草产品市场上这种供给反应的同一性和时滞性，农民的上述反应行为也周而复始，使市场上出现周期性的供给量和价格波动。

（3）偶然性波动

无论季节性波动还是周期性波动，都是有一定的规律可循的。市场上还有另外一种波动，它是由偶然性因素所引起的。引起农业生产波动的偶然性因素包括气候反常、疫情发生、某些特殊政策的实施、突发战争等。

4.4.2.2 蛛网波动的类型

蛛网理论是 1934 年由英国经济学家 N. 卡尔多提出的。它运用弹性理论考察价格波动对下一周期生产的影响及由此产生的均衡变动，是一种动态均衡分析的经济学理论。随着市场价格的变化，商品的供给量和需求量围绕均衡点呈蛛网状波动，所以相关理论被称为蛛网理论。由于草产品具有生产周期长的特性，所以蛛网模型主要用于草产品动态均衡的分析。蛛网理论有几个假定条件：①商品从开始生产到产品产出需要一定的时间，并且在这段时间内生产规模无法改变；②商品本期产量决定本期价格；③商品本期价格决定下期产量。

草产品供给弹性和需求弹性的差异，导致需求曲线和供给曲线的相对陡峭程度不同，从而使草产品的产量和价格在波动过程中形成不同的蛛网模型：收敛型、发散型和封闭型。

（1）收敛型蛛网

如果草产品的供给价格弹性小于需求价格弹性，价格变动对供给的影响程度则小于其对需求的影响程度。这时，在市场受到外在干扰而偏离原来的均衡状态后，价格和产量会围绕原来的均衡水平上下波动，但波动的幅度会越来越小，随后回到原来的均衡点，从而形成收敛型蛛网。

如图 4-20(a)所示，图中 D 为需求曲线，S 为供给曲线，E 为均衡点，P_0 为均衡价格，Q_e 为均衡产量。假定某种草产品在第一个生产周期的产量为 Q_1。此时，草产品市场供给量大于需求量，出现供过于求。根据需求曲线，消费者只愿意以较低的价格 P_1 购买，这使价格 P_1 远远低于均衡价格 P_0，于是生产者决定在第二个生产周期将产量调减到 Q_2。由于产量减少，市场出现供不应求的情况，消费者以高于均衡价格的价格 P_2 购买，因此，价格提高到 P_2。由于价格提高，生产者又决定在第三个生产周期把产量增加到 Q_3。如此循环下去，我们发现价格和产量的波动幅度越来越小，最后恢复最初的均衡点 E。因此，我们说均衡点 E 是稳定的均衡，即使由于外在的原因，当价格和产量偏离均衡数值后，经济体系中存在自发的因素，能够使价格和产量恢复到均衡状态。

（2）发散型蛛网

如果草产品的供给价格弹性大于需求价格弹性，价格变动对供给的影响程度大于其对需求的影响程度。这时在市场受到外在干扰而偏离原来的均衡状态后，价格和产量上下波动的幅度会越来越大，偏离均衡点越来越远，从而形成发散型蛛网。

如图 4-20(b)所示，图中符号含义同前。其波动过程大致和前一种情况相同，只是在连续时期内价格和产量的波动越来越大，距离均衡点越来越远，振荡发散，不再回归均衡，无法恢复到均衡点。因此，在这种情况下，均衡点 E 是不稳定的，称为不稳定的均衡。

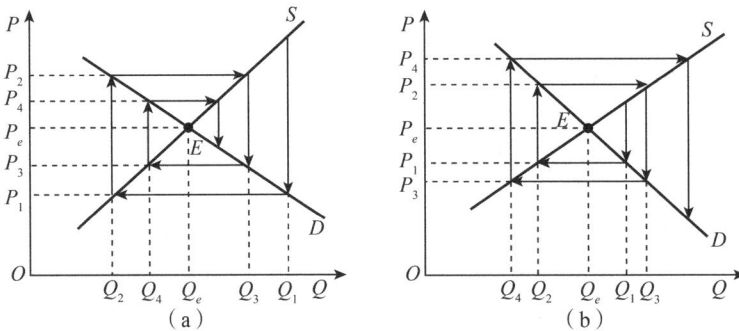

图 4-20　收敛型蛛网和发散型蛛网

（3）封闭型蛛网

如果草产品的供给价格弹性等于需求价格弹性，价格变动对供给和需求的影响相等。这时，在市场受到外力的干扰偏离原来的均衡状态后，产量和价格会始终按同一幅度围绕均衡点上下波动，既不收敛趋向均衡点，又不发散远离均衡点，从而形成封闭型蛛网。

如图 4-21 所示，图中符号含义同前。当草产品价格下降时，需求增加的幅度与供给减少的幅度相等；当草产品价格上升时，需求下降的幅度与供给增加的幅度也相等。

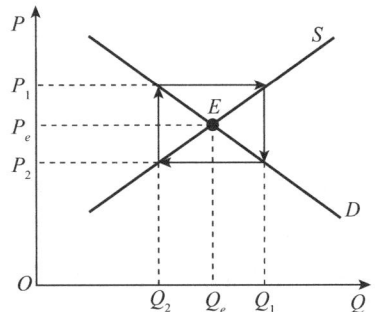

图 4-21　封闭型蛛网

产量与价格总是对等波动的,从而形成一个封闭型循环。

4.4.2.3　蛛网理论的应用

蛛网理论的提出,为弹性理论的应用提供了基本思路和方法。例如,蛛网型波动在生猪市场上表现得极为典型。导致猪肉价格波动较大的原因是多方面的,其中生猪的生产周期和生理特征是主要的影响因素。猪肉生产的一次循环必须经过繁育母猪、产仔和育肥3 个阶段才能完成,而这个过程大约需要一年半的时间。而猪肉属于生鲜品,很难通过库存来调节供给。猪肉市场在受到某一外在因素(如疾病)的影响下,当由于供需不均衡导致猪肉价格暂时上涨时,就会导致养殖户购进仔猪、扩大养殖规模,造成仔猪价格上涨。这一信息又会促进母猪饲养量的增加、减少小母猪的出栏,从而进一步导致市场上肥猪的供给减少,使猪肉价格进一步上涨。母猪一胞多胎的生理特征会使下一期仔猪和育肥猪的数量大量增加,使肥猪的供给大于需求,猪肉价格下降。在此情况下,养殖户又会做出减少养殖数量的决定,如此循环下去,就会表现为猪肉价格的不断波动。这一波动周期需要 3~4 年。除了以上因素,生猪的生产成本、生产结构、疾病和政府的调控政策等因素也会影响猪肉价格的波动。

企业可以运用蛛网理论,对市场供给和需求均衡进行动态分析,以便做出正确的产量决策。当商品的供求变化趋于收敛型蛛网时,企业应把产量确定在均衡点上,以防价格和产量波动;当商品的供求变化趋于发散型蛛网时,企业应准确地把握价格、产量变动趋势的转折时机,采取灵活对策,以便增加收入、减少损失;当商品的供求变化趋于封闭型蛛网时,企业应根据产量价格相同幅度变动的规律,确定与之相应的供给政策。

蛛网理论对解释某些生产周期较长的商品产量和价格波动的情况确实有一定作用,但这个理论也有缺陷,主要是上期价格决定下期产量这个理论不够准确,因为实际价格和预期价格总是不相吻合。

复习思考题

1. 什么是草产品?
2. 什么是草产品需求?影响草产品需求有哪些因素?
3. 草产品市场的特点是什么?草产品市场需求的基本形态有哪些?
4. 什么是草产品供给?影响草产品供给有哪些因素?
5. 什么是需求价格弹性?需求价格弹性有哪些类型?试用图和公式来说明。
6. 试分析影响需求价格弹性的因素。
7. 什么是供给价格弹性?供给价格弹性有哪些类型?试用图和公式来说明。
8. 试分析影响供给价格弹性的因素。
9. 什么是需求交叉价格弹性?
10. 市场波动有哪些主要类型?季节性波动、周期性波动和偶然性波动是如何发生的?

第 5 章

草业生产与市场

　　草业生产中土地和水是两种最重要的自然资源要素，劳动、资本、技术、管理是重要的生产要素。进行草业生产经营，首先要有自然要素及生产要素的投入，进一步明确生产经营制度。草产品生产要面向市场，因此，必须了解市场体系、产品价格及市场交易。本章简要介绍了草业生产要素的特点及作用；草业生产经营组织及经营模式；草产品价格形成机制、影响因素及确定方法；草产品市场体系的主要构成、特征和重要功能；草产品国际贸易的基础理论、主要特点和 WTO 有关农产品的规则，并以内蒙古草都草牧业公司草牧业产品电商平台为案例，介绍了现代草牧业生产经营中的一些做法。

5.1　草业生产要素

5.1.1　草业生产的资源要素

　　经济学中的生产要素，是指进行社会生产经营活动所需要的各种社会资源，是维系国民经济运行及市场主体生产经营过程中所必须具备的基本因素。生产要素包括土地、劳动力、资本和管理(包括技术)。草业生产的资源要素包括草地和伴随着草地的动植物、光、热、水、气、土等。

5.1.1.1　草地

　　草地是主要生长草本植物或兼有灌木和稀疏乔木，可以为家畜和野生动物提供食物和生产场所，并可为人类提供优良生活环境及牧草和其他多种生物产品，是多功能的土地——生物资源和草业生产基地。

　　我国有着广阔的天然草原，是一个草地资源大国。草地在发挥生态系统服务功能、保障国家食物安全、维护社会和谐和传承草原文化等方面，均有着十分重要的作用。草地在自然条件下，如气温与降水适宜的条件下，可以自然更新，保持稳定的生产力。草地也可以接受人为的能量与物质投入，如施肥、灌溉、改善植物群落结构等措施，可以大幅提高草地生产力，这是草地在草业发展中最为重要的经济特性。因此，草地资源是草业发展壮大的最基本的物质基础。在草业发展中人们必须明确的是，尽管我国草地资源丰富，但总体上草地资源是稀缺的有限的，应重视草地资源与其他资源之间的替代和互补，注重开发利用目标的多元化和综合性，使草地资源得以有效开发利用，助力生态环境的改善，促进社会经济的发展。从草地资源与草业发展的关系可以看出，草业本质上属于一种资源型产业，主要对象是有生命的动植物，与自然资源条件的关系极为密切。不同的气候、土壤、水分、地貌等自然资源条件，适宜不同的动植物生存，决定了草业经营项目的内容和重点不同，从而形成不同的草业结构。

草地是草业生产中重要的自然资源和生产资料，也是劳动的对象。草地资源除了包含本身固有的自然属性外，还具有可供人类发展生产的社会经济特性，即自然与社会经济的二重性。草地是草业生产中不可替代的生产资料，也是人类生活不可缺少的物质条件。草地的开发利用，对于草业生产部门具有重大的意义。草地具有多种功能，主要表现在以下几个方面。

(1) 养育功能

"万物土中生"。草地是草类植物正常生长发育不可缺少的水分、养分等的供应者与调节者。草地的养育功能可为人类生存提供必需的草畜产品，草地的地位首先体现在其养育功能。

(2) 仓储功能

除了地表的植物资源外，草地还蕴藏着丰富的矿产资源，这些资源蕴藏在地下，视草地为其仓库。富含矿产资源的草地即工矿地，不仅为矿产资源提供仓储场所，也为矿产资源的开采、加工、运输和矿产资源开采以后的复垦利用提供空间，创建特殊的土地利用方式。

(3) 景观功能

草地自然形成或人工建设的各种景观，如无垠的草场、秀美的球场等，都为人类提供了丰富的风景资源、舒适性和美学价值。风景旅游用地、比赛用地、自然保护区用地等是发挥草地景观功能的重要利用方式。

(4) 保值增值功能

由于草地供给的有限性和社会经济发展对草地需求的不断扩大，草地作为资产，其价格从长期来看呈上升趋势，因此投资草地具有保值增值的功效。

5.1.1.2 水资源

草地是支撑草业发展的物质基础，水资源是维持草业动植物生产、保持生态功能的基本要素。水资源通常是指对一个国家或地区具有经济利用价值并可以不断更新的淡水，包括地表水、土壤水和地下水。大气降水是恢复和更新水资源的基本来源。水资源虽然是一种可再生资源，但在一定的时空范围内有一定限量，特别是可被人类利用的淡水资源，通常是无法替代且极易被污染和破坏的。由于经济发展和人口增加，人类对水资源的消耗日益增长，水资源短缺的矛盾已引起世界各国的普遍关注，被视作与粮食、能源等相提并论的一个严重的社会经济问题。

水是草业生产的命脉。它既是草业生物生理组成的不可缺少的物质，又是草业生产中物质能量转化的重要因素，而且对地貌、植被、土壤等与草业生产息息相关的自然地理环境形成具有决定性的影响，制约着草业布局、草业生产结构及草业生产发展方向。

水既是一种重要的自然资源，又是一种重要的经济资源。水资源的配置和利用不仅关系到草业的可持续发展，而且关系到国计民生的各个方面。因此，任何单一措施都难以全面解决水资源的配置和利用问题，必须采取综合治理的办法，建立水资源配置和利用的市场机制、利益调节或补偿机制、国家宏观调控、技术创新和推广等多种运行机制。

千百年来，草原游牧民族在广袤的大草原上逐水草而居，因时而动，千里迁徙，形成了草原民族独特的生活方式和极具特色的草原文化。逐水草而居的目标只有两个，一是水，二是草，说明草地水资源的重要性。

草地水资源中最重要的就是降水资源。降水是指空气中的水汽冷凝并降落到地表的现象。降水量是草原类型划分的重要依据。草原区也有大量的河流、湖泊。草原上这些弯弯曲曲的河流，水流平缓，河水不断渗入草原土壤，默默滋润着草原。草原上大大小小的湖泊，有些是常年存水，有些是季节性干涸，但在维持生物多样性方面都发挥着巨大作用，在草原生态系统保护中具有特殊地位。草原区埋藏于地表以下的水称为地下水。除深层地下水外，大多可开采利用的地下水称为潜水，即埋藏于地表以下第一个稳定隔水层以上，存在于岩石裂缝或沉积层中的水，在雨季获得补充，积存一定水量，旱季浅层的水被植物根系吸收通过蒸腾逐渐消耗。浅层地下水紧密联系着大气降水和地表水，维持着草地水分循环。草原区地表水和地下水在草地生态系统维持和水循环中的重要作用，我们在发展草业时，应大力提倡充分利用降水资源，审慎开发利用地表水和地下水资源。

5.1.2　草业劳动力要素

5.1.2.1　草业劳动力的概念及特点

劳动力有广义和狭义之分。广义上的劳动力是指全部人口。狭义上的劳动力则是指具有劳动能力的人口。草业劳动力一般是指能参加草地牧草种植和草地畜牧业生产劳动的劳动力数量和质量。草业劳动力的数量，是指草业生产中符合劳动年龄并有劳动能力的人的数量和不到劳动年龄或已超过劳动年龄但是实际参加劳动的人的数量。草业劳动力的质量是指草业劳动力的体力强弱、技术熟练程度和科学文化水平的高低。草业劳动力的数量和质量因受自然、社会、经济、文化教育等各种因素的影响而处于不断变化之中。

劳动者与生产资料的结合，是人类进行社会劳动生产所必须具备的条件，没有它们的结合，就没有社会生产劳动。在生产过程中，劳动者运用生产资料进行劳动，使劳动对象发生预期的变化。生产过程结束时，劳动和劳动对象结合在一起，劳动物化了，对象被加工了，形成了适合人们需要的产品。天然草原在没有人的劳动参与时，只是一种自然状态。只有当人们进行畜牧业生产，即经过放牧劳动就会干预草原的自然生长过程。因此，草业的形成过程中，草原就是畜牧业的生产资料，劳动者在草原上放牧进行牧业生产，即劳动和劳动对象的结合，形成了草畜产品，所以劳动是产业形成的基础，也是社会劳动的重要组成部分。

草业生产经营的目的和所包括的项目很多，既有农业劳动的特点，又有工业劳动的特点，还具有文化旅游服务业劳动的特点。例如，牧草种植、家畜繁育具有农业劳动的特点；草畜产品规模化生产、加工更多具有工业生产的特点；草地文化旅游、休闲运动等的劳动特点与草牧业生产劳动具有很多不同。总之，草业劳动力主要是投入草业生产，由于草业生产有不同于其他生产部门的特殊性，因而具有草业劳动的特点。

（1）劳动需求的季节性

草业劳动在时间上具有明显的季节性。由于草业生产的根本特点是自然再生产与经济再生产相互交织，人们的劳动必须遵循草地动植物的生长发育规律。草原传统游牧中牧民设定了比较固定的夏牧场、冬牧场等，就是遵循草地动植物生长发育规律的具体体现。在生物的不同生长发育阶段，对人类劳动的需要量不同，人们要按照生产对象本身自然生长规律的要求，在不同的阶段及时投入劳动，否则就会耽误农时，影响生产。这就造成了不同季节草业劳动的项目、劳动量、劳动紧张程度的巨大差异，产生了草业劳动季节性的特点。

（2）劳动地域的分散性

以前，游牧是草原民族基本的生产生活方式，这是因为他们的生活、生产方式均是在草原环境背景下形成的。《汉书·匈奴传》载："逐水草迁徙，无城郭常居耕田之业，然亦各有分地。"这说明了游牧生活的基本特点。其中，"逐水草迁徙"是游牧生活的主要环节，草原生态的自然特征决定了草原载畜量的有限性，因为任何一片草场都经不起长期放牧，因此当游牧业一经产生就与移动性生活相伴而行。为了追寻水草丰美的草场，游牧社会中人与牲畜均做定期迁移，这种迁移既有冬夏之间季节性牧场的变更，也有同一季节内水草营地的选择。在"逐水草迁徙"的游牧生涯中，并不是自由迁徙空间上的无序，而是"各有分地"，无论家庭还是部族都"各有分地"，而且在他们长期的游牧生活中已经通过习惯与利益的认同，形成固定的牧场分割。牧民划定季节牧场，一般考虑饮水条件和草场可以满足季节要求，可以分为四季牧场、三季牧场和两季牧场。例如，呼伦贝尔草原春秋两季很短，人们常把一年分成夏冬两季牧场。牧民每到一处草场就扎下营盘，开始放牧生活。为了保持营盘周围的草不被立即吃光，一般牧民都是分散独居，每家相距数十里，具有明显的分散性。我们经常在青藏高原的夏季看到散布着的牧民帐篷、内蒙古草原星星点点分布的蒙古包，就说明了草牧业生产具有分散性特征。草业生产深受自然条件的制约，不同地域由于自然条件不同，往往只能经营适合当地自然条件的生产项目。由于适宜条件的地域差异，使草业劳动不得不在广大空间上分散进行，呈现出较大的分散性。

（3）劳动成果的不稳定性

我国草地主要分布在高原，气候比较干旱，年降水量在 400 mm 以下，有些地方降水更少。草地动植物生产受自然因素影响大，劳动生产成果不稳定，而且生产周期长，每个生产周期由许多间断的劳动过程组成。各个劳动过程一般不直接形成最终产品，而要等整个生产周期结束以后，草牧业劳动的最终成果才能体现出来。但各个劳动过程却互相关联，上一个劳动过程的质量对下一个劳动过程的质量或效果都有很大的影响，以致影响最终的劳动生产成果，甚至给下一个生产周期带来影响。自然因素不仅影响草牧业生产成果，草牧业生产对自然条件的依赖性也很强，从而使草牧业劳动的最终成果或效益具有不稳定性。

5.1.2.2 草业劳动力的需求特点

（1）具有劳动技能的复杂性

由于草业涵盖领域广泛，草业劳动力需求的劳动技能具有较大的差别，具有劳动力需求的复杂性特点。草原放牧、牧草种植、草食家畜养殖、草畜产品加工等不同的领域对劳动力的技能要求完全不同。即使在同一领域或草业内部，不同行业对于草业劳动力生产技能的要求也不相同。而且，即使在同一种行业的内部，或者在不同生产时期，对于草业劳动力生产技能的要求也存在着极大的差异。例如，种植苜蓿和种植饲用燕麦不同，养羊和养牛对从业者劳动技能的要求也不同。由于草业对劳动力生产技能复杂性的特点，培养训练出一个合格的、掌握一定生产技能的劳动力，对于草业生产至关重要。为了提高草业劳动力的整体素质，以满足草业对劳动力的需求，需要社会各个方面都做出努力。

（2）具有数量和劳动时间的季节性

草业劳动力需求具有数量和劳动时间的季节性。草业生产的基本特点是自然再生产和经济再生产交织在一起。在草业生产的整个过程中,不同的生产季节或不同的生产时期,对劳动力的数量需求和劳动时间长短的需求,存在着相当大的差异。例如,在牧草播种季节、收获季节,对劳动力的需求就比较多,劳动时间也比较长。苜蓿收获期要求在初花期刈割,收割作业时间要求紧,刈割后还要晾晒、打捆、运输作业,这些对劳动时间的限制就比较严格。在草业生产的日常管理期间,对于草业劳动力的数量需求和劳动时间长度的需求,相对要少得多、短得多。在规模化生产中大型机械的使用日益增多,一年中较长时间可能不需要大量的劳动力。所以,草业劳动力需求有数量和劳动时间季节性的特点。

随着草业生产的市场化、商品化、规模化、机械化水平的提高,草业劳动生产效率也会提高。因此,草业劳动力需求的质量要求在提高,而数量要求却在减少。

5.1.3　草业资金与技术要素

5.1.3.1　草业资金的概念及特征

草业是一个依托草地资源包括草地水资源的新型产业。在具备土地要素的条件下,资金、技术(包括人才)要素的配置,是实现高质量发展的关键。草业资金是商品货币经济条件下,草业生产和流通过程中所占用的物质资料和劳动力的价值形式和货币表现,也是市场经济条件下,草业生产单位获取各种生产要素的不可缺少的重要手段。草业资金有广义和狭义之分。狭义的草业资金是指社会各主体投入草业领域的各种货币资金。广义的草业资金是指国家、个人或社会其他部门投入草业领域的各种货币资金、实物资产和无形资产,以及在草业生产经营过程中形成的各种流动资产、固定资产和其他资产的总和。广义的草业资金实际上已经涉及草业管理的全过程。目前,制约草业发展最关键的资金问题是狭义的草业资金的投入问题。

(1)草业资金的特征

草业资金涉及的范围很广,除了具有资金的一般特征外,还包括以下特殊性。

①草业资金的低收益性及较大的风险性:草业作为一个传统产业,在现代经济中处于相对劣势的地位,草业一般项目的投资回报水平往往会低于工业或其他项目。由于草业生产与自然条件的紧密联系,使草业资金的投资周期较长,并且承担比其他产业项目更多的自然风险。

②草业资金的政策性:在发达国家的经济体系中,草业是受保护和支持的产业。在市场经济条件下,政府往往通过草业资金来干预草业主体的行为,以各种草业补贴、公共投资、公共服务等形式来达到促进草业发展的目的。

③草业资金的运动具有周期性和季节性:由于草业生产受到农时季节和生物生命活动周期的影响,草业资金的运动也具有较强的季节性和周期性。根据农时特点,在草业生产经营过程中,草业资金一般是在生产季节大量投入草业生产经营中、在收获季节集中收回。因此,草业资金的使用在时间上具有不均衡的特征。

④草业资金的使用具有分散性:由于我国大部分的草原牧区草牧业生产单位具有规模小、数量多、分布广、项目繁杂的特点,牧户和草牧业企业从事草牧业生产经营对资金的需求在空间上和内容上都比较分散。草业既有分散、数量多而规模小的牧户、养殖户,也有集中、数量少规模较大的种植、养殖企业。因此,草业相关部门提供公共服务、建设草

业公共措施、草业财政资金的投放也相应地具有一定的分散性。

⑤草业资金效益的外部性：草业生产不仅创造草产品，而且附带较大的生态效益和社会效益，具有正外部效应。因此，草业资金投入的收益除了经济收益外，还有生态效益和社会效益。在市场经济条件下，人们只注重经济效益，不太关注草业投资带来的外部效应，这会使草业资金的私人或企业投入量小于社会最优水平。因此，政府应加大对草业的投资，使其正外部效应得以提升，同时尽可能减小负的外部性。

（2）草业资金的分类

①按资金的来源：可分为生产单位的自有资金和借入资金。自有资金指生产单位自身所有，不需归还别人的资金。借入资金是指生产单位用各种方式取得的必须到期归还他人的资金。

②按资金在生产过程中所处的阶段：可分为生产领域的资金和流通流域的资金。

③按资金的价值转移方式：可分为固定资金和流动资金。前者是指房屋、草牧业生产、加工、运输设备等劳动对象，其特点是可以在生产中多次参加生产，才能将其本身的价值完全转移到新的产品中去；后者是指种子、化肥、各种原材料等劳动对象，其特点是参加一次生产后就被消耗掉，其价值完全转移到新的产品中。

不同类型的资金在使用和管理上有不同的要求，在经济管理中必须十分注意。

（3）草业资金的来源

①农牧户自有资金的投入：农牧户是最主要的草业生产主体，也是草业资金最主要的投资主体。农牧民自身的投入主要取决于其收入。为了保证这部分资金来源的增加，应当在多方面促使农牧民增加收入的同时，引导农牧民正确处理发展生产与改善生活的关系，将每年收入的增长部分，较多地用于增加生产投入。

②财政资金的投入：农业财政资金是政府为农业（包括草业）发展而预算的各项农业支出，包括农业科研推广、农业基础设施、农业公共服务等公共支出，为支持和调控农业而发放的各种补贴。农业财政资金使用一般是无偿的，直接由政府财政预算并拨付，是农业（包括草业）资金的一个重要来源。

③信贷资金的投入：草业信贷资金是金融机构或个人给草业生产者融资所形成的各种贷款。草业信贷资金的供给主体主要包括商业性金融机构（如中国农业银行）、政策性金融机构（如中国农业发展银行）、合作性金融机构（如农村信用合作社）、外资金融机构等正规金融组织、非正式的民间金融组织和个体信贷供给者。草业信贷资金可以用于公共投资领域，也可以用于草业私人投资领域。但草业信贷资金的使用一般是有偿的，到期后借方需要偿还本金并支付一定的利息。

④企业或其他经济组织的投入：除农牧户外，草业企业也是草业的一种经营主体，其投资也是草业资金的重要来源。另外，农村集体经济组织、农业合作组织等，也在与草业的紧密联系中成为草业资金的投资主体。我国目前大部分农村集体经济的实力不强，集体供资能力也十分有限。

⑤国外资金的投入：随着经济开放和资本的国际流动，来自国外的资本成为草业资金一个新来源。一是来自国际经济组织的资金，如联合国、世界银行等；二是来自政府间的援助或草业投资项目；三是国外的金融机构、公司或个人进行的草业投资。草业中外资利用主要有贷款、援助和外商直接投资 3 种形式。

5.1.3.2　草业技术与管理

（1）草业技术

作为草业生产的主要要素之一，草业技术主要是指用于草业生产方面的科学技术，包括育种、种植、贮藏、加工、养殖、营销等多个方面。草业技术的进步和应用，可以带动草业结构的不断优化、大幅度提高草业效益、增加农牧民收入、改善和保护农村牧区的生态环境，实现草业和农村牧区经济的持续稳定发展。

科学技术是第一生产力，现代草业科技是现代草业发展的强大动力。目前，新的世界性草业科技革命正在如火如荼地进行，在日益激烈的农业国际竞争中，发达国家依靠其雄厚的科技实力在新一轮草业科技革命中占据明显优势，发展中国家与发达国家的差距仍然较大。在这种形势下，我国草业发展面临严峻挑战，但也蕴藏着巨大的潜力和机遇。因此，我国必须大力推动科学技术创新发展，实现草业科学技术进步。

草业技术进步通常是指在草业生产领域发生的技术变革过程，技术进步主要通过3种方式促进草业增长：一是不断提高草业生物技术水平；二是不断提高草业机械化水平；三是不断完善草业生产和经营的管理方法和手段。

（2）草业管理

管理是一个重要的生产要素。现代草业以企业化生产经营为手段，企业管理自然是一个十分重要的内容。管理要素，是指一个企业或组织在进行管理过程中所必须涉及的所有基本要素，通常是指企业组织结构、人员配置、经济资金、生产设备、信息技术等方面。5M 管理要素是指：人（manpower）、机（machines）、料（materials）、法（methods）、环（measurements）5 个方面（图 5-1）。人是指企业组织架构、人员配置、人员素质、工作技能和人员管理等。机是指企业使用的机械设备和与之配套的软件硬件。料是指物资材料、存储流通是否顺畅等。法是指企业管理的各项法规制度、工作方式方法。环是指影响企业经营的内部环境和外部环境等。

为什么说管理也是生产要素？因为管理能产生效率，效率高即生产力提升，因此管理也是生产力。管理的目的是组织员工以实现组织集体协作、完成企业的效益目标。因此，

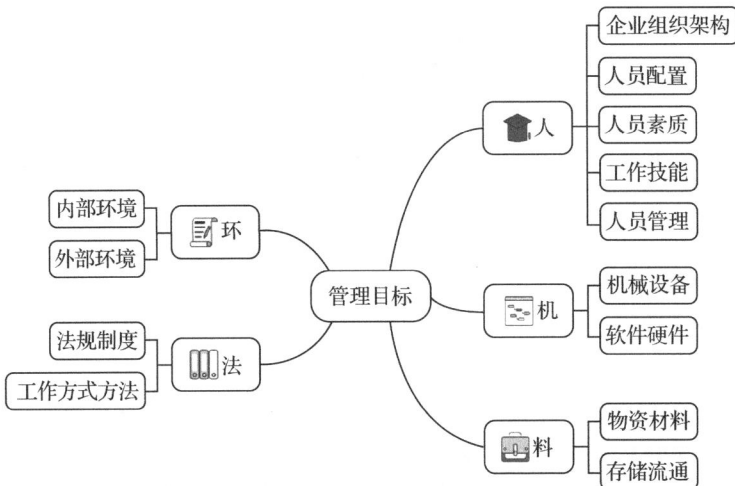

图 5-1　5M 管理要素

无论是设置管理层级，还是制订管理制度，都是以管理主体的目标为中心，追求经济效益，提高劳动生产力。管理的第一要素是人，包括管理主体和管理客体。管理主体是指在管理活动中，承担和实施管理职能的人。管理客体主要是在工作中处于第一线的技术工作者、操作者。管理的其他要素只有在人的组织领导下才能运作起来。管理既是一门科学，又是一门艺术。二者的有机结合，唯有人才能做到。

5.2　草业经营

5.2.1　草地经营的权属关系

5.2.1.1　草地的所有权

草地的所有权在《中华人民共和国草原法》中有规定："草原属于国家所有，由法律规定属于集体所有的除外。"可见，我国草原有两种所有权形式，即国家所有和集体所有两种公有制形式，其中以国家所有制形式为主。国家所有的草原主要分布于草原集中的牧区，国家所有的草原是国家草地畜牧业的基地。凭借草原所有权，国家就能掌握这些草原资源，便于国家对草原畜牧业经济实现集中统一的管理，为有计划地发展畜牧业经济提供物质保障，也便于采取必要的经济、行政、法律手段对草原有计划地建设、开发和利用，并进行相应的调节和控制，保证草地的生态功能和畜牧业的持续稳定发展。《中华人民共和国草原法》规定的集体所有的草原，属于劳动群众集体所有，草原的集体所有制是社会主义生产资料公有制的重要组成部分。

5.2.1.2　草地的使用权

草地的使用权是指全民所有制单位或集体所有制单位在法律允许的范围内依法对国家所有的草原行使的占有、使用、收益的权利，是派生于草原所有权的权利。这是相对独立的一种财产权，受法律的保护，任何单位和个人不得侵犯。草原使用权只包括对草原的占有权、使用权、收益权，不包括对草原的处分权，这也是与草原所有权的主要区别。使用草原的单位，应当履行保护、建设和合理利用草原的义务。国有草原可以依法确定给全民所有制单位、集体经济组织等使用，体现了国有草原所有权和国有草原使用权可以分离的基本原则。

国有草原的使用权具有以下特征：①国有草原的使用权是基于法律的规定而产生的，如果没有法律的规定，也就不会有国有草原使用权的合法存在；②国有草原的使用权是在国有草原所有权的基础上派生出来的一种权利，也就是说这一权利是依据国有草原所有权的存在而存在，没有国有草原的所有权也就没有国有草原的使用权；③国有草原的使用权是一种对国有草原的直接占有支配权；④国有草原使用权的目的是获得国有草原的使用价值，从草原利用活动中得到经济利益；⑤国有草原使用权具有一定的稳定性，国有草原的使用权人只要依法使用草原，就不受他人的非法干涉。

依法确定给全民所有制单位、集体经济组织等使用的国家所有的草原，由县级以上人民政府登记，核发使用权证，确认草原使用权。未确定使用权的国家所有的草原，由县级以上人民政府登记造册，并负责保护管理。

5.2.1.3　草地经营权的流转制度

草原、草地权属的确认，即草地确权登记，就是依法将草原的权属、用途、面积等情况登记在专门的簿册上，同时向草原的所有者和使用者颁发草原证书以确认草原所有权和使用权的一种法律制度。确权登记的草原所有权和使用权受法律保护，任何单位和个人不得侵犯。草原使用权一经确定，长期不变，但可以转让。转让草原使用权时，应经原发证机关批准，办理变更草原使用权属手续，换发证书。接收单位和个人对已有的建设成果由双方协议给予合理补偿。

草原使用权流转，即草原流转，是指草原所有权或使用权在不同牧户之间的流动和转让。现阶段我国土地制度中除国家征用外，草原所有权不得随意转让，草原流转是草原使用权的流转。草原流转首先表现为一次流转，即草原使用权在所有者与草原使用者之间的转移。草原使用权的一次流转随着草原家庭承包责任制的实行而基本完成，以集体的草原所有权与草原使用权相分离为标志，集体的草原按人口、劳力或人劳比例3种主要形式平均划给牧民使用，由牧民承包经营。草原使用权的流转还表现为二次流转，即草原使用权在草原使用者之间的转移。二次流转是寻求草原资源、劳动力、资金、技术等生产力要素的最佳配置、实现草原适度规模经营的有效手段。草原、草地使用权流转的形式主要有转让、出租等形式。

（1）草原使用权的转让

《中华人民共和国土地管理法》规定了土地的使用权可以依照法律的规定转让。草原、草地的所有权不得转让，但使用权可以转让。例如，《新疆维吾尔自治区实施〈中华人民共和国草原法〉办法》第十四条规定"草原承包经营权可以采取转包、出租、互换、转让等方式流转。"《内蒙古自治区草原管理条例》第十二条规定"任何单位和个人不得侵占、买卖或者以其他形式非法转让草原。"因此，从法律规定上，草原使用权人可以将使用权转让给他人。当然，转让草地使用权必须签订草地转让合同。

（2）草原使用权的出租

《中华人民共和国草原法》允许依法转让草原使用权，但没有规定草原使用权能否出租。按照"举重以明轻"的思路，草原使用权应当也能出租。对于出租，应当注意以下几个问题：①与草原使用权的转让不同，无论是集体经济组织还是社团法人，都可以将草原使用权出租给他人。②承租人需以畜牧业生产为目的而承租草原使用权，并具备相应的畜牧业生产能力。③承租人不是草原使用权人，应明确承租人与草原使用权人之间的法律关系。④承租人承租草原使用权的期限，以草原使用权剩余的时间为限。

草原承包权流转制度是指政府对草原牧民进行承包，并将承包权转让给符合资格条件的个人、家庭或企业来进行经营的制度。这种制度在提高草地资源利用效率、促进草原牧民收入增加、保护草原生态环境等方面具有重要的意义。近年来，随着草业和牧区经济的市场化发展，草地的承包经营与流转也逐步向规模化、形式多样化发展。但因牧民对草地价值认识不够、自我保护意识不强等，流转无序、承包混乱、草地纠纷等现象频频发生，因此建立合理有效的草地承包经营与流转制度是十分必要的。

为了规范草原承包经营权流转行为，维护流转双方合法权益，积极发展农业适度规模经营，加快推进农牧业现代化进程，《中华人民共和国农村土地承包法》《中华人民共和国草原法》等法律围绕流转原则、流转期限、流转方式等均做出了明确规定。

5.2.2　草业经营制度

5.2.2.1　承包经营

在 20 世纪 80 年代以后，我国草原牧区开始实行草原承包经营制度。这项制度是依据《中华人民共和国草原法》的规定，承包经营草原应有发包方和承包方签订书面合同。草原承包合同的内容应当包括双方的权利和义务、承包草原四至界限、面积和等级、承包期和起止日期、承包草原用途和违约责任等。承包期届满，原承包经营者在同等条件下享有优先承包权。承包经营草原的单位和个人，应当履行保护、建设和按照承包合同约定的用途合理利用草原的义务。

草原承包经营制度规定，草原承包应当兼顾经济效益、社会效益和生态效益，合理规划，以草定畜，促进草原建设、保护和合理利用。草原承包应当有利于实行定居放牧和开展畜牧业综合建设，方便农牧民的生产、生活。承包的草原应相对集中成片，并留出牧道、饮水点、配种点等公共场地。草原承包实行以户承包为主，以联产或自然村承包为辅。

草原承包经营制度中对一些具体问题均做出比较详尽的规定。例如，草原的割草基地、冬春草场可以承包到户，夏秋草场可以承包到户或联户，也可以根据当地实际情况承包到自然村。实行草原承包时，发包方可以为乡级事业单位和乡村寄宿制学校留出适当数量的草原供其经营管理，也可以留出 1%～3% 的草原由发包方统一经营或作为调剂使用。划定承包户承包草原面积的原则，应当以人口为主，牲畜为辅；以牲畜折价归户时的人口和牲畜数量为主，现有人口和牲畜数量为辅。现役军人中的义务兵、各类在校学生等人员均应计入承包草原的人口。实行草原承包时，应当确定县、乡镇、村、组的草原使用范围，逐户划定草原使用界线并绘制成图登记造册。对沙化、退化、盐碱化、滩涂及未开发的草地，鼓励进行开发性承包或拍卖使用权的形式招标承包。牧民承包时，不扣减对其他草原的承包基数。

草原承包经营制度中，承包草原的发包方为乡镇人民政府，个人或单位为承包方。发包方应当按照草原承包合同的规定，对承包方的生产经营活动进行指导，对承包方进行的草原保护、建设和合理利用情况进行监督，为承包方提供必要的生产服务、维护其合法权益。承包方享有依法使用草原从事畜牧业生产经营的自主权和对生产成果、经济收益的自主支配权，享有接受国家和集体资助进行草原建设的权力，在承包经营权受到侵害时可以要求受到保护并向侵害方索赔。承包方必须按照草原承包合同的规定合理利用和保护草原，接受草原监理机构的监督检查，保护公共设施和其他国家建设设施、标志，依法缴纳税费。

草地承包经营中，牲畜是牧户的主要财产，草场是牧民生产经营的手段。草场上生产的草是牧民生产、生活的基本依靠。有草就能保障牲畜的养殖，缺草就得减畜，减畜生计保障就得降低，经济收益就会减少。所以，在草地家庭承包经营中，处理好人—草—畜关系是家庭承包经营取得成功的关键。

在实行草原承包的同时，国家鼓励并支持人工草地建设、天然草原改良和饲草饲料基地的建设，以稳定和提高草原生产能力。支持、鼓励和引导农牧民开展草原围栏、饲草饲料储备、牲畜圈舍、牧民定居点等生产生活设施的建设。国家加强对草原水利设施、草地节水灌溉、人畜饮水设施的建设，按照草原保护、建设、利用规划加强草种基地建设，鼓励选育、引进、推广优良草品种。对退化、沙化、盐碱化的草原，进行综合治理。草原行政主管部门要依法加强对草种生产、加工、检疫、检验的监督管理，保证草种质量。国家提倡在农区、半农半牧区和有条件的牧区实行牲畜圈养。草原承包经营者应当按照饲养牲畜的种类和数量，调剂、储备饲草饲料，采用青贮等饲草饲料加工新技术，逐步改变依赖天然草地放牧的生产方式。在草原禁牧、休牧、轮牧区，国家对实行舍饲圈养的给予一定的资金补助。

草牧业家庭经营是承包经营的主要单位，以使用家庭劳动力为主从事草牧业生产经营活动的基本组织形式，具有独立的或相对独立的经营自主权的生产经营单位。目前，农牧户家庭承包仍是草原牧区最基本的经营主体。

5.2.2.2 产业化经营

（1）我国草业产业化经营的发展

草业的产业化经营，其实质就是用管理现代工业的办法来组织现代草业的生产和经营。草业产业化经营以市场为导向，以提高经济效益为中心，依靠科技进步，围绕草产品生产加工和牛、羊养殖业的肉、乳主导产品，优化组合各种生产要素，对草业经济实行区域化布局、专业化生产、一体化经营、社会化服务、企业化管理，形成以市场牵龙头、龙头带基地、基地连农户，集种养加、产供销、内外贸、农科教为一体的经营管理和运行机制。

国家林业和草原局《林草产业发展规划（2021—2025 年）》中明确了"十四五"期间林草业发展的 12 个重点领域。其中，草业要稳步发展生态草牧业，大力发展草种业，引导草坪产业健康发展，积极发展草原文旅产业；因地制宜发展沙柳、沙枣、沙棘、柽柳、梭梭、柠条等节水型种植业，积极发展沙区食品、药材、饲草等循环用水型加工业，依托沙漠公园适度发展生态旅游康养等环境友好型服务业；同时，对草业的产业化经营提出了新的要求，要尽快形成比较完备的现代草业体系，稳步提升草产品的数量和质量，不仅要满足国内需求，而且要推进草产品从国际贸易大国走向国际贸易强国。

2010 年以来，在国家宏观政策的指导和广大草业工作者的努力下，草业经历了传统草业的沧桑凌谷、现代草业的探索前行和产业进步的鼎新创制，按照草业的发展规律努力前行。十多年来，草业界专家学者向国务院提出了《大力推进苜蓿产业发展建议书》，获得时任总理的批复，促进了"振兴奶业苜蓿发展行动"的径情直遂；党的十八大之后，为了迎接转方式调结构，积极建言中南海草业座谈会，推进了"草牧业"和"粮改饲"落地试点；党的十九大之后，随着脱贫攻坚任务的完成，党中央提出"产业兴旺是解决农村一切问题的前提"，全力打造现代草业十大产业集群区，推进了草业的产业化经营，为乡村牧区振兴树立了标杆样板。

2018 年以后，随着国家机构改革方案的落地及部门职能的调整，草业进一步对草地的生态功能、资源价值和草业的开发利用统筹规划，将草原生态管理和草原产业的责权区分更加科学。《"十四五"全国饲草产业发展规划》提出草业的发展要把饲草产业和草原畜牧业经济继续放在草业的首位，围绕草业主业需求，进一步发展草种业、草业机械业、草业商务业等。在区域布局中，加强半农半牧区的草牧业发展，加强在西北风沙区、北部农牧交错区、东北冷凉区、太行山中低产区和云贵高原区推进"粮改饲"试点，草原区在生态优先的情况下，发展草原放牧业和多年生草地建设；将智慧草原和智能化放牧管理列入草业科技创新的新目标新任务，进一步提高优质草产品产量和质量，不断优化产业结构，加快发展草原生态旅游业，提升草原生态产品的利用和优化，为有效增进国家生态安全、食品安全，有力助推乡村振兴和经济社会发展服务。

企业作为产业化经营的主体，在草业发展中具有举足轻重的地位。截至 2021 年年底，全国已登记的草产品加工企业 1 413 家，比 2018 年年底增长 91%；年加工草产品 1 014 万 t，比 2018 年 574 万 t 增长 76.71%，其中草捆产品 234.35 万 t，比 2018 年 246.71 万 t 略减 5%，2021 年青贮产量 716.46 万 t，比 2018 年增长 2 倍多。

我国草业逐步形成以苜蓿产业为代表的 10 个产业集群，主要分布在河西走廊、科尔沁风沙区、内蒙古宁夏河套灌区、榆林毛乌素沙区、甘肃定西黄土高原区、宁夏六盘山区、黄河滩区、黄河三角洲区等以苜蓿为主的产业带和甘肃山丹、青海湟源为代表的燕麦产业基地区。草业产业化经营的草产品主要种类是紫花苜蓿、羊草、青贮玉米、燕麦等，其中青贮玉米以奶牛场利用为主。据不完全统计，紫花苜蓿 2021 年产量 150 万 t，燕麦草产量 86 万 t，羊草产量 11 万 t。

草业产业化发展需要进一步形成具有企业文化的专业化公司和职业化公司，引进、消化、吸收先进的科技和文化，将企业办成具有公共影响力的研发型企业和当地的龙头企业，发挥引领作用；重视实业生产和商务平台建设；针对水资源短缺、水肥一体化、草畜一体化问题，不断研发革新技术，不断创新发展节水灌溉，研发新型饲草烘干加工设备，促进产业进阶升级。

（2）草业产业化经营的作用

草业在中国是一项新兴产业，尽管近年来取得了迅猛发展，但整体产业水平与发达国家仍存在着巨大差距。草业在国际上已经是一个独立的技术密集型产业，是一个大而复杂的生产经营体系，具有很强的拉动效应，世界农业经济发展证明，草业不仅具有很高的经济效益，而且具有巨大的生态效益和社会效益，是各国农业经济发展的必由之路，是现代农业发展的方向。据中国农业科学院预测，中国草产品有着巨大的市场需求，草业发展前景广阔。以国际市场而论，对紫花苜蓿产品的需求主要集中在亚洲，为降低畜产品生产成本，日本、韩国和东南亚国家都想从我国进口质量可靠、价格便宜的苜蓿产品，需求量很大，以往这些国家主要是从美国、加拿大等地进口，中国苜蓿产品进入国际市场具有明显的地理优势。就国内需求而言，东南沿海一带崛起的奶业、肉牛业等对批量稳定、质量优良的草产品具有很大的需求。为加快草业发展，应制订科学合理的草业发展规划、大力培育草业龙头企业、提高草业科技水平，推进草业快速发展。

草业产业化经营是农业和农村经济结构战略性调整的重要带动力量。农业产业化经营的龙头企业具有开拓市场、赢得市场的能力，是带动结构调整的骨干力量。从某种意义上说，农户找到龙头企业就是找到了市场。龙头企业带领农户闯市场，农产品有了稳定的销售渠道，就可以有效降低市场风险，减少结构调整的盲目性，同时也可以减少政府对生产经营活动直接的行政干预。农业产业化经营对优化农产品品种、品质结构和产业结构，带动农业的规模化生产和区域化布局，发挥着越来越显著的作用。

草业产业化经营，是实现农民增收的主要渠道。发展农业产业化经营，可以促进农业和农村经济结构战略性调整向广度和深度进军，有效拉长农业产业链条，增加农业附加值，使农业的整体效益得到显著提高，促进小城镇的发展，创造更多的就业岗位，转移农村剩余劳动力，增加农民的非农业收入；可以通过农业产业化经营组织与农民建立利益联结机制，使参与产业化经营的农民不但从种、养业中获利，还可分享加工、销售环节的利润，增加收入。

农业产业化经营是提高农业竞争力的重要举措。加入世贸组织后，国际农业竞争已经不是单项产品、单个生产者之间的竞争，而是包括农产品质量、品牌、价值和农业经营主体、经营方式在内的整个产业体系的综合性竞争。积极推进农业产业化经营的发展，有利于把农业生产、加工、销售环节连接起来，把分散经营的农户联合起来，有效地提高农业生产的组织化程度；有利于应对加入世贸组织的挑战，按照国际规则，把农业标准和农产品质量标准全面引入农业生产加工、流通的全过程，创出自己的品牌；有利于扩大农业对外开放，实施"引进来，走出去"的战略，全面增强农业的市场竞争力。

草业产业化经营类型主要有牧草种植业、家畜养殖业、草产品加工业、草种制种业、草地文旅业、草产品流通服务业（包括草畜产品市场等流通设施、电子商务等）。

5.3　草产品与价格

5.3.1　草产品

5.3.1.1　饲草产品

草产品中以人工种植的饲草产品为主，主要包括紫花苜蓿、燕麦、青贮玉米、羊草、多花黑麦草和狼尾草，生产面积和产量分别占全部商品饲草的 91.8% 和 93.5%。在重要的 6 种商品饲草中，紫花苜蓿、青贮玉米、燕麦种植面积占比分别为 43.2%、20.2% 和 8.2%，产量分别占 6 种商品饲草的 42.5%、43.5% 和 8.2%。

（1）紫花苜蓿

紫花苜蓿是豆科苜蓿属多年生草本植物，具有产量高、营养物质丰富、抗性强、适口性好等优良特性，可改良土壤、提供蜜源，生长寿命可长达 30 年以上，素有"牧草之王"的美誉。紫花苜蓿具有较高的营养价值，含磷、钾、钙、镁、硫和其他微量元素及丰富的粗蛋白及维生素，是草食家畜重要的饲用植物。

紫花苜蓿是当今世界分布最广的栽培牧草，种植区域主要位于温带地区，广泛种植于美国、加拿大、阿根廷和中国等国家。据数据显示，世界苜蓿的种植面积为 2 722 万 hm^2。其中，美国种植面积最大，占总面积的 30%，其次为中国、阿根廷和俄罗斯，种植面积分别为 475 万 hm^2、350 万 hm^2 和 320 万 hm^2。我国是紫花苜蓿种植、生产和需求大国，2021 年紫花苜蓿留床面积 3 068.9 万亩[①]，占全国牧草生产总面积（12 246.4 万亩）的 25.06%，留床面积较大的省份有甘肃、陕西、内蒙古，面积分别为 1 210.4 万亩、469.4 万亩和 409.2 万亩，占全国的 68.1%。紫花苜蓿草产品包括草捆、草块、草饼、草颗粒、草粉及青贮等。2021 年，全国紫花苜蓿干草总产量为 1 575.4 万 t，青贮量 142.81 万 t。随着畜牧业特别是奶业的快速发展，优质苜蓿草产品供不应求。

美国是世界上第一大紫花苜蓿种植国，也是中国紫花苜蓿进口的主要来源国。美国农业部数据显示，美国 95% 的紫花苜蓿供国内使用，仅有 5% 供应出口，主要销往中国、日

---

① 　1 亩 ≈ 0.067 hm^2。

本、阿联酋、沙特等亚洲国家和地区。2018 年，我国苜蓿干草进口量为 178.86 万 t，主要来自美国、西班牙、南非、加拿大、意大利及苏丹。其中，来自美国的产品约占 78%，来自西班牙的占 13%，来自南非的占 5%。紫花苜蓿广泛的适应性和极高的饲用及经济价值，使其被视为"绿色黄金"。推广种植紫花苜蓿，在提高饲草料利用率、缓解草畜矛盾、促进种植结构调整和"退牧还草"等工作中发挥着重要的作用，对于发展经济、保持生态平衡、实现可持续发展具有重要意义。

（2）燕麦

燕麦是我国三大饲草之一。燕麦是一种优良的粮饲兼用型一年生的禾本科燕麦属植物，耐贫瘠、耐盐碱、抗旱耐寒，具有很高的营养价值和极强的适应性等特征，通常分为无壳燕麦和有壳燕麦。我国燕麦种植主要分布在华北、西北和西南等高寒地区，其中，华北、内蒙古等地区以裸燕麦为主，西北地区和青藏高原以饲用燕麦为主。

从燕麦产业链来看，上游是种植业，包括燕麦种植及收割；产业链中游是燕麦贮存、运输及市场流通；燕麦是优质饲草，主要用于奶牛养殖，产业链下游奶牛养殖对燕麦行业有直接影响。由于近年来我国对奶牛养殖行业监管力度以及奶制品安全意识的不断提升，我国奶牛养殖规模化程度不断提升，奶牛数量稳步增加，对燕麦的需求也同步增长，燕麦种植面积也保持持续增长。

（3）青贮玉米

青贮玉米是禾本科玉蜀黍属一年生草本植物，一般植株比较高大，茎叶繁茂，且收获整株，因而产量较高，一般产量为 50~60 t/hm²。青贮玉米收获时茎叶仍然青绿，汁液丰富，适口性好，可消化率高。由于青贮玉米产量高，营养丰富，因而经济效益好。大力发展青贮玉米可为牛、羊等反刍动物提供大量优质饲料，可在一定程度上缓解粮饲争地与供求矛盾，促进畜牧业发展和农业结构调整优化，避免秸秆废弃与焚烧带来的资源浪费与环境污染，实现秸秆资源化利用，促进经济循环发展。

青贮玉米是世界上畜牧业发达国家的重要饲料来源，如法国、加拿大、英国、荷兰等，早在几十年前就培育出大量的青贮专用玉米进行全株青贮，并且大面积进行推广种植。

玉米是我国第一大作物，近年种植面积超过 4 000 万 hm²，但主要收获籽粒。在肉牛、肉羊的增量提质行动、粮改饲等政策带动下，各地大力发展饲草产业，全株青贮玉米等优质饲草供应能力明显提升。全株青贮玉米向"镰刀弯"和"黄淮海"地区集中，内蒙古、甘肃、黑龙江、河北、山东、山西、河南、宁夏、吉林、辽宁等省（自治区）2021 年种植面积达到 3 135.4 万亩，占全国的 66.9%。随着我国人民生活水平的提高和畜牧业的发展，对青贮饲料的需求不断增加，青贮玉米种植和生产将得到进一步的发展。

5.3.1.2 牧草产品

饲草和牧草都是为家畜养殖而栽培的饲草料作物，二者本质上没有区别。但近年来牧草的使用范围更广泛一些，因为饲草仅饲养家畜，牧草可以人工种植收获加工后饲养家畜，也可以直接放牧，有些牧草还具有景观草的作用。饲草大多是人工种植的豆科植物，如紫花苜蓿等，还有饲用玉米、饲用燕麦等作物。牧草更多的是禾本科，可作为饲养家畜的禾草种类有 200 种以上，如羊草、披碱草、黑麦草、狼尾草等。禾草更耐牧、耐刈割、耐贮存，含糖量高，富含碳水化合物，能够直接调制成干草。

羊草（草原牧民大多称其为碱草），是欧亚大陆草原区东部草甸草原及干旱草原上的重要建群种之一。我国东北松嫩平原及内蒙古东部为其分布中心，为内蒙古草原及松嫩平原草原区主要的牧草资源，在河北、山西、河南、陕西、宁夏、甘肃、青海、新疆等省（自治区）也有分布。羊草耐碱、耐寒、耐旱，在平原、山坡、砂壤土中均能生长良好。羊草春季返青早，秋季枯黄晚，所含营养物质丰富，在夏秋季节是家畜抓膘牧草，也是秋季收割干草的重要牧草。羊草也是人工草地建植中首选的禾本科牧草。

内蒙古自治区拥有全国最大的天然羊草草原，面积约 1.63 亿亩。其中，锡林郭勒盟、呼伦贝尔市面积占近 80%。近年来，羊草作为修复治理草原生态优质乡土草种，羊草种子市场需求旺盛，在一些地区人工羊草扩繁基地已经形成一定规模，为未来建植规模化人工羊草地夯实了基础。通辽市、呼伦贝尔市、锡林郭勒盟、巴彦淖尔市等地羊草种子生产基地不断扩大，天然草场和人工建植羊草产量不断提高。天然羊草草场通过草地改良，干草产量平均达到 60 kg/亩，最高可达 130 kg/亩；人工种植羊草干草产量可达 300~400 kg/亩。羊草作为商品草其市场正在不断拓展。人工种植羊草干草产品已作为商品草广泛流通，市场需求旺盛。

羊草适合在退耕还草地、盐碱地、贫瘠土地上种植，基本不与粮争地，还可减少牛羊养殖对饲料粮的消耗，实现"化草为粮"，提升肉奶供给能力，对全面保障食物安全具有重要意义。内蒙古自治区规划发展人工羊草草地 500 万亩，可支撑年增加 200 多万个羊单位的牲畜饲养量。通过修复退化羊草草原 820 万亩，可支撑年增加 40 余万个羊单位。羊草干草产品的增加可拓宽奶牛饲草供给来源，优化日粮结构，保障优质饲草需求。

5.3.2 草产品价格

5.3.2.1 草产品价格形成机制

（1）生产费用

形成草产品价格的生产费用包括：①直接工资，直接从事生产经营人员的工资、奖金、津贴和补贴。②直接材料费，生产过程中耗用的农用材料、燃料、动力等。③其他直接费用。④间接费用，应计入草产品生产成本的管理，包括工资及福利费、折旧费、物料消耗、低值易耗品、运输费、差旅费、劳保费、土地开发费等。

（2）流通费用

流通费用是指商品在流通过程中所支付的物质材料和人工报酬的综合。为了实现商品从生产领域到消费领域的转移，商业经营者必须投入必要的资金、人力、设备，使商品走过从收购、调拨、贮存到销售 4 个环节。因此，商品流通费用实质上是商品在流通过程中所耗费的物化劳动和活劳动的货币表现。

按其经济性质，商品流通费用可以分为两类：一类是生产性流通费用；另一类是纯粹流通费用。生产性流通费用是与商品使用价值在流通领域中的活动有关的费用，主要包括商品运杂费、商品保管费、包装和挑选加工费等。纯粹流通费用是指纯粹为商品买卖活动而支付的费用，包括广告费、通信费、簿记费、商业人员工资、资金使用费等。

（3）税收和利润

税收和利润总称盈利，是劳动者在商品生产和流通过程中为社会劳动所创造的价值的货币表现，是商品价格超过生产成本和流通费用的余额。盈利的多少、盈利率的高低是衡量生产经营者经济效益高低的重要指标。

　　税收是商品价值中的一部分货币表现，是价格构成的要素之一，是国家按照法律规定对企业和个人征收的一部分社会纯收入，是国家凭借政治权力参与国民收入分配和再分配的一种重要形式。

　　利润是价格构成中的一个要素，是商品价格超过生产成本、流通费用和税收的余额，是生产经营者的纯收入。商品价格中的利润按其所在环节可分为生产利润和商业利润。生产利润又可分为工业利润、农产品纯收益；商业利润按照商品的流通过程又可分为批发利润、零售利润等。

5.3.2.2　草产品价格的影响因素

　　（1）生产要素

　　商品的价格取决于它的成本，而它的最低价是由草产品的成本决定的。草业生产成本、流通成本和利润是影响草产品价格的重要因素。近年来，我国主要草产品的成本有了显著的增长，而在生产过程中发生的费用也是导致其价格上涨的一个重要因素。

　　（2）流通要素

　　长期以来，我国草产品流通缺乏统一、规范、有序、合理的市场，各省份之间相互封闭，信息不畅。流通成本包括能源成本、人力成本等，如果在流通过程中存在太多的中间环节，将会造成草产品价格的上升。物流成本高、物流体系不健全、市场布局不合理等因素是造成物流成本居高不下的重要因素。

　　（3）需求和供给要素

　　目前，我国的饲草料、牛羊肉等草牧产品价格呈现出一种周期性的现象：供不应求–价格上涨–大量种植或饲养–供大于求–价格大幅下跌，这种现象符合蛛网理论，是我国农产品价格大幅波动的主要原因。

5.3.2.3　草产品价格的确定

　　草产品价格不仅影响市场需求与购买行为，而且直接影响企业盈利目标的实现。价格是市场营销组合中最活跃的因素，价格的变动往往影响营销组合中的其他因素。定价是否适当，往往决定产品能否被市场所接受，直接影响产品在市场上的竞争地位，从而影响企业的生存与发展。草产品的市场定价，针对不同的客户可以采取不同的定价策略。定价中首先要依据客户的采购规则决定产品定价策略，同时要考虑非价格因素对客户选购草产品的影响。

　　（1）投标定价法

　　草产品客户，部分是通过公开招标的方式进行采购，招标人以公告或寄送招标书的形式，邀请投标人在指定期限内按公告或招标书中提出的条件进行投标，一家招标人同时要向多家投标人发出邀请。投标人按照实际一次报价成交，没有交易磋商的过程，因此为争取中标，一般是报最低的底价。这种底价的确定是根据对竞争者报价的估计制订的，底价应低于其他投标人的报价才能取得合同。同时，企业的底价也不能低于成本水平，否则不能保证企业的适当利益，然而价格高于成本越多，中标的可能性越小。

　　（2）认知价值定价法

　　草产品客户在邀请招标时，定价是建立在产品的认知价值的基础上。认知价值是企业产品在客户心目中的感知价值，认知价值中草产品品质、技术服务水平、客户关系等非价格因素的影响越来越重要。客户对不同的企业产品的认知价值不同。在邀请招标中，客户一般会通知关系企业前来议标，由于关系密切或重要，服务水平高，产品质量有保障，产品的价格可以根据具体情况浮动，协商议定。因此，作为定价的关键，不是卖方的成本，而是购买者对价值的认知。

认知价值定价法的关键在于正确估计客户的认知价值。如果定价高于客户的认知价值，客户的注意力就会转移到其他企业，销售额就会减少；如果定价低于客户的认知价值，尽管可能会增加产品的销售，但是创造的利益将会下降。因此，企业在对草产品客户的营销中，要持续重视营销组合中的非价格因素如提供附加的客户服务，满足客户的多样化需求，提高产品质量对客户的影响，提高企业在客户心目中的认知价值，并据此定价获取高额利润。

（3）随行就市定价法

随行就市定价法是企业在对草产品定价时，主要参照竞争对手的价格定价。企业制订的价格可以与竞争对手的价格相同，也可以高于或低于竞争对手的价格。

5.4 草产品市场

5.4.1 草产品市场体系

5.4.1.1 草产品市场的特征

（1）草产品市场

简单地说，市场（market）是进行商品或服务交换的场所，是商品和服务价格建立的过程。市场促进贸易并促成社会中的资源分配。市场是社会分工和商品生产的产物，哪里有社会分工和商品交换，哪里就有市场。例如，交换商品比较单一的有草产品市场、活畜市场、农机租赁市场等，也有比较综合和大型的市场，如农贸市场、批发市场等。

在市场经济中，商品生产者和经营者的经济活动都是在价值规律的自发调节下追求自身的利益，实际上就是根据价格的涨落决定自己的生产和经营活动。如果市场上商品供大于求，商品价格会下跌，生产经营者就会削减生产规模，降低供给水平；如果市场上商品供小于求，商品价格会上涨，生产经营者就会增加投资，提高产量增加供给，如此循环，最终达到商品供求平衡。在市场经济中，市场调节是一种事后调节，即经济活动参加者是在某种商品供求不平衡导致价格上涨或下跌后才做出扩大或减少这种商品供给决定的。这样，从供求不平衡到价格变化，做出增加或减少供给的决定到实现供求平衡，必然要经过一个时间过程。也就是说，市场虽有及时、灵敏的特点，但它不能反映供需的长期趋势。

草产品市场是草业商品化生产的客观产物，草产品商品化产生了草产品交易，而草产品交易则需要依赖于草产品市场。草产品市场一般有狭义和广义之分。从狭义上讲，草产品市场是指草产品的交易场所，主要涉及有形的草产品交易。从广义上讲，草产品市场是指实现草产品价值和使用价值的各种交换关系的总和。从大类上，草产品是农产品的重要组成部分。农产品批发市场有综合型批发市场和专业型批发市场。与草业相关的就有饲草料批发市场、牛羊肉批发市场、草产品批发市场、活畜批发市场、种子批发市场等。

（2）草产品市场的特点

草产品生产的季节性和消费者需求的常年性往往不匹配。由于温度、水分、光照等自然因素的影响，草业生产（如干草、青贮）具有明显的季节性特点，但草产品对于畜牧业生产是必需品。因而畜牧养殖者对于草产品的需求是具有常年性的。长期以来，草业生产的季节性和畜牧养殖需求的常年性之间的矛盾都是影响草业发展的重要因素。随着科技的发展，人类采用更为先进的手段来缓解草产品生产的季节性影响，使越来越多的草产品可以常年供应。

草产品市场是较为典型的自由竞争的市场。草业生产经营主体以农牧户为主，草产品的消费者为畜牧养殖者和社会居民(如草坪运动场)，草产品市场的供给者和消费者数量多且分散，加之草产品存在于日常生活中，本身不具备隐藏性本质，草产品信息对于消费者和生产者是较为对称的，因此草产品市场可以被认为是较为典型的自由竞争市场。

草产品生产的分散性和草产品销售的集中性相矛盾。草产品生产面积广阔，分散于全国各地的农村牧区，且经营主体规模大小不一、数量庞大，导致了草产品生产的分散性。而消费草产品商品的地区主要在规模化大型养殖企业、合作社和城市地区(如草坪运动场)，这决定了草产品销售的相对集中性。因此，草产品从生产到销售的流通过程是一个从分散到集中的过程，需要通过草产品流通方式和流通渠道解决草产品生产的分散性和草产品销售的集中性之间的矛盾。

5.4.1.2　草产品市场体系

草产品市场体系是指草产品经营、组织、管理、调控系统的总和，是由市场主体、市场客体、市场机制、市场组织和市场类型等构成的综合体。目前，我国草产品市场体系主要由草产品批发市场、草产品零售市场、草产品期货市场等构成。

草产品市场的主体是草产品的生产者、经营者(企业或农户)和调节者(国家政府)，也就是草产品的占有者或商品的所有者，是与市场客体进行交易的当事人。草产品市场的客体是指进入市场采购草产品的当事人。

草产品市场机制是指在市场经济条件下，社会经济活动的各个环节(生产、分配、交换、消费)及其组成要素(价格、供求、竞争、利息、工资等)通过市场相互联系、相互制约并实现自我平衡的功能，包括草产品供求机制、草产品竞争机制、草产品价格形成机制。在草业中，市场机制的调节功能主要有：通过价格调节草产品的供求，进而调节资源在各部门、各种产品之间的分配，促进草业生产者改进生产技术，提高产品的产量和质量，降低生产成本，调节利益分配，合理构建各种经济关系。

草产品市场组织是指为保证商品交换顺利进行而建立的协调、监督、管理和服务部门，包括草产品流通组织、草产品中介组织、草产品管理组织、草产品民间组织。草产品管理组织是指草产品统计、审计、税务等部门；草产品民间组织是指草产品行业组织协会、消费者协会等。

现代草产品市场体系是以现代物流、连锁配送、电子商务、期货市场等现代市场流通方式为先导，以批发市场为中心，功能齐备、制度完善、有较高现代化水平的统一、开放、竞争、有序的草产品市场体系。

5.4.2　草产品批发市场

草产品批发市场又称中心集散市场，是"有形市场"的一种较高级的市场形式。它是指将来自各产地市场的草产品进一步集中起来，经过加工、贮藏与包装，通过销售商分散销往全国各地。该类市场多设在交通便利的地方，如公路、铁路交会处。一般规模比较大，建有较大的交易场所和仓储设施等配套服务设施。

草产品批发市场一般从草产品贸易的两个发展层次上理解：一是指进行草产品批量集中交易的场所；二是指为草产品进行批量交易提供的一种服务组织。从其发展过程来看，先有场所，后形成组织。当然，草产品交易服务组织的建立又会促进草产品批发市场的发展。这两者结成不可分割的有机统一体，从而构成了现代的草产品批发市场。

5.4.2.1　草产品批发市场的类型

（1）根据草产品批发市场的规范化程度和交易规模划分

中央批发市场又称国家级批发市场，是由政府有关部门进行规范设计而建立起来的，是全国性的草产品批发市场，是规范化程度最高、交易规模最大的一种草产品批发贸易组织形式。这类市场一般位于草产品集中产区、集散中心、加工区和交通运转中心等。一般为官办组织，既可由一个地方政府独立创办，也可由中央政府有关机构和地方政府联合创办，也有民间合作团体兴建和管理的中央批发市场。市场中进行买卖的交易者人数不多，但交易批量大，普遍采取会员制度，非会员单位不得进场交易，主要实行拍卖的市场公开竞价方式，有系统规范的管理条例。

地方批发市场又称区域性批发市场，是指中央批发市场以外能达到法定规模的批发市场。地方批发市场一般设在产地，有露天市场，也可设在建筑物内，并配有一定量的仓储设备。地方批发市场的兴办者可以是当地政府，也可以是各种经济合作组织，其交易批量和规范化程度须达到一定水平，其交易者一般有产品收购商、购销代理商、批发商、地方零售商及部分生产企业。

自由批发市场，是指除中央和地方批发市场以外的草产品批发市场的统称。其规范性较差，申办较简单，不需特别批准，只要登记注册领取执照便可开办，交易规模较小，甚至进行少量的零售交易。但是，作为一种经济组织，其开设者和入场交易者必须参照有关条例约束自己的行为，因此，也表现出其交易的组织性。它们大多经地方政府批准，采取官办民办结合或民间独资兴建的方式开设，不实行会员制，交易者自由出入，交易以讨价还价为主。

中央批发市场、地方批发市场和自由批发市场是草产品批量交易规范化程度由高到低、辐射范围由大到小的草产品批发市场的 3 个层次。它们分别适应不同程度和不同范围内供求矛盾需要而存在。

（2）根据草产品批发市场的交易产品种类划分

综合性批发市场，是指经营多类或多种草产品的批发市场。专业性批发市场，是指经营一类或一种草产品及其系列连带产品的批发市场。

（3）根据草产品批发市场的地域特点划分

产地批发市场，是指位于某些草产品集中产区的批发市场，主要作用是向外分解、辐射扩散。进入市场的主要是专业大户、长途贩运者和批发商等。

中转地批发市场，是指处于交通枢纽地或传统集散中心的批发市场，主要作用是连接产地和销地。进入市场的主要是长途贩运者和产地、销地批发商等。

销地批发市场，是指在农贸市场基础上发展起来的草产品批发市场，它与消费者（例如养殖企业等）距离最接近。进入市场的主要是长途贩运者、批发商和零售商等。

（4）根据草产品批发市场的营业时间划分

常年性批发市场，即常年开市的批发市场。季节性批发市场，是指因产品上市存在明显的季节性，建成的临时性品批发市场。

5.4.2.2　草产品批发市场的功能

（1）商品集散功能

草产品批发市场可以吸引和汇集各地的草产品货源和客户，在较短的时间内完成批发交易过程，将草产品发散到全国各地乃至国际市场。集散功能是批发市场在流通中表现出来的基本功能。如果没有草产品批发市场这一中间环节，就会出现交易次数极多、批量极小、交易成本极高、效率极低的情况，从而使草产品的"卖难"和"买难"交替出现、草产品流通不畅，造成严重的社会和经济问题。

（2）价格形成功能

由于批发市场在较大范围内集散草产品，来自全国各地的商品同场竞争，同一种草产品就可以通过比较按质论价，从而形成一种能比较真实地反映草产品价值的市场均衡价格。而且，批发市场上有众多的买者和卖者，近似于完全竞争状态，谁也无法决定均衡价格。可见，批发市场价格是在交易过程中形成的，不是人为规定的。批发价格能够比较公正地反映市场供求关系。

（3）信息中心功能

信息对于草产品生产者和经营者都极为重要。如果信息使用者收集到的信息是错误的，将会对生产、经营活动产生不良影响。由于批发市场连接着产需两头，信息来源比较多，加之批发市场拥有多样化的信息传递手段，因此它是一个良好的收集、整理、发布信息的场所。一些地区的代表性产品的批发市场价格进入农业农村部市场信息网向全国公开发布，形成了其他交易方式的参考价格，对草产品的生产和消费起到宏观引导作用。

（4）调节供求功能

由于草业生产受自然环境条件影响大，草产品的生产和供给比其他商品具有更多的不确定性，而畜牧业生产等对草产品的消费需求则比较稳定。因此，保持草产品供求平衡是一件非常困难的事情。草产品批发市场正是一个可以调节市场供求的良好场所。批发市场的大批量集散和交易的特点，能很好地调节草产品的供求关系，及时缓解区域性供求矛盾，并通过市场价格机制在调节供求、均衡上市中起主要作用。

（5）综合服务功能

批发市场通过自身的运营于交易过程中为交易者提供各种方便，包括为交易者提供交易空间、停车场、装卸搬运、交易中介、结算方式、加工、包装、贮藏等项目，还负责场内清洁卫生和治安管理，使进场交易者得到快捷方便的服务。完善的市场综合服务功能会大幅增强批发市场的客货吸引力。

上述草产品批发市场功能的充分发挥，在促进草产品生产发展、推动草产品流通体制改革和流通组织创新等方面都能起到重要作用。

5.4.3　草产品零售市场

5.4.3.1　草产品集贸市场

草产品集贸市场是在一定的历史条件下，在特定的地区形成的主要进行草产品交易的场所，是农牧民直接进入流通，销售草产品的传统的主要渠道。草产品集贸市场多集中在城市郊区、县城、乡镇、中心村等交通便利，具有一定辐射面的地区。在不同时期、不同地区，草产品集贸市场呈现着不同特点。它处于社会结构的基层，最具有农村牧区社会的代表性，其变化发展影响着社会的变迁。在商品经济不发达的漫长历史中，集贸市场多是按照约定的固定日期进行交易，草产品基本是生产者直接在市场销售。草产品集贸市场是广大农牧民进行交换的主要场所，体现着农牧民与其他各个方面的经济关系，对农村牧区中的生产、社会分工、农牧民生活具有极其重要的影响。集贸市场规模的大小、网点分布的疏密，与各种地理条件有着密不可分的联系。

集贸市场作为市场调节的一种有效形式，对促进商品生产起着重要作用。包括以下几方面：①能有力地推动商品经济的发展。农户所生产的草产品，有相当大的份额是通过草产品集贸市场销售的。②扩大草产品流通渠道，促进草业生产。集贸市场为农牧民提供信息，是引导农牧民进行生产的"指示器"和"晴雨表"。农牧民的主要生产经营活动是依据集贸市场提供的价格、供求等信息，自行抉择，调节生产经营活动。③带动第三产业的发展。集贸市场兴办起来的地方，有大批劳动力围绕着市场从事加工业等各种服务行业、饮食业、文化娱乐业等，吸收了大量社会就业人员。④增强农牧民的市场观念，造就一大批务工经商人才。集贸市场使农牧民扩大了同外界的接触，新的价值观念、竞争观念、信息观念逐步被农民所接受。集贸市场使商品生产者和经营者不断增长生产、经营的知识，锻炼了一大批发展商品经济的能人，从而带动更多的人从事商品生产。⑤加快城镇建设。草产品集贸市场的发展，特别是专业市场的发展，不仅促进了当地经济的发展，而且使市场所在地逐步成为商品集散中心，发挥了集散、中转、贮存、加工等多种功能。聚集了第三产业及其从业者，其中不少已发展成为新的城镇。⑥增加政府财税收入，农牧民得到实惠。草产品集贸市场的发展，既为国家培植了税源，又增加了农牧民收入。

5.4.3.2　连锁经营

连锁经营是一种商业经营模式，是指经营同类商品或服务的若干个企业（或企业分支机构），以一定的纽带和形式组成一个联合体，在整体规划下进行专业化分工，并在分工和商圈保护的基础上实施集中化管理，把独立的经营活动组合成整体的规模经营，从而实现规模效益。连锁经营包括正规连锁、特许连锁和自愿连锁等形式。

（1）正规连锁

国际连锁商店协会对正规连锁的定义是："以单一资本直接经营11个商店以上的零售业或饮食业组织"。正规连锁的本质特点可以归结为所有权与经营权相统一，即所有成员店必须是单一所有，由总部集中领导，各成员店经理是雇员。这种经营方式有较强大的议价能力、批发功能和多店铺销售的效率，可以利用传媒，便于计算统计，有明确的管理和长期规划。正规连锁的缺点主要在于缺乏灵活性，需要较高的投资，限制了个人的独立性。

（2）特许连锁

特许连锁是指主导企业与加盟者之间的持续契约关系，连锁的分店仍然是独立的法人。一般将主导企业视为总部，而将加盟者视为特许分店或加盟店。根据特许合同，总部必须提供一项独特的商业特权，如商标、产品、公司象征等给加盟店使用，并给予员工以训练、商品供销、组织结构、经营管理的指导和协助，加盟店除享有总部赋予的权利外，也要付出相应的报酬并遵守总部规定。这种经营方式以契约为纽带，所以也称合同连锁或契约连锁；这种经营的关键在于总公司的特许权授予，所以也称特许经营。如麦当劳、肯德基和可口可乐公司的经营方式就是特许连锁。特许连锁的特点在于投资少、扩张快，而特许连锁分店则可以降低风险、减少失败率。

（3）自愿连锁

自愿连锁是指一批所有权独立的商店，自愿归属于一个采购联营组织和一个管理服务中心领导。管理中心负责提供销售计划、账目处理、商店布局和设计，以及其他服务项目。各个商店的所有权是独立的，但又把自己视为连锁组织的成员，其成员大多数是小型独立商店，起因在于同正规连锁店竞争。自愿连锁保留了单个资本所有权，同时实现了联合经营。自愿连锁店在所有权和财务上是独立的，与总部没有隶属关系，只在经营活动上与总部存在着协商和服务关系，统一订货和送货，使用统一信息及广告宣传，统一制订销售战略。各店铺不仅独立核算、自负盈亏、人事自主，而且在经营品种、方式、策略上也有很大的自主权，但要按每年销售额或毛利的一定比例向总部上交盟金。这种经营方式的优点在于灵活性强，各店自主权大，主动性高；但缺点是统一性差，决策迟缓。自愿连锁在食品和日用品中占有重要的地位。

正规连锁、特许连锁和自愿连锁虽然从所有权、产生的具体原因和内部关系等方面有很大的差别，但在以下 3 个方面是共同的：①每个连锁体系均由多店铺构成，有一个中心或总部作为统一的组织机构进行管理。②每个连锁体系均在产品与服务方面采取不同的标准化、规范化营运标准。在商品的采购、储备、店铺结构及管理系统等方面均不同程度地要求标准化与规范化操作。③总部或核心企业或总店作为统一组织机构，其功能在于商品的采购、贮存、运输、定价和促销，各个店铺的功能在于实际销售。

5.4.3.3　草产品电子商务

草产品电子商务是指将电子商务等现代信息技术手段引入现行的草产品生产经营中，以保证草产品信息收集与处理的有效畅通，为草产品生产经营主体提供网上交易的平台，完成产品的销售、购买和电子支付等业务交易的过程。随着电子商务在我国的快速发展，草产品电子商务作为一种新的商业模式备受关注，作为一种全新的草产品交易模式，它充分利用互联网的易用性、广域性和互通性，实现了快速可靠的网络化商务信息交流和业务交易。

草产品电子商务是对传统草产品流通模式的创新和升级，能够有效解决传统线下市场所存在的信息不对称、搜寻成本高、流通环节多、区域性限制等诸多问题。通过互联网，草产品生产者和消费者都能够以比较小的成本了解草产品市场信息，包括价格、市场品质和数量需求等，线上完成订货、交易、支付，线下完成配送服务。电子商务最大的特点是买卖双方在信息公开的电子平台上对接，不需中间商等中介环节，大大节省了交易成本，利用电商自有物流系统或第三方物流实现商品的快速配送。同时，网络销售的跨地域特性，还能够打破时空限制，拉近消费者与生产者之间的距离，扩大市场规模，提高市场分工水平，开发全国乃至全球市场。

草产品电子商务是一个涉及社会方方面面的系统工程。参与者包括政府、企业、商家、消费者、农牧民及认证中心、配送中心、物流中心、金融机构、监管机构等，通过网络将相关要素组织在一起，其中信息通信技术扮演着极其重要的角色。草产品电子商务主体包括：涉农电子商务平台（电商、网站）、草产品电子商务利用者（网商、网店）、草产品电子商务服务提供者（服务商，包括代理支付、物流、监管）等。

（1）草产品电子商务的作用

草产品电子商务应用计算机和网络技术等现代信息手段，对草产品物流、资金流、信息流进行系统管理，帮助草产品生产者开展营销，推动草产品流通进入一个新的发展阶段。草产品电子商务的主要作用表现为：①通过完善草产品信息服务，降低生产和交易的风险。②打破地域与空间局限，拓宽营销渠道。③减少草产品流通环节，节约产品进入市场的时间，降低流通成本。④通过网络平台将交易主体相连接，针对草产品难贮存、难运输的特点，能够对物流环节进行有效跟踪和控制，通过快速交易、快速配送保证草产品的品质。⑤在线支付解决了结算环节的货款拖欠问题，提升了交易主体的诚信经营意识。⑥电子商务平台数据，可用来分析市场趋势，为行业发展和企业经营决策提供参考依据。

（2）草产品电子商务的主要模式

草产品电子商务依赖于电子商务平台，电子商务平台是为草产品提供网上交易洽谈的平台，是建立在互联网上进行商务活动的虚拟网络空间，是协调、整合信息流、物质流、资金流有序、关联、高效流动的重要场所，是草产品电子商务系统的核心。围绕电子商务平台，生产者和供应者是卖方，消费者和需求者是买方，买方和卖方在电子商务平台上进行线上交易，并通过线下物流配送实现商品的转移。

电子商务平台也称电子商务网站，通常是由专业的电子商务公司建设和运行的，卖方可以申请在平台上开网店，销售自己的产品，电商不从事经营只提供服务。物流配送服务通常是委托签约合作的第三方物流企业来完成，也有电子商务公司自己组建物流配送系统来提供服务的。有的大型电子商务公司可以自己建设平台并经营业务，自己采购、销售和配送产品。

根据在电子商务平台从事交易者的身份性质，一般将电子商务模式分为以下几种类型。

①企业与消费者之间（business to customer，B2C）的电子商务：企业直接将产品或服务推上电子商务平台，并提供充足资讯与便利的服务吸引消费者选购，这也是目前最常见的电子商务模式。

②消费者对消费者（consumer to consumer，C2C）的电子商务：指直接为客户间提供电子商务活动平台的网站，即商品和信息从消费者直接到消费者，为买卖双方交易提供的电子商务平台，卖者可以在网站上发布其想出售商品的信息，买者可以从中选择并购买自己需要的物品。

③企业对企业（business to business，B2B）的电子商务：是企业与企业之间通过电子商务平台进行产品、服务及信息的交换。供应方企业在电子平台上发布产品信息，让更多的客户了解自己的产品，促进交易。需求方企业在电子平台上查找商品及销售厂家的有关信息，能够实现在线洽谈和购买。这一类网站既不是拥有产品的企业，也不是经营商品的商家，它只提供一个平台，在网上将供应商和采购商汇集一起，为企业之间提供交易的机会。

④线上与线下（online to offline，O2O）相结合的电子商务：企业在网上寻找客户，让客户在线预约、支付购买线下的商品和服务，然后到线下的实体店去实地查验。开展O2O的企业都具有线下实体店，并且网上商城店与线下实体店全品类价格相同。随着二维码、微信等的普及，该模式在农业观光、体验消费、团购等领域发展较快。

【案例】草牧业供应链服务平台

内蒙古草都草牧业股份有限公司创立于2008年，属国有混合所有制企业，是一家专注于草种基地建设、数智化草牧业园区运营、草牧业供应链平台服务的农牧业科技型企业。

草都公司秉持"促进草牧业更加健康、安全和便利，让牛马羊吃得更健康、让农牧民过得更幸福"的理念，多年来取得了长足的进步和发展。成立了草都饲草料研究院，建立了全国唯一的草业博物馆，致力于草地畜牧业高质量发展和饲草料的研究与示范应用。在内蒙古建立了草种质资源鉴定评价圃和乡土种源繁育基地，拥有天然草场 200 多万亩，人工草地 80 万亩。公司依托"互联网+物联网+云计算"技术构建了草都云平台、内蒙古草牧业大数据平台，实现生产数字化、管理数字化、质检数字化、能耗数字化、物流数字化、交易数字化。构建数字供应链，打造交易平台、仓储平台和数智园区，实现智慧养殖、智慧仓储、智能生产、线上交易结算。草牧业电商平台如图 5-2 所示。

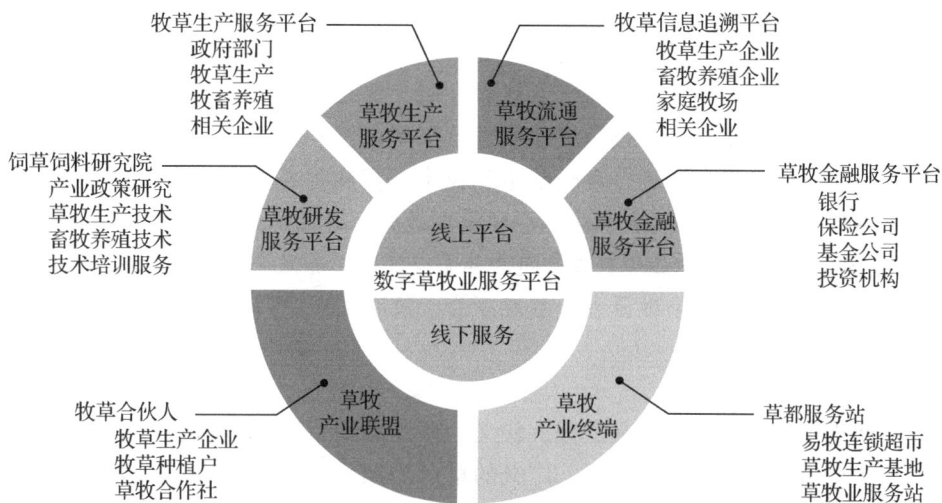

图 5-2　草牧业电商平台

内蒙古草都供应链服务平台主要包括以下内容：

（1）在线交易商城

在线交易商城是一种基于互联网的交易平台，通过在线方式连接草牛马羊的服务提供商和服务需求方。草牛马羊服务提供商可以通过注册账户，发布服务信息，包括价格、数量、品种等。草牛马羊服务需求方则可以根据需求，在平台上搜索合适的服务提供商，并与其进行沟通、交流、合作和交易。该平台用户可通过互联网访问平台，搜索并与服务提供商互动。该平台汇集了各种各样的草牛马羊服务提供商，涵盖了多个地区和行业，用户可以根据自身需求选择适合的服务。平台上的服务提供商可以公开展示自己的信息和评价，用户可以通过这些信息评估服务质量和信誉度。平台有评价和评分机制，用户可以参考其他用户的评价，选择质量较高的服务提供商。在线服务交易平台的运作主要分为以下几个步骤：①注册与发布服务，服务提供商需要注册一个账户，并填写自己的个人信息或企业信息、产品和服务项目等。然后就可以在平台上发布草牛马羊的信息，包括价格、数量、时间等。②平台提供的搜索功能，在各种商品中寻找自己所需的草牛马羊信息。可以根据关键词、地理位置和服务提供商的评价等进行筛选和排序。③通过平台上的消息传递系统与其进行沟通和交流。④在线交易，通过平台上的交易系统进行合作和交易。平台通常提供安全的支付方式，确保交易的草牛马羊可追溯性和安全性。⑤在交易完成后，服务需求方可以对服务提供商进行评价和反馈，帮助其他用户更好地选择合适的服务提供商，并对平台的服务质量进行监督。

（2）智慧仓储

利用北斗定位、物联网、大数据等科技手段，协同物流运输方为企业及上下游客户提供多种运输方案，打造网络货运平台和大宗物流网络。协同草牧业园区中心仓、交割仓等数字仓库，为产业链企业提供仓储转运、仓单交割、仓单质押等一站式数字化仓储解决方案。解决工厂及仓库的车辆排队、装卸问题，通过在场站内部署智能硬件和排号系统来做出入库计划，从而优化车辆的进出、过磅、装卸车等操作，致力于打造无人值守场站及无人数字仓库。

（3）智慧养殖+物联网平台

通过物联网技术和传感器设备，实时监测养殖环境参数，如温度、相对湿度、二氧化碳浓度等，并将数据传输到云平台进行存储和分析，实现对养殖环境的精准控制。基于大数据分析和人工智能技术，对养殖环境参数进行深度挖掘和处理，为养殖户提供科学、合理的养殖方案和管理建议。通过自动化设备和技术，实现饲料投喂、水源供给、粪便清理等养殖环节的自动化控制，提高劳动生产率和管理效率。通过视频监控可以远程查看牛马羊的实时状况。通过建立完善的养殖档案和追溯体系，实现对养殖全过程的可追溯和可查询。

另外，电商平台还具有金融服务、智能办公、数字化生产、数字化质检等功能。

5.4.4　草产品期货市场

草产品期货市场有狭义和广义之分。狭义的草产品期货市场是指进行草产品期货交易的场所，通常特指草产品期货交易所。广义的草产品期货市场是指市场经济发展过程中围绕草产品期货合约交易而形成的一种特殊的经济关系，是一种特殊的交易活动。或者说广义的草产品期货市场是指草产品期货合约交易关系的总和。这种特殊的交易活动必须按照特定的规则和程序、在特定的场所内集中进行。因此，广义的草产品期货市场应该是由相互依存和相互制约的期货交易所、期货结算机构、期货公司、期货交易者、其他期货中介与服务机构、期货监督管理机构等组成的一个完整的组织结构体系。草产品期货市场的期货交易是在远期合约交易的基础上发展起来的，但又与远期合约交易不同的特殊的商品交换方式，有其独特的运行特征。

5.4.4.1　期货交易及其特点

（1）期货交易的内涵

期货交易是与现货交易相对应的一种交易方式，是商品交换的一种特殊方式，其最早始于草产品期货合约，这是由草业的重要性及特殊性所决定的。期货交易是指按照一定的条件和程序，由买卖双方在交易所内预先签订产品买卖合同，而货款的支付与货物的交割则要在约定远期进行的一种贸易形式，属于信用交易范畴。由于期货合约的买进和卖出是在期货交易所的交易场内进行的，人们把期货交易所也称期货市场。期货市场是指期货交易交换关系的总和。期货市场是随期货交易的发展而发展的，反过来，期货市场尤其是期货交易所的健全和发展也促进了期货交易的发展。草产品与大多数农产品一样最适合进行期货交易。大豆是全世界最大的农产品期货交易品种之一。

（2）期货交易的运行特征

期货交易是"买空卖空"的交易。在期货交易中，对买方来说，期货合约只是一种到了交易日期能得到商品的凭证；对卖方来说，期货合约是到了规定的日期应交售商品的凭证。买卖双方进行期货交易的动机是利用市场上价格的上下波动进行套期保值或投机获利。在期货市场上，购买期货合约称为"买空"，出售期货合约称为"卖空"。

期货交易是一种委托性质的交易行为。期货交易的买卖双方必须委托经纪人，由经纪人在交易所办理买卖和结算手续，买卖双方不直接接触。按照有关规定，能够进入交易所进行直接交易的人，可以是交易所的会员，也可以是持有执照的经纪人，其他客商或投机者只能按照既定的程序委托会员或经纪人代买或代卖。期货价格是场内经纪人通过公开、充分竞争后达成的竞争价格。由此可见，期货交易实属委托性质的交易。

期货交易是以期货合约自由转让为前提的交易行为。期货交易不但内含预买和预卖行为，更主要的是，这种预期买卖活动是以自由转让期货合约为中心内容。在期货交易过程中，交易人不必等到合约到期才进行实物交割，而通常是在期货合约到期前将交易冲销(或称平仓、清盘、结算)。

期货交易是在交易所进行的交易行为。期货交易一般不允许进行场外交易。期货交易所不仅为期货交易提供了一个固定的场所，而且为期货交易制订了许多严格高效的规章制度，使期货交易所成为一个组织化、规范化程度很高的市场。

5.4.4.2　草产品期货市场的作用

(1)调节市场供求，减缓价格波动

从宏观上看，开展草产品期货交易，有利于防止市场价格过度波动，避免社会资源的浪费。草产品期货价格是由供需双方根据各自对将来某一时点市场供求状况的预测，既能预先反映未来市场供求状况，也能对未来各个时间的供求进行超前调节，从而在宏观上起到防止盲目扩大生产规模、平抑物价的作用。从微观上看，草产品生产、加工、贸易企业能通过期货交易方式转嫁价格风险，减少生产损失。一般来讲，现货与期货市场的价格涨落方向一致，如估计到以后的粮食价格要下降，生产有一定的价格风险，可以在期货市场卖出一份未来某一时期的粮食期货合约。在期货交割前，现货价格如果真下降，现货损失可用期货交易的利润弥补，减少或避免价格下降使利益受损的风险。当期货价格发生变动时，生产者可以根据期货市场提供的关于下一生产周期市场供求情况和价格变化趋势的预测，决定下一生产周期的生产规模和产品结构。通过增加或减少市场供给量，使市场供求基本平衡，抑制市场价格剧烈波动。

(2)增强企业经营的计划性，提高管理水平

期货合约的签订，使商品的供应或销售有了保障，也稳定了产品价格和利润水平。因此，企业通过期货市场可以有计划地安排生产和经营，而国家也可以通过期货市场实现对微观经济的宏观调控。企业通过期货市场的公平竞争，可使其提高生产经营管理水平。因为参加期货交易的当事人都具有平等的资格和平等的地位，通过公平竞争来决定价格。在信息公开、地位平等、公平竞争的市场环境中取胜，企业就必须不断改善生产经营管理水平，要合理地安排好生产、销售计划，并努力降低成本费用，提高企业经济效益。

(3)节约社会劳动和资金占用

期货交易所涉及的主要是期货合约的买卖，一般并不发生实际的商品流转，从而实现了物流和商流的合理分离。因此，期货交易这种特殊的交易方式，能使生产企业方便、快捷地以竞争性的价格在期货市场获取其所需要的原材料，从而大量减少商品生产出来以后所固有的大量实物的运输、储藏活动，因而能够大幅度降低资金占用水平，节约费用开

支，提高社会经济效益。

（4）提高市场的交易效率

草产品期货交易是按标准的期货合约进行的，每张合约的交易数量、质量标准一致，交易人不必考虑对方的商业信誉，可以根据需要（套期保值、保本或获取差额利润）在合约规定的实物交割之前进行合约转让。这就扩大了交易的空间范围，促进物质流的流转，使交易效率大大提高。加上投机商的广泛参与，更进一步提高了市场的流动性，促进了整个市场的有效运行。

（5）有助于政府对宏观经济运行的调控

期货市场波动与现货市场既有密切联系又有很大区别。从某种意义上讲，期货市场的波动更是对某种经济形势的一种预示，这种波动所预示的问题如被政府及时发现并采取适当措施加以解决，那么它对现货市场运行的不利影响就可以避免。草产品是畜牧业的基本生产资料，事关国民经济的稳定和社会的安全。因此，各国政府对参加期货交易的草产品都保留有一定数量的国家商品储备。国家作为期货市场最大的潜在交易者，其草产品储备量的数量变化乃至国家各项经济政策规定的变化，都会影响期货交易者对未来供求的预测，从而改变期货市场价格波动的幅度和方向，使其符合国家宏观经济发展的需要。从这个意义上讲，期货市场价格比现货市场价格更易受国家宏观政策的影响，而且也更具有宏观经济可调控性。

（6）有利于促进草产品市场向国际化发展

期货交易已经跨越了国界。从交易人员看，发达国家的交易所一般都不限制境外会员的发展；从交易所之间的联系看，交易所跨国界、跨地区的联网已经实现；从交易对象看，由于期货合约是标准化的，为期货交易方式成为全球性的无差别交易方式提供了最基本条件；从交易规则看，期货交易所具有的公开性和公平性使市场透明度大大提高，同一性和竞争性又使市场交易高度集中，消除了地域对信息传播的阻碍。因此，期货市场汇集了反映供求的各种信息，同时又将有关交易的信息反馈到世界各地。期货市场所形成的价格已经成为国际贸易领域里的基准价格。

（7）完善草产品市场体系

草产品期货市场的建立，使草产品市场体系更趋完善。现货交易一般进行的是短期交易，缺乏预测性、长期性，市场可控性差。而期货市场作为高级形式的市场制度，它具有风险回避功能和价格发现功能，从而能够弥补现货市场的功能性缺陷，为草产品生产和经营创造了更为良好的市场条件。

当前，"小生产面对大市场"是我国草业发展困境中的核心问题，面对风险大、标准高、竞争性强的国际大市场，只有实行草业市场化、产业化、集约化经营，才能促进草业生产与市场有效对接。期货市场作为市场经济的高级形态，能够在价格发现、风险转移、促进草业市场化方面发挥重要的促进作用。

5.5　草产品国际贸易

5.5.1　草产品国际贸易的必要性

国际贸易是指世界各国和地区之间进行的商品、服务和技术的交换活动，它是在一定的历史条件下产生和发展起来的，其产生必须具备两个前提条件。第一，具有可供交换的剩余产品（商品）；第二，国家或政治（社会）实体的形成。从根本上说，社会生产力的发展和社会分工的扩大，是国际贸易产生和发展的基础。

随着国际贸易实践不断丰富，从 17 世纪到 20 世纪上半叶，国际贸易理论也有了较大的发展，形成了以绝对成本学说和比较成本学说为代表的古典贸易理论体系，这些理论主要回答国际贸易产生的原因和基础、参与国际贸易和国际利益所得等。第二次世界大战之后，国际贸易实践突破了传统国际贸易理论在解释力和预见力方面的局限，形成了国家竞争优势等现代国际贸易理论。

草产品进出口贸易是草业生产力发展的结果，是草业生产社会化日益越出国界的产物，是世界市场发展的重要内容。对于一个国家，草产品进出口贸易是反映该国草业生产力国际分工的标志，也是反映该国草业开放度的重要标志。在历史上，落后国家出口草产品、进口工业品，发达国家出口工业品、进口草产品的传统国际分工，今日虽然还没有完全消失，但发达国家已经成为草产品的主要出口国，同时也成为主要进口国。这是因为发展草产品进出口贸易已经是草业现代化的客观需要。草产品进出口贸易的发展程度，往往与草业现代化水平相适应。草产品出口贸易原则上是建立在国际比较优势基础上的。在早期，这种优势主要是资源优势。资源优势在草业生产中将持续存在，但在现代草业中，技术的优势日益成为主导因素，并成为资源优势能否转化现实的关键因素，草业的开放度、草产品进出口贸易的发展，往往与草业现代化呈正相关。

然而，草产品进出口贸易的发展，并不单纯取决于经济优势比较的因素，它实际上取决于多种因素，如国家的综合国力、国家在世界贸易中的地位、国家的对外政策和外贸政策、国与国之间的双边关系、世界经济形势、世界市场的变动等。所以，草产品进出口贸易通常不单纯是经济问题，而且是政治问题。

5.5.1.1　比较优势理论

比较优势理论（theory of comparative advantage）是在绝对优势理论基础上，由英国古典经济学家大卫·李嘉图所提出。该理论主张自由贸易，主要是从资源的最有效配置角度考察国际专业分工和自由贸易的利益。该理论后来被无数经济学者们引用。

李嘉图提出比较优势理论的初始动机是试图处理当时被集中关注和激烈争议的英国《谷物法》的经济政策问题。在分析《谷物法》所引起的经济问题中，李嘉图阐明了农业收益递减原理，揭示了《谷物法》通过高关税保护免受国外竞争，不仅通过收入再分配使收入从资本家流向地主，减缓了英国经济增长速度，而且减少了国家所有普通公民的福利。比较优势理论的提出直接导致了《谷物法》的废除，对贸易自由化有着重要影响。

比较优势理论认为，国际贸易收益的决定因素不是绝对优势而是相对优势。在两国都能生产同样两种产品的条件下，其中一国在两种产品的生产上劳动生产率均高于另一国。该国可以专门生产优势较大的产品，处于劣势地位的另一国可以专门生产劣势较小的商品。通过国际分工和贸易，双方可以从国际贸易中获得利益。简而言之，"两利相权取其重，两弊相权取其轻"。

5.5.1.2　国家竞争优势理论

面对国际贸易新理论还没有清晰解决的问题，迈克尔·波特（Michael Porter）在他的《国家竞争优势》一书中提出了一种新的理论范式，即国家竞争优势理论。波特认为：一个国家的产业能否在国际市场上具有竞争力，取决于该国的国家竞争优势，而国家竞争优势是由4个基本因素(要素条件，需求条件，企业战略、结构和竞争行为，相关与辅助产业的状况)和两个辅助因素(政府行为和偶然事件)相互作用所决定的。

自19世纪末以来，世界主要农产品的国际市场，虽然有发生短缺、供不应求的时候，但大多时候供过于求，特别是第二次世界大战以后，世界性农业过剩危机占据主导，世界农产品市场的竞争十分激烈。世界各国为了切身利益，都尽可能采取了有利于本国农业的对策，至少尽可能争取减轻对本国农业不利程度的对策。在此基础上，出现了国家经济联合，以及各种农产品专业协会，等等。

站在各自立场上，他们或者主张自由贸易，反对农产品进出口贸易进行干预和限制，允许农产品自由输入和输出，实行减免关税和自由竞争政策等。或者主张保护贸易，通过提高关税、限制进出口、鼓励出口等限制政策。农产品国际贸易成为世界国际贸易的一个矛盾焦点。

5.5.2 中国草产品国际贸易

5.5.2.1 草产品国际贸易的特点

草产品国际贸易是指世界各国(或地区)之间草产品商品和服务的交换活动，它是各个国家(或地区)在国际分工的基础上相互联系的主要形式，是农产品国际贸易的重要组成部分。草产品国际贸易的规模在一定程度上反映了经济国际化、全球化的发展与趋势。

WTO有关农产品的规则

由于草产品与工业品相比具有其特性，因此草产品国际贸易不同于工业品国际贸易。第一，草产品生产的季节性和周期性导致了草产品国际贸易也具有季节性和周期性；第二，草产品生产的分散性特点导致草产品国际贸易也是一个从分散到集中的过程；第三，草产品具有体积大、价值低的特点，故草产品国际贸易的成本在进口草产品的价格中也占据很大的比例。因此，相比于工业品，草产品国际贸易在收购、包装、运输、保管、销售方面要求更高，成本也更高，风险更大。在国际市场上，大多数草产品的贸易表现出下述重要特征：

(1)国际贸易的时间性很强

草产品生产有特定的生产周期。各草产品的出口国在不同的季节将供给不同数量和质量的草产品，表现出淡季的供不应求和旺季的供大于求。由于草产品的生物学特性，相比于工业品，草产品国际贸易流程的时间也较为严格，草产品往往需要更短的运输时间和更高级的运输设备，以满足人们对草产品品质的要求。

(2)贸易地区集中或市场集中

自然地理环境对草产品生产的影响是首要的决定性因素，不同的作物有与其生长条件相适应的相对固定的产地。同时，由于农业资源在国家之间有优劣之分，对于大多数草产品通常有几个主要的输出国和几个主要的输入国，因此国际市场上草产品价格与主要输出国和主要输入国的经济情况关系较大。

(3)贸易商品种类集中

在国际市场上，各个国家由于资源禀赋不同而具有比较优势，使各个国家的优势草产品各具特色，因此不能覆盖所有种类的草产品。特别是对于一些发展中国家来说，由于专业化程度低，草产品出口的品种有限，因此贸易商品的种类是相对集中的。

（4）价格波动幅度大，引起出口收入波动

相比于工业品，草产品的价格波动幅度较大。草产品价格常因气候、季节、环境等因素引起波动。草产品价格大幅变化，会引起草产品进出口贸易量的大幅波动。反之，当草产品市场上的供给出现过剩或不足时，供需失衡会导致市场价格波动。另外，草产品的需求价格弹性小，国际市场上过多的草产品供给将导致草产品价格下降，但因缺乏需求弹性，降低出口价格却难以增加需求，出口收入减少是难免的。

（5）运输费用高

出口的草产品多为未经过加工或经初级加工的产品，具有体积大、价值低、易变质的特性。因此，在国际草产品贸易中，草产品的运输、贮存、包装、保鲜等要花费较高的成本，经营者本人也将承担较大风险，降低了其在国际贸易中的收益。

（6）在国际贸易中的市场竞争不完全

由于草产品的产地、季节和市场比较集中，多数草产品在供应数量上有限制，在出口国家上也有局限，这使少数的草产品出口大国产生了控制力。因此，草产品贸易中常出现垄断，使市场偏离完全竞争的轨道。出口比例大的国家经常通过商品协定、国有贸易及其他方式垄断市场，以维持较满意的出口产品价格，谋取利润。此外，还有一些人为的农业政策同样会引发不完全竞争市场，如发达国家对草产品的出口补贴等。

5.5.2.2　草产品国际贸易的发展

随着草食畜产品在居民消费结构中的比例不断提升，全球掀起了牧草产品需求高潮，尤其是亚洲的中国、沙特及阿联酋等国家近年来牧草产品进口量急剧增加。面对全球旺盛的需求，美国、西班牙、澳大利亚、加拿大、意大利及法国等主要草产品供应国也都加大了出口的力度。据统计，2022 年草产品贸易规模已达 1 261.94 万 t。

我国自 2010 年开始大规模进口苜蓿干草，从 2010 年苜蓿干草进口量 21.82 万 t 到 2016 年苜蓿干草进口量 138.79 万 t，6 年时间年均增长率为 36%，这一时期苜蓿干草进口量呈现井喷式增长。2017 年之后受中美贸易摩擦的影响，2018 年我国苜蓿干草进口首次出现负增长。2019 年进口量出现了反弹，2022 年苜蓿干草进口量回升至 178.75 万 t，同 2019 年比增加了 31.81%。另一方面，国内苜蓿干草产品供给增加，苜蓿干草进口就会放缓。我国苜蓿干草进口贸易情况如图 5-3 所示。

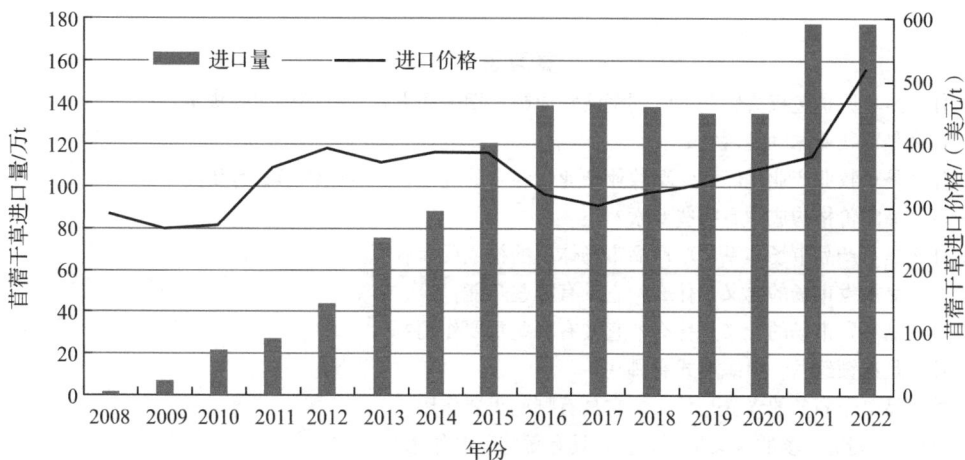

图 5-3　我国苜蓿干草进口贸易情况

　　美国是我国苜蓿干草进口的最大来源国。美国是世界苜蓿生产第一大国，同时也是国际草产品市场的第一大出口国，我国又是苜蓿干草进口大国，因此，我国进口的苜蓿干草大部分来源美国。随着我国对西班牙等国家苜蓿干草的准入，美国苜蓿干草在我国的市场份额有所下降，但仍保持较高比例。2018年6月16日财政部公布了我国对美加征关税商品清单，紫花苜蓿粗粉及团粒和以苜蓿干草为主的其他草产品均为对美加征关税商品，即从2018年7月6日起对原产于美国的苜蓿加征25%的关税。加征关税导致美国苜蓿干草对华出口量出现近10年来首次下滑。2019年9月惩罚性关税暂停，来自美国的苜蓿恢复性增加，2022年从美国进口苜蓿干草回升至140.13万t，占比恢复至78.39%。

　　西班牙是继美国之后的第二大苜蓿出口国，近几年苜蓿出口量均在90万~110万t。2014年6月24日中西双方草签了《西班牙输华苜蓿草安全卫生条件议定书》，标志着西班牙苜蓿开始进入中国市场。2015年我国从西班牙进口苜蓿干草13.63万t，但由于品质问题，2016年西班牙苜蓿干草在中国市场上断崖式跌落。2018年6月中国对美国进口苜蓿增加25%关税，高额的关税使中国牧场开始寻求其他国家替代。西班牙脱水苜蓿迎来了新的机遇。2018年西班牙对华出口脱水苜蓿17.19万t，比2017年增加了近6倍，2019年进一步增加至25.17万t，市场份额高达19%。

　　近年来，中国相继开放了美国、加拿大、西班牙、吉尔吉斯斯坦、保加利亚、阿根廷、哈萨克斯坦、苏丹、南非及意大利等国家的苜蓿进口市场，我国草产品进口来源国日趋多元化，草产品进口市场更为广阔。2022年我国苜蓿干草进口格局为美国占比78.39%、西班牙占比11.94%、南非占比4.53%、苏丹占比近0.66%、加拿大占比近0.75%；其余来自意大利、阿根廷和保加利亚等国。随着草产品市场准入国的增加，苜蓿供应商之间的竞争必将日益激烈，这为国内牧场获得物美价廉的草料产品提供了广阔的空间。

　　澳大利亚是世界燕麦生产第一大国，也是燕麦的主要出口国。独特的地域和生长条件下的品质是澳大利亚燕麦最大的优势。随着国家"粮改饲""草田轮作"等政策的快速推进以及国家和地方的补贴政策逐步实施，极大地调动了燕麦饲草种植的积极性，我国燕麦生产区域和种植面积迅速增加，国内燕麦生产发展迅速，应用越来越广泛，燕麦生产专业化、商品化程度也逐步提升。国内燕麦生产日趋成熟，必然会减少对澳大利亚燕麦的依赖。

复习思考题

1. 什么是草原承包权流转制度？围绕流转原则、期限和方式等有哪些明确规定？
2. 什么是草牧业家庭经营？
3. 什么是草牧业产业化经营？草牧业产业化经营的基本模式、组织形式有哪些？
4. 草产品的价格构成中有哪些要素？
5. 什么是草产品市场体系？草产品市场体系的构成要素有哪些？
6. 草产品批发市场的含义是什么？它具有哪些功能？
7. 草产品集贸市场的含义是什么？它具有哪些重要作用？
8. 什么是连锁经营？组织形式有哪些？
9. 草产品电子商务的含义是什么？它具有哪些重要作用？
10. 草产品期货市场的含义是什么？它具有哪些重要作用？
11. 什么是草产品国际贸易？它具有哪些特点？

草业生产经济

  草业是一个生产功能与生态功能相统一的产业，草地在发挥重要生态功能的同时，草地承载着多样化的生产功能或经济功能，其中最重要的生产领域就是草地农业生产或草牧业生产，从产业体系来说，就是通过天然草地的培育或人工草地的种植，获得高产、优质的饲草，或施以适当的技术加工，得到各类草产品，进而进行草食动物养殖及其产品加工的生产过程。因此，草业是一个融合草地生产、家畜养殖和草畜产品加工的生产体系。有生产就会有经济。在草业生产领域，人们在生产过程中形成的各种生产关系实质就是经济关系。生产与经济之间有着非常密切的联系，生产是发展经济的重要手段，经济发展是提高人民物质生活和精神文化生活的重要动力。因此，研究草业生产经济，使大家了解在草业生产过程中如何用经济学的角度来分析生产活动，最终使生产的经济效益得到提升。

6.1 草业生产的经济效益

6.1.1 草业生产经济效益的概念

  草地植物生产，无论是追求草地生态、景观、文化、娱乐、体育等目标的前植物生产层，还是追求草地植物营养体产量和品质的植物生产层，本质上都是人们对某种草地生态系统的重建或对某种草地生态系统的介入干预，使其向着满足人们的预期来发展的过程。城市绿地、运动草坪、人工草地都是在原有土地上新建或重建的草地生态系统；草地改良、退化草地生态修复等都是通过介入干预的方式，使原有草地生态系统向着生态健康、生产力高的方向发展。草地生态系统的重建、介入干预等都是人们研究设计或从试验中总结出的技术方案，这些技术方案针对不同的草地建设目标实施后的效果存在优良好坏之分。例如，发展人工草地获得优质草产品就是草地植物生产的优良效果，而对人工草地过多施用化肥造成环境污染就是生产活动的坏效果或负效果。所以，经济效益概念中的产出指的是有效产出，是对生态环境、社会有用的劳动成果，即对社会有益的产品或服务。不符合社会需要的产品或服务，生产越多，浪费就越大，经济效益就越差。

  经济效益的实质是盈利，它反映产值、成本、利润、税收等因素之间的相互关系，是经济活动的综合结果。因为有这些差别，经济效果与经济效益的计算方法有所不同。经济效果主要反映的是生产获得的成果与生产过程中劳动消耗量的比较，而经济效益是指人们进行一项生产活动所得与所费抵消之后的差额，即纯收益或净收益。经济效果和经济效益通常有以下 3 种表达方式：

  （1）用所得与所费之间的差额表示经济效益

$$E = V - C$$

(6-1)

式中　E——经济效益；

　　　V——生产获得的有效成果；

　　　C——劳动耗费。

　　例如，利润额、利税额、国民收入、净现值等都是以差额表示法表示的常用的经济效益的指标。显然，这种表示方法要求劳动成果与劳动耗费必须是相同计量单位。评价一项技术方案可行的经济标准就是其差额大于零，这个差额越大，说明这个技术方案越好。

　　这种经济效益指标计算简单，概念明确。但不能确切反映技术装备水平不同的技术方案的经济效益的高低与好坏。

　　（2）用所得与所费之比表示经济效益

$$R_E = \frac{V}{C} \tag{6-2}$$

式中　R_E——收益费用比；

　　　其余符号同前。

　　评价一项技术方案可行的经济标准就是其比值>1，比值越大，说明这个技术方案越好。采用比值法表示的指标有劳动生产率、单位产品原材料、燃料、动力消耗水平等。比值表示经济效益的特点是劳动成果与劳动耗费只是比例关系，没有经济效益那样的量值计量单位。

　　（3）用净效益与劳动消耗的比值表示经济效益

$$R_{EN} = \frac{V-C}{C} = \frac{\Delta V}{C} \tag{6-3}$$

式中　ΔV——所得与所费的差额，即净效益；

　　　R_{EN}——净收益费用比；

　　　其余符号同前。

　　这种用净效益与劳动消耗的比值来表示经济效益的大小也具有比值越大，经济效益越好的特点。

　　在任何社会经济形态中，都必须进行物质资料的生产，这样才能满足社会对物质资料的需求。而一切物质资料的生产都要消耗一定数量的资源和劳动，包括活劳动和物化劳动，在任何时候社会资源都是有限的，这就要求人们在进行物质生产时尽可能地少消耗一些社会资源和劳动，多产出一些有用的劳动成果，这样才能促进生产的发展。这在客观上使人们要对生产过程中的劳动消耗与生产的有用成果之间进行比较，追求生产的经济效果。因此，无论哪种社会形态，追求经济效益是人类社会生活的基础。

　　资本主义制度和社会主义制度两种生产方式的性质不同，不同的生产方式下，经济效益有不同的意义和特点。资本主义条件下的物质生产，其目的是生产更多的剩余价值或利润，资本家为了能够取得更多的利润，力求投入尽可能少的劳动消耗，产出尽可能多的劳动产品。资本家所关心的只是生产所得利润和为生产支付资本的比较，目标是用最小限度的资本支出生产最大限度的利润，这反映了资本主义条件下经济效益的本质要求。因此，资本主义制度条件下评价经济效益大小有着不同的标准。即如果能用较少的资本取得同样的利润，或者能用同样的资本取得较多的利润，生产的经济效益就是好的。反之，经济效益就差。资本同利润的比较关系是资本主义社会制度下经济效益的本质。

在社会主义条件下，进行物质生产的目的是为了满足日益增长的社会需求，满足人们随着生活水平的提高而日益增加的对物质产品的需求。在社会主义制度条件下生产资料是公有的，例如，草业赖以发展的基本生产资料——土地或草原、草地，在我国全部土地实行社会主义公有制，即全民所有制和劳动群众集体所有制。因此，经济效益的评价标准是由社会主义生产目的决定的，劳动者在生产资料公有制的基础上，将合理地调节他们和自然之间的物质变换，目标是用最少的社会劳动消耗，生产最多的满足社会需要的产品，这反映了社会主义条件下经济效益的本质要求。

无论是哪种社会制度，对于一种促进生产力提高的技术方案的经济效益，都需要从节约劳动消耗和增加劳动成果两方面来评价。草业生产经济效益评价是对草业的技术措施或技术方案的经济效益的计算、分析和比较，从而选出最佳或经济效益最好的技术方案。草业生产经济效益评价的主要内容包括：草业产品的效用分析、草业生产有用效益与劳动消耗的关系、草业生产有用效益与劳动占用的比较等。效用是指具有一定的使用价值或效用，能够满足消费者的某种需要；需要耗费一定量的劳动时间，具有一定的价值；通过以价值和使用价值为基础的交换来满足消费者的需求。草产品的营养品质就是草产品主要的效用指标，养殖场根据自己对草产品的需要选择适宜的品质等级，体现了草产品使用价值和价值的统一。因此，草业生产经济效益评价要做到客观地反映草业生产过程中技术和经济之间内在关系的规律性，就必须确定经济效益评价的原则，处理好以下几个基本关系：

(1)使用价值和价值的统一

既要满足人们生活和生产需要的物质产品，又要使生产经营实现价值增值。这就要处理好技术效益与经济效益的关系，处理好国家与企业、集体与个人经济利益的关系。

(2)局部技术经济效益和整体技术经济效益的统一

有些时候眼前利益和长远利益、局部经济效益和总体经济效益也可能发生矛盾，在这种情况下，企业的经济效益一般要服从国家或地区总体的经济效益。

(3)定性分析和定量分析的统一

定性分析研究的是生产技术方案的"质"，主要以分析、综合、抽象、概况的方法达到认识方案的本质属性及其内在规律。定量分析研究的是生产技术方案的"量"，通过统计分析、模型模拟等方法对生产技术方案的数量特征、量化关系和数量变化趋势做出分析。定性分析与定量分析应当是统一的、相互补充的，定性分析是定量分析的基础，定量分析使定性分析更加科学和准确，从而得出对生产技术方案的经济效果评价比较可靠的结论。

(4)可比性的条件和原则

要进行两个或多个生产技术方案经济效益的比较，必须以满足方案的可比性为前提，即满足需要的可比性、劳动消耗或消耗费用指标的可比性、价格指标的可比性、时间价值和时空概念的可比性。

此外，某项草业生产技术措施或方案可能有多个可代替方案，对某项生产技术经济效益大小的衡量，还要有共同遵循的客观标准，即从经济效益、生态效益和社会效益 3 个方面综合反映草业生产经济效益的优劣。

6.1.2 草业生产经济效益的类型

6.1.2.1 直接经济效益与间接经济效益

一个草业企业的直接经济效益是企业在生产经营过程中直接得到的能直接计量的经济效益，如一个单一的草产品种植加工企业的直接经济效益就是草产品销售收入扣除全部生产成本后的净效益。然而，这个草业企业在草产品的生产加工经营过程中，还有许多企业为其提供牧草种植、生产加工等方面的上游产品和服务，例如，需要从种子经销商那里购买草种、从农机制造厂购置生产机械等；同时，该草业企业在生产过程中还会为社会人员提供一定的工作岗位，并且生产的草产品需要物流、经销商提供服务。这些上、中、下游的企业或个人通过这个草业企业的生产经营也会获得相应的经济效益，而这些经济效益是该企业不能直接得到且无法直接计量的，是给予其他企业、给予社会的经济效益，这种经济效益就是间接经济效益。

所以，提高草地生产的经济效益，不仅要考虑本部门、本企业直接得到的经济效益，而且要考虑是否有利于提高社会其他行业、企业、农牧民的经济效益，是否有利于为社会提供更多的就业机会、有利于生态环境的改善、有利于民族团结和草原牧区社会经济发展等社会问题。因此，评价草业生产的经济效益，不能只看直接经济效益，必须把直接经济效益和间接经济效益统一起来，才是全面的。一般来说，直接经济效益容易看得见，不易被忽略，间接经济效益不易计量，但从全社会角度，则注重两者的统一，而且更应强调间接经济效益。

6.1.2.2 企业经济效益与社会经济效益

企业经济效益是指通过商品和劳动的对外交换所取得的社会劳动成果，即以尽量少的劳动耗费取得尽量多的经营成果，或者以同等的劳动耗费取得更多的经营成果。社会经济效益是以最大限度地利用有限的资源满足全社会人们日益增长的物质文化需求，社会效益是指项目实施后为社会所作的贡献，也称间接经济效益。

对企业来说，企业经济效益是企业一切经济活动的根本出发点，是衡量一切经济活动的最终综合指标。提高企业经济效益，有利于增强企业的市场竞争力。企业要发展，必须降低劳动消耗，以最小的投入获得最大的效益。只有这样，才能在市场竞争中不被淘汰，获得发展。

对国家和社会来说，提高社会经济效益，才能为社会提供更多的就业岗位，为国家财政贡献更多的税收，才能充分利用有限的资源创造更多的社会财富。因此，提高社会经济效益，无论是对企业、国民还是国家，都具有十分重要的意义。因此，企业在创造经济效益的同时也在创造社会效益，如在增加就业、增加财政收入、提高人们的生活水平、改善生态环境等方面作出贡献。企业创造的社会效益或对社会作出的贡献也会得到一些非经济的回报，如企业在人们心中的形象、企业产品在人们心目中的口碑等。企业的经济效益与企业的社会效益应该是相辅相成的。

6.1.2.3 企业经济效益与生态经济效益

生态经济效益是生态要素与经济要素之间通过技术手段的强化、组合和开发作用产生的投入产出效益。在物质资料的生产过程中，人们耗费一定的劳动，既能产出一定的对人们有用的经济成果，又会对周边的生态环境带来一定的影响，造成生态系统平衡状况的改变。这是生态系统对生产过程投入产出活动的响应。在草业生产中，通过各种技术手段提高人工草地的生产力，从而可以获得更多的经济效益。但有时候经济效益往往以牺牲生态效益为代价。天然草原生态系统维持稳定的基本条件是天然草原生态系统具有很高的生物多样性，但人工草地需要单一的植物物种，生产的草产品中杂草含量要尽可能少以提高草地生产的经济效益。因此，人工草地需要更多的资源投入以维持较高的生产力水平。一些提高人工草地经济效益的措施，如灌溉、施肥，在提高产量的同时，长期大量地抽取地下水灌溉会引起区域地下水位的下降；长期大水漫灌，会带来土壤盐渍化的风险；长期施用化肥，会造成土壤结构的破坏，最终导致生产力降低。

所以，草地生产企业的经济效益最终是与生态经济效益联系在一起的，生态经济效益是潜在的经济效益，保护好生态才能持续稳定的获得经济效益。草地生产最主要的特征就是经济效益与生态效益的结合和统一，草地的生态效益和生产的经济效益的集合就是草地生产的生态经济效益。因此，在草地生产中更应强调草地生态经济效益，这样才能使人们从长期和全局的角度规划和组织草地生产，而不以一时一地的得失论发展。

6.1.3　草业生产经济效益的特点

现代草业已经从过去单一的、传统的草地畜牧业，发展成为以草原生态保护、现代草地畜牧业、草产品生产加工与经营、草原景观旅游、草地体育康养、草原科学教育为一体的新型产业。草业的发展不仅仅体现在草地上生产的经济效益，更多的是草业的发展对维护国家生态安全、食物安全、能源安全，促进经济社会全面协调可持续发展具有十分重要的战略意义。

在任继周先生草地农业 4 个生产层理论框架指导下，现代草业以发展生态友好、草牧结合、优质安全、集成创新、强牧富民、文化传承为目标，构建草地农业生态系统，实现"藏粮于草、藏粮于地"，为我国的生态安全和食物安全提供保障。以人工草地种植和草产品生产为基础的现代草牧业生产，既有传统大农业作物种植与生产的特征，又有草地农业特别是草业与牧业相结合、草地生产与生态保护相结合、草地生产与草原文化相联系的一些特质，与传统农业有很大的不同，这些差别决定了草业生产经济效益的形成也有它自己的特点。

6.1.3.1　草业生产经济效益的相关性

草业生产与传统农业生产类似，其中包含很多生产技术，这些技术之间具有很大的相关性，技术之间既相互促进，又相互制约，最终导致生产的经济效益发生变化。例如，人工草地的灌溉和施肥，灌水量和灌水时期、施肥量和施肥时期都对植物生长及产量产生影响。如果灌溉与施肥配合良好，就会产生水肥耦合的积极效应；如果灌水量过大就会导致水肥地表流失或深层渗漏，不仅造成水量、肥料的损失，也给环境带来不利的影响，最终使草地生产的经济效益下降。

研究草地生产各项技术要素的科学组合，分析草地生产技术的经济效益，必须注意这些技术要素之间的相关性。

6.1.3.2　草业生产经济效益的持续性

草业生产与农业生产一样，经济效益具有持续性的特点。草地种植牧草多是多年生植物，种植时选择优良的品种，可以连续不断地参与生产过程，获得多年的产量优势。种植的土地，对土壤进行改良、培肥，配套灌溉、排水设施等，都有多年持续的增产效应，具有持续的经济效益。因此，发展草业，进行草业生产是一项较为长期的建设事业，投资见效也需要一定的周期，其效益形成一般也是要在一个农业生产周期结束时才能完成。但对土地的投资如水利设施、土地平整、改良土壤等，其效益可以持续多年。在对草地生产进行经济效益评价时要用多年的或多个生产周期的效益来评价，要考虑投入草地生产的资源，其价值的转移形式也具有持续性。本期的生产中只能部分转移构成新的价值，大部分在后续的生产周期内逐步转移为新的价值，即生产资源是一次投入多年发挥作用或效益。在草地生产管理方面，不仅要充分利用地力，还要注意培养地力。在水资源的利用上不仅要充分利用，还要注意节约灌溉水资源，提高草地水分利用效率，做到用水与养水的结合。

6.1.3.3　草业生产经济效益的极限性

草地生产主要是种植和养殖生产，所开展的生产活动都是与有生命的植物和草食家畜相关。植物或动物都受到自然再生产规律的支配，植物或家畜都有各自的繁殖、发育和生长的生理特点，并且受到自然因素的深刻影响。例如，紫花苜蓿，有的地方可以一年刈割几次，有的地方只能刈割一次；有的品种能抵抗一定程度的土壤盐分，有的品种就不行。诸如此类，都是草业生产过程中必须掌握的自然规律，只有选择适合当地气候、土壤特点和植物、动物生理特点的生产技术，才能取得良好的经济效益。但是，人们的认识水平在一定时期内总是有限的，可用的技术措施或技术水平在一定时期内也是有限的，因此，在一定的技术条件下取得经济效益具有极限性。例如，在干旱地区灌水量对紫花苜蓿产量具有决定性的影响，灌水量每增加一个单位，草产量也会增加一个单位。但是，在一定的地区、一定的品种及生产技术条件下，灌水量增大多少时，草产量会呈现负的增加趋势，即灌水量增大草产量反而下降，目前人们对这一问题的认识还没有达到量化的程度。虽然我们都承认草地植物生产的产量，或获得的经济效益是有极限的，但这个极值与资源投入量之间的关系是什么，需要做更多的田间科学试验才能找到答案。

6.1.3.4　草业生产经济效益的综合性

草业生产中，无论是草地植物生产还是草地动物生产，植物、动物的生长发育必须同时满足各种必要的生活条件，如若缺少其中的一种或几种因素，都会影响动植物的生长发育，降低草产品和畜产品的产量，这就是生物的生活条件同等重要规律所决定的。因此，草业生产是一项综合性很强的植物及动物生产，其经济效益是涉及的各种技术措施综合作用的结果，如果其中有一项因素成为限制因子，则整体产量或经济效益也上不去，如同木桶效应中的短板，只有补齐短板，才能提高木桶中的水位，增加木桶的盛水量。

6.1.3.5　草业生产经济效益的不稳定性

草业经济效益形成受自然因素的影响比较大。一般来说，自然条件好的年份、土地肥力高的地区农业产出就多，产品成本也就较低，相对的草业特别是草地生产经营的效益就比较好；而自然条件差的年份、土地肥力低的地区农业产出就少，产品成本也就较高，相对的农业经营效益就比较差。同时，草业生产的经济效益受草产品市场的影响也比较大，草产品市场往往是变化或波动的，而草业生产由于产品生产周期长、受自然条件影响大，对市场变化的反应慢，适应市场变化的能力比较弱。总之，草产业受自然因素和市场因素的影响都比较大，经济效益具有一定的波动性。

6.1.4　草业生产经济效益的影响因素

6.1.4.1　土地资源对草业生产经济效益的影响

土地资源是草业发展的基础性资源，也是草业赖以生存的基本条件。无论是草地农业的景观生产层、植物生产层、动物生产层，还是草地农业的后生物生产层，土地资源是最基础性的保障和环境载体，草地的植物生长、动物饲养、产品加工、草地上的文化娱乐、体育运动、景观欣赏都需要土地做保障。因此，土地资源对草业经济具有决定性的影响。

尽管我国地大物博，但耕地仅占世界的 9%，淡水资源仅占世界的 6%，人口却占世界总人口的近 1/5，解决好 14 亿人口的吃饭问题始终是国家的头等大事。因此，坚守 18 亿亩耕地红线是确保粮食供给的基本保证。在此背景下草业的发展目前仅限于沙化、盐碱化、退化等非作物种植的土地。随着国家社会经济的发展，人民对优质畜产品的需求持续增长，包括畜产品在内的食物供给保障将是国家的重大战略。大力发展草业，提高优质饲草生产和供给保障能力，就需要更多的土地来支撑，需要政策、资金和现代草业科技的不断投入，挖掘草原、草地提高饲草生产力的潜力，加大各类土地包括退化草地、盐碱地、沙地的改良和人工草地建设力度，促进天然草地植物生产力的提升，增加高标准人工草地饲草生产能力和供给保障水平，要像种粮一样种草，要像高标准农田基本建设一样建设高标准人工草地，以此形成畜产品保障供给的基础。

6.1.4.2　水资源对草业生产经济效益的影响

水是生命之源，生态之基，生产之要。水资源是草业发展的基础性资源，不仅草地植物生产离不开水资源，而且草地生态系统的维持及修复也需要水资源。目前，我国水资源总量约为 28 000 万亿 m^3，居世界第六位，但人均水资源量仅为世界人均占有量的 28%。年降水量总体上南方多，北方少，东部多，西部少，西北干旱地区自然降水年平均降水量不足 100 mm。降水的空间分布与我国草原资源的分布是不相称的。在水资源缺乏地区草业的发展很大程度上受制于水资源条件。我国是一个农业大国，农田灌溉用水目前是最大的用水户，农田灌溉用水量约占全国总水量的 60% 以上。草地植物生产所需要的灌溉用水要从传统农作物生产用水中分流一部分是很困难的。因此，我国草业发展中人工草地灌溉方式大量采用比较节水的喷灌、地下滴灌等技术，走出一条节水草业的发展之路，促进草业经济效益的提升。

节水草业的主要目标是通过提高草地用水的有效性，提高草地水资源利用的效率和水分生产效率，最终提高草地生产力及草产品的品质，增加草地生产经济、生态效益。节水草业不仅仅指人工草地的节水灌溉，也包括天然草地如何提高自然降水和其他水资源的利用效率问题。节水草业就是要以创新型的思维，综合运用现代生物技术、工程技术和管理技术，从耐旱草种培育、抗旱草地培育、草地植物生产布局到种植结构、耕作制度与耕作技术等方面实施草地生物节水；从人工草地避免大水漫灌到采用以喷灌为代表的节水灌溉技术和自动控制技术的草地工程节水；从以提高草地水资源利用效率为目标的草地管理到草地用水水费政策等的管理节水，来实现提高草业用水效益的目的。

6.1.4.3　影响草业生产经济效益的其他因素

影响草业生产经济效益的因素还有很多，如草地植物品种、资金、技术、市场、政策等。草地植物生产的经济效益严重依赖草地植物品种的产量及品质特性。品种决定了草种的抗逆性及产量特性，当然，草产量与当地的水土资源及自然条件和栽培管理也有很大的关系，但品种对产量的形成具有重要的影响。现代草业生产已经不是一家一户的小农经济，而是有一定规模的企业化经营的商品草生产，这种经营模式没有一定的资金保证是无法运行的。草业看似是简单的种植、收获等作业，实际上它的发展需要众多学科技术的支持，那种凭经验和摸索种草的做法存在很大风险。现代草业的一个主要特征就是以市场为导向，草产品的供求关系影响草地生产决策，只有实时了解市场行情，在分析判断的基础上才能做出合理的决策。以市场为导向的草业生产及其经济效益，市场因素起着最重要的作用。草业不同于传统农业，草业生产要兼顾生态、生活和生产三方面的效益，不能因为草业生产破坏了当地的生态，也不能因为草业生产而不顾当地农牧民增加经济收益，国家的相关政策起着重要的调节作用。

6.1.4.4 草业生产经济效益的提高途径

草业生产是以保护和培育草地资源为目标而进行的草地管理，草地种植，草产品生产、加工、利用，进而获得经济、生态和社会效益。在我国推进绿色发展，加快生态文明建设的进程中，草业将发挥无可替代的重要作用。因此，草业生产不应局限于人工草地的种植，而是面向面积广大的草原如何提高草地生产力。草原的基本功能以生态优先，所以草原要以保护为先，以保护稳生产，以利用促发展，以保护加利用提高草业生产的生态、经济效益。在确保生态安全的前提下，无论是天然草地还是人工草地，要对影响草地生产力的关键制约因素进行分析，运用各种技术及管理措施，维持草原生态系统的稳定，提高草地植物生产力，发展生态、高效的草地畜牧业。大力发展以紫花苜蓿、饲用玉米为代表的高产优质饲草料种植，建设适度集中连片、面向市场、管理高效的高产、稳产、优质人工草地生产基地，培育及发展专业化饲草料加工、贮运、物流配送、质量追踪等草业服务平台。

6.2　草业生产决策分析

草业生产以草产品的市场需求为导向，对需求的分析与估计主要是解决草业企业生产什么产品、生产多少的问题。但要进一步探讨在生产这些产品的过程中，怎样生产才能达到最大的经济效益，这就需要对生产过程进行分析以找出最有效的解决方案，包括用什么样的技术和生产规模以及多高的生产效率等，生产函数是一种解决这些问题的有效方法。

6.2.1　草业生产与生产函数

6.2.1.1　草业生产

经济学所说的生产含义十分广泛，各种经济活动都包含着生产，这种生产包括实体经济生产的产品和提供的服务。只要是创造价值的活动都是生产。草业生产是指在草地上开展放牧、种植、经济活动等获得产品的过程。

6.2.1.2　草业生产要素

草业生产要素一般被划分为劳动、土地、资本和技术4种类型。

①劳动：是指人们在生产过程中提供的体力劳动和脑力劳动的总和。

②土地：生产过程必须依赖于草地而进行，还包括地上和地下的各种自然资源，如动植物资源、土地资源、水资源、气候资源、植物营养等。

③资本：进行生产必须有资本投入，资本可以表现为实物形态或货币形态。资本的实物形态包括各种基础设施建设、厂房、机器、原材料等，资本的货币形态也就是货币资本。

④技术：包括生产过程中的各种应用技术和生产管理技术，以及生产、管理人员的技术才能。

6.2.1.3　草业生产函数

草业生产函数是指在一定时期一定技术条件下，草业生产中所使用的各种生产要素的数量与所能产出产量之间的关系。也就是说，在一定的技术条件下投入与产出之间的关系。草业生产函数就是用一种数学的方法描述这种投入与产出的关系。草业生产是包括土地、人力、资本、技术四大生产要素及其组合共同作用的结果，投入就是指生产要素的投入。

假定 x_1，x_2，$\cdots$，x_n 表示生产某一产品时需要的 n 种生产要素的投入量，Q 表示生产产品的产量，则生产函数的数学表达式：

$$Q = f(x_1, x_2, \cdots, x_n) \tag{6-4}$$

该生产函数表示在一定的技术条件下生产要素组合 $(x_1, x_2, \cdots, x_n)$ 在一定时间内所能生产的最大产量。

在经济学中，各种生产要素通常整合为劳动和资本两种生产要素，因此，草业生产函数可以写成：

$$Q = f(L, K) \tag{6-5}$$

式中　L——劳动生产要素；

　　　K——资本生产要素。

需要注意的是，草业生产函数反映的是在一定的技术条件下和一定的时间内投入与产出之间的数量关系，如果技术条件改变，草业生产函数关系也会改变；不能用过去的生产函数关系来评价现在的投入产出关系，因为生产技术条件会随着时间的推移而更新，技术也在进步。所以，要用动态的思想来理解生产函数。另外，草业生产函数反映的仅仅是某一特定要素投入组合在现有技术条件下能产出的最大产量，生产要素的组合发生改变，产出也会变化。

1970 年，诺贝尔经济学奖得主、美国麻省理工学院经济学教授保罗·萨缪尔森曾说过："生产函数是一种技术关系，它告诉我们每一组特定投入能够产生的最大产出，这是在一组给定的技术条件下产生的。"换句话说，在生产过程中可以用生产函数来确定生产要素的最经济的组合。假如有很多种生产要素，如劳动力、资本等，生产函数反映的就是人们期望的产出量，即将各个生产要素最佳组合以后的产出。一个企业的生产函数取决于它当前的技术状况，一旦企业的技术发展更新，企业的生产函数也就随之改变。更新后的生产函数，其表现在相同的产出情况下，投入量会更少；或者相同的投入量情况下产出的更多。

任何一个生产单位，小到一个企业，大到一个行业，只要有投入和产出，就会有自己的生产函数。这种生产函数往往是根据自己的投入、产出经验数据用回归分析的方法建立的。美国两位经济学家提出的 Cobb-Doglass 生产函数是目前应用较多的一种生产函数形式：

$$Y = A \times K^{\alpha} \times L^{1-\alpha} \tag{6-6}$$

式中　Y——产量或产出；

　　　K——资本投入；

　　　　L——劳动投入；

　　　　A——系数，反映了生产过程中技术、知识对生产效率的影响程度；

　　　　α——统计参数，$0 < α < 1$。

　　总之，一个生产体系的投入、产出关系取决于生产体系中的资源、技术、设备和劳动力等诸多要素的技术水平。任何生产方法，包括生产技术、生产规模的改进，都会导致新的投入产出关系。因此，不同的生产函数可以代表不同的生产方式，通过寻求最优的生产要素投入和产出关系，选择合理的生产方法。

　　草业生产函数可分为以下几种类型：

　　①一种可变投入的生产函数。对既定产品，技术条件不变、固定投入（通常是资本）一定、一种可变动投入（通常是劳动）与可能生产的最大产量间的关系，通常又称短期生产函数。

　　②多种可变投入的生产函数。如果考察时间足够长时，可能两种或两种以上的投入都可以变动，甚至所有的投入都可以变动，这种生产函数称为长期生产函数。在这里，长期或短期的划分是以生产者能否变动所有的要素投入量来作为标准的，而不同产品的生产，长短期的划分是不固定的。例如，从事人工草地种植的草产品生产企业要将所有的要素投入改变需要的时间可能是一年或更长，但是一家草产品贮运配送的企业改变所有生产要素的时间只需要几个月就够了。所以，短期是指生产者来不及调整所有生产要素的数量，至少有一种生产要素的数量是固定不变的时间周期。长期是指生产者可以调整全部生产要素的数量的时间周期。在微观经济学中，一种可变投入的生产函数通常用来考察短期生产理论，两种（或以上）可变投入的生产函数用来考察长期生产函数。

6.2.2　一种可变投入要素的草业生产函数

　　草业生产函数是多要素及其组合的投入产出关系，如果其他要素投入量保持不变，只有一种生产要素的投入量是可变的，研究这种投入要素的变动与最佳经济效益之间的关系，就是一种可变投入要素的生产函数，其作用主要是解决在生产过程中投入要素的最优使用量问题，为生产决策提供依据。

　　例如，一个地处干旱地区的草业生产企业，灌溉水资源是制约草产量的主要因素。灌溉水资源制约草业生产主要表现在两方面：一是水量不足，供水量受限；二是灌溉水费较高，用水量超过规定定额实行累进加价制度。草企业种植面积、生产设备、草产品种类都无法在短期内变化，要增加草产品产量，只有增加灌溉量是可供选择的途径。问题在于，增加多少灌溉量对企业经济效益才是最高的呢？这个问题就是一种可变投入要素的最优决策问题。同样的道理，施肥对于草产量具有重要的作用，增施肥料会增加一定的产量，但增加施肥就要增加成本。如果其他生产要素不变，只研究施肥量的多少与草业经济效益的关系，就是施肥量的最优决策问题。为此，我们先需要了解一些产量的概念及其相互之间的关系。

6.2.2.1　总产量与边际产量

　　以下以草业生产中水分为单一可变要素投入的生产函数为例来说明其总产量、平均产量，以及边际产量之间的关系。

　　（1）牧草水分生产函数

　　我国劳动人民总结的农事谚语道："有收无收在于水，多收少收在于肥"，水、肥对于农业生产或草地生产的重要性不言而喻。在草地生产中，如果其他生产要素保持不变，只研究灌溉水量的投入与草产量之间的关系，这种函数关系称为作物水分生产函数(crop water production function)。根据研究问题的不同，作物生产中投入的水分可以用灌溉水量、作物耗水量、田间总供水量等指标来表示，不同指标所包含的水分范围有所不同。无论是作物生产还是草地植物生产，水分是产量形成的最重要限制因素，因此，针对作物水分生产函数的研究一直是作物生产研究领域关注的热点科学问题。早在 1953 年 Wit 就提出了作物蒸发蒸腾量与干物质产量的线性模型，这是定量研究作物产量与水分关系的第一步。1968 年 Jensen 提出了作物受到不同程度的水分胁迫时作物产量的变化关系模型：

$$\frac{Y_a}{Y_m} = \prod_{i=1}^{n} \left(\frac{ET_a}{ET_m}\right)_i^{\lambda_i} \tag{6-7}$$

式中　Y_a——作物实际产量；

Y_m——土壤水分不受限制条件下作物最大产量；

ET_a——作物实际蒸发蒸腾量；

ET_m——土壤水分不受限制条件下作物最大蒸发蒸腾量；

i——作物生长阶段或生育期；

λ_i——在第 i 生长阶段作物对水分胁迫的相对敏感程度；

n——作物生长阶段数。

1979 年，联合国粮食及农业组织(FAO)给出了一个线性函数公式：

$$1 - \frac{Y_a}{Y_m} = K_y \left(1 - \frac{ET_a}{ET_m}\right) \tag{6-8}$$

式中　$1 - \dfrac{Y_a}{Y_m}$——作物相对减产量；

$1 - \dfrac{ET_a}{ET_m}$——耗水量相对亏缺量；

K_y——作物对水分亏缺的敏感系数，也称作物产量对水分的响应系数。

为了考虑作物不同的生育期水分亏缺，将上式可以改写为：

$$1 - \frac{Y_a}{Y_m} = \sum_{i=1}^{n} K_{yi} \left(1 - \frac{ET_{ai}}{ET_{mi}}\right) \tag{6-9}$$

式(6-9)中，K_y 值随着作物和季节而变化。如果：

$K_y > 1$，说明作物对水分亏缺特别敏感，如果供水减少造成作物水分胁迫就会造成较大的产量损失；

$K_y < 1$，说明作物比较耐旱，即使发生部分的水分亏缺，复水后作物也能恢复生长，供水减少对作物产量的影响较小；

$K_y = 1$，说明作物产量减少与供水量的减少成正比。

FAO 给出的几种常见饲用牧草的参考 K_y 值：玉米 $K_y = 1.25$；苜蓿 $K_y = 1.1$；高粱 $K_y = 0.9$。

我们在地处干旱内陆地区的甘肃武威绿洲农业高效用水国家野外科学观测研究站进行了紫花苜蓿地下滴灌条件下的产量、品质效应试验。图 6-1 是地下滴灌条件下紫花苜蓿年干草产量与耗水量的关系。实验中设置了灌水量的变化梯度，观测对应灌水量的苜蓿耗水量。该苜蓿地一年刈割 3 次，图中苜蓿干草产量为 3 茬的总和，苜蓿耗水量也是 3 茬苜蓿耗水量的总和。用 Logistic 模型拟合苜蓿干草产量与耗水量的关系，得到干旱地区地下滴灌条件下紫花苜蓿水分生产函数的经验模型：

$$y = a_2 + \frac{a_1 - a_2}{1 + (x/x_0)^p} \qquad (6\text{-}10)$$

式中　y ——苜蓿干草产量（kg/hm²）；

　　　　x ——苜蓿实际耗水量（m³/hm²）；

　　其余为试验得到的经验系数，$a_1 = 2\ 291.78$，$a_2 = 14\ 673.12$，$x_0 = 2\ 434.43$，$p = 1.91$。

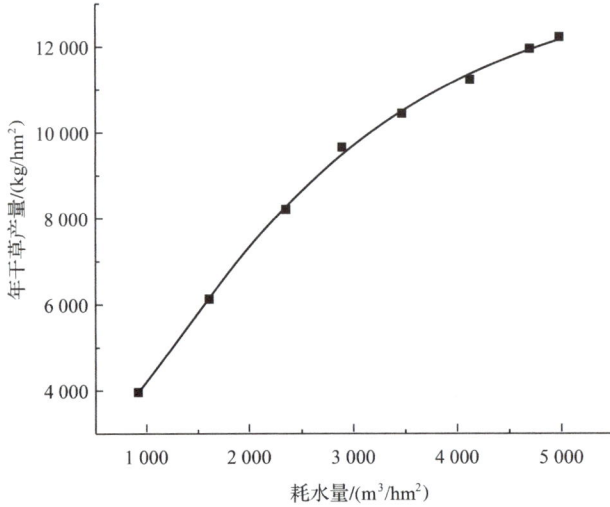

图 6-1　地下滴灌条件下紫花苜蓿年干草产量与耗水量的关系

（2）总产量与边际产量

在草地植物一个生长季内每一个单位面积上的总灌溉量对应有一个单位面积上的草产量，这个产量就是总产量。表 6-1 为地下滴灌条件下紫花苜蓿耗水量与干草总产量的试验结果。其中，苜蓿干草总产量就是全年灌水量所对应的年耗水量及全生育期苜蓿干草总产量。

平均产量就是用投入获得的总产量除以投入的数量，即单位耗水量产出的干草产量：

表 6-1　地下滴灌条件下紫花苜蓿耗水量与干草总产量的试验结果

实际耗水量/（m³/hm²）	干草总产量/（kg/hm²）	单方水平均产量/（kg/m³）	平均产量/（kg/mm）	边际产量/（kg/m³）
919.1	3 963.1	4.31	0.431	
1 608.5	6 129.5	3.81	0.381	3.14
2 350.0	8 215.4	3.50	0.350	2.81
2 888.4	9 661.4	3.34	0.334	2.69
3 466.2	10 442.7	3.01	0.301	1.35
4 124.9	11 231.5	2.72	0.272	1.20
4 695.3	11 951.4	2.55	0.255	1.26
4 979.9	12 224.8	2.45	0.245	0.96

$$Y_a = \frac{Y_t}{ET_{at}} \tag{6-11}$$

式中　Y_a——平均干草产量(kg/m^3)；

　　　Y_t——单位面积苜蓿干草总产量(kg/hm^2)；

　　　ET_{at}——单位面积苜蓿实际总耗水量(m^3/hm^2)。耗水量也可以用整个生长季耗水的水深来表示，即 $1\,ET_{at}(m^3/hm^2) = 0.1ET_{at}(mm)$，因此，平均产量也可以用单位耗水深度的产量来表示。

边际产量就是投入量变动时总产量的变化量，即

$$MP = \frac{\Delta Y_t}{\Delta ET_{at}} \tag{6-12}$$

式中　MP——边际产量(kg/m^3)；

　　　ΔY_t——苜蓿干草总产量的变化量(kg/hm^2)；

　　　ΔET_{at}——苜蓿实际总耗水量的变化量(m^3/hm^2)。

例如，表6-1中当苜蓿耗水量从 919.1 m^3/hm^2 增加至 1 608.5 m^3/hm^2 时，苜蓿干草总产量从 3 963.1 kg/hm^2 增加至 6 129.5 kg/hm^2，则边际产量：

$$MP = \frac{\Delta Y_t}{\Delta ET_{at}} = \frac{6\ 129.5 - 3\ 963.1}{1\ 608.5 - 919.1} = \frac{2\ 166.4}{689.4} = 3.142(kg/m^3)$$

当苜蓿耗水量从 4 124.9 m^3/hm^2 增加至 4 695.3 m^3/hm^2 时，苜蓿干草总产量从 11 231.5 kg/hm^2 增加至 11 951.4 kg/hm^2，投入量变动时的边际产量：

$$MP = \frac{\Delta Y_t}{\Delta ET_{at}} = \frac{11\ 951.4 - 11\ 231.5}{4695.3 - 4\ 124.9} = \frac{2\ 166.4}{570.4} = 1.262(kg/m^3)$$

上述例子告诉我们，草地植物生产中，随着灌溉量的增多，苜蓿耗水量也会增加，由此带来苜蓿草产量的变化，通过边际产量的变化趋势分析，就能对草地生产中的灌溉量做出最优决策。所以，边际产量在生产决策分析中是一个很重要的概念和有用的工具。

如果单一投入要素 x 有一个微增量 dx，根据边际产量的定义，就会产生一个微产出量 dy，则根据微分定义就得到：

$$MP = \frac{dy}{dx} \tag{6-13}$$

这就是总产量曲线上当 x 取某值时该点切线的斜率，也就是产量对资源投入量的变化率。

根据一般生产函数的总产量、平均产量和边际产量随单一投入要素的变化过程，我们可以画出总产量曲线、平均产量曲线和边际产量曲线，如图6-2所示。

从图中可以看出，总产量曲线在最初阶段随着资源投入量的增加，总产量呈现快速增加的趋势，这一阶段边际产量为递增趋势。投入量达到 a 点时，对应总产量曲线上的 A 点，边际产量曲线达到最大值，之后随着资源投入量的增加，虽然总产量持续增加，但边际产量呈现递减趋势，所以，A 点就是生产函数曲线的拐点(inflexion point)，过了 A 点总产量、平均产量还在随投入量的增加而增加，但边际产量是递减的。投入量达到 b 点时，平均产量与边际产量相等，总产量仍呈增加的趋势。投入量达到 c 点时，对应总产量曲线上的 C

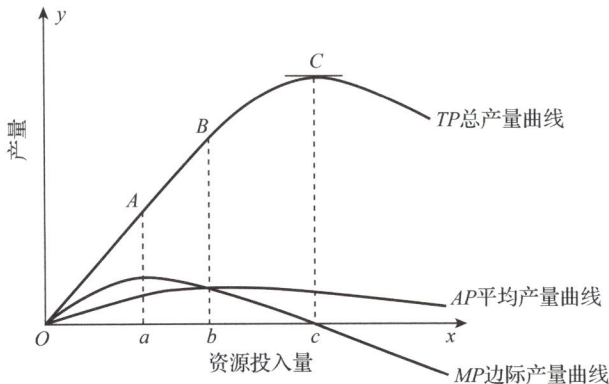

图 6-2　总产量、平均产量、边际产量的关系曲线

点，此时，总产量达到最大值，C 点为总产量曲线的极值点，边际产量减小到 0，如果资源投入再有增加，总产量不增反降，边际产量出现负值。

边际产量与总产量之间的关系告诉我们，当边际产量为正值时，总产量曲线呈上升趋势，曲线的斜率为正值，此时，增加资源投入量就能增加总产量；当边际产量为负值时，总产量曲线呈下降趋势，曲线的斜率为负值，此时，增加资源投入量总产量反而减少；当边际产量等于 0 时，总产量达到最大值，曲线的斜率等于 0。

边际产量与平均产量的关系：边际产量大于平均产量，平均产量呈增加趋势；边际产量小于平均产量，平均产量呈减少趋势；边际产量与平均产量相等，平均产量达到最大值。

6.2.2.2　边际收益递减规律

边际收益递减规律(law of diminishing marginal return)也称边际报酬递减规律，是指在其他技术水平不变的条件下，在连续等量地把一种可变要素增加到其他一种或几种数量不变的生产要素上去的过程中，当这种可变生产要素的投入量小于某一特定的值时，增加该要素投入所带来的边际产量是递增的；当这种可变要素的投入量连续增加并超过这个特定值时，增加该要素投入所带来的边际产量是递减的。

边际收益递减规律是经济学的一个基本概念，也是短期生产的一条基本规律。一个以资源作为投入的企业，单位资源投入对产品产出的效用是不断递减的，即虽然其产出总量是递增的，但是产出的增长速度不断变慢，也就是可变要素的边际产量是递减的。

边际收益递减规律通俗的说法是：开始的时候，收益值很高，越到后来，收益值就越少。用数学语言来表达就是：x 是自变量，y 是因变量，y 随 x 的变化而变化，随着 x 值的增加，y 的值也在增加，但是增加的幅度却在不断减小。在农业生产或草地生产中，许多生产过程都遵守着边际收益递减规律。

例如，人工草地生产过程中需要施用化肥，起初每增施 1 kg 的化肥所能增加的草产量是递增的，但当所施化肥超过一定数量时，每增加 1 kg 的化肥所能增加的草产量就会递减，此时，继续增施化肥，就有可能不仅不增加草产量，反而会造成草产量的下降。苜蓿灌溉也是类似，以我们试验获得的地下滴灌条件下苜蓿干草总产量与苜蓿耗水量的关系为例，如图 6-3 所示。图中我们把苜蓿耗水量分为 1 000 m³/hm² 相等的间隔，可以看出耗水量每增加 1 000 m³/hm²，所增加的干草产量是逐渐递减的，即边际产量起初大，后期小，边际产量随着投入量的增加而递减。

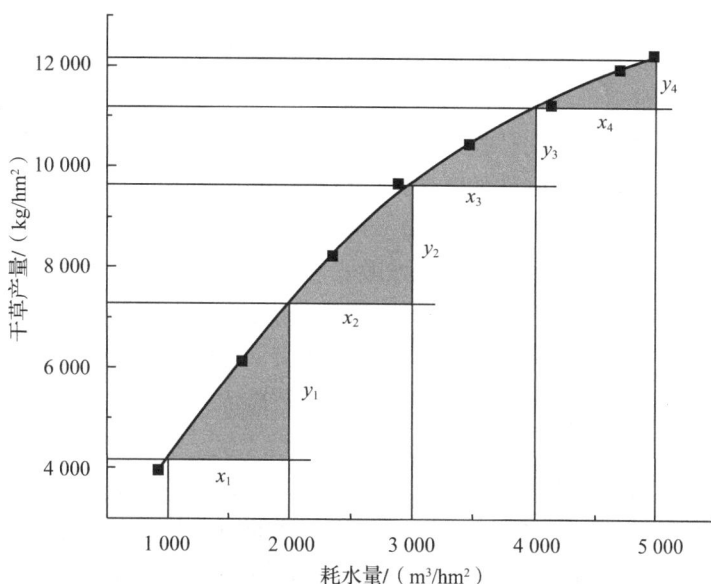

图 6-3　地下滴灌条件下苜蓿干草总产量与苜蓿耗水量的关系

$$MP_1 = \frac{dy_1}{dx_1} > MP_2 = \frac{dy_2}{dx_2} > MP_3 = \frac{dy_3}{dx_3} > MP_4 = \frac{dy_4}{dx_4} \tag{6-14}$$

这就是说越接近最高产量，增加 1 个单位的投入量所获得的产量就越小，这就是边际收益递减规律。

多年生牧草的种植，一般第 1 年产量低，第 2、3 年达到最高产量，此后随着生长年限的延长，草产量逐渐降低。

经济学中把生产分为短期生产(short run)与长期生产(long run)。短期和长期并不是特指一段时间，如三五年或几个月，而是两者的可变要素与不变要素有所不同。在草业生产中，如果一家企业通过某种途径获得了一片土地进行牧草生产，为此需要购置一些大型生产机械、配套动力、供水设施和喷灌设备，并修建必要的生产、生活办公用房及草产品仓储设施。土地、基础设施配套建设及设备购置等固定资产投入在草业生产的一定时期内是相对不变的，这些要素在短时间内对生产的影响相对不变。草产品生产企业要想获得更高的经济收益，在短期内可以通过增加工人数量，或投入更多的灌溉水资源、肥料数量，或应用更先进的田间管理、收获加工储藏等技术来提高产草量及草产品品质，从而提高草产品的质量等级获得更好的市场价格。而更大型的设备投入、技术进步、科研成果的应用等变量并不容易在短期内实现，因此在短期生产中这些变量被视为不变要素。而在长期生产当中，几乎所有因素都成为可变的要素。

在短期生产的过程中，假设其他要素一直维持不变的情况下，如果不断地增加一种可变要素的投入量，边际产量或边际收益会不断递减，甚至出现负数。以种草生产草产品为例，假设一个企业的种植面积是一定的，企业生产管理者的想法是一定要通过增加化肥的施用量来提高单位面积草产量。由于种植面积短期内是固定不变的，化肥用量不断增加，边际产量曲线的变化从最初的递增到递减，最终到达一个临界点，过了这个高点便开始下降。也就是说，此时每新增一个单位的化肥用量，产量却开始减少，边际产量出现负数。这一情况说明，仅仅依靠单一可变要素的不断投入，不仅无法有效地增加产量，生产收益反而会被压缩，甚至出现亏损。

边际收益递减规律告诉我们，投入和产出并不一定总成正比，到了某个临界点，边际收益会走下坡，此时企业组织生产的要素组合很有可能出现亏损。边际收益递减规律之所以存在，是因为随着可变要素投入的增加，可变要素投入与固定要素投入的比例也在变化。在增加可变要素投入的初始阶段与固定要素相比，可变要素的投入占固定要素投入的比例较小。随着可变要素投入的增加，生产要素投入逐渐接近最优组合比例，其边际产量逐渐增加。当可变要素与固定要素的投入比例合适时，边际产量达到最大。如果继续增加可变要素的投入，生产要素的投入比例会越来越偏离最优组合比例，因此边际产量会有递减的趋势。

在理解边际收益递减规律时应注意两点：第一，边际收益递减规律是以其他生产要素固定不变，只变动一种生产要素为前提的，收益递减的原因就在于增加的生产要素只能与越来越少的固定生产要素相结合；第二，边际收益递减规律是以生产技术水平不变为前提的，如果技术条件发生变化，原来的边际收益递减规律也就不再适用。

边际收益递减规律揭示了投入与产出之间的客观联系。从事草业生产的企业首要的问题就是要研究投入与产出之间的关系，边际收益递减规律告诉我们，并不是任何投入都能带来最大的经济效益，更不是投入越多，经济效益就越高。而是要对企业的投入数量及其组合进行科学分析，这对于正确的生产决策是十分重要的。

6.2.2.3 草业生产函数的不同阶段

根据边际收益递减规律的性质，经济学家根据投入要素数量的多少把生产过程划分为3个阶段，如图6-4所示。

第1阶段，可变投入要素的投入量小于b，这一阶段的生产函数的特征是可变要素的边际产量先递增，可变投入要素在a之前，然后递减，这一阶段的总产量、平均产量均处于上升趋势。

第2阶段，可变投入要素的投入量在b和c之间，这一阶段的生产函数的特征是可变要素的边际产量是递减的，但仍为正值，总产量仍然呈上升趋势，平均产量呈下降趋势。

第3阶段，可变投入要素的投入量大于c，这一阶段的生产函数的特征是边际产量为负值，即增加可变要素投入量，总产量是减少的，这一阶段总产量和平均产量均为减少趋势。

在这3个阶段中，第1阶段和第3阶段在经济学上是不合理的，一个企业生产要素的投入处于第2阶段在经济上是比较合理的，主要原因是：

第1阶段由于总产量呈上升趋势，则单位产品中的固定生产要素成本（即固定成本）呈下降趋势。一个草地生产企业从征地开始，到基础设施建设和大型生产设备购置，再到生产出草产品，其固定资产投资基本完成，固定生产成本基本不变，此时如果生产的草产品产量提高，意味着单位产品中固定生产要素成本所占比例降低。同时，我们又注意到在这一阶段平均产量呈上升趋势，而平均产量的意义就是单位可变要素投入量所获得的产量，可变要素的投入就是可变成本，如果平均产量呈上升的趋势，意味着单位产品中可变成本

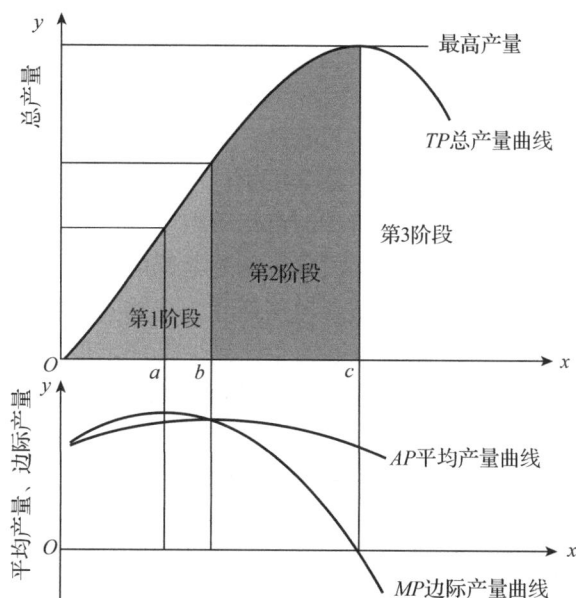

图 6-4 草业生产函数的 3 个阶段

所占的比例在下降。固定成本和可变成本的下降说明，在这一阶段增加可变要素投入量可进一步降低生产成本，在销售价格不变的情况下产品的利润空间会进一步增大。所以，如果可变要素投入量停留在这一阶段在经济上是不合理的，如果进一步增加投入，还有获得更多收益的潜力。

第 2 阶段由于总产量呈上升趋势，单位产品的固定成本就是下降趋势，但这一阶段平均产量呈下降趋势，因此，单位产品变动成本呈上升趋势。这一阶段固定成本是下降的，但变动成本是增加的，构成产品生产成本的两类成本具有相反的运动方向。由此说明，我们在这一阶段总能找到一个可变要素投入量的点，使两种成本的变动正好抵消。离开了这一点，无论是可变要素投入量的增多还是减少，都会导致产品生产成本的增加。所以，最优的可变要素投入量的点只能在这一阶段去选择。因此，第 2 阶段的生产在经济上是合理的。

第 3 阶段由于总产量呈下降趋势，所以单位产品的固定成本呈上升趋势，而且平均产量也呈下降趋势，单位产品的变动成本呈上升趋势。两类成本都是上升趋势，说明可变要素投入量不能再增加，投入数量不能超过 c，否则，产品生产成本就会更高。所以，第 3 阶段的生产在经济上是不合理的。

6. 2. 2. 4 单一可变最优投入量的确定

以上我们所讨论的是一种可变要素投入与产出的关系，其中最重要的就是总产量曲线。在以面向市场的企业化经营的草地生产中，获得草产品产量是不够的，而是要以满意的市场价格把生产的草产品卖出去，从而获得直接的经济收益。假定草产品的价格在一定时期内相对不变，则根据一种可变要素投入获得的总产量与市场价格，就可以得到单一可变要素投入的总收益，即

$$TV = p \times y_t \tag{6-15}$$

式中　　*TV*——总收益；

　　　　p ——产品单价；

　　　　y_t——总产量。

以干旱地区地下滴灌苜蓿为例来说明总收益、平均收益与边际收益之间的关系。我们知道，紫花苜蓿作为重要的蛋白质牧草，在草地生产中除了要求高产外，苜蓿干草的品质也是生产管理决策中的重要指标。因为苜蓿的市场价格主要看其品质指标，品质等级决定了价格的高低，奶牛养殖企业一般对高品质等级的苜蓿趋之若鹜，人们的基本共识是好草喂好牛，好牛产好奶。所以，从苜蓿种植者角度来看，在相同产量的情况下，更高品质的苜蓿可以为种植业带来更多的经济收益。苜蓿草产品的市场定价主要参考粗蛋白含量和相对饲喂价值，而相对饲喂价值是依据中性洗涤纤维和酸性洗涤纤维计算得到的一个指标，即

$$RFV = \frac{120(88.9 - 0.779 \times ADF)}{1.29 \times NDF} \tag{6-16}$$

式中　　*RFV*——相对饲喂价值；

　　　　ADF——酸性洗涤纤维(%)；

　　　　NDF——中性洗涤纤维(%)。

表6-2为中国畜牧业协会苜蓿干草质量分级标准，将苜蓿干草分为特级、优级、一级、二级、三级，各项指标分别对应《美国苜蓿干草质量检测指标及分级指南》中的特级、优级、良好级、普通级、经济级的分级。苜蓿干草的市场价格基本依据就是草的品质等级，一般一级苜蓿干草要求粗蛋白在18%以上，相对饲喂价值在150以上。

表 6-2　中国畜牧业协会苜蓿干草质量分级标准

苜蓿干草品质等级	粗蛋白含量/%	酸性洗涤纤维含量/%	中性洗涤纤维含量/%	相对饲喂价值	杂类草含量/%
特级	>22	<27	<34	>185	<3
优级	20~22	27~29	34~36	170~185	<3
一级	18~20	29~32	36~40	150~170	3~5
二级	16~18	32~35	40~44	130~150	5~8
三级	<16	>35	>44	<130	>8

我们在甘肃河西走廊石羊河流域进行的紫花苜蓿地下滴灌实验，苜蓿耗水量及灌溉量不仅影响苜蓿干草产量，也影响苜蓿的品质指标。苜蓿干草粗蛋白含量随着苜蓿耗水量的增加略有下降，酸性洗涤纤维和中性洗涤纤维含量随着生育期耗水量的增加有一定的增加，相对饲喂价值则随着苜蓿耗水量的增加而减小，在苜蓿全生育期的蒸发蒸腾量大约480 mm时，苜蓿干草的相对饲喂价值约为150，相当于国产苜蓿一级干草的质量等级。以下假定苜蓿一级草的价格为2 000 元/t，分析地下滴灌条件下苜蓿耗水量与总收益、平均收益和边际收益的关系，见表6-3所列。单位耗水量的收益即为平均收益。总收益的增加值与耗水量增加值的比值即为边际收益。

拟合苜蓿耗水量与苜蓿总收益的关系就得到总收益曲线，如图6-5所示。

表 6-3　地下滴灌条件下苜蓿耗水量与总收益、平均收益和边际收益的关系

苜蓿实际耗水量/ （m³/hm²）	苜蓿干草总产量/ （kg/hm²）	总收益/ （元/hm²）	平均收益/ （元/m³）	边际收益/ （元/m³）
919.1	3 963.1	7 926.1	8.62	—
1 608.5	6 129.5	12 259.0	7.62	6.3
2 350.0	8 215.4	16 430.8	6.99	5.6
2 888.4	9 661.4	19 322.7	6.69	5.4
3 466.2	10 442.7	20 885.4	6.03	2.7
4 124.9	11 231.5	22 463.0	5.45	2.4
4 695.3	11 951.4	23 902.8	5.09	2.5
4 979.9	12 224.8	24 449.6	4.91	1.9

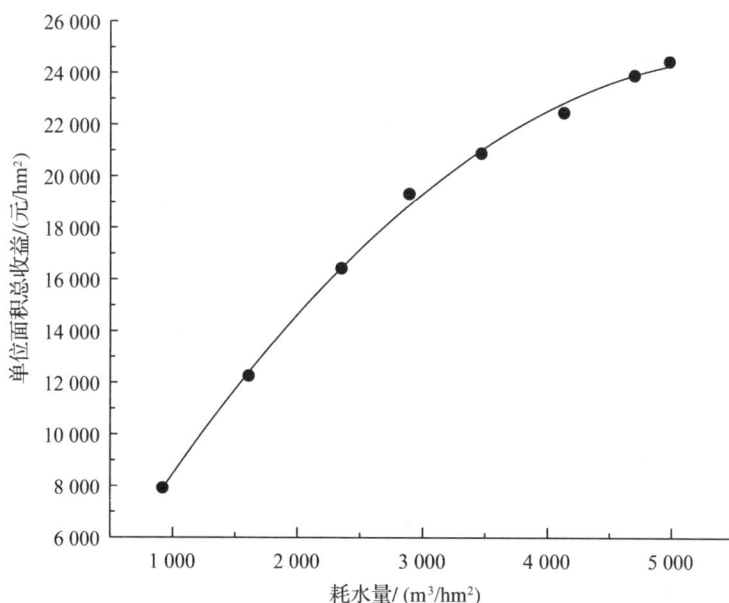

图 6-5　苜蓿单位面积总收益与耗水量的关系（假定苜蓿干草价格 2 000 元/t）

苜蓿单位面积总收益与耗水量的关系：

$$TR = a + b_1 \times x + b_2 \times x^2 \tag{6-17}$$

式中　TR——苜蓿单位面积总收益（元/hm²）；

　　　x——耗水量（m³/hm²）；

　　　a，b_1，b_2——拟合参数，$a = 844.81$，$b_1 = 8.37$，$b_2 = -7.35$。

一般地，按照总产量、平均产量和边际产量的关系，可以得到总收益曲线、平均收益曲线和边际收益曲线。

在草地生产中，我们只研究灌溉水这一个可变要素的投入。首先，假设草地生产者在种草过程中要灌溉，即必须将水作为一种资源投入生产过程中；其次，生产出来的草产品都能以一定的市场价格卖出去，即草产品市场是一个完全竞争的市场。在这种情况下，种植过程中投入的水资源本身的价格并不会随草产品的销售量而变化。现实情况就是如此，草地生产中灌溉水资源或化肥的市场价格并不会随草产品的销售量而变化。因此，投入资

源的总费用或总成本就是：

$$TC = v \times x \tag{6-18}$$

式中　TC——生产过程中投入资源的总费用或总成本；

　　　x——投入的资源数量；

　　　v——投入资源的价格。

可以看出，资源总成本与投入量呈线性变化，反映在图上就是一条斜率为资源价格的直线。

作为一个生产企业，净收益最大化始终是经营管理的焦点。根据以上分析，单一可变以上投入生产的净收益就是总收益中减去资源投入总费用，即

$$R_n = TR - TC = p \times y - v \times x \tag{6-19}$$

式中　R_n——一种可变要素投入生产的净收益；

　　　p——一种可变要素投入生产的产品市场价格；

　　　y——一种可变要素投入生产的产品产量；

　　　其余符号同前。

将总收益曲线与总成本曲线画在一个图上，如图 6-6 所示，当总收益等于总成本时，即 $TR = TC$ 时，净收益等于 0。$TR = TC$，即总收益曲线与总成本曲线相交，图中有两个相交点，分别对应资源投入量的 a 和 b，小于 a 的资源投入，总成本曲线高于总收益曲线，这一阶段的生产显然在经济上是不合理的；大于 b 的资源投入，总成本曲线也高于总收益曲线，这一阶段的生产在经济上也是不合理的；只有在资源投入量 $a<x<b$ 时，总成本曲线低于总收益曲线，生产在经济上处于合理区间，最优的资源投入量应当是总收益曲线与总成本曲线之间的差值最大的地方 c。

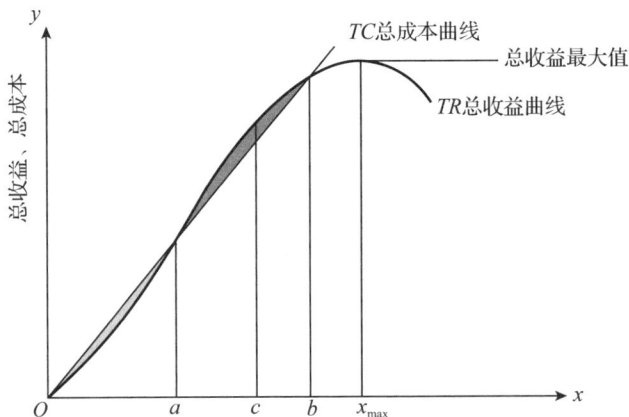

图 6-6　单一可变要素最优投入量的选择

6.3　草业生产规模与经济效益

前面我们已经讨论了单一可变要素投入对产量及经济收益的影响。草业生产需要多种要素的投入，如土地、人力、机械、化肥、农药、灌溉水等。多种要素的投入往往是可以互相替代的，例如，可以用更多更先进的机械替代人工，可以用有机肥替代化肥，可以用

地表积蓄的雨水替代地下水等，生产的一种产品也可以用另一种产品替代，如裹包青贮草产品替代干草草捆产品等。既然投入因素之间可以互相替代，这里就有一个最优组合的问题。在种植面积一定的条件下怎样组合产量最高，成本最低，收益最大，这就需要一个草业科技管理工作者不断结合实际努力探索找出可行的技术及组合方案。另外，随着可变要素的增多和要素投入量的增加，生产规模也在不断扩大。人们常说，没有规模就没有效益。那么什么是草业的规模生产和规模效益，本节主要讨论生产规模与经济收益之间的关系。

6.3.1　草业的生产规模与规模经济

6.3.1.1　草业的生产规模

草业的生产规模是指作为生产单位所拥有或占有的固定投入的数量，它包括草地、劳动力、机械与设备的数量等。固定投入的数量多，草业生产规模就大，反之则小。不同的生产规模产生不同的收益。每一种生产规模都存在一个相应的规模收益问题。草业生产规模在变化，规模收益也在变化。

（1）小规模生产

我国的农业生产是以家庭承包土地为主体的小规模农业。小规模生产的特点是经营的土地面积小，主要以经营者自己劳动为主，使用比较简单的工具及小型机械设备，种植的作物种类为一种以上，生产的农产品除自己消费一部分其余拿到市场销售。草业是大农业的一部分，以家庭农户草食动物养殖相联系的牧草种植，与小规模农业具有类似的特征，农户或牧民种草主要为自养的牛羊提供草料，剩余部分才用于出售。所以，小规模的草业生产是在较小的土地上从事的草业生产实践活动，小规模草业主要是解决农、牧户自家需求为目的。从小规模生产的特点我们可以看出，小规模草业生产基本属于自给自足或半自给自足的生产，草产品没有完全进入市场。这种生产规模起点低，增长快，普及面广，但与市场结合不紧密，很难形成产业，很难实现产业盈利，生产规模小，生产主体分散，生产技术很难规范。

要获得规模收益，就需要扩大生产规模，虽然随着生产规模的扩大，规模报酬也会出现递减，但达到并保持一个适度的生产规模，就能获得适度规模经济的效果。我国草业生产源于农业生产，但草业生产一开始的规模化程度高于作物生产，规模化生产经营的草业占据草业行业主导地位。草业规模化是以企业为主体，市场为导向，商品化生产为核心，经济效益为重点，通过优化各种生产要素组合，实施区域性布局，进行规模化建设、专业化生产、系列化加工、社会化服务和企业化管理，形成了种草、加工、养殖、贸易、科技一体化的草业经营管理体系，使草业走上自我发展、自我积累、自我约束、自我调节的现代管理模式和产业组织形式的良性发展轨道。确定一个合适的生产规模，是草业企业管理工作者首要解决的问题。

（2）大规模生产

如果一草业企业在生产中投入了大量的土地、人力、资本、机械设备和更多的其他因素，那么该企业就是在进行大规模生产。大规模生产具有内部和外部规模经济。内部规模经济，是指随着一个企业生产规模的扩大，企业本身所生产的产品数量增加，市场占有率提高，企业经济效益增加。也就是说随着生产规模的扩大，企业的平均生产成本下降，促进了经济效益的增加。外部规模经济，对草业来说，从事草业的企业数量增加，草业生产的总体生产规模扩大，草业产品的产量增加，同时，草业企业市场竞争加剧，促进整个行业的平均生产成本下降。影响外部规模经济的因素主要是资源条件，如土地、水资源、电力、交通、末端市场等。同时，企业所在地区的生态环境、基础设施建设水平、经济基础、社会组织管理水平、政策环境、文化教育、思想观念等也会对外部规模经济产生一定的影响。在内部规模经济中，单位产品成本的下降取决于一个企业生产规模的扩大，生产成本便会降低。在外部规模经济中，单位产品的成本取决于整个行业生产规模的扩大，生产成本才能降低。

(3)最优规模生产

最优规模生产是指最大净规模经济的规模生产，是单位生产成本最低的规模生产。也就是说，最优规模生产是能取得最优经济效益的生产规模。一般来说，生产规模越大，生产效率就会越高，产品成本就会降低，经济效益就会越好。草业企业自其成立之时就在谋求如何组织资源投入，达到最优生产规模，从而实现规模经济效益。实际上，企业经营的规模效益是因经营规模变动所引起的成本或收益的变动，可用平均收益率或平均成本的变动来表示。在现代经济学的生产理论中，规模效益有 3 种情况，即规模效益递增、规模收益不变、规模收益递减。最优生产规模，就是企业平均成本最低，收益最大的生产规模。

6.3.1.2 规模经济

规模经济(economies of scale)是指企业在提高产出水平时所经历的成本优势。这种优势产生于单位固定成本与生产数量之间的反比关系。生产的产量越大，单位产量的固定成本就越低。随着产出的增加，规模经济还导致平均可变成本(平均非固定成本)下降，这是由于生产规模的扩大带来的运营效率和协同效应。

在草地生产中，如果生产更多的草产品，增加产量，单位草产品的生产成本就会降低，也就是说，产量提高就可以将固定成本进一步摊薄，这种生产规模就达到了规模经济的区间。因为生产规模，或有一定规模的生产，不一定达到规模经济的要求。所以，规模经济意味着提高产量就能降低单位产品的生产成本。单位产品生产成本的降低并不是通过各种节省措施的推行，而是将生产成本分摊到更多的产品数量上。总生产成本除以这一更大的产品生产数量，就是单位产品的生产成本，显然，固定成本不变的情况下，生产的产品数量越大，单位产品的生产成本就越低，这就是单位平均总成本的降低。

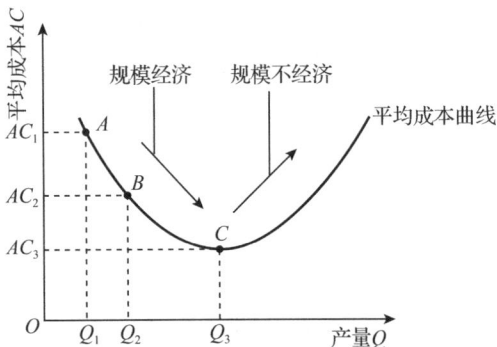

图 6-7 平均成本与产量的关系

长期单位产品平均成本与产量的关系如图 6-7 所示。平均成本曲线上的 A 点到 B 点，成本随着产量而降低，如当产量为 Q_1 时，平均生产成本 AC_1，当产量为 Q_2 时，平均生产成本 AC_2，产量 $Q_2 > Q_1$，但相应产量的平均成本 $AC_2 < AC_1$。这就是说随着生产规模的扩大，单位产品生产的平均成本在降低，属于规模经

济。C 点是平均成本曲线的成本最低点，对应的产量为 Q_3，平均成本为 AC_3。当生产规模达到 C 点时，平均成本与产量的比例保持不变，当产量大于 Q_3 时，平均成本随着产量的增加而增加。由此可以得出结论，平均成本曲线 C 点之前的生产是规模经济，C 点之后的生产就是规模不经济(diseconomies of scale)。企业可以在生产过程的任何阶段实现规模经济。在这种情况下，企业可以通过增加人力、机械设备等的投入和产品销售来实施规模经济。

6.3.2　草业规模收益及其影响因素

6.3.2.1　草业规模收益的类型

草业规模收益(return of scale)所要研究的就是当生产函数中所有要素同步增长时会对草业总产量带来什么影响。我们以 Cobb-Doglass 生产函数为例，假定生产函数中的资本 K 和劳动 L 均增加 β 倍，产量会发生什么变化？将柯布-道格拉斯生产函数中的资本和劳动均增加 β 倍，产量就会增加 λ 倍，即

$$\lambda Y = A(\beta \times K)^{\alpha}(\beta \times L)^{1-\alpha} \qquad 0 < \alpha < 1 \tag{6-20}$$

式中　Y——草产量或产出；

　　　　K——资本投入；

　　　　L——劳动投入；

　　　　A——系数，反映了生产过程中技术、知识对生产效率的影响程度；

　　　　α——统计参数。

整理式(6-20)，得到

$$\lambda Y = A(\beta \times K)^{\alpha}(\beta \times L)^{1-\alpha} = \beta \times A \times K^{\alpha} \times L^{1-\alpha} \tag{6-21}$$

这就是说资本和劳动要素投入增加 β 倍，产量会增加 λ 倍。根据 β 和 λ 值的大小，将草业规模收益分为 3 种类型：

第 1 种类型：$\lambda > \beta$，即草产量增加的倍数大于投入增加的倍数，此时的草业生产就是规模收益递增阶段，进一步扩大规模可以获得更大的收益。

第 2 种类型：$\lambda = \beta$，即草产量增加的倍数等于投入增加的倍数，此时的草业生产就是规模收益不变阶段，扩大投入与增加收益同步。

第 3 种类型：$\lambda < \beta$，即草产量增加的倍数小于投入增加的倍数，此时的草业生产就是规模收益递减阶段。

3 种规模收益的变化如图 6-8 所示：(a)为第 1 种类型，规模收益递增，规模收益递增一定是规模经济，此时所有投入要素同时增加若干倍(也就是总成本增加若干倍)，总产量增加的倍数会超过总成本增加的倍数，也就是总成本增加的比例小于总产量增加的比例，这个结果必然会导致平均成本下降。由此得到，只要平均成本下降，就可以产生规模收益递增。例如，提高效率也是导致规模经济的重要原因。(b)为第 2 种类型，规模收益不变，这一阶段边际产量 $\dfrac{\mathrm{d}y}{\mathrm{d}x} = 1$。(c)为第 3 种类型，规模收益递减，即增加单位投入量得到的产量在下降。

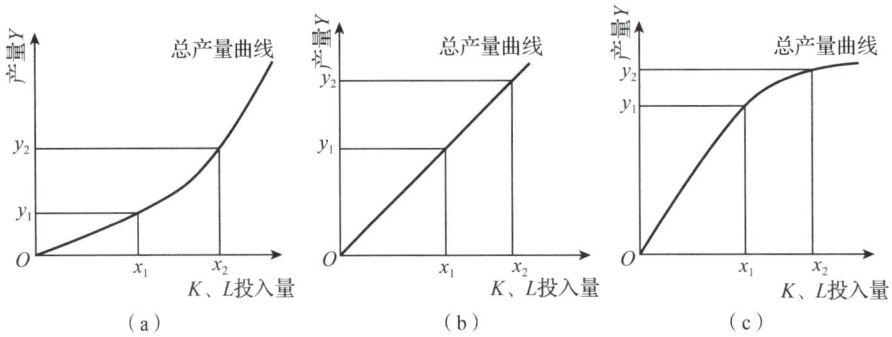

图 6-8 草业规模收益的变化

(a)规模收益递增；(b)规模收益不变；(c)规模收益递减

6.3.2.2 影响草业规模收益的因素

随着草业生产规模的由小变大，一般会经历规模收益递增、规模收益不变和规模收益递减 3 个阶段，这是因为在不同的阶段影响草业生产的因素不同。

例如，小规模牛羊养殖户，一般自己种植养殖所需要的草料。因为养殖规模小，牧草的种植面积不会很大，养殖户一家齐动员，共同参与生产，完成牧草生产过程中的每一项工序，播种、田间管理、收获、运输、储藏等，从而获得一定数量的牧草为养殖提供草料保障。此时如果要扩大生产规模，如联合养殖户成立养殖种草合作社或联合体。这种情况下，牧草种植面积就会扩大，原来一户种植牧草全靠人力，无法使用大型专业机械设备的问题就可以得到缓解，多户联合就有能力购置大型生产机械，也有更专业的人使用这些机械，从而提高了生产效率。同时，生产规模扩大使生产过程中使用的生产资料需求扩大，如种子、肥料、设备等就可以大量采购，从而可以降低物资采购费用；而生产规模的扩大使生产的草产品增多，在满足自给的同时还可以对外销售，从而增加了收益。这就是说，从原来的小规模向更大生产规模转变时，往往会出现规模收益递增。

草业规模收益递增的趋势不可能持续不变。当生产达到一定规模后，一些在小规模时能增加收益的因素将不再起作用。例如，种植面积的扩大，势必增加许多专门机械设备，更多的机械设备需要专业的技术人员使用和保养，如大型联合收割机、拖拉机、运输卡车等都需要专业司机操作和保养。此时，人员的分工就会更细，每个人的工作面就会更窄。也就是说，随着规模的扩大，规模生产的优势逐渐消失，生产进入了一个规模收益不变的阶段。

随着草业生产规模的扩大，企业管理层级、机构也会增多，管理的中间环节增多，就会降低管理效率，同时，决策层与生产层的距离在拉大，决策难度增大，企业各部门之间的协调性降低。这些原因都会对生产运行造成影响，这就促使规模效益出现递减状况。

草业规模收益的类型取决于生产函数的类型，判定某种类型生产函数规模收益的类型，就是在生产函数中，把所有投入要素都乘上常数 β，再把 β 作为公因子分解出来，那么，这种生产函数就称为均匀生产函数(homogeneous production function)，或称齐次生产函数。凡属齐次生产函数，都有可能把投入要素的倍数从生产函数中作为公因子分解出来，据此来判定草业规模收益的类型。

6.4　草业成本收益分析

草业生产会带来一定的经济收益，当然也会为此付出一定的成本。通过对草业生产的成本收益进行分析，提出提高经济收益的生产技术方案或企业管理决策，是企业经济管理的重要内容。成本收益分析是以货币单位为基础对投入与产出进行估算和衡量的方法。在市场经济条件下，任何一个经济主体在进行经济活动时，都要考虑具体经济行为在经济价值上的得失，以便对投入与产出关系有一个尽可能科学的估计。成本收益分析方法是一个普遍的方法，其前提是追求收益的最大化或成本的最小化。因此，从事草业生产等经济活动的企业，总是希望用最小的成本获得尽可能多的收益。本节主要讨论草业成本收益分析中有关成本、成本函数、收益、收益函数等概念，并结合草业生产实际阐述草业成本收益分析方法。

6.4.1　草业成本的概念及成本函数

6.4.1.1　草业成本的概念

了解成本的概念对于我们深刻理解草业经济学是至关重要的。草业实际就是各种生产、经营与草业相关的各类经济活动的集合。既然从事经济活动，就会有投入，目的就是为了产出。在各类经济活动中的投入就是成本。成本的概念很繁杂，依据不同的范畴有不同的分类。以下是草业成本收益分析相关的一些成本的概念。

（1）相关成本和非相关成本

相关成本就是与管理决策直接相关的成本。如果这些成本将来发生变化，将会直接影响管理决策。换句话说，相关成本就是这样的一些成本，如果这些成本发生变化，无论是增加还是减少，都会影响管理决策。因此，相关成本是与管理决策或制订下一步生产、经营方案直接关联或带来影响的成本。

非相关成本是指与制订决策方案无关联、无影响的成本。在进行方案经济性评价时，相关成本与方案相关，必须考虑；而非相关成本与方案无关，不必考虑。在决策分析中，非相关成本通常以沉没成本、不可避免成本、不可延缓成本等形式出现，它们有的是历史成本，有的虽然是未来成本但同特定方案的选择并无联系。固定成本和变动成本可以是非相关成本，也可以是相关成本。在管理决策中，正确区别相关成本和非相关成本十分重要。

例如，一家苜蓿干草生产企业，现有一家奶牛养殖企业要求某一时间段提供一定数量和质量等级的苜蓿干草订货。如果草企接受这一订单，那么生产这批订货需要花费的各种成本就是相关成本。再如，奶牛养殖企业过去买进苜蓿干草 500 t，每吨进价 1 000 元/t，现在苜蓿干草价格上涨，每吨进价 2 000 元/t。这一奶牛养殖企业在决定下一步养殖规模进行成本核算时，必须用现在的苜蓿干草价格 2 000 元/t。用目前的市场价格算出来的成本就是相关成本，而用过去价格算出来的成本就是非相关成本。

（2）机会成本和会计成本

机会成本是指为从事某项经济活动而不得不放弃从事另一项经济活动的机会，也就是说，另一项经济活动应取得的收益，就是正在从事的这项经济活动的机会成本。通过对机会成本的理解和深入分析，才能使企业在生产经营活动中正确选择经营的项目，选择的标准是目前的这一选择的收益必须大于机会成本，从而使有限的资源得到最佳配置。

多年以前，草业生产企业可以为当地提供大量的劳动就业岗位，这不仅增加了当地农民的收入，也为草业企业提供了比较廉价的劳动力，增加了经济和社会效益。但近年来，农村劳动力正由相对过剩向相对短缺转变。一个农业劳动力从事非农业活动所获得的收益就是农业劳动力从事农业活动的机会成本。显然，这一机会成本在逐年上升。

会计成本是会计记录在账册上的客观的和有形的支出，包括生产、销售过程中发生的原料、动力、工资、租金、广告、利息等支出。会计是一个企业的财务管理人员，会计成本是财务人员记录在账册上已经发生的成本，是一种历史成本，反映了企业生产过程中的实际支出。但是，草业经济学要研究草业企业生产过程中的成本问题，着眼于企业的经济收益，更关注未来企业的经营和发展。使用机会成本的目的就是决策。因为经济学家在做决策或进行技术经济方案比较时，机会成本更有意义。

例如，某草产品生产企业在黄河下游滩涂地带承租了 800 hm² 土地用于优质草产品生产。如果将这些土地全部用于青贮苜蓿产品，就必须放弃原来设想的苜蓿干草生产。这就是说生产青贮苜蓿的机会成本就是在同样土地上生产苜蓿干草的收益。因为企业承租的土地资源是有限的，在做决策时选择了经济收益最好的青贮苜蓿方案，则必须放弃经济收益次好的苜蓿干草方案，这就放弃了将土地用于经济收益次好的苜蓿干草收益的机会，也就是把土地用于生产青贮苜蓿必须付出的代价。这个代价正是企业决策层要考虑的事情。所以，理解并将机会成本用于生产决策，对企业经营管理是十分重要的。

根据机会成本的概念，机会成本的值就等于放弃的机会中收益最高的那个项目的收益。例如，一草原牧民所承包的草场，可以放牧牛、羊和马，但牧民家庭人手不够只能选择一种家畜放牧，这样也便于管理。从自家的草产量情况和近几年的市场行情，养牛的年收益估计 50 万元，养羊的年收益 40 万元，养马的年收益 30 万元。此时，如果该牧民选择养牛，则养牛的机会成本是 40 万元；如果选择养羊，则养羊的机会成本是 50 万元；选择养马的机会成本也是 50 万元。

机会成本的计算还有一些特殊情况，例如：①业主用自有资金创办企业的机会成本，等于他把这笔资金借给别人可能得到的利息。②小企业主自己兼任经理，自己管理企业的机会成本，等于他到别处从事其他工作可能得到的报酬。③机器原来是闲置的，现在在市场中使用起来的机会成本是零。④用目前的市场价格购进生产的原材料和机械设备，按目前的市场工资水平支付企业员工的工资等的机会成本与会计成本是一致的。

(3) 增量成本和沉没成本

增量成本和沉没成本也是草业生产经营、管理决策的重要内容。增量成本就是做出一个决策引起的全部成本的变化。例如，在苜蓿生产中，为了抓紧时机在苜蓿初花期尽可能快地收割种植的苜蓿，在原有的人员和机械设备的情况下，收割进度比较慢。通过核算按原来的人员和机械配置，收割单位面积苜蓿的成本是 C_1。为了加快收割进度，企业管理者做出一个决定，从外部租用几台割草机并有驾驶员及辅助作业人员进场收割，但企业由此增加了机械租赁及人工费的支出，增加了生产成本。经核算，外租机械及人工的成本是 C_2，那么，由此增加的成本就是增量成本，即

$$\Delta C = C_2 - C_1 \tag{6-22}$$

这里需要强调的是，增量成本是做出一个决策后引起的成本变化，目标指向是为生产管理决策服务，与此相对应，如果做出一个决策后有的成本没有发生变化，这种成本就是沉没成本。

沉没成本是指要素一旦完成配置，无法由现在或将来的任何决策所能改变的成本，它是一种历史成本，对现有决策而言是不可控成本。历史成本，是指过去发生的，与当前的决策没有关系的费用。从决策的角度看，以往发生的费用只是造成当前状态的某个因素，当前决策所要考虑的是未来可能发生的费用及所带来的收益，而不考虑以往发生的费用。人们在决定是否去做一件事情的时候，不仅要看这件事对自己有没有好处，也要看过去是不是已经在这件事情上有过投入。我们把这些已经发生不可收回的支出，如时间、金钱、精力等称为沉没成本。在经济决策过程中所用的沉没成本的概念，就是指已经付出且不可收回的成本。沉没成本常用来和可变成本做比较，可变成本可以被改变，而沉没成本则不能被改变。

例如，一家专门生产草颗粒的企业，原来生产任务不足，现在接到一个新订单，企业开始增加生产人员，购进原料草，开足马力进行生产。从成本的角度来看，为了完成新的订单，增加了人工费、原材料购置费，这些费用属于变动成本，但工厂的生产设备、厂房还是原来的，即企业的固定成本并没有因为有了新订单而增加。从这里我们可以得出，接到一个新订单，企业的变动成本因人工费、原材料费用的增加而增加，接受新订单导致变动成本比原变动成本的增加值就是增量成本，而企业的固定成本不因增加订单而变化，因此，固定成本就是沉没成本。

在草业管理决策中，增量成本属于相关成本，是做决策时必须考虑的。沉没成本属于非相关成本，做决策时不予考虑。用增量成本做决策时，增量成本要与增量收益进行比较，如果增量收益大于增量成本，则说明决策的这个方案会增加收益，方案可行，否则，方案经济上不可行。

(4)固定成本和变动成本

以上叙述中已经多次提到了固定成本和变动成本，实际上固定成本和变动成本一样都是经济管理决策分析的重要内容。固定成本也称固定费用，相对于变动成本，是指成本总额在一定时期和一定范围内，不受生产量的影响而保持不变的成本。变动成本是指随着产量的变化而变化的成本，如直接材料费及人工费等，都会随着生产产品数量的变化而变化。

固定成本通常可分为两类：一类是约束性固定成本，另一类是酌量性固定成本。约束性固定成本是指为维持企业提供产品和服务的经营能力而必须开支的成本，如厂房和机器设备的折旧、财产税、房屋租金、管理人员的工资等。酌量性固定成本是指企业管理者在会计年度开始前，根据经营情况开支的成本，如新产品开发费、广告费、职工培训费等。

变动成本也可区分为两类：一类是技术性变动成本，另一类是酌量性变动成本。技术性变动成本是指单位成本由技术因素决定，而总成本随着消耗量的变动呈正比例变动的成本，通常表现为产品的直接物耗成本；酌量性变动成本是指可由企业管理者决策加以改变的变动成本。例如，一个肉牛育肥养殖场，生产肉牛的主要成本由饲草料的成本和成年育肥牛的价格决定。其中，固定成本包括房屋、圈舍、围栏、机械设备、工具购置等。有一定规模的养殖场，建设投资包括牛舍，这就是主体建筑投资，此外还包括围栏、道路、供电、给水排水、管理用房屋建筑、饲草料加工、仓储设施、机械设备、粪污处理、病死尸处理等。这些投资形成了养殖场的固定资产，固定资产是可以多年使用的，按使用年限分摊到各年，这就是养殖场的年固定成本，它与每年养殖多少肉牛没有关系。

变动成本是除固定成本之外所发生的其他花费。这部分花费随生产规模的变化而变化。养殖场主要的变动成本包括饲草料成本、卫生防疫成本、人力成本、销售成本和其他成本。

①饲草料成本：一般饲草料费用占养殖生产总成本的80%以上，集约化程度较高的大型养殖场，饲草料成本占养殖总成本的比例稍低一些，小规模的养殖场，饲草料成本有可能占到养殖总成本的90%以上。

②卫生防疫成本：动物养殖必须根据兽医卫生检疫方面的要求，按时进行各种防疫活动。

③人力成本：付给工作人员的报酬、福利及必要的培训费。

④销售成本：待育肥牛买进、育肥牛卖出时所发生的运输费用、检疫费用等。

⑤其他成本：日常维修费、水费、电费、保险费。

（5）边际成本与边际收益

在经济学中，边际成本是指增加一个单位产量时总成本的增量，这个总成本包括固定成本和变动成本。边际成本在草业生产经济决策中是一个很重要的概念，与边际成本相对应的就是边际收益，即每多生产一单位产品获得的收益就是边际收益。

例如，按一定规模建成的肉羊养殖场，起初由于雇佣的劳动力人数不足，养殖数量一直上不去，生产达不到设计规模，年出售的商品羊数量就少。这种情况就可以理解为养殖场的设施、设备没有得到充分利用。随着养殖场雇佣人数的增加，养殖数量也在增多，养殖场的生产设施、设备的利用率也开始变大。假设增加的第一个工人对养殖数量的贡献是10，那么增加的第二个工人对养殖数量的贡献可能是20，第三个工人对养殖数量的贡献可能是30。这种情况说明，边际产品随着投入的增加以递增的比例增加，即产量的增加速度超过成本的增加速度，从而边际成本随着产量的增加而减少。随着养殖场雇佣劳动力数量的增加而增加，每增加一个劳动力依然会提高生产设施、设备的利用率，但是这个利用率的提高速度会减慢，因为人员过多，管理效率会下降。也就是说，当养殖场雇佣劳动力增加到一定程度后，再增加一个工人养殖数量的贡献将会减少甚至是0，即边际产量为0，此时，产量的增加速率从最大值逐渐减小到零，而成本的增加速率，即每个员工的费用加上每单位产品的成本，将大于产量的增加速率，从而使边际成本增大。

造成边际成本递增的根本原因就是边际收益发生递减，这是因为边际成本是在一定产量水平下每增加或减少一个单位产量所引起的成本总额的变化。用边际成本可以判断增加或减少产量在经济上是否合算。例如，某羊场养殖100个单位时（羊单位），总成本为10万元，单位产品成本为1 000元。若养殖101个单位的总成本10.09万元，则所增加一个养殖单位的成本为900元，即边际成本为900元。当实际养殖数量未达到羊场设计最大养殖数量时，边际成本随产量的扩大而递减；当养殖数量达到或超过一定限度时，每增加一个养殖单位的成本变为1 100元，边际成本随产量的扩大而递增。因为，当产量超过一定限度时，总固定成本就会递增。

当增加一个单位产量所增加的收入（单位产量售价）高于边际成本时，经济上是划算的；反之，则不合算。所以，增加一个单位产量的收入不能低于边际成本，否则必然出现亏损；只要增加一个产量的收入高于边际成本，即使高于总的平均单位成本，也会增加利润或减少亏损。当产量增至边际成本等于边际收益时，此时的产量为获得最大利润的产量。因此，计算边际成本对制订生产决策具有重要的意义。

6.4.1.2 成本函数

成本函数（cost function）指在技术水平和要素价格不变的条件下，成本与产出之间的关系。成本理论主要分析成本函数。在草业管理中应用成本函数有助于对不同的生产情景条件下不同产出水平的总成本做出预测。成本函数一般表示：

$$C(x) = FC + V(p_i \times x_i) \tag{6-23}$$

式中　C——总成本；

　　　FC——总固定成本；

　　　V——总变动成本函数；

　　　x_i——某种投入要素的数量；

　　　p_i——某种投入要素的价格。

对于一个草地生产企业，从短期来看，企业生产耗费的成本中有一部分总值是固定的，如土地租金、生产机械、厂房设备折旧费等；有一部分是变化的，如种子、肥料、水、电费、设备维修、动力消耗、人工费等。所以，产品的短期总成本总是等于固定总成本与总变动成本之和。总变动成本包括各个投入要素的数量与其价格乘积的总和。在一定时期内如果投入要素的价格不变，生产要素投入量与产量成正比，则总成本也与产量成正比；如果产量的增加速度随着投入量的增加而递增，则总成本的增加速度随着产量的增加而递减；如果产量的增加速度随着投入量的增加而递减，则总成本的增加速度随着产量的增加而递增。

在生产决策中成本函数可以分为两类：短期成本函数和长期成本函数。短期，并不是指固定的一个时期，而是指在较短的时期内投入的生产要素数量和价格基本不变，在此时期内的成本函数就是短期成本函数，它反映了在技术、规模、要素价格保持不变的条件下，最低成本随着产量变动的一般规律。技术水平是通过生产函数来表现的，因此，成本函数和生产函数之间存在着非常密切的关系。若给定生产函数和要素价格，就可以推导出成本函数。例如，一个草产品生产企业，无论生产的产品数量怎么变化，企业租赁的土地、建设的供水、电力基础设施、生产和办公厂房、购置的机械设备固定不变，变动的只是投入的化学肥料等原材料和劳动力，在这种情况下的成本函数就是短期成本函数。长期，就是说在这个时期所有的成本，包括固定成本都是变动的，如草产品生产企业在一段时期以后可能租赁更多的土地扩大生产规模，购置的生产机械需要更新或添置更多的设备等。长期成本函数就是所有要素都是可变的，没有固定成本，都是变动成本。

6.4.2　草业收益及收益函数

草业最显著的特点就是不仅从草地上直接获得经济收益，还可以获得生态收益和社会收益，即草地为人们带来的精神、文化方面的福祉和效益。此处所讨论的效益仅仅是经济收益，即以销售产品或提供服务所获得的销售收入，减去为实际销售收入所支出的成本得到的收益，所以，收益也就是收入，收益函数反映的就是收益与产量的关系，即

$$TR = f(Q) \tag{6-24}$$

式中　TR——销售收入；

　　　Q——销售量。

在草业生产中，一个以燕麦干草商品草为主打产品的企业，经济收益不是以生产的草产量为标准，而是以销售出去的销售量为核算依据。假定销售量为 Q，销售总收入为 TR，则单位销售量的平均销售收入，实际就是产品的平均销售价格，也就是企业的需求曲线。

$$p = \frac{TR}{Q} \tag{6-25}$$

在完全竞争市场中，一个生产企业可以在市场价格下出售任何数量的产品，企业自己不能控制和制订产品价格，这时企业的需求曲线，即平均收益曲线。由于产品价格不变，即总收益与产量的比值不变，平均收益就是一条水平线，此时平均收益等于边际收益；在非完全竞争市场中，企业能够影响市场价格，此时，为了多销售单位产品，企业不仅要以比原来价格更低的价格出售这一产品，还必须降低原来所有产品的价格。因此，企业的需求曲线是一条向右下方倾斜的直线，如图 6-9 所示，这表明企业要多销售产品，就必须降低产品价格。

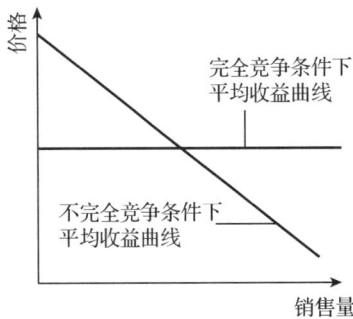

图 6-9　不同市场竞争条件下的平均收益曲线　　图 6-10　完全市场竞争条件下的总收益曲线

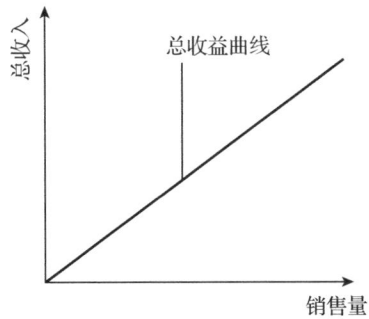

在完全市场竞争条件下总收益曲线如图 6-10 所示，这种条件下企业只能按市场价格出售产品，总收益随销售量的增加而增加。在不完全市场竞争条件下，总收益曲线先上升，后下降，这是因为当需求价格弹性大于 1 时，总收益随着产量的增加而上升；价格弹性等于 1 时，总收益达到最大值；价格弹性小于 1 时，总收益随产量的增加而降低。

6.4.3　草业成本效益分析方法

6.4.3.1　草业盈亏分界点分析

盈亏分界点（break even point，BEP）分析常用来研究产量、成本和利润三者之间的关系，其核心是寻找盈亏分界点在哪里，即确定能使盈亏平衡的产量是多少。盈亏平衡的产量就是保本经营的产量，即在这个产量水平上，总收入等于总成本。确定盈亏分界点对决策者来说至关重要，决策的产量超过了这一点，说明收入大于成本，这样的决策是有利可图的；如果决策的产量小于这个分界点，说明这种决策会导致亏本。

假定总成本与产量（销售量）为线性关系，总收入也与产量呈线性关系，固定成本不随产量变动，则盈亏平衡分析图如图 6-11 所示。产量（销售量）与总收入、总成本的关系为

$$TR = p \times Q \tag{6-26}$$

$$TC = FC + VC \times Q \qquad (6\text{-}27)$$

式中　TR——销售收入；

　　　p——产品价格；

　　　Q——销售量；

　　　TC，FC——总成本和固定成本；

　　　VC——单位产品变动成本。

在盈亏平衡点上，$TR = TC$，则

$$p \times Q_b = FC + VC \times Q_b \qquad (6\text{-}28)$$

$$Q_b = \frac{FC}{p - VC} \qquad (6\text{-}29)$$

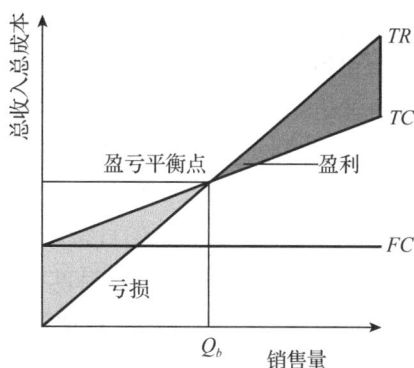

图 6-11　盈亏平衡分析图

式中　Q_b——盈亏平衡点的销售量；

　　　其余符号同前。

从企业经营的角度，达到盈亏平衡点时产品的销售收入：

$$TR = \frac{FC}{1 - \dfrac{VC}{p}} \qquad (6\text{-}30)$$

式(6-30)说明，企业的固定成本在短期内不会因产量的变动而变化，因此，在市场价格不变的条件下，变动成本越小，企业的销售总收入就越高，越容易达到盈亏平衡的销售收入。

一般情况下，当产量达到一定规模后继续增加产量可能会导致成本的快速增加，虽然固定成本短期内不容易变动，但变动成本因产量增加而加速增加，由此形成一条初期匀速增加，当产量超过一定数量后快速增加的总成本曲线，如图 6-12 所示，该曲线与总收入曲线形成两个交点，即存在两个盈亏平衡点，第 1 个盈亏平衡点对应的产量为 Q_1，第 2 个盈亏平衡点对应的产量为 Q_2，显然，Q_1 为开始由亏转盈的产量，Q_2 为由盈变亏的产量。此时，总收入 TR 与总成本 TC 之差最大对应的产量就是利润最大的产量 Q_{max}。

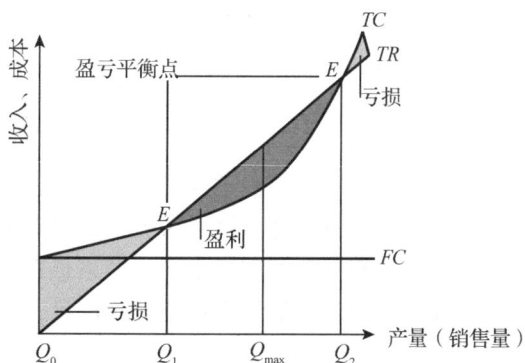

图 6-12　两个分界点的盈亏平衡分析图

【例题 6-1】某养羊企业，每只羊平均售价 1 600 元，企业的固定成本 300 万元，变动成本 500 元/只，该企业销售收入应达到多少才能盈利？

解：将以上数据代入式(6-30)，

$$TR = \frac{FC}{1 - \dfrac{VC}{p}} = \frac{300}{1 - \dfrac{500}{1\,600}} = 436.4（万元）$$

即该养羊企业销售总收入应达到 436.4 万元才能实现盈亏平衡，营销收入大于 436.4 万元才能盈利。如果羊的售价平均 1 600 元/只，则达到盈亏平衡的销售数量应达到 2 727 只，即每年育肥羊的销售量大于此才能实现盈利。

【例题 6-2】一苜蓿干草产品生产企业准备新购置一套联合收割机，之前都是在苜蓿收割季租用。不仅租用日租费高，而且还不能及时租到，因为苜蓿适宜收获的季节很短，其他企业也在使用联合收割机。新购置这样一套机械的费用分摊到使用年限，每年的总固定成本为 28 万元/年，机械使用的变动成本(不包括机械操作手的工资)300 元/h。使用这套设备每小时可收获 5 亩苜蓿。租用这套设备的费用按面积计算为 600 元/亩。问这套设备每年至少应收获多少面积的苜蓿田才能盈利？

解：总固定成本 280 000 元/年，变动成本 300 元/h ÷ 5 亩/h = 60 元/亩，租用这类机械的价格大约为 600 元/亩，根据式(6-29)，

$$Q_b = \frac{FC}{p-VC} = \frac{280\,000}{600-60} = 519(亩/年)$$

即新购置的联合收割机每年至少应收获 519 亩苜蓿才能盈利。

应用盈亏分界点分析需要注意的问题：线性的总收入和总成本关系只有在有限的产量范围内才有可能成立，大多数情况下由于收益递减或销量增加导致价格下降等，总收入和总成本与产量或销售量并不是线性函数，用线性函数关系得到的计算式计算的结果是不准确的。另外，盈亏分界点方法只有考虑增量才有意义。也就是说，成本函数必须是决策引起的成本变化，不应包括与决策无关的成本。如果一个企业只生产一种产品，有关这个产品产量决策引起的成本变化就应当包括企业全部的成本，但如果生产多种产品，其中只决策某一种产品的生产，那么成本函数中不能包括未涉及决策产品的生产成本。

6.4.3.2　边际分析

在讲述草业生产函数时已讨论了边际产量(MP)的概念，也就是增加单位资源投入量(dx)所得到的产量的增加量(dy)，即

$$MP = \frac{dy}{dx} \tag{6-31}$$

企业成本效益分析最重要的是，增加单位资源的投入量会对成本、收益带来怎样的影响。用边际分析方法可以解决这类生产决策问题。例如，一个草产品生产企业，生产的草产品目前已具有一定的产量水平，如果想再增加草产品产量，是否会增加企业的收益或利润呢？我们先设定增加一个单位的草产量，看会对企业生产总成本和总收益产生怎样的影响，即

$$MR = \frac{dr}{dx} \tag{6-32}$$

$$MC = \frac{dc}{dx} \tag{6-33}$$

式中　$\dfrac{dr}{dx}$——边际收益；

　　$\dfrac{dc}{dx}$——边际成本。

如果增加单位产量获得的总利润的增加值为 TP，即

$$TP = MR - MC \tag{6-34}$$

如果 $MR > MC$，说明 TP 为正值，即此时企业增加单位产量能使总利润增加，企业可以继续扩大生产规模增加产量以增加企业总利润；

如果 $MR<MC$，说明 TP 为负值，即此时企业增加单位产量使总利润减少，企业不能扩大生产规模，而是要减小生产规模降低产量以减小利润损失；

如果 $MR=MC$，$TP=0$，说明此时企业总利润达到了极值点，这时的产量就是最优的产量，这也是企业利润最大化的条件。因为收益或成本都是产量 x 的函数，即收益函数 $r(x)$ 和成本函数 $c(x)$，因此，利润最大化的条件就是：

$$\frac{\mathrm{d}r}{\mathrm{d}x}-\frac{\mathrm{d}c}{\mathrm{d}x}=0 \tag{6-35}$$

或

$$\frac{\mathrm{d}r}{\mathrm{d}x}=\frac{\mathrm{d}c}{\mathrm{d}x} \tag{6-36}$$

式（6-36）说明，利润最大的条件是边际收益与边际成本相等。需要注意的是，收益函数不同于生产函数。生产函数反映产出与投入之间的关系，收益函数反映收益与产量的关系。

如果 $\frac{\mathrm{d}r}{\mathrm{d}x}>\frac{\mathrm{d}c}{\mathrm{d}x}$，表明每多生产一个单位草产品所增加的收益大于生产这个单位产品所消耗的成本，说明增加草产量是有利的。随着草产量的增加，市场供给增加，价格下降，边际收益减少，边际成本增加，直到边际收益与边际成本相等时，不应再增加产量。

如果 $\frac{\mathrm{d}r}{\mathrm{d}x}<\frac{\mathrm{d}c}{\mathrm{d}x}$，表明每多生产一个单位草产品所增加的收益小于生产这个单位产品所消耗的成本，说明减少草产量是有利的。随着草产量的减少，市场供给减少，价格上升，边际收益增加，边际成本减少，直到边际收益与边际成本相等时，不应再减少产量。

可见，只有在 $\frac{\mathrm{d}r}{\mathrm{d}x}=\frac{\mathrm{d}c}{\mathrm{d}x}$ 时，实现了利润最大化，这时不应再增加或减少草产量。

边际分析是一种数量分析，尤其是研究数量的变动及其相互关系。边际分析实质上是研究函数在边际点上的极值。边际分析注重投入增量所导致的成本及收益的变动量，所以，不同于盈亏分界点分析注重变量之间的静态关系，边际分析研究变量之间的动态关系，注重对新出现的情况进行分析，以便为决策提供可靠的依据。

复习思考题

1. 草业生产的经济效果有什么特点？影响草业生产经济效果的主要因素有哪些？
2. 什么叫草业生产函数？总产量、平均产量、边际产量之间有什么关系？
3. 什么是边际收益递减规律？
4. 什么叫草业规模收益？影响草业规模收益的因素有哪些？
5. 举例说明什么是机会成本和会计成本。
6. 盈亏分界点分析方法应注意什么问题？

第 7 章

草业项目经济评价

近年来，国家高度重视草业产业的发展，实施的"粮改饲""振兴奶业苜蓿发展行动"等多项政策为全面推进草牧业产业化发展提供了良好的发展机遇。在草业项目投资决策阶段，除对项目建设从技术方面进行可行性论证外，还要从经济方面评价项目建设的合理性。本章在介绍动态经济分析方法——资金的时间价值的基础上，主要介绍草业项目投资、费用、效益的测算和草业项目经济评价及财务评价分析方法，对项目的经济合理性和财务可行性进行分析论证，为项目投资决策提供依据。

7.1 草业资金的时间价值

草业资金的时间价值是指一定数量的草业资金在生产或流通过程中通过劳动可以不断地创造出(增加)新的价值，即草业资金在参与经济活动过程中随着时间发生的变化(增值)。草业资金的活动往往伴随着生产与交换的进行，而生产与交换活动会给投资者带来利润，表现为资金的增值，资金增值的实质是劳动者在生产过程中创造了剩余价值。随着时间的推移，草业资金在投入生产或参与流通后，其价值就会增加，使用不当则会亏损。因此，从投资者的角度来看，资金的增值特性使资金具有时间价值。此外，草业资金一旦用于投资，就不能用于现期消费，牺牲现期消费的目的是预期能在将来得到更多的消费。所以，从消费者的角度来看，草业资金的时间价值体现为对放弃现期消费的损失所应做的必要补偿。

在项目经济分析中，按照是否考虑草业资金的时间价值可分为静态和动态两种计算方法。在对草业投资项目进行经济评价时，采用动态方法，静态方法不考虑草业资金的时间价值。

7.1.1 利息及相关概念

7.1.1.1 利息与利率

草业资金具有时间价值，因此占用资金就需付出一定的代价；反之，放弃使用资金应得到一定的补偿。利息就是占用资金所付出的代价或放弃使用资金所得到的补偿，是衡量资金时间价值的绝对尺度，利息通常根据利率来计算。利息产生在资金的所有者与使用者不统一的场合，简单说利息就是资金使用者付给资金所有者的租金，用以补偿资金所有者在租借期内不能支配该资金受到的损失。

利率(interest rate)是指在一个计息周期内，所得利息与本金的比值，一般用百分数表示。利率是衡量资金时间价值的相对尺度。计息周期是计算利息的时间单位，我国银行存、贷款的计息周期多以月或年计，若计息周期为年，则利率称为年利率；若计息周期为月，则利率称为月利率。在草业投资项目经济分析中，一般以年为计息周期。

在草业利息计算中，一般采用年利率。但如果计息周期小于 1 年，如半年、季度、月、天等，这样就出现了不同计息周期的利率换算问题，往往需要将不同计息周期的利率换算为年利率。

年利率与月利率的换算关系：

$$i = m \times i_m \tag{7-1}$$

式中　i——年利率(%)；

　　　m——以月为计息的周期数；

　　　i_m——月利率(%)。

年利率与日利率的换算关系：

$$i = d \times i_d \tag{7-2}$$

式中　d——以天为计息的周期数(d)；

　　　i_d——日利率(%)。

【例题 7-1】如果年利率为 5%，问相应的月利率和日利率分别是多少？

解：月利率为 $i_m = \dfrac{i}{m} = \dfrac{6\%}{12} = 0.5\%$

日利率为 $i_d = \dfrac{i_m}{d} = \dfrac{0.5\%}{30} = 0.0167\%$

一般月利率与日利率换算时用 30 d，年利率与日利率换算时用 360 d 计算。

7.1.1.2　贴现率

贴现率(discount rate)是指将未来支付改变为现值所使用的利率，或指持票人以没有到期的票据向银行要求兑现，银行将利息先行扣除所使用的利率。贴现的概念是指一定量未来货币的现在价值是多少的计算过程，就是说同样数额的一笔钱的现在价值总是高于其未来价值的，举例来说，假如资金的投资回报率是 10%，那么现在的 1 万元投资出去等到一年后就变成了 1.1 万元，因此一年后的 1.1 万元的现值就是 1 万元，而计算 1.1 万元的现值的过程即贴现，一年后的 1.1 万元与现值 1 万元的差值与现值的比值就是贴现率，即 10%。在数值上投资回报率(也可以称为利率)是等于贴现率的，但是，两者的方向不同。利率是从现在指向未来，而贴现率是从未来指向现在。再如贴现率为 10%，今年的 100 元到了明年就相当于 100 ×(1 + 10%)= 110 元，也就是说，明年 110 块钱可以买到的东西今年只用 100 块钱就能买到。

利率是经济学中的一个重要概念，是金融及企业财经管理中的一个重要调节工具。在存款业务中利率有长、短期存款利率，在贷款业务中也有长、短期贷款利率，利率的高低因主体和期限的不同而不同。利率往往是由主体机关为他方确定或借贷双方商定。例如，国家根据国民经济状况确定利率政策水平或基准利率浮动幅度，银行根据该幅度确定借贷及存款的具体利率水平，企业或个人之间借贷由借出方或双方商定利率的高低。

贴现率通常用于财经预测、企业财经管理等。例如，某企业遇到了现金周转问题，但该企业有 1 年后到期的票据面值 100 万元。企业到银行要求用这票据 100 万元的现金，银行只给提取 95 万元的现金，收取了 5% 的手续费，这个 5% 就是贴现率，也就是说 100 万元一年到期的票据，企业现在要求贴现，可以得到 95 万元的现金。

7.1.2　现金流量表示方法

7.1.2.1　现金流量表

现金流量表是反映一定时期内(如月度、季度或年度)企业经营活动、投资活动和筹资活动对其现金及现金等价物所产生影响的财务报表。现金流量表详细描述了企业的经营、投资与筹资活动所产生的现金流入和现金流出的动态状况。通过现金流量表，可以反映经营活动、投资活动和筹资活动对企业现金流入、流出的影响，对于评价企业的实现利润、财务状况及财务管理提供了更好的基础。

例如，一个草业企业要投资建设一个草产品生产项目，首先需要完成立项审批、规划设计、资金筹算等前期工作，完成包括土地使用、土地整理、水、电、路、厂房等基本建设；生产机械设备及主要材料购置等投资建设活动，这是在项目建设期(包括建设前期)主要的现金流出，主要以投资的形式用于建设生产基地。项目建成达产后，每年可获得预期的草产品及其他现金收益，同时，每年还有各种运营成本及费用的支出。项目从建设期开始到一定时期内，对发生的现金流量按时间顺序和收入、支出类别进行详细的记录，这就是这个项目的现金流量表(表7-1)，表中栏目可根据需要适当增减。其中，回收余值是指项目建设形成的固定资产期末剩余的净值；净现金流量为各年现金流入量减去现金流出量。

表 7-1　某草业投资项目的现金流量表(单位：万元)

序号	年份　项目	建设期		正常运行期			
		1	2	3	4	...	10
1	现金流入量						
1.1	项目效益						
1.2	回收余值						
2	现金流出量						
2.1	建设投资						
2.2	年运行费						
2.3	流动资金						
3	净现金流量						

现金流量表有效反映了项目建设及运营期内的现金收支情况，而且从净现金流量、累计净现金流量等可以直观反映项目投资的收益情况，便于进行分析计算和项目经济评价。

7.1.2.2　现金流量图

任何草业投资项目的建设与运行都有一个时间上的延续过程。对投资者来说，资金的投入与收益的获取往往构成一个时间上有先后顺序的现金流量序列。要客观地评价投资项目或技术方案的经济效果，不仅要考虑现金流出与现金流入的数额，还必须考虑每笔现金流量发生的时间。若把投资建设项目作为一个独立系统，现金流量则反映了该项目在寿命周期内流入或流出系统的现金活动。通常将流入系统的货币称为现金流入（cash inflow，CI），对流出系统的货币支出称为现金流出（cash outflow，CO），并把某一个时间点的现金流入与现金流出的差额称为净现金流量。系统的现金流入、现金流出和净现金流量统称为现金流量（cash flow，CF）。为了直观清晰地表达项目各年资金的流出和流入变化，避免计算时发生错误，可以将现金流量表中的数据绘制成现金流量图，如图7-1所示。

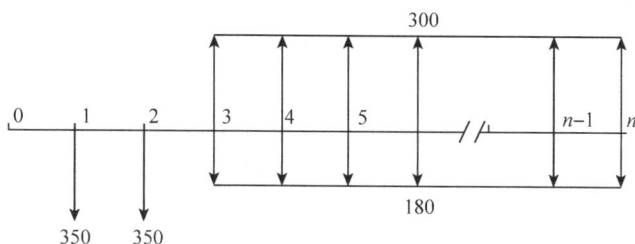

图7-1　某项目现金流量图（单位：万元）

现金流量图以横轴为时间轴，自左向右延伸表示时间的延续；一般以年为单位，经常以项目建设开始的年初为时间轴的起点；纵轴表示现金流，可以用数字表示现金流的大小，并以不同的方向表示现金的流入或流出。现金流量图具体绘制规则如下：

①先画一条横轴水平线，将轴线等分成若干间隔，每一间隔代表一个时间单位（计息周期），一般以年为一个时间单位，时间轴上的点称为时点，时点既是该年的年末，也是下一年的年初。零时点即为第1年开始的时点，常用0代表项目计算期的开始、第1年年初，1代表第1年年末，2代表第2年年末，其他依此类推。

②与横轴垂直的直线表示现金流量，用箭头表示现金流动的方向，箭头向下表示现金流出，即项目的投资或费用；箭头向上表示现金流入，即项目的效益或收入，箭头线长度一般应与现金流量的大小成比例，可以用现金流的数据直接标注在箭头上，直观显示现金流量的大小。

③一般情况下，对于实际建设项目的现金流，除考虑当年借款利息外，均按年末发生和结算。在对建设项目进行经济评价时，为便于分析，一般把年内的现金流出与现金流入都画在该年年末，这对计算期较长的工程项目经济评价结果影响不大，对计算期较短的项目，如当年建设即可发挥效益的项目，投资可以画在年初。具体要视实际情况，一般贷款投资可以画在贷款当年年初，其他投资、费用和效益画在当年年末。

在进行项目经济评价时，首先要绘制正确的现金流量图，然后进行分析计算。由于资金具有时间价值，根据等价的原则，应将不同时期的投资、费用和经济效益折算到同一个时间点，以此来进行各个方案的经济比较。对草业投资项目来说，一般情况下投资发生在项目建设期，而项目收益和年运行费用则发生在项目投入生产之后。为了进行比较，就必须确定一个共同的时间基点，这个基点即基准年。通常把不同时间点上发生的投资、费用和效益都折算到同一基准年，以计算基准年的年初作为计算的基准点，相当于现金流量图中的坐标原点。计算基准年可以是现金流量图中的某一时间点，但为了便于计算，常以建设期第1年年初作为计算基准点。需要注意的是，在整个计算过程中，计算基准年（点）一经确定就不能随意改变。完整的项目经济评价现金流量图如图7-2所示。

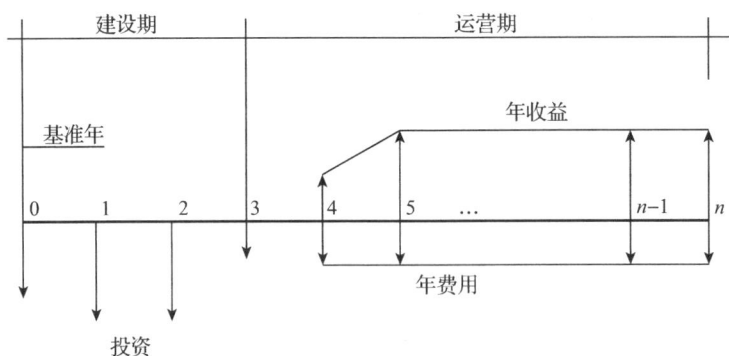

图7-2　完整的项目经济评价现金流量图

7.1.3　利息计算方法

7.1.3.1　单利计息法

单利计息法是计算利息的方法之一。利息的多少不仅与本金、利率和计算利息的时间有关系，也与利息的计算方法有关。单利计息法就是利息与本金、利率和计息期数均成正比的计算方法。按单利计息法计算利息时，本金在整个计息周期内均保持不变。由于计息期数的具体算法不同，存在有不同的单利计息法。计息期数常以年为标准，其中，一年标准天数的选择和借贷起止日期间计息天数算法的不同，有准确单利法、普通单利法、国际商务单利法等。根据中国人民银行规定的计息规则，在我国，定期存款、定活两便、零存整取、整存整取、整存零取等储蓄存款按单利计息法计算利息，只有活期储蓄存款按复利计息法，以每个季度为计息周期。

单利计息法在计算利息时，只计算本金产生的利息，不考虑各计息周期内获得的利息再产生的利息，即利息不再产生利息。单利计息法的本利和公式：

$$F=P(1+n \times i) \tag{7-3}$$

式中　F——第 n 个计息周期末的本金和利息之和，即本利和；

　　　P——本金；

　　　i——利率；

　　　n——计息周期。

【例题 7-2】某人借款 10 000 元，期限 10 年，年利率为 5%，单利计算，问 10 年后某人负债总金额为多少？

解：已知 $P=10\ 000$ 元，$n=10$ 年，$i=5\%$。代入式（7-3）得

$$F=10\ 000 \times (1+10 \times 5\%) = 15\ 000（元）$$

故 10 年后某人负债总额为 15 000 元。

7.1.3.2　复利计息法

复利计息法中，不仅考虑本金生息，而且考虑前一个计息周期已获利息生息。即把已获利息加到本金中去，以上期末的本利和作为本期计算利息的本金。通常称为利上加利或利滚利。

若本金为 P，年利率为 i，则各年所得利息及各年年末本利和：

第 1 年年末：

利息：$P \times i$

本利和：$F = P + P \times i = P(1+i)$

第 2 年年末：

利息：$P(1+i)i$

本利和：$F = P(1+i) + P(1+i)i = P(1+i)^2$

第 3 年年末：

利息：$P(1+i)^2 i$

本利和：$F = P(1+i)^2 + P(1+i)^2 i = P(1+i)^3$

……

第 n 年年末：

利息：$P(1+i)^{n-1} i$

本利和：$F = P(1+i)^n$

因此，复利计息法的本利和计算公式：

$$F = P(1+i)^n \tag{7-4}$$

式中 符号意义同前。

【例题 7-3】仍以例题 7-2 为例，试用复利计息方式计算某人 10 年后的负债总额。

解：由式(7-4)代入数据可得

$$F = P(1+i)^n = 10\,000 \times (1+5\%)^{10} = 16\,289(元)$$

故 10 年后某人负债总额为 16 289 元。

可以看出，单利计息法是比较简单的，单利计息只考虑了本金的时间价值，未考虑利息的时间价值。复利计息法不仅考虑了本金的时间价值，也考虑了利息的时间价值。复利计息法较单利计息法更能客观反映资金的活动情况。

若利率较低，本金不大，计息周期也较短，单利计息法和复利计息法计算结果差别不大，但若这 3 个因素增大时，单利计息法和复利计息法会有明显的区别。

一般情况下，我国银行存款和债券的利息常以单利计息法计算，国家基本建设贷款等的利息按复利计息法计算，向国外借贷一律按复利计息法计算。

7.1.4 资金的等值计算

等值在资金时间价值计算中是一个十分重要的概念。由于资金具有时间价值，相同数额的资金在不同的时间，其经济价值是不同的。反之，不同数额的资金，在不同的时间有可能具有相同的经济价值，例如，在年利率是 10% 的情况下，年初的 10 000 元与年末的 11 000 元是等值的。在利率一定的条件下，将不同时间上数额不等而具有相同经济价值的资金称为等值资金。影响资金等值的因素除利率外，还有资金数额大小和计息周期的长短。

利用资金的等值概念，可以把某一时间点上的资金值按照所给定的利率换算为与之等值的另一时间点上的资金值，这一换算过程称为等值计算。对于现金流量图或现金流量表，从时间上看都有一个始点和一个终点，把将来某一时间点上的资金换算成始点时间的等值资金称为"折现"。把将来时间点上的资金折现后的资金额称为现值(present value)，与现值等价的终点时间的资金值称为终值或期值(future value)。应注意现值并非指一笔资金现在的价值，它是一个相对的概念，在项目经济分析中，将终值和现值之间折算的利率称为折现率。利率是一种折现率，但折现率比利率具有更广泛的含义。银行借贷利用利率进行折现计算或其他等值计算，利率反映银行借贷活动中资金的时间价值，而折现率还能反映国家或某行业资金的时间价值。

7.1.4.1　一次支付终值公式

已知现值 P，折现率为 i，计算期为 n，求与该现值等值的终值（终值）F。一次支付现金流量图如图 7-3 所示，计算公式：

$$F = P(1+i)^n \tag{7-5}$$

式中　$(1+i)^n$——一次支付终值的复利因子，通常用符号 $(F/P, i, n)$ 表示。其中，斜线右边大写字母表示已知因素，左边表示所求的因素。一次支付终值因子仅仅与利率和期数有关，可以制成不同利率的复利因子表以方便查用。

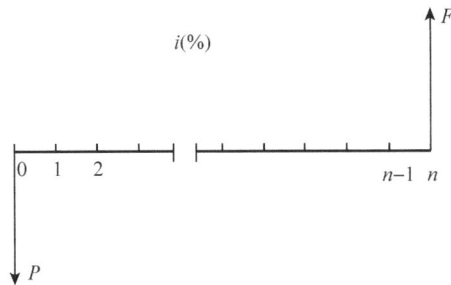

图7-3　一次支付现金流量图

式(7-5)与复利计息法的本利和计算公式相同，但本质上有所区别。式(7-4)是计算存、贷款活动中计算本利和的公式，式中的 i 为利率；式(7-5)中的 i 为折现率，具有比利率更广的含义，根据不同的计算对象，它可能是利率，也有可能是折现率或贴现率。

式(7-5)的经济含义：已知支出资金 P，当利率为 i 时，在复利计算的条件下，求出 n 期期末所取得的本利和。相当于银行的"整存整取"的储蓄方式。

式(7-5)是资金等值计算中最基本的一个公式，所有其他公式都可由此式推导得出。

【例题 7-4】某草业生产公司向银行贷款 1 000 万元，年利率为 8%。贷款期限至第 5 年年末。问第 5 年年末贷款到期应向银行偿还本利和为多少？

解： 已知 $P = 1\,000$ 万元，$i = 8\%$，$n = 5$，由式(7-5)代入数据可得

$$F = P(1+i)^n = 1\,000 \times (1+8\%)^5 = 1\,469.3（万元）$$

也可查复利因子表得 $(F/P, 8\%, 5) = 1.469\,3$

故 $F = P(F/P, i, n) = 1\,000 \times 1.469\,3 = 1\,469.3（万元）$

7.1.4.2　一次支付现值公式

已知终值 F，折现率为 i，计算期为 n，求与该终值等值的现值 P。现金流量图与图 7-3 相同。一次支付现值计算是一次支付终值计算的倒数，因此可由式(7-5)得出一次支付现值计算公式：

$$P = \frac{F}{(1+i)^n} \tag{7-6}$$

式中　$\dfrac{1}{(1+i)^n}$——一次支付现值因子，符号表示为 $(P/F, i, n)$，与一次支付终值因子互

为倒数。

式(7-6)的经济含义：如果想在将来第 n 期末一次收入 F 数额现金，在利率为 i 的复利计算条件下，求现在应一次支出本金 P。即已知 n 年后的终值，反求现值 P。

【例题 7-5】要想在 5 年后获得 10 万元，利率为 7%，复利计息方式，问现在应该向银行存入多少钱？

解：已知 $F=10$ 万元，$i=7\%$，$n=5$，由式(7-6)代入数据可得

$$P=F\frac{1}{(1+i)^n}=10\times\frac{1}{(1+7\%)^5}=7.13(万元)$$

也可查复利因子表得 $(P/F,\ 7\%,\ 5)=0.713$

故 $P=F(P/F,\ i,\ n)=10\times0.713=7.13(万元)$

7.1.4.3　等额支付终值公式

等额支付是多次支付形式的一种。将现金流入和流出发生在多个时间点上，而不是集中在某个时间点上的支付形式称为多次支付。现金流的大小可以是不等的，也可以是相等的。当现金流序列是连续且相等，则称为等额序列的现金流。

已知每年年末有一等额现金流序列，每年的金额(年值)均为 A，折现率为 i，计算期为 n，如图 7-4 所示，求与该现金流量等值的终值 F。

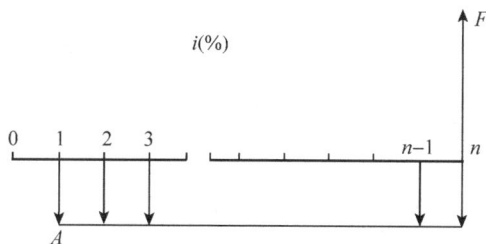

图 7-4　等额支付终值现金流量图

利用一次支付终值公式可分别计算各年值的终值并求和得

$$F=A+A(1+i)+A(1+i)^2+\cdots+A(1+i)^{n-1}$$

等式两边同乘以 $(1+i)$ 得

$$F(1+i)=A(1+i)+A(1+i)^2+A(1+i)^3+\cdots+A(1+i)^n$$

第二式减第一式得

$$F(1+i)-F=A(1+i)^n-A$$

整理上式得到等额支付终值公式：

$$F=A\frac{(1+i)^n-1}{i} \tag{7-7}$$

式中　$\dfrac{(1+i)^n-1}{i}$——等额支付终值因子，符号表示为 $(F/A,\ i,\ n)$。

式(7-7)的经济含义：在 n 个周期内每期期末等额支付现金流量 A，在利率为 i 的复利计算条件下，求第 n 期期末的终值 F(本利和)。相当于银行"零存整取"的储蓄方式。

【例题 7-6】某人每年年末存入银行 15 000 元，银行利率为 7%。在第 6 年年末可获本利和为多少？

解：已知 $A=15\ 000$ 元，$i=7\%$，$n=5$，由式(7-7)代入数据可得

$$F=A\frac{(1+i)^n-1}{i}=15\ 000\times\frac{(1+0.07)^6-1}{0.07}=107\ 299.5(元)$$

也可查复利因子表得$(F/A，7\%，6)=7.153\ 3$

故 $F=A(F/A，i，n)=15\ 000\times7.153\ 3=107\ 299.5(元)$

7.1.4.4 等额支付年值公式

等额支付年值公式也称基金存储公式(sinking fund deposit formula)。已知终值 F，折现率为 i，计算期为 n，要求将该终值 F 折算为每年年末的等额年金 A。等额支付偿债基金是等额支付终值计算的逆运算，因此可由式(7-7)得出等额支付偿债基金公式：

$$A=F\frac{i}{(1+i)^n-1} \tag{7-8}$$

式中 $\dfrac{i}{(1+i)^n-1}$——基金存储因子，符号表示为$(F/A，i，n)$。

式(7-8)的经济含义：当利率为 i 时，在复利计算的条件下，如果需在 n 期期末能一次收入 F 数额的现金，那么在这 n 期内连续每期期末需等额支付 A 为多少。

【例题 7-7】某人为了在 3 年后存款 20 万元，在银行年利率为 7% 的条件下，问每年年末应等额存入多少现金？

解：已知 $F=20$ 万元，$i=7\%$，$n=3$，由式(7-9)代入数据可得

$$A=F\frac{i}{(1+i)^n-1}=20\times\frac{0.07}{(1+0.07)^3-1}=6.22$$

也可查复利因子表得$(A/F，7\%，3)=0.311\ 1$

故 $A=F(A/F，i，n)=20\times0.311\ 1=6.22(万元)$

7.1.4.5 等额支付现值公式

已知 n 年年末等额支付资金 A，现值为 P，折现率为 i，期数为 n，等额支付现值现金流量图如图 7-5 所示，求与该现金流量等值的现值 P。

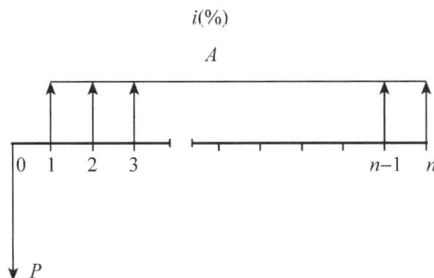

图 7-5 等额支付现值现金流量图

等额支付的终值公式将年值折算为终值，我们可以进一步利用一次支付现值公式，将终值折算为现值，即

$$P=\frac{F}{(1+i)^n}=A\frac{(1+i)^n-1}{i}\times\frac{1}{(1+i)^n}=A\frac{(1+i)^n-1}{i(1+i)^n} \tag{7-9}$$

式中 $\dfrac{(1+i)^n-1}{i(1+i)^n}$ ——等额支付现值(年金现值)因子，符号表示为$(P/A，i，n)$。

【例题 7-8】某牧草生产加工企业，2015 年开始建设并当年获得草产品收益，截至目前已生产牧草产品 6 年，如果牧草产品年平均收益为 10 万元，折现率取 8%，问将全部效益折算到 2015 年年初的现值为多少？

解：已知 $A=10$ 万元，$i=8\%$，$n=6$，由式(7-9)代入数据可得

$$P=A\frac{(1+i)^n-1}{i(1+i)^n}=10\times\frac{(1+0.08)^6-1}{0.08\times(1+0.08)^6}=46.229(万元)$$

也可查复利因子表得$(P/A，8\%，6)=4.6229$

故 $P=A(P/A，i，n)=10\times4.6229=46.229(万元)$

7.1.4.6 等额资金回收公式(本利摊还公式)

已知现值 P，折现率为 i，期数为 n，要求将该现值折算为每年年末的等额年金 A。等额资金回收公式是等额支付现值计算的逆运算，因此可由式(7-10)得出等额资金回收公式(也称本利摊还公式)：

$$A=P\frac{i(1+i)^n}{(1+i)^n-1} \tag{7-10}$$

式中 $\dfrac{i(1+i)^n}{(1+i)^n-1}$ ——等额资金回收(本利摊还)因子，符号表示为$(A/P，i，n)$。

等额资金回收因子是一个重要的因子，对项目进行技术经济评价时，它表示在考虑资金时间价值的条件下，对应于项目的单位投资，在项目寿命期内每年至少应该回收的金额。如果对应于单位投资的实际回收金额小于该值，在项目的寿命期内就不可能将全部投资收回。

【例题 7-9】某饲草生产公司以 100 万元购买青贮饲草打包机，在基准折现率为 8%的条件下，准备通过 5 年时间发挥打包效益回收全部投资，问每年应等额回收多少资金？

解：已知 $P=100$ 万元，$i=8\%$，$n=5$，由式(7-10)代入数据可得

$$A=P\frac{i(1+i)^n}{(1+i)^n-1}=100\times\frac{0.08\times(1+0.08)^5}{(1+0.08)^5-1}=25.05(万元)$$

也可查复利因子表得$(A/P，8\%，5)=0.2505$

故 $A=P(A/P，i，n)=100\times0.2505=25.05(万元)$

7.2 草业投资项目现金流量分析

7.2.1 草业项目的投资与估算

投资一个草业生产项目一般要经过项目建议书、可行性研究、初步设计、施工建设到建成运营等不同的程序或阶段。根据项目的复杂程度，还可能在每个阶段进一步细分，如机会研究和详细可行性研究、初步设计和施工图设计等。不同阶段有不同的工作任务与分工。项目建议书一般是由投资者提出，从宏观上论述项目设立的必要性和可能性，把项目投资的设想变为概略的投资建议，作为项目立项的初步依据。可行性研究是在项目建议书

的基础上，委托专业机构开展与项目有关的市场、资源、技术、经济和社会等方面的问题调查和综合分析，论证项目建设的必要性和技术上是否先进、本项目是否适用、经济上是否合理、财务上是否盈利，以及建设条件的可能性和可行性，确定该项目是否可行或选择最佳的实施方案。可行性研究阶段需要对建设项目的总投资做出科学合理的估算，为项目的经济评价和财务评价提供依据。

7.2.1.1 草业项目投资构成

建设项目总投资分为固定资产投资和流动资金两部分，其中，固定资产投资又分为建设投资和建设期利息。建设投资是指为完成建设项目，在建设期内投入并形成现金流出的全部费用。建设期利息包括银行借款、其他债务资金利息和其他融资费用。建设投资由建设项目的工程费用、项目建设的其他费用和预备费组成。其中，建设项目的工程费用包括土建工程费和设备购置费；项目建设的其他费用包括项目建设前期的咨询费、土地征用费、勘测设计费、临时设施费、生产准备费、建设管理费等；预备费包括基本预备费和价差预备费。预备费是指投资估算或设计概算预留的，由于工程实施中不可预见的工程变更、一般自然灾害处理、地下障碍物处理、超规超限设备运输等可能增加的费用。价差预备费是为建设期内利率、汇率或项目建设材料、设备价格等因素的变化而预留的可能增加的费用。建设项目总投资的构成如图 7-6 所示。

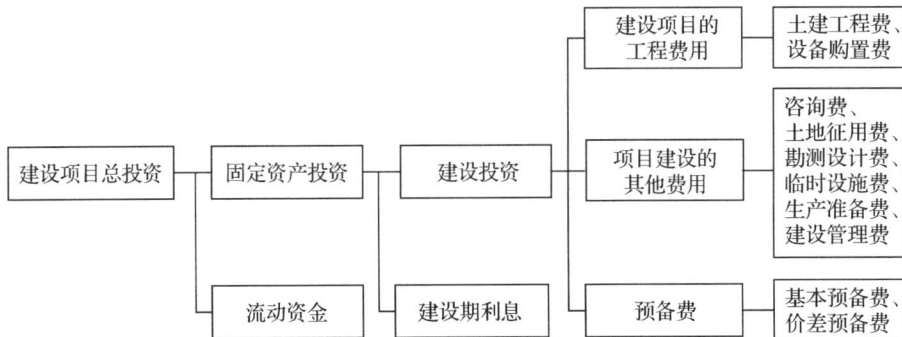

图 7-6 建设项目总投资的构成

以草产品生产加工项目投资为例，项目的工程费用包括草业生产基地各类设施的土建工程费用和各类机械设备的购置及安装费用。土建工程费包括土地整理、场区道路、水源机井、供水管道、电缆铺设、仓储晒场、围栏棚圈、房屋建筑、废弃物处理、安全防护等设施的工程建设费。设备购置费包括设备的购置及安装费，含购置设备的运输、附加税费等。例如，草产品生产加工的机械设备，包括喷灌机设备购置及安装、耕作播种机械、植物保护机械、收获加工机械、装载运输设备和为生产基地提供电力、水源的动力机械、电器设备，还包括生产基地管理的办公设备、消防器材等。

项目建设的其他费用中，生产准备费是指草产品生产加工企业为保证基地建成进入正常生产所发生的生产准备的费用支出。生产准备费主要包括生产人员培训费及提前进场员工的费用。建设管理费是指建设单位从项目筹建开始至交付使用为止发生的项目管理费用，包括建设单位管理费、工程监理费、招标代理费、工程造价咨询费。

流动资金是流动资产的表现形式，包括现金、库存(种子、化肥、农药、油料、在制草产品及成品)、应收账款、有价证券、预付款等项目。净流动资金就是不包括负债的流动资金，净流动资金越多表示净流动资产越多，说明企业的短期偿债能力较强，因而其信用地位也较高，在资本市场中筹资也较容易，成本也较低。流动资金实际就是企业的周转资金。

7.2.1.2　草业项目投资估算

草业项目投资估算是编制项目可行性研究报告的重要内容，也是可行性研究评审、批复的重要参考指标。草业项目投资估算可参照《农业建设项目投资估算内容与方法》（NY/T 1716—2009）行业标准进行。投资估算应按项目的投资构成分项估算并累计得到项目总投资。投资估算的精度应在项目初步设计概算投资的±10%以内。

建设项目投资估算多采用指标估算法。投资估算指标是在可行性研究报告编制阶段进行投资估算的一种定额，往往以独立的单项工程或完整的工程项目为计算对象。它的概略程度与可行性研究阶段相适应。投资估算指标为项目建设的投资估算提供依据和手段，它在固定资产的形成过程中起着投资预测、投资控制、投资效益分析的作用，是合理确定项目投资的基础。投资估算指标中的主要材料消耗量也是一种扩大材料消耗量指标，可以作为计算建设项目主要材料消耗量的基础。估算指标的正确制定对于提高投资估算的准确度、对建设项目的合理评估、正确决策具有重要意义。

投资估算指标的内容因行业不同而各异，一般可分为建设项目综合指标、单项工程指标和单位工程指标 3 个层次。建设项目综合指标一般以项目的综合生产能力单位投资表示；单项工程指标一般以单项工程生产能力单位投资表示；单位工程指标按专业性质的不同采用不同的方法表示。

在草业投资项目建设中，有各类用于草业生产、生活服务的建筑工程，包括房屋、养殖圈舍、草棚、晒场、道路、桥涵、水池、机井等，也包括生产基地种植区田间工程，包括土地整治、灌排沟渠、供水管线、围栏、林带、苗（草）圃等。对这些工程项目进行投资估算时，如果没有适当的估算指标，可以根据当地概算定额，以主体工程的工程量为依据，辅以适当的调整系数后进行投资估算。对于圈舍、草棚等也可以主体工程的直接费，并按当地实际情况计取间接费、利润和税金后形成综合单价估算单项工程投资，即

$$单项工程投资 = 综合单价 \times 工程量 \tag{7-11}$$

例如，贮草棚建设项目总投资 = 草棚综合单价（元/m²）× 草棚建筑面积（m²）。再如，生产基地建设的单层普通砖混结构房屋（管理房及员工生活区等），就可以用单位面积的造价乘以规划建设面积得到总投资。

在草业投资项目中，运用综合单价估算投资比较普遍而适用。例如，城市草坪建植工程、高尔夫球场果岭建造工程、沙坑建造、球道草坪建植工程等，都可以用单位面积的综合单价估算单项工程的投资。牧草生产中，单位面积的土地整治、田间工程、播种、田间管理直到收获都可以先估算出综合单价，再估算项目总投资。

草业生产设备主要是各种农机具，也包括生产用和服务用的各种车辆。设备购置费由设备原价、成套设备服务费、运杂费构成，车辆购置附加费等国家规定应缴纳的税费也一并计入购置费。如果购买进口机械设备，购置费包括到岸价、关税、消费税、增值税、银行财务费、外贸手续费、海关监管手续费、车辆购置附加费、检疫检验费、国内运杂费等。有些成套设备如果需要专业机构进行安装，还应计入安装费。此外，草业生产基地上的供水管线、地下电缆及其他成套装置也需要计算设备安装费。

建设项目中的其他费用包括项目前期咨询费、土地征用费、勘察设计费、场地准备费、临时设施费、生产准备费、公共设施费、检疫检验费、建设管理费等。生产准备费是指在建设期内，前期咨询的主要内容包括投资咨询、可行性研究报告编制、评审、建设条件单项咨询(如生态保护、环评、防洪、水土保持、水资源论证、文物保护、火灾风险评估等)。建设单位为保证项目正常生产而发生的人员培训费、提前进场费，以及投产使用必备的办公、生活用具等的购置费用。对这些项目，应按具体情况可增减列入计费项目，取费标准按相关规定。没有取费标准的按实际情况或参考类似项目的取费计算。

预备费在项目工程费与项目建设其他费合计的基础上，按基本的预备费率计算。

7.2.2 草业项目经济效益估算

7.2.2.1 草业项目的经济效益

草业经济效益就是在合理利用与保护草地资源及草地生态环境的条件下，人们取得的有用劳动成果与劳动消耗的比较。草业生产的目的就是为社会提供一定种类和数量的草业产品，满足社会对草业产品的需要。首先是草业产品的种类、数量及其质量，社会需要就是其使用价值的体现。然后是为了统一表达草业生产成果并便于比较，必须计算草业产品的经济价值，以价值的形式来表现草业的产量和质量，产品的经济价值量的多少就是经济效益。

草业生产的经济效益包括直接经济效益和间接经济效益。草业投资项目直接产生的经济收益就是直接经济效益。由建设项目的投产引起相关项目经济收益的增长，叫作建设项目的间接经济效益。一个草业建设项目的投产，可能引起其他新项目的建立，例如一个有一定规模的商品草生产项目，通过草产品的销售为企业带来直接经济收益，与此同时，企业建立了电商及线下销售公司，通过草产品的营销也获得了销售利润；企业在进行草产品生产时购置了大量的田间作业机械及装载运输设备，为此企业还成立机械设备服务与维修公司，在满足本身需要的条件下对外租赁机械设备、提供维修服务，从而获得了额外的经济收入。有时间接效益发生在项目建设单位的外部，例如，草业基地的建成带动了当地乡村旅游的发展，草业基地成为当地的一个重要体验式旅游景点，为当地增加了旅游收入。草业基地每年需要大量的草种、肥料等生产资料，相应增加了这些材料供给机构的经济收益。在分析计算建设项目的经济效益时，应当明确建设项目与其相关项目的关系，在进行投资项目的财务评价时，企业内部带来的间接效益应当计算在总效益之内。企业外部获得的间接效益只用来项目的经济评价。

草业生产经济效益的多少取决于生产的草产品数量和产品质量。草产品市场的价格始终是以质论价，例如，我国的苜蓿干草质量根据粗蛋白、中性洗涤纤维、酸性洗涤纤维和相对饲喂价值将苜蓿干草质量分为特等、优等、一级、二级和三级 5 个质量等级，草产品市场以质量等级赋予相应的单价。因此，在草产品收获加工时应当分质量等级组织生产，尽可能产出质量等级高的草，这样才能获得较高的经济效益。在苜蓿干草市场上一般认为头茬草的粗蛋白含量及营养价值要比二茬、三茬好。实际上，苜蓿干草的质量在生长期主要受到杂草和灰分含量的影响，在收割加工时如果收割后干燥迅速，草的色香味就会保持得好，质量也会达到上乘。另外，干草的贮存条件也会影响草质量，在低温、避光、避雨、防潮条件下贮存有助于干草质量的保持。所以，在计算草产品的经济效益时，要考虑产品的质量等级、相应等级的市场价格和相应等级的产品数量。

【例题 7-10】某企业拟投资苜蓿干草生产，根据项目选址场地的自然条件和生产条件，预计在项目建成达产后年平均生产苜蓿干草（干草方捆）10 万 t，其中优级品率（优等以上）45%，一级、二级品率占 35%，二级以下占 20%，苜蓿干草市场价格预测优级苜蓿 2 800 元/t，一、二级平均 2 200 元/t，二级以下 1 800 元/t，试计算该项目年均草产品生产经济效益。

解： 年产优级草为 10 万 t/年 × 45% = 4.5 万 t，收益 4.5 × 2 800 元/t = 12 600 万元/年；
年产一、二级草为 10 万 t/年 × 35% = 3.5 万 t，收益 3.5 × 2 200 元/t = 7 700 万元/年；
年产二级以下草为 10 万 t/年 × 20% = 2.0 万 t，收益 2.0 × 1 800 元/t = 3 600 万元/年；
合计年收益 2.39 亿元/年。

草业生产中一年可能有多次收获和多次产品市场交易，在草业投资项目经济评价中，经济效益以年度或会计年度为单位进行核算，因此，效益为年值。如果对待投资建设项目进行经济评价，以设计年产值或多年平均年产值估算效益；如果对已建成项目进行后经济评价，则以实际统计的年收益作为效益。

7.2.2.2 草业项目的生态及社会效益

草业生产的特点：草业生产不仅有直接经济效益，还有生态效益和社会效益。在进行草业投资项目经济评价时，虽然主要以直接经济效益为计算依据，但项目带来的生态效益及社会效益也是不容忽视的重要评价内容，有些草业投资项目本身就以生态效益为目标来建设，如草地生态修复项目等。因此，在项目经济评价时应科学合理地估算草业项目的生态效益和社会效益。

人工草地是草业生产的主要方式，人工草地的生态及社会效益，除草地所具有的土壤形成保持、水调节、基因资源及生态系统保护等生态服务价值外，还有缓解天然草原放牧压力和有效改善土壤肥力等效益。首先，发展人工草地种草养畜可以发挥"开发一小片保住有一大片"的作用，充分发挥人工草地高投入、高产出的优势，提高草地承载力，相应减少了天然草原的放牧压力，有利于草原生态恢复，如何用经济价值反映人工草地的以小保大的生态效益值得我们认真研究。其次，人工草地对土壤改良和土壤肥力提升的效益也是巨大的。现阶段我国发展的人工草地主要是沙化、盐碱化等边际土地，在这类土地上种植农作物可能收效甚微，但种植牧草特别是多年生的豆科牧草，对土壤的改良及土地肥力的提升具有显著影响。这不仅具有显著的生态经济效益，而且对土地质量的提升以及后备土地资源的开发、保障粮食安全具有重要意义。

城市草坪、高尔夫球场等草坪绿地具有固碳释氧、气候调节、土壤保持、水调节等多方面的生态效益。同时，净化、美化了人们的生活和工作环境，为人们提供了户外运动、休闲娱乐的场所，这些都有益于人们的身心健康。高尔夫球场因草坪面积大、管理养护专业性强也为当地提供了一定的就业岗位，并带动相关领域的技术进步。这些都是草坪产业的社会效益。虽然草坪的生态效益和社会效益是显而易见的，但如何估算生态和社会效益还缺乏足够的研究，目前有采用替代价格（即等效替代物的价格）来表达生态效益的经济价值量，也有采用费用支出法、市场价值法、机会成本法、旅行费用法等估算其价值。

7.2.3 草业项目年运行费和年费用

一个项目的总费用折算为每年的平均支出称为年费用。年运行费也称年经营成本，主要是项目投产后每年需要支出的各种经常性费用，包括人工工资、材料费、维修费及其他费用等，一般分为直接费用和间接费用。

7.2.3.1　草业项目年运行费

年运行费以年度核算。在草业生产企业的年运行费用中，直接费用包括为生产草、畜产品发生的直接材料、直接人工、商品进价和其他直接费用，既包括直接消耗的原材料、燃料动力费、辅助材料费、机械零配件、外购半成品等费用，也包括直接从事生产的人员工资、奖金、津贴及其他补贴及其他费用。例如，草业生产中的直接材料包括直接用于生产的草种、苗木、肥料、农药、燃料（汽油、柴油等）、劳动工具、机械零配件、塑料膜等。如果土地使用费为年交，直接费用中还应包括土地租金。直接人工是指直接从事草业生产的人员工资以及临时用工的薪酬费用。其他直接费用是指除直接材料、直接人工以外的其他直接支出，包括机械作业费（如耕地、播种、收割、打捆、运输等）、灌溉水电费、田间运输费等。

间接费用是指草业企业为组织和管理生产所发生的费用支出，包括管理人员工资、折旧费、修理费、办公费、差旅费、保险费、借款利息等。

运行费用要计入生产成本。在项目经济评价时，运行费用的估算依据是项目的总体产能、组织架构、人员配置、机械配置等。

7.2.3.2　固定资产与折旧

固定资产是指使用期限在 1 年以上，单位价值在规定的限额以上，并且在使用过程中保持原有实物形态的物质资料和劳动资料，如房屋、建筑物、机器、设备、运输工具、种畜、母畜等。固定资产可分为生产经营性的固定资产和非生产经营性的固定资产。一个草业生产企业所拥有的固定资产包括使用的土地、道路桥梁、机井水池、机械设备、输水管道、输电线路及配电设备、贮草棚场、养殖圈舍、管理用房、运输车辆、办公设备、服务保障设备器具等。投资项目实际上就是形成固定资产的过程。

固定资产在使用过程中会产生磨损、老化，使其原有的价值发生损耗。固定资产的磨损分为有形磨损和无形磨损。有形磨损也称物理磨损，是机械设备、房屋建筑或固定资产在生产过程中使用或因自然力影响而引起的使用价值和价值上的损失。无形磨损也称精神磨损，是指固定资产在其有效使用期内，由于技术进步而引起的价值损失，包括由于提高劳动生产率和发明高性能新设备而使原固定资产贬值。

在生产过程中由于固定资产磨损而逐渐丧失其价值，在经营的经济收益中通过提取折旧费的办法来补偿固定资产损失的价值，这个过程称为折旧。也就是说，采用折旧的方法将固定资产磨损的价值逐步转移到生产成本中去，将折旧费计入产品成本，通过产品销售从实现的收益中补偿固定资产磨损的价值，这就是提取折旧费的依据。计算折旧费的方法很多，采用不同方法可能计算出不同的折旧费，从而影响产品成本核算，同时还会影响固定资产的账面净值，因此必须根据具体情况选择折旧方法。

固定资产折旧方法一般采用平均年限法和工作量法。平均年限法计算固定资产折旧率的公式：

$$年折旧率 = \frac{1 - 预计净残值率}{折旧年限} \tag{7-12}$$

其中，净残值率按固定资产原值的 3%～5% 确定。固定资产的原值就是形成固定资产时的原价，固定资产的净残值是指固定资产使用期满后，残余的价值减去固定资产清理费用后的那部分价值。固定资产净值是指固定资产原值减去累计折旧额。

折旧年限是指计算固定资产折旧时所规定采用的年限。不同类型的固定资产，其折旧年限不同。例如，固定资产计算折旧的最低年限：房屋、建筑物为 20 年；机械和其他生产设备为 10 年；与生产经营活动有关的器具、工具、家具等 5 年；一般运输工具为 4 年。

以工作量法计算折旧主要是针对运输车辆可以按行驶里程计算，田间作业机械可以按总工作时数计算。

一般规定企业固定资产折旧应当按月计提。按照规定提取的固定资产折旧，计入生产成本。

7.3　草业投资项目经济评价指标与方法

对草业投资建设项目进行经济评价的主要任务是通过研究投资项目，或对比项目可行性研究中提出的不同方案及其经济效果，采用相关的经济评价方法分析其经济合理性，为项目决策或方案选择提供依据。投资项目经济评价是投资项目或方案评价的核心内容，是项目决策科学化的重要手段。经济评价通常从两方面加以考察：一是"绝对经济效果检验"，即通过项目方案本身的收益与费用的比较评价方案；二是"相对经济效果检验"，即从多个方案中选择最优方案。在经济分析中，两者总是相辅相成的。项目的经济效果可以用一系列的经济评价指标来反映，它们从不同角度反映项目的经济性。这些指标主要有三类：第一类是以项目总体的投资回收能力的时间性指标，如投资回收期、动态投资回收期等；第二类是以货币单位计量的价值型指标，如净现值、净年值、费用现值、费用年值等；第三类是反映资金利用效率的效率型指标，如内部收益率等。由于这些指标是从不同角度考察项目的经济性，所以在对项目方案进行经济评价时，应当尽量同时选用这几类指标而不是单一指标。

7.3.1　投资回收期

投资回收期也称投资回收年限，是指投资项目投产后获得的收益总额达到该投资项目投入的投资总额所需要的时间(年限)。投资回收期的计算有多种方法。按回收投资的起点时间不同，有从项目投产之日起计算和从投资开始之日起计算两种；按是否考虑资金时间价值，有静态投资回收期和动态投资回收期。

7.3.1.1　静态投资回收期

(1)静态投资回收期的计算

静态投资回收期是在不考虑资金时间价值的条件下，以项目的净收益回收其全部投资所需要的时间。投资回收期可以自项目建设开始年算起，也可以自项目投产年开始算起，但应予以说明。静态投资回收期的计算公式：

$$\sum_{t=0}^{P_t} (CI - CO)_t = 0 \tag{7-13}$$

式中　CI——现金流入量；

　　　CO——现金流出量；

（ $CI-CO$ ）$_t$——第 t 年项目的净现金流量；

P_t——投资回收期；

t ——计算期的年序号。

P_t 为未知数，一般根据现金流量表来计算。具体计算分以下两种情况：

①如果项目建成投产后各年的净收益（即净现金流量）均相同，则静态投资回收期的计算公式：

$$P_t = \frac{K}{A} \tag{7-14}$$

式中　K——项目总投资（万元）；

A——年净收益（万元/年）。

②如果项目建成投产后各年的净收益不相同，则静态投资回收期根据累计净现金流量求得，也就是在现金流量表中累计净现金流量由负值转向正值之间的年份，计算公式：

P_t =（累计净现金流量开始出现正值的年份数-1）+上一年累计净现金流量的绝对值/出现正值年份的净现金流量

（2）评价准则

将计算出的静态投资回收期（ P_t ）与所确定的基准投资回收期（ P_c ）进行比较：

①若 $P_t \leqslant P_c$，表明项目投资能在规定的时间内收回，则方案可以考虑接受。

②若 $P_t > P_c$，则方案不可行。

基准回收期是投资人设定的可以接受的最长回收期。当然，静态投资回收期越短说明投资项目的效益就越好，假如投资人预期该项目的基准回收期为 8 年，当计算静态回收期小于 8 年时，表明项目在财务上是可行的。

7.3.1.2　动态投资回收期

动态投资回收期是考虑资金时间价值后的投资回收期，即把各年的净现金流量按基准收益率折算成现值，再计算投资回收期，这就是它与静态投资回收期的根本区别。动态投资回收期就是净现金流量累计现值等于零时的年份。

$$\sum_{t=0}^{P_t} (CI - CO)_t (1 + i_c)^{-t} = 0 \tag{7-15}$$

式中　i_c——基准收益率或基准折现率，是投资者所要求的最低投资回报率，故称最低要求的收益率；

其余符号同前。

动态投资回收期根据项目的现金流量表计算，用下列近似公式计算：

P_t =（累计净现金流量现值出现正值的年数-1）+上一年累计净现金流量现值的绝对值/出现正值年份净现金流量的现值

评价准则与静态投资回收期准则相同。

投资者一般都十分关心投资的回收速度，都希望越早收回投资越好。动态投资回收期是一个常用的经济评价指标。动态投资回收期弥补了静态投资回收期没有考虑资金时间价值的缺点，使其更符合实际情况。投资回收期指标容易理解，计算也比较简便。投资回收期在一定程度上显示了资本的周转速度。显然，资本周转速度越快，回收期越短，风险越小，盈利越多。这对于那些技术上更新迅速的项目，或资金相当短缺的项目，或未来的情况很难预测而投资者又特别关心资金补偿的项目进行分析是特别有用的。不足的是，投资回收期没有全面地考虑投资方案整个计算期内的现金流量，它只能作为辅助评价指标。

【例题 7-11】 某县牧业公司筹资 1 000 万元建立牧草生产基地，基地与养殖分部独立核算，企业化运作。根据基地建设规模和牧草生产方案，分 2 年投资建设，10 年期内估算的年费用及草产品销售收益见表 7-2 所列。试计算该项目动态投资回收期（折现率 10%）。

解：根据项目的投资、年费用及年收益数据（表 7-2 中①②③），计算

（1）用 $(CI-CO)_t$ 得到各年的净现金流量④。

（2）以项目投资开始年的年初为基准年，用一次支付现值因子⑤和净现金流量④计算净现值⑥和累计净现值⑦。

表 7-2　某草业生产基地项目建设现金流量计算表（单位：万元）

年份	投资①	年费用②	收益③	净现金流量④	现值因子⑤	净现值⑥	累计值⑦
0	500	0		-500	1.000 0	-500.0	-500.0
1	500	0		-500	0.909 1	-454.5	-954.5
2		300	550	250	0.826 4	206.6	-747.9
3		400	850	450	0.751 3	338.1	-409.8
4		400	850	450	0.683 0	307.4	-102.5
5		400	850	450	0.620 9	279.4	176.9
6		400	850	450	0.564 5	254.0	430.9
7		400	850	450	0.513 2	230.9	661.9
8		400	850	450	0.466 5	209.9	871.8
9		400	850	450	0.424 1	190.8	1 062.6
10		400	850	450	0.385 5	173.5	1 236.1
合计	1 000	3 500	7 350	2 850		1 236.1	

（3）从计算结果可以看出，从第 4 年到第 5 年累计现值由负变正，应用公式：

P_t =（累计净现金流量现值出现正值的年数-1）+上一年累计净现金流量现值的绝对值/出现正值年份净现金流量的现值 =（5-1）+（102.5÷297.4）= 4.37（年）

所以，该项目在折现率 10% 的条件下动态投资回收期为 4.37 年。

7.3.2　净现值

净现值（net present value，NPV）是指按设定的基准折现率将各年净现金流量折算到计算期初的现值累计值。净现值是项目经济评价的一个重要评价指标，计算公式：

$$NPV = \sum_{t=0}^{n} (CI - CO)_t \frac{1}{(1 + i_c)^t} \tag{7-16}$$

式中　NPV——计算期内的净现值；

其余符号同前。

当 $t=0$ 时，时点为第 1 年的年初，即项目开始投资第 1 年的年初，这一年的现金净流

量为投资支出，因此，净现值也可以写为：

$$NPV = \sum_{t=1}^{n} (CI - CO)_t \frac{1}{(1+i_c)^t} - CF_0 \qquad (7\text{-}17)$$

式中　CF_0——第 1 年年初的净现金流量，也就是 $t=0$ 时的净现金流量；

其余符号同前。

其中，基准折现率是经济评价中的一个重要参数，反映投资者对资金时间价值的估量，同时又反映投资者对项目盈利能力的最低要求。在国民经济评价中基准折现率表现为社会折现率，在财务评价中基准折现率表现为财务基准收益率（或财务基准折现率）。

计算的净现值结果分析：

当 $NPV > 0$ 时，项目收益不仅达到设定的基准折现率水平，还能取得超额收益；

当 $NPV = 0$ 时，项目收益恰好达到设定的基准折现率水平；

当 $NPV < 0$ 时，项目收益未达到设定的基准折现率水平。

因此，净现值分析的评价准则为：

当 $NPV \geqslant 0$ 时，项目可以接受，NPV 越大，项目的经济效果越好；

当 $NPV < 0$ 时，应拒绝该项目。

从净现值的计算式(7-16)可以看出，净现值的大小与折现率有关，对一般的投资项目净现值随折现率的增大而减小。净现值与折现率的函数关系称为净现值函数，如图 7-7 所示，折现率越大，净现值就越小，当折现率达到一定数值时净现值变为零。因此，项目经济评价中基准折现率越大，项目经济评价就越难通过。

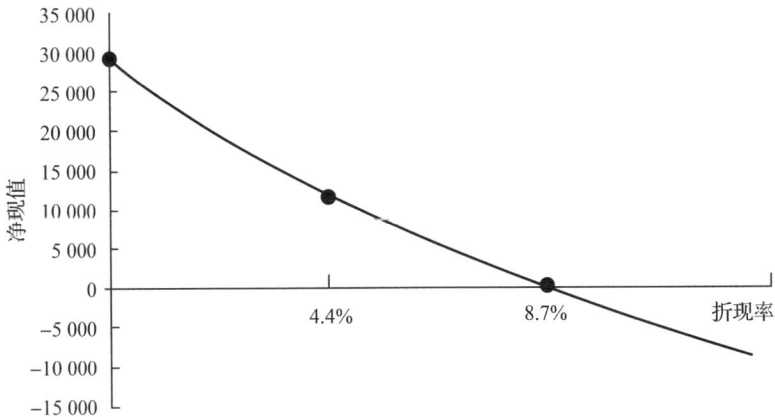

图 7-7　净现值函数曲线

根据净现值的定义，第 1 至第 $T(T \leqslant n)$ 年净现金流量的现值累计值：

$$NPV(T) = \sum_{t=0}^{T} (CI - CO)_t \frac{1}{(1+i_c)^t} \qquad (7\text{-}18)$$

式中　$NPV(T)$——从第 1 年到第 T 年的累计净现值；当 $NPV(T) = 0$ 时，T 值即为项目的动态投资回收期。

式(7-18)说明了净现值与动态投资回收期之间的联系，从中可以看出动态投资回收期不能反映项目在投资回收期以后的盈利状况，只能是一个辅助性的项目评价指标。

与净现值紧密相关的净现值率是指项目净现值与原始投资现值的比值，有时也作为一种动态投资收益指标，用于衡量不同投资方案的获利能力大小，说明项目单位投资现值所能实现的净现值大小。净现值率小，单位投资的收益就低，净现值率大，单位投资的收益就高。

【例题 7-12】某饲草生产公司预投资 600 万元扩大饲草产能，建设期为 1 年，当年投资，翌年收益，年运行费为 80 万元，年效益为 250 万元，运行期为 10 年，基准折现率为 12%，固定资产余值为零，试计算该项目的净现值，并判断该项目在经济上是否可行。

解：根据题意，绘制项目现金流量图（图 7-8）。根据现金流量图，净现值计算见表 7-3 所列。计算结果表明，在项目运行第 10 年中，项目净效益现值 444.5 万元，说明项目是盈利的，在经济上可行。

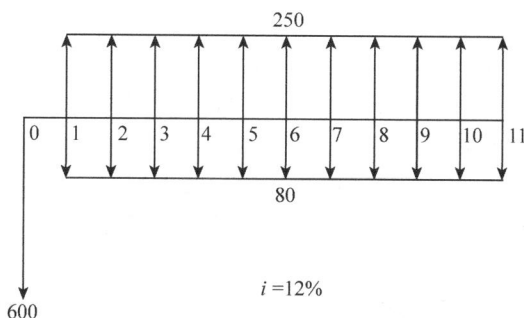

图 7-8　某项目现金流量图（单位：万元）

表 7-3　某草业项目净现值计算表（单位：万元）

年份	投资	费用	效益	净现金流量	现值因子	净现值
0	600			-600	1.000 0	-600.0
1		80	250	170	0.909 1	154.5
2		80	250	170	0.826 4	140.5
3		80	250	170	0.751 3	127.7
4		80	250	170	0.683 0	116.1
5		80	250	170	0.620 9	105.6
6		80	250	170	0.564 5	96.0
7		80	250	170	0.513 2	87.2
8		80	250	170	0.466 5	79.3
9		80	250	170	0.424 1	72.1
10		80	250	170	0.385 5	65.5
合计	600	800	2 500	1 100		444.5

7.3.3 内部收益率

(1)内部收益率的计算

内部收益率(internal rate of return，IRR)就是资金流入现值总额与资金流出现值总额相等，或净效益现值等于零时的折现率。其经济含义是在项目寿命期内项目内部未收回投资每年的净收益率。内部收益率是项目经济评价中最重要的评价指标之一，计算公式：

$$\sum_{t=0}^{n} (CI - CO)_t (1 + IRR)^{-t} = 0 \tag{7-19}$$

或

$$\sum_{t=0}^{n} \frac{CI_t}{(1 + IRR)^t} = \sum_{t=0}^{n} \frac{CO_t}{(1 + IRR)^t} \tag{7-20}$$

式中 IRR——内部收益率；

其余符号同前。

内部收益率可以理解为资金投入项目以后，将不断通过项目的收益得以回收，尚未回收的资金将以内部收益率为年收益率增值，到项目使用期结束时，正好可回收全部投资。故内部收益率也就是使未回收投资余额及其利息正好在项目计算期末完全回收的一种利率。因此，内部收益率的经济含义可以理解为项目对占用资金的恢复能力，也可以理解为项目对初始投资的偿还能力或该项目对贷款利率的最大承受能力，其值越高，说明项目的投资盈利能力就越高。

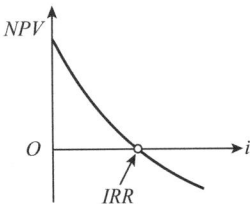

图 7-9 内部收益率图示

根据内部收益率的定义，与式(7-19)对应的图示为图 7-9，可以看出，净现值等于零时，净现值函数曲线与横坐标的交点即为内部收益率，由于净现值随折现率的增大而减小，要使 $NPV \geq 0$，IRR 必须大于或等于基准折现率。

(2)内部收益率的评价标准

当 $IRR \geq i_c$ 时，项目可以接受，IRR 越大，经济效果越好；

当 $IRR < i_c$ 时，应拒绝该项目。

(3)内部收益率的简化计算

式(7-19)或式(7-20)中，IRR 为未知数，因此，要直接解出内部收益率比较困难，通常可采用试算法求得。试算法主要是通过假定一个折现率，如所得净现值恰好为零，则此折现率就是该方案的内部收益率。如果试算的净现值大于零，应另选一较大的折现率再次进行试算；如果试算的净现值小于零，应选一个较小的折现率来试算，一般很难通过一次试算就可得到某一方案的内部收益率。试算法的计算步骤如下：

①初选一个折现率 i_1 值，令 $IRR = i_1$，采用式(7-19)进行计算，可算得相应的净现值 NPV_1，若 $NPV_1 = 0$，则 i_1 即为所求的 IRR。

②若 $NPV_1 > 0$，表示 i_1 值偏小，再选 $i_2 > i_1$，将 i_2 代入式(7-19)重复计算，若 $NPV_2 < 0$，表示 i_2 偏大。

③再选一个 i_3，使 $i_1 < i_3 < i_2$，计算 NPV_3，直到所选的 i_j 值使 $NPV_j = 0$，所选的 i_j 即为 IRR。

此外，也可根据初步试算结果，采用内插法求出近似的 IRR，即当求得一个较小 i_1 值(此时 $NPV_1 > 0$)和一个较大的 i_2 值(此时 $NPV_2 < 0$)，则有

$$IRR \approx i_1 + (i_2 - i_1) \frac{|NPV_1|}{|NPV_1| + |NPV_2|} \tag{7-21}$$

一般为保证计算精度，上述 i_1 和 i_2 相差宜不大于 5%。

采用内部收益率分析方法存在人工计算比较烦琐，需要反复试算。当然也可利用 Excel 表格中 IRR 函数公式计算。从内部收益率本身的特点考虑，IRR 不能反映项目的寿命期及规模的不同，所以不适宜作为项目方案优选的依据。

【例题 7-13】试计算[例题 7-12]中项目的内部收益率，并以此判断该项目在经济上是否可行。

解：采用试算法可先假设 $i_1 = 25\%$，净现值计算见表 7-4 所列。

$NPV_1 = 7.0 > 0$，表明 i_1 偏小。再设 $i_2 = 30\%$，净现值计算见表 7-5 所列。

表 7-4　折现率 25% 的项目净现值计算表（单位：万元）

年份	投资	费用	效益	净现金流量	现值因子	净现值
0	600			-600	1.000 0	-600.0
1		80	250	170	0.800 0	136.0
2		80	250	170	0.640 0	108.8
3		80	250	170	0.512 0	87.0
4		80	250	170	0.409 6	69.6
5		80	250	170	0.327 7	55.7
6		80	250	170	0.262 1	44.6
7		80	250	170	0.209 7	35.7
8		80	250	170	0.167 8	28.5
9		80	250	170	0.134 2	22.8
10		80	250	170	0.107 4	18.3
合计	600	800	2 500	1 100		7.0

表 7-5　折现率 30% 的项目净现值计算表（单位：万元）

年份	投资	费用	效益	净现金流量	现值因子	净现值
0	600			-600	1.000 0	-600.0
1		80	250	170	0.769 2	130.8
2		80	250	170	0.591 7	100.6
3		80	250	170	0.455 2	77.4
4		80	250	170	0.350 1	59.5
5		80	250	170	0.269 3	45.8
6		80	250	170	0.207 2	35.2
7		80	250	170	0.159 4	27.1
8		80	250	170	0.122 6	20.8
9		80	250	170	0.094 3	16.0
10		80	250	170	0.072 5	12.3
合计	600	800	2 500	1 100		-74.5

$NPV_2 = -74.5 < 0$，表明 i_1 偏大。采用内插法近似计算 IRR：

$$IRR \approx i_1 + (i_2 - i_1) \frac{|NPV_1|}{|NPV_1| + |NPV_2|} = 25\% + (30\% - 25\%) \times \frac{7.0}{7.0 + 74.5} = 25.43\%$$

根据内部收益率的评价标准，基准折现率为 12%，计算的 $IRR = 25.43\%$ 大于基准折现率 12%，因此该项目在经济上可行。

如果用 Excel 计算更简便。在 Excel 中从"公式"菜单找"财务"，从中找出"IRR"，按提示引用净现金流量，确定即可。例如，用 Excel 计算 [例题 7-13] 的内部收益率：$IRR = 25.38\%$。

7.3.4　方案比选

7.3.4.1　方案比选的前提

方案比选是寻求合理的经济和技术方案的必要手段，也是项目评价的重要内容。草业投资项目在项目规划阶段经常会遇到多个方案的选择问题，而且往往是在资源有限的条件下进行，因此需要对不同方案做出优劣判断，以便选择最有利的方案。

对两个技术方案 A 与 B 进行比较，如果选择了方案 A，则方案 B 就不存在，或者选择了方案 B，则方案 A 就不存在。这样的两个方案就称为互斥方案，即 A 与 B 是互斥方案。例如，一草产品生产企业承包 1 万亩土地准备生产草产品，方案 A 提出全部种植紫花苜蓿生产苜蓿干草；方案 B 提出 65% 的土地种植紫花苜蓿生产苜蓿干草，35% 的土地种植燕麦生产燕麦干草。显然，土地就是这么多，方案 A 与 B 不可能同时发生，即 A 与 B 是互斥方案。

因可选方案之间的关系不同，选择的方法和结论一般也不同。根据方案之间的关系，可以分为独立方案、互斥方案和混合方案。独立方案是可以同时并存而不互相排斥的几个方案。独立方案又称单一方案，是指与其他方案完全互相独立、互不排斥的一个或一组方案。互斥方案是指方案之间存在互不相容、相互排斥的关系，即一组方案中的各个方案彼此可以相互代替，选定其中一个方案就不能再选其余方案。混合方案是指互相之间既有互相独立关系又有互相排斥关系的一组方案，也称层混方案，即方案之间的关系分为两个层次，高层是一组互相独立的项目，而低层则由构成每个独立项目的互斥方案组成。

对于草业投资建设项目，由于建设规模、技术选择、地点选择、资金筹措等方面的不同，往往在技术上有多种可行的方案，一般构成互斥方案，常称为替代方案，其中仅次于最优方案的替代方案称为最优等效替代方案。互斥方案的经济评价一般包括两类问题：一类是方案的取舍问题，判断方案自身在经济上是否可行；另一类是对各种可行方案进行经济比较，判断哪一个方案经济效果最好。

互斥方案经济效果评价的特点是要进行方案比选，无论使用何种评价方法或指标，都必须满足方案之间具有可比性的要求。方案比选的前提是各个比较方案在经济上应该是可行的，经济上不可行的方案应首先剔除。可比性条件还包括满足需要的可比性、费用的可比性、时间的可比性。

（1）满足需要的可比性

各个比较方案在生产草产品的种类、数量、质量等方面，须同等满足市场的需要，只有满足客观需要的方案才能成为可行方案。例如，发展人工草地是为了满足舍饲养殖的需要，生产优质苜蓿干草是为了满足奶牛养殖的需要等。满足需要的可比性，重点在于不同方案必须满足相同的需要。相比较的各个技术方案只有满足相同的实际需要，才具备相互比较和选择其一的条件。如果不同方案的相同需要得不到满足，则应借助一定的理论和方法使其转化为能满足共同需要的方案。

（2）满足费用的可比性

各方案的费用计算范围（如直接费用、间接费用）必须相同，费用计算深度也要一致。草业投资项目费用一般不仅包括工程的一次性造价和年运行费两部分，还应包括主体工程和配套工程等全部费用。例如，某饲料生产企业有种植生产苜蓿干草和加工草产品饲料两种方案，种植生产苜蓿干草的建设费用相对较高但运行费用较低，而加工草产品饲料的建设费用相对较低但运行费用较高，因此在进行方案比选时，应同时考虑建设费用和运行费用。

（3）满足时间的可比性

一方面是要考虑资金的时间价值。由于各比较方案的投资、年收益和年运行费是在不同时期发生的，为了便于比较，必须把不同时期发生的费用、收益等按统一的折现率折算到同一计算基准年，一般规定折算基准点统一采用项目建设期第一年初，然后进行方案比选。另一方面是要考虑经济计算期的一致性。如果各个方案的经济计算期不同，则需转化为相同的计算期，或采用不要求计算期相同的经济评价方法（如年值法）。

7.3.4.2　计算期相同的方案比选

若有两个可行方案 A 与 B，两方案年净收益相同，但方案 B 投资大于方案 A，则很明显方案 A 优于方案 B。又若方案 A 与方案 B 投资相同，但方案 B 的净收益大于方案 A，也很容易判断方案 B 优于方案 A。但更常见的是方案 B 投资大于方案 A，方案 B 的净收益也大于方案 A 这种情形，这时就难以直观判断，需要进行经济分析计算来判断。

要判断方案 A 是否优于方案 B，可以判断由方案 A 现金流量与方案 B 现金流量差形成的方案（A-B）在经济上是否可行。若方案（A-B）在经济上可行，则方案 A 优于方案 B；否则，方案 B 优于方案 A。方案（A-B）的现金流量称为增量现金流量，可以把方案 A 与方案 B 的比较问题转变为对增量现金流量的评价问题。增量现金流量图如图 7-10 所示。

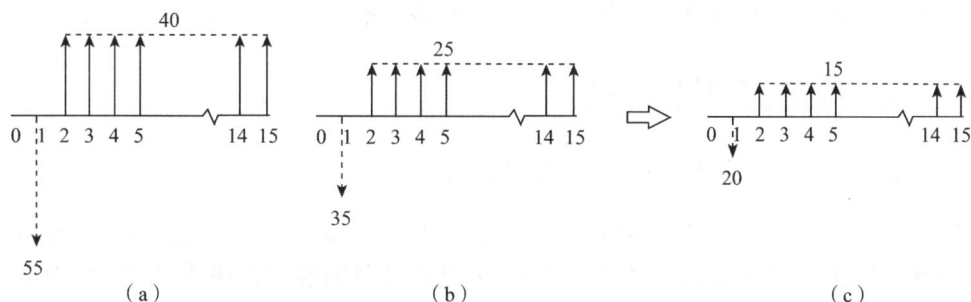

图 7-10　增量现金流量图（单位：万元）

（a）方案 A 现金流量图；（b）方案 B 现金流量图；（c）方案（A-B）现金流量图

根据图 7-10 中两方案 A 与 B 及方案（A-B）增量现金流量，可以写出增量方案的净现值和内部收益率，分别用 ΔNPV、ΔIRR 表示，计算公式分别见式（7-22）、式（7-23）。增量方案的净现值也称差额净现值，增量方案的内部收益率也称差额内部收益率。

$$\Delta NPV = \sum_{t=1}^{n} \left[\left(CI - CO \right)_{At} - \left(CI - CO \right)_{Bt} \right] \left(1 + i_c \right)^{-t} \tag{7-22}$$

$$\sum_{t=1}^{n} \left[\left(CI - CO \right)_{At} - \left(CI - CO \right)_{Bt} \right] \left(1 + \Delta IRR \right)^{-t} = 0 \tag{7-23}$$

若 $\Delta NPV \geqslant 0$ 或 $\Delta IRR > i_c$，则应选择方案 A；反之，若 $\Delta NPV < 0$ 或 $\Delta IRR < i_c$，则应选择方案 B。在多个方案进行比较时，可以先排序，再依次两两进行比较，逐一排除，选出最优方案。

因 $\Delta NPV = NPV_A - NPV_B$，当 $\Delta NPV \geqslant 0$ 时，必有 $NPV_A \geqslant NPV_B$。因此，若以净现值为方案比较指标，可分别计算 NPV_A 和 NPV_B，若 $NPV_A \geqslant NPV_B$，则选方案 A；反之，则选方案 B。

需要注意的是，由于在一般情况下 $\Delta IRR \neq IRR_A - IRR_B$，所以不能以比较 IRR_A 和 IRR_B 来判断两方案 A 与 B 的优劣。

7.3.4.3　计算期不同的方案比选

在方案比选时，多数情况下各方案计算期不同，这时不能直接套用计算期相同的方案比较方法进行比较。对于计算期不同的方案比选，一般采用最小公倍数、最短计算期法、净年值法等方法。其中，最简便实用的方法是净年值法，年值消除了计算期不同的问题，如果净年值 A≥0，且净年值最大的方案为最优方案。

最小公倍数法(也称方案重复法)是将原各方案中的一个或几个方案加以重复，直至各方案的计算期相等为止。显然这个相等的计算期就是原各方案计算期的最小公倍数。例如，有两个方案 A 与 B，方案 A 为种植多年生苜蓿，7 年为苜蓿更新周期，计算期为 7 年；方案 B 为种植一年生饲用玉米，每年都需要从播种到收获一个完整的生产过程，计算期应为 1 年。显然两个方案 A 与 B 计算期的最小公倍数为 7 年，因此方案 B 应重复 7 次才能与方案 A 的计算期相等，也就是说，方案 A 只要一次种子投入可获得 7 年收益，方案 B 需要每年投入一次种子当年收获一次，若要与方案 A 进行经济比较，方案 B 应重复投入 7 年便可与方案 A 的计算期达到一致。

最短计算期法是指按各方案中最短的计算期作为方案比较的计算期。计算时，计算期最短的方案按正常计算方法计算净现值，对于计算期较长的方案，先计算其净年值，然后按最短的计算期将净年值换算为净现值。最后比较各方案的净现值，净现值最大者最优。

7.4　草业投资项目财务评价

7.4.1　草业投资项目的经济评价与财务评价

草业项目不仅具有较高的经济效益，而且具有较高的生态效益和社会效益。在项目建议和可行性研究阶段采用现代经济分析方法，对建设项目的经济合理性和可行性做出全面分析与比较，包括对项目计算期内投入产出诸多经济因素进行调查、预测、计算和论证，选择最佳方案，是项目决策科学化的重要手段。草业项目的经济、生态、社会效益往往密不可分，因此，项目经济评价一般要从全社会的角度进行经济评价和从草业企业经营的角度进行财务评价。

7.4.1.1　草业投资项目的经济评价

草业投资项目的经济评价是站在国家生态安全及草地资源科学保护与合理利用的立

场，从草地农业系统及其对社会经济发展影响的宏观角度对草业投资项目进行的评价，评价结果作为国家行业管理部门考虑项目取舍的主要依据。草业项目建设会起到生态保护、水源涵养、生物多样性维持、草地植物生产及动物生产、带动草原牧区社会经济发展、促进农牧民提高经济收入、提升生活和健康水平等作用，具有很强的公益属性，虽然项目自身可能财务收益较低，甚至维持项目正常运行需要国家补贴或其他经济优惠政策。例如，为了实施草原牧区草畜平衡计划，从 2011 年开始，国家在内蒙古等 8 个主要草原牧区省份全面实施草原生态保护补助奖励政策（草原补奖政策），2012 年又将政策实施范围扩大到黑龙江等 5 个非主要牧区省的 36 个牧区半牧区县，覆盖了全国 268 个牧区半牧区县，中央财政每年安排大量的草原生态保护补助奖励资金。这些政策的出发点就是，草原在我国生态环境保护和经济社会发展中具有重要战略地位，加强草原生态保护，促进牧民增收。实施草畜平衡计划可能会减少牧民的家畜放牧数量，可能对牧民的经济收入带来一定影响，但草畜平衡计划对于保障国家生态安全，促进草原牧区生态可持续发展具有重要意义。因此，此类项目从单纯当前牧民经济收益的角度可能会造成收入减少，但该计划的生态效益和社会效益是显著而且是可持续的，为此国家采取补贴政策对牧民有一定的经济补偿。

草业投资项目往往是一些涉及草地资源的开发利用、草地生态保护与修复等影响国家生态安全，以及地区国计民生的项目，对此类项目除进行企业经济评价或财务评价外，还必须进行详细的国民经济评价。当两者有矛盾时，项目的取舍将取决于国民经济评价。项目经济评价应符合国家经济发展的产业政策，资源开发利用政策等有关的法规，一般要提出几个可替代方案和建设规模以供比较抉择。参与比选的方案必须是可能实现的，并具有可比性。分析方法以考虑资金时间价值的动态经济分析为主，并根据项目具体情况补充定性分析和实物指标分析，进行综合经济评价，全面比选方案。

7.4.1.2　草业投资项目的财务评价

财务评价也称企业经济评价，属于微观层次的评价，对项目的取舍也有重要作用。一般情况下，经济评价和财务评价的结论都是可行的项目，从行业管理和企业经营都会予以支持通过，反之如果经济评价和财务评价的结论都不可行，则项目必须予以否定。草业投资项目如果国民经济评价不可行，即使企业财务评价可行，一般都应予以否定。对某些国计民生急需的项目，如退化草地生态修复及草产品生产项目，其生态效益显著并具有一定的经济效益，所以经济评价结论可行，但企业投资该项目的财务评价结论欠佳，对此要考虑研究多个方案，选出使项目具有财务生存能力的最佳方案，必要时可使项目方案与国家优惠政策支持的方向相一致以获得国家的经济补贴。

总之，草业项目的财务评价是从企业的角度进行企业盈利分析，而经济评价是从国民经济的角度进行国家盈利分析，根据项目对企业和对国家的贡献情况，确定项目的可行性。财务评价是按照国家现行财税制度、价格、企业基准收益率等，从财务角度对草业投资项目的费用、效益及财务生存能力、债务偿还能力、盈利能力所做的分析评估，其目的是考察项目在财务上的可行性。基准收益率也称基准折现率，是企业或行业或投资者以动态的观点所确定的、可接受的投资项目最低标准的收益水平，即选择特定的投资机会或投资方案必须达到的预期收益率，是投资决策者对项目资金时间价值的估值，是投资资金应当获得的最低盈利率水平，是评价和判断投资方案在经济上是否可行的依据。财务评价一般是采用费用效益（或现金流量）分析方法，通过基本财务报表计算财务内部收益率、财务净现值、投资回收期、投资收益率等指标。

7.4.2 草业投资项目的基本财务报表

7.4.2.1 草业投资项目的费用与效益测算

草业投资项目的财务评价所需的基本资料比较多，包括项目地理位置、投资规模及投资参数等，也包括投资项目涉及的各类原材料、机械设备、草产品的价格、国家及地方税收政策、银行贷款利率等，还包括项目总投资额及年度投资额、自有资金的比例、银行贷款比例及项目进度计划等项目投资及融资信息。

（1）费用

草业投资项目的财务评价时，费用包括生产成本、管理费用、财务费用、销售费用、税金等。总成本费用包括固定资产折旧费、贷款利息、人工费（包括工资及福利费）、材料费、燃料及动力费，维修维护费和其他费用等。草业投资项目财务评价的费用也只计算直接费用，不考虑间接费用。总之，草业投资项目费用指在建设期和运行期所需投入的人力、物力和财力等所有投入，包括固定资产投资、流动资金、年运行费、建设期利息、税金等，在计算费用时应注意：必须遵循国家现行规定的成本和费用核算方法，遵循相关税法的规定。分年度计算各项投入的数量，应特别注意成本费用的计算口径和计算价格体系的一致性。成本费用的行业性较强，针对不同项目应调整其构成，避免重复计算或漏算等。

（2）效益

草业投资项目财务评价的效益只计算直接效益，包括财务收入和补贴收入。财务收入是指项目建成后向用户销售草产品或提供服务所获得的按现行财务价格体系计算的收入，是项目财务效益的主体。草业投资项目财务收入包括种植草产品生产销售收入、建植草地、运动草坪的文娱体育、休闲旅游收入、草产品加工收入、草地种植养殖收入、草种生产销售收入及其他经营收入。财务收入由产品的销售量及销售价格决定，销售价格应采用市场价格，但需注意对有国家控制价格的，须按国家规定的价格政策执行。项目运营期内得到的各种财政性补贴应计入财务效益，包括依据国家规定的补助定额计算的定额补贴和属于国家政策扶持领域的其他形式的补助。

7.4.2.2 草业投资项目的基本财务报表编制

在进行项目财务评价时，为方便分析和计算，应编制必要的基本财务报表和辅助报表。财务报表能够全面反映企业的财务状况、经营成果和现金流量情况。基本的财务报表一般包括项目的现金流量表、资产负债表和损益表等。

现金流量表反映一定时期内草业企业投资活动、经营活动和筹资活动对其现金所产生影响的财务报表。资产负债表是反映企业在一定时期的全部资产、负债和所有者权益情况的会计报表，是企业经营活动的静态体现，资产负债表是根据"资产 ＝ 负债 ＋ 所有者权益"的平衡公式，依照一定的次序和分类标准，将某一特定日期的资产、负债和所有者权益的具体项目用适当的排列编制而成。损益表是反映企业在一定时期生产经营成果的会计报表，反映企业在一定时期实现的各种收入、发生的各种费用、成本或支出和企业实现的利润或发生的亏损等情况。

通过分析资产负债表，可以了解企业的财务状况，对企业的偿债能力、资本结构是否合理、流动资金是否充足做出判断。通过分析损益表，可以了解企业的盈利能力、盈利状况和经营效率，对企业在行业中的竞争地位、持续发展能力做出判断。通过分析现金流量表，可以了解企业营运资金的管理能力，判断企业合理运用资金和支持日常周转的资金来源是否充分并且是否具有可持续性。

7.4.3　草业投资项目的财务评价指标

草业投资项目的财务评价一般包括财务盈利能力分析、财务偿债能力分析和财务生存能力分析，财务评价的内容根据项目的具体特点和财务收支情况应区别对待。一般投资项目的财务评价指标包括财务内部收益率、投资回收期、财务净现值、资产负债率、投资利润率、固定资产投资借款偿还期等。

7.4.3.1　财务盈利能力评价指标

通过分析项目现金流量表，计算项目全部投资财务净现值和财务内部收益率等指标。

（1）财务净现值

财务净现值（$FNPV$）是指以行业财务基准收益率将项目计算期内各年净现金流量折算到计算期初的现值之和，即

$$FNPV = \sum_{t=0}^{n} (CI - CO)_t (1 + i_c)^{-t} \tag{7-24}$$

式中　$FNPV$——财务净现值；

　　　CI——现金流入量；

　　　CO——现金流出量；

　　　n——计算期（年）；

　　　t——计算年序号，$t=0$ 代表基准年，即第 1 年年初；

　　　i_c——行业财务基准收益率。

行业财务基准收益率一般由国家发展与改革委员会定期发布，并在政府投资项目和按政府要求进行经济评价的建设项目中采用。例如，农业行业中种植业包括种业，融资前税前财务基准收益率为 7%，项目资本金税后财务基准收益率为 8%；畜牧业分别为 7.5% 和 9.5%；饲草料加工业分别为 8% 和 9%。

财务净现值可根据财务现金流量表计算求得。如果 $FNPV \geq 0$，表明项目在财务上具有盈利能力，项目在财务上是可行的。$FNPV$ 越大，盈利水平就越高。

（2）财务净现值率

财务净现值率为财务净现值（$FNPV$）与投资现值（I）的比值，反映单位投资现值所能带来的财务净现值，是项目单位投资盈利能力的评价指标。

$$财务净现值率 = \frac{财务净现值}{投资现值} \tag{7-25}$$

（3）财务内部收益率

财务内部收益率（$FIRR$）是指计算期内项目各年净现值累计等于零时的折现率，反映了项目所占用资金的盈利率，是考察项目盈利能力的主要相对动态指标，其表达式为：

$$\sum_{t=0}^{n} (CI - CO)_t (1 + FIRR)^{-t} = 0 \tag{7-26}$$

式中　$FIRR$——财务内部收益率；

其余符号同前。

式(7-26)可根据财务现金流量表中的净现金流量用试算法计算求得。若计算的财务内部收益率 $FIRR \geq i_c$，即大于等于行业财务基准收益率，则该项目在财务上是可行的。行业财务基准收益率(i_c)是投资本行业应当获得的最低盈利利率，因此，也是项目财务内部收益率的基准判据。

从以上财务净现值和财务内部收益率的计算公式可以看出，这与经济评价中的净现值和内部收益率的计算公式基本相同，形式上的不同就是经济评价中的净现值在财务评价中称为财务净现值，经济评价中的内部收益率在财务评价中称为财务内部收益率。二者本质上的不同在于财务评价时，费用、效益计算要用现行规定的成本、费用核算和效益计算，用现行的市场价格和遵守相关的税、费法规。

(4)投资回收期

投资回收期是指项目的净现金流量累计等于零时所需要的时间(以年计)，是考察项目在财务上的投资回收能力。有静态投资回收期和动态投资回收期之分，计算方法与经济评价投资回收期计算公式相同，即

静态投资回收期：

$$\sum_{t=0}^{P_t} (CI - CO)_t = 0 \tag{7-27}$$

动态投资回收期：

$$\sum_{t=0}^{P_t} (CI - CO)_t (1 + i_c)^{-t} = 0 \tag{7-28}$$

式中　符号意义同前。

任何投资项目，投资回收期越短，表明投资回收快，项目盈利能力强。当投资回收期小于或等于行业基准投资回收期时，表明项目盈利能力较强，具有财务可行性。

(5)总投资利润率

总投资利润率表示总投资的盈利水平，应以项目达到设计能力后正常年份的年税前利润或运营期内年平均税前利润与项目总投资的百分比。

$$总投资利润率 = \frac{年税前利润或年平均税前利润}{项目总投资} \times 100\% \tag{7-29}$$

(6)项目资本金净利润率

资本金净利润率表示项目资本金的盈利水平，应以项目达到设计能力后正常年份的年净利润或运营期内年平均净利润与项目资本金的百分比。

$$资本金净利润率 = \frac{年净利润或年平均净利润}{项目资本金} \times 100\% \tag{7-30}$$

在比较大型的草业投资项目中，往往包含不同投资者共同将资金投入到项目建设中来的情况，多方投资形成项目总投资。项目资本金是指由投资者投入到项目总投资中的出资额，投资者将按其出资的比例依法享有所有者权益。项目资本金净利润率如果高于同行业的净利润率参考值，表明该项目具有较好的盈利能力。

7.4.3.2　草业投资项目的财务偿债能力评价指标

草业投资项目的偿债能力主要是考察草业投资项目在计算期内各年的财务状况及借款

偿还能力，通过利润表（损益表）、借款偿还计划表和资产负债表来计算借款偿还期、资产负债率、利息备付率、偿债备付率等指标，以分析判断项目在计算期各年的偿债能力。

（1）借款偿还期

借款偿还期（loan repayment period）是贷款项目建成后，用国家规定的资金来源还清固定资产投资借款本息所需要的时间（包括建设期），一般以年为单位。这一指标，直接显示建设单位借款的偿还年限，也反映了草业投资项目的收益状况和偿还能力。偿还期越短，草业投资项目的清偿能力越强。因此，这一指标既可为评估项目的经济效益提供数据，也是银行贷款决策的直接依据。

国家规定的可用来还借款的资金一般包括：未分配利润、折旧费和其他收益。折旧费是生产成本的组成部分，是利润的抵减项，但实际上并没有真正发生现金支出，这是企业除了利润以外还留下来的一部分资金。为了有效地利用一切可能的资金来源以缩短还贷期限，加强企业的偿债能力，可以使用部分新增折旧基金作为偿还贷款的来源之一。最终，所有被用于归还贷款的折旧基金，应由未分配利润归还贷款后的余额垫回，以保证折旧基金从总体上不被挪作他用，在还清贷款后恢复其原有的经济属性。其他收益是指非公司核心业务带来的稳定收益。

由于借款是项目建设期逐年借取的，支用并不均衡，借款利息即使利率不变，也将因逐年借款余额的变化而有增减。而且草业投资项目投产后，各年盈利及其他可用于偿还投资借款的各项资金来源的数额也不等，因而做项目评估时，测算借款偿还期通常都采用制表逐一填列各年贷款本息数额、清偿数额及年末余额来测定。这样测算不仅可使测定的偿还期较为准确，而且可以系统反映项目各年投资借款本息的数额及其增减变化的状况。

借款偿还期指标值应能满足贷款机构的期限要求。借款偿还期满足贷款机构的要求期限时，即认为项目是有借款偿债能力的。借款偿还期指标适用于那些不预先给定借款偿还期限，且按最大偿还能力计算还本付息的项目，不适用于那些预先给定借款偿还期的项目。若项目计算出的借款偿还期满足贷方要求的期限时，则该草业投资项目在财务上是可行的。

（2）资产负债率

资产负债率（debt toasset ratio）是企业负债总额占企业资产总额的百分比。

$$资产负债率 = \frac{负债总额}{资产总额} \times 100\% \tag{7-31}$$

这个指标反映了在企业的全部资产中由债权人提供的资产所占比例的大小，是一个反映草业投资项目各年所面临的财务风险程度和偿还能力的指标。

负债是项目投资方所承担的能以货币计量、需以资产或劳务等形式偿还或抵偿的债务，按其期限长短可分为流动负债和长期负债。流动负债是指将在一年或者超过一年的一个营业周期内偿还的债务，包括短期借款、应付短期债券、预提费用、应付及预收款项等。长期负债是指偿还期在一年以上或者超过一年的一个营业周期以上的债务，包括长期借款、应付债券和长期应付款项等，在长期债务还清后，不再计算资产负债率。一般要求资产负债率不超过60%~70%，如果资产负债比例达到或超过100%，说明企业已经没有净资产或资不抵债。

资产负债率是用以衡量企业利用债权人提供资金进行经营活动的能力，反映债权人发放贷款安全程度的指标，通过将企业的负债总额与资产总额相比较，反映在企业全部资产中负债的比例。资产负债率反映在总资产中有多大比例是通过借债来筹资的，也可以衡量企业在清算时保护债权人利益的程度。

（3）利息备付率

利息备付率（interest coverage ratio，ICR）也称利息覆盖率，是指草业投资项目在借款偿还期内各年，可用于支付利息的息税前利润与当期应付利息费用的比值。利息备付率可用来分析公司在一定盈利水平下支付债务利息的能力。

$$利息备付率=\frac{借款偿还期内的息税前利润}{当年应付利息} \tag{7-32}$$

利息备付率主要从付息资金的充裕性角度反映支付债务利息的能力，息税前利润等于利润总额和当年应付利息，以及所得税之和，当年应付利息指计入总成本费用的全部利息。利息备付率高则利息支付的保证程度就大，偿债风险就小。若利息备付率小于1，则偿债风险很大，一般要求其不低于2，并结合债权人的要求确定。

（4）偿债备付率

偿债备付率（debt service coverage ratio，DSCR）又称偿债覆盖率，是指草业投资项目在借款偿还期内，各年可用于还本付息的资金与当期应还本付息金额的比值。

$$偿债备付率=\frac{可用于还本付息的资金}{当期应还本付息的金额} \tag{7-33}$$

可用于还本付息的资金应为息税前利润加折旧和摊销，并扣除企业所得税。如果项目在运行期内有维持运营的投资，可用于还本付息的资金应扣除维持运营的投资。

偿债备付率从付息资金的充裕性角度反映支付债务利息的能力。偿债备付率高则偿还本息资金的保证程度就高，偿债风险就小，一般这个比值大于1，越高越好。

7.4.3.3 草业投资项目的财务生存能力评价

草业投资项目的财务生存能力分析也可称为资金平衡分析，应在利润分配表的基础上编制财务计划现金流量表，考察计算期内的投资、融资和经营活动所产生的各项现金流入和流出，计算净现金量和累计盈余资金，分析草业投资项目是否有足够的净现金流量维持正常运营，以及各年累计盈余资金是否出现负值。若累计盈余资金出现负值，应进行短期借款，并分析该短期借款的年份（一般不超过5年）、数额和可靠性，进一步判断草业投资项目的财务生存能力。由于草业投资项目大多具有社会公益性，实际财务收入较少，甚至有一些项目无财务收入。对于无财务收入和年财务收入小于年运行费的具有公益性的草业建设项目，应合理估算项目总成本费用和年运行费用，提出每年需政府补贴的数额，并分析补贴的可能性和项目财务生存能力。

复习思考题

1. 绘制草业投资项目的现金流量图应遵循哪些基本规则？
2. 什么是等值计算？等值支付方式类型有哪几类？其计算公式分别是什么样的？
3. 简述草业投资项目经济评价方法有哪些？各自的评价准则是什么？如何对草业投资项目进行经济评价？
4. 草业投资项目财务评价的主要指标包括哪些？各有什么含义？
5. 某饲草生产投资项目现金流量基础数据见表7-6。财务基准收益率采用8%，试完成现金流量表，并计算税前、税后财务内部收益率、财务净现值和投资回收期。

表 7-6　某饲草生产投资项目现金流量表

序号	项目	年份							
		1	2	3	4	5	6	7~8	9~10
1	现金流入								
1.1	销售收入	0	605	987	1258	1258	1258	745	745
1.2	回收固定资产余值	0	0	0	0	0	0	0	
1.3	回收流动资金	0	0	0	0	0	0	0	
2	现金流出								
2.1	固定资产投资	1758	1245	0	0	0	0	0	0
2.2	流动资金	0	40	0	0	0	0	0	
2.3	年运行费	0	74	147	178	185	187	187	187
2.4	销售税金及附加	0	16	39	45	45	45	24	34
2.5	所得税	0	123	242	301	311	323	130	130
3	净现金流量								
4	累计净现金流量								
5	所得税前净现金流量								
6	所得税前累计净现金流量								

第 8 章

草业投资项目风险分析

草业投资项目风险分析是建立在评价人员对未来事件的预测、估算和判断的基础上。通常就是利用这些通过预测得到的基础数据，如投资、成本、产量、价格等，进行经济指标的计算，从而判断项目的各方案是否可行，并从可行的方案中选优。但是，风险广泛存在于社会经济生活的方方面面，项目评价所采用的数据大部分来自预测和估算，如项目产品的市场需求量、市场竞争者的供给量、原材料的价格等，存在一定程度的不确定性。只有考虑了各种不确定因素的不良影响后，有关主要技术经济指标仍然不低于基准值的项目，经济上才算是可行的。因此，草业投资项目评估时应深入开展风险分析，找出主要的风险因素，并分析其影响，制定有效措施，合理应对其不利影响。

8.1 草业投资项目的风险概述

8.1.1 草业投资项目风险的概念

草业投资项目风险是指草业投资项目实施过程中可能影响项目成功的全部潜在因素，具体是指由于草业投资项目所处环境和条件本身的不确定性，及项目业主或客户、项目组织或其他项目相关人员主观上不能准确预见或控制的影响因素(包括环境的复杂性、信息的滞后性和认识的有限性)，使草业投资项目的最终结果与当事者的期望产生背离，从而给当事者带来损失的可能性。

项目风险的概念
及特性

8.1.2 草业投资项目风险的主要类别

草业是以草地资源为基础，进行资源保护利用、植物生产和动物生产及其产品加工经营，获取生态、经济和社会效益的一项基础性产业。其实质是一个由多种因素、多种过程、多种关系和多种结构组成的复杂的生态经济系统，系统中任何一个因素、一种关系或结构的变化都可能会引起整个系统结构及功能效益的变化。因此，草业投资项目风险会涉及多个方面，如自然风险、市场风险、管理风险、政策风险、财务风险(图8-1)。

图 8-1 草业投资项目风险的
主要类别

(1)市场风险

市场风险是竞争性项目常遇到的重要风险，它的损失主要表现在项目产品销路不畅、产品价格低迷等，以致产

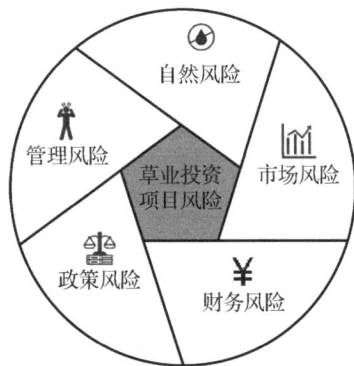

量和销量收入达不到预期的目标，细分起来，市场方面涉及的风险因素较多，可分层次予以识别。市场风险一般来自 4 个方面：一是由于消费者的消费习惯、消费偏好发生变化，导致市场需求发生重大变化、项目的市场出现问题、市场供需总量的实际情况与预测值发生偏离；二是由于市场预测方法或数据错误，导致市场需求分析出现重大偏差；三是市场竞争格局发生重大变化，竞争者采取了进攻策略，或者出现了新的竞争对手，对项目的销售产生重大影响；四是由于市场条件的变化，项目产品和主要原材料的供应条件和价格发生较大变化，对项目的收益产生了重大影响。

（2）自然风险

草业自然生产过程和自然环境条件密不可分。自然风险主要来自 3 个方面：一是气象因素，包括大气组成、大气流动及光照、温度、湿度、降水、蒸发等多种因素。气象因素是以综合而复杂的方式作用于草地的，是草地自然再生产与草业经济再生产的基本因素。气象因素为牧草的生存和生长提供了基本条件，并且是某些草地牧草生态类群存在的根本因素。气象因素还构成了草地的地带性，同时影响并决定着牧草的收获与加工、草产品的贮藏与运输等。二是土地因素，包括土壤因素和地形因素。土壤是牧草生存和生长的场所，也为牧草的生长提供养分。土壤作为牧草生产的原料——养分的载体，其营养成分供给量的多少、养分之间的比例直接决定着牧草的生长状况。地形因素通过影响气候、局部水热的分配、地表的径流等条件的变化来影响牧草的生长。在土地因素中，土壤和地形因素的作用是不同的：在平原地区，土壤的作用大于地形因素的作用；在山区，则地形因素的作用是主要的。三是生物因素，主要是指草地中植物与植物之间、植物与动物之间、植物与微生物之间的矛盾关系。植物之间是不同植物群落之间的矛盾关系；植物与动物之间是牧草与草地上的昆虫、野生动物、啮齿动物间的矛盾关系；植物与微生物之间的矛盾是指土壤中微生物对牧草的影响。这些生物因素在一定程度上影响着牧草的生长。以上过程的改变会影响草业投资项目的预期收入。

（3）管理风险

管理风险是指由于草业投资项目管理模式不合理，项目内部组织不当、管理混乱或者主要管理者能力不足、人格缺陷等，导致投资大量增加、项目不能按期建成投产而造成损失的可能性。管理风险包括项目采取的管理模式、组织与团队合作和主要管理者的道德水平等。因此，合理设计项目的管理模式，选择适当的管理者和加强团队建设是规避管理风险的主要措施。

（4）政策风险

政策风险主要指国内外政治经济条件发生重大变化或者政策调整，草业投资项目原定目标难以实现的可能性。政策风险包括经济政策、技术政策、产业政策等，以及税收、金融、环保、投资、土地、产业等政策的调整都会对项目带来各种影响，特别是对于新区域投资项目，由于不熟悉当地政策，规避政策风险更是项目评估阶段的重要内容。

（5）财务风险

财务风险是指在草业投资项目实施过程中由于资金不落实，建设工期延长，工程造价上升，使原定投资效益目标难以实现的可能性。导致资金不落实的原因很多，主要包括：第一，已承诺出资的股本投资者由于出资能力有限（或者由于拟建项目的投资效益缺乏足够的吸引力）而不能（或不再）兑现承诺；第二，原定发行股票、债券的计划不能实现；第三，既有企业法人由于自身经营状况恶化，无力按原定计划出资。为防范资金供应风险，必须认真做好资金来源可靠性分析。在选择股东投资者时，应选择资金实力强、既往信用好、风险承受能力强的投资者。

8.1.3 草业投资项目风险分析基础

（1）草业投资项目的风险函数

用于描述风险的有两个变量：一是事件发生的概率或可能性（probability），二是事件发生后对草业投资项目目标的影响（impact）。因此，风险可以用一个二元函数描述：

$$R(P，I) = P \times I \tag{8-1}$$

式中　P——风险事件发生的概率；

　　　I——风险事件对草业投资项目目标的影响。

显然，风险的大小或高低既与风险事件发生的概率成正比，也与风险事件对草业投资项目目标的影响程度成正比。

（2）风险影响

按照风险发生后对草业投资项目的影响大小，可以划分为 5 个影响等级。

①严重影响：一旦风险发生，将导致整个项目的目标失败，用 S 表示。

②较大影响：一旦风险发生，将导致整个项目的目标值严重下降，用 H 表示。

③中等影响：一旦风险发生，对项目的目标造成中度影响，但仍然能够部分达到，用 M 表示。

④较小影响：一旦风险发生，项目对应部分的目标会受到影响，但不影响整体目标，用 L 表示。

⑤可忽略影响：一旦风险发生，对项目对应部分的目标的影响可忽略，并且不影响整体目标，用 N 表示。

（3）草业投资项目风险概率

按照风险因素发生的可能性，可以将草业投资项目风险概率划分为 5 个档次。

①很高：风险发生的概率在 81%~100%，即风险很有可能发生，用 S 表示。

②较高：风险发生的概率在 61%~80%，即发生的可能性较大，用 H 表示。

③中等：风险发生的概率在 41%~60%，即可能在项目中预期发生，用 M 表示。

④较低：风险发生的概率在 21%~40%，即不可能发生，用 L 表示。

⑤很低：风险发生的概率在 0~20%，即非常不可能发生，用 N 表示。

（4）草业投资项目风险评价矩阵

风险的大小可以用风险评价矩阵，也称概率影响矩阵（probability-impact matrix，PIM）来进行评估，它以风险因素发生的概率为横坐标，以风险因素发生后对项目的影响大小为纵坐标，发生概率大且对项目影响也大的风险因素位于矩阵的右上角，发生概率小且对项目影响也小的风险因素位于矩阵的左下角，如图 8-2 所示。

（5）草业投资项目风险等级

根据风险因素对草业投资项目影响程度的大小，采用风险评价矩阵方法，可将风险程度分为微小风险、较小风险、一般风险、较大风险和重大风险 5 个等级。

①微小风险：风险发生的可能性很小，且发生后造成的损失较小，对项目的影响很小。对应图 8-2 的 N 区域。

②较小风险：风险发生的可能性较小，或者发生后造成的损失较小，不影响项目的可

风险影响（I）

	很低	较低	中等	较高	很高
严重	M	H	H	S	S
较大	L	M	H	H	S
中等	L	L	M	H	H
较小	N	L	L	M	H
可忽略	N	N	L	L	M

风险概率（P）

图 8-2　草业投资项目风险概率影响矩阵

行性。对应图 8-2 的 L 区域。

③一般风险：风险发生的可能性不大，或者发生后造成的损失不大，一般不影响项目的可行性，但应采取一定的防范措施。对应图 8-2 的 M 区域。

④较大风险：风险发生的可能性较大，或者发生后造成的损失较大，但造成的损失是项目可以承受的，必须采取一定的防范措施。对应图 8-2 的 H 区域。

⑤重大风险：风险发生的可能性大，风险造成的损失大，将使项目由可行转变为不可行，需要采取积极有效的防范措施。对应图 8-2 的 S 区域。

8.2　草业投资项目风险分析的具体内容

8.2.1　草业投资项目风险识别

（1）草业投资项目风险识别的含义

草业投资项目风险识别是项目风险管理的基础和重要组成部分，是对存在于草业投资项目中的各类风险源或不确定因素，按其产生的背景、表现特征和预期后果进行界定和识别，对项目风险因素进行科学划分。简而言之，草业投资项目风险识别就是确定哪些风险事件可能影响项目，并将这些风险的特性整理成文档，进行合理分析。

草业投资项目风险识别是项目管理者识别风险来源、确定风险发生条件、描述风险特征并评价风险影响的过程。草业投资项目风险识别过程如图 8-3 所示。需要强调的是项目风险识别不是一次性的工作，它需要更多系统的、横向的思考。

（2）草业投资项目风险识别的特点

①全员性：草业投资项目风险识别不是项目经理或项目组个别成员的工作，而是项目组全体成员参与并共同完成的任务。每个项目组成员的工作都会有风险，每个项目成员都有各自的项目经历和项目风险管理经验。

②系统性：草业投资项目风险无处不在、无时不有，这决定了风险识别的全生命周期性，即项目系统全生命周期过程中的风险都属于风险识别的范围。

③动态性：草业投资项目风险识别并不是一次性的，在项目计划、实施甚至收尾阶段都要进行风险识别。根据项目内部条件、外部环境及项目范围的变化情况适时、定期进行项目风险识别是非常必要和重要的。因此，草业投资项目风险识别在项目开始、每个项目阶段中、主要范围变更批准之前进行，它必须贯穿于草业投资项目全过程。

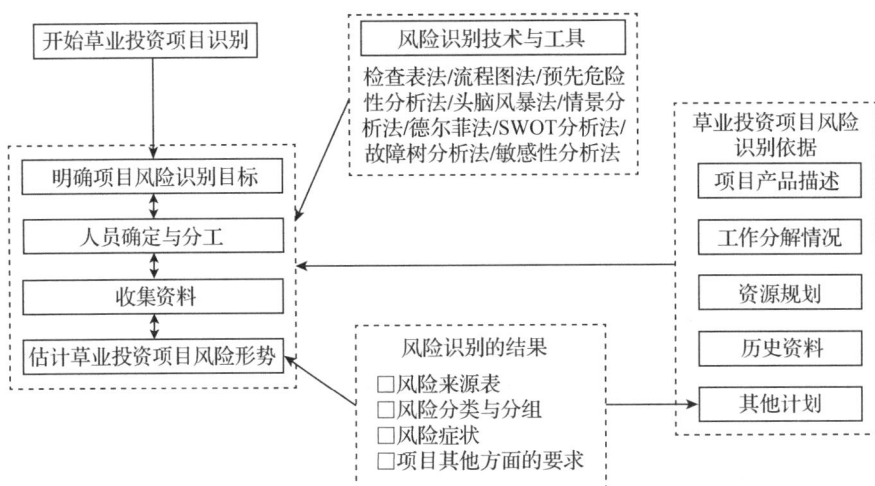

图 8-3 草业投资项目风险识别过程

④信息性：草业投资项目风险识别需要做许多基础性工作，其中重要的一项工作是收集相关的项目信息。信息的全面性、及时性、准确性和动态性决定了项目风险识别工作的质量和结果的可靠性及准确性，项目风险识别具有信息依赖性。

⑤综合性：草业投资项目风险识别是一项综合性比较强的工作，除了在人员参与、信息收集和范围上具有综合性特点外，风险识别的工具和技术也具有综合性，即风险识别过程中要综合应用各种风险识别的技术和工具。

（3）风险种类

风险种类是指那些可能对草业投资项目产生正面或负面影响的风险源。常见的风险种类有技术风险、质量风险、过程风险、管理风险、组织风险、市场风险及法律法规变更等。项目的风险种类应能反映出项目所在行业及应用领域的特征，掌握了各种风险的特征规律，也就掌握了风险识别的钥匙。

（4）制约因素与假设条件

项目建议书、可行性研究报告、设计等项目计划和规划性文件一般都是在若干假设、前提条件下估计或预测出来的。这些前提和假设在项目实施期间可能成立，也可能不成立。因此，项目的前提和假设之中隐藏着风险。

项目必然处于一定的环境之中，受到内外许多因素的制约，其中国家的法律、法规和规章等因素都是项目活动主体无法控制的，这些构成了项目的制约因素，是项目管理人员所不能控制的，这些制约因素中隐藏着风险。

为了明确项目计划和规划的前提、假设和限制，应当对草业投资项目的所有管理计划进行审查。例如：审查管理计划中的范围说明书，能揭示出草业投资项目的成本、进度目标是否太高，而审查其中的工作分解结构，可以发现以前未曾注意到的机会或威胁。审查人力资源与沟通管理计划中的人员安排计划，能够发现对项目的顺利进展有重要影响的那些人，可判断这些人员是否能够在项目过程中发挥其应有的作用，这样就会发现该项目潜在的威胁。审查项目采购与合同管理计划中有关合同类型的规定和说明。不同形式的合同规定了项目各方承担不同的风险。外汇汇率对项目预算的影响，项目相关方的各种改革、并购及战略调整给项目带来直接和间接影响。

8.2.2　草业投资项目风险识别过程

草业投资项目风险识别过程的基本任务是将项目的不确定性转化为可理解的风险描述。作为一种系统过程，风险识别有其自身的过程活动。

8.2.2.1　草业投资项目风险识别收集的资料

草业投资项目风险识别是风险管理的基础工作。依据项目性质、项目类型的差别，项目组风险管理应该是各有侧重。依据项目管理规划，项目发起人、项目组、设计项目组、监理项目组、施工项目组、承包商项目组要分别确定本项目组项目风险管理的范围和重点。应根据项目组风险管理的范围和重点，确定参与项目风险识别的人员。项目经理不仅要了解项目的信息，还要了解项目组的人员，包括项目组的核心人员、高层管理人员、职员和为项目风险识别提供信息的每个人。项目经理确定的人员应具有经营及技术方面的知识，了解项目的目标及面临的风险。项目组成员应该具有沟通技巧和团队合作精神，要善于分享信息，这对项目风险的识别是非常重要的。广义地说，项目风险识别需要项目组集体共同参与。

草业投资项目组风险识别应该收集的资料大致有如下几类：

（1）项目产品或服务说明

项目产品或服务的性质具有不确定性，在某种程度上决定了项目可能遇到什么样的风险。例如，草业投资项目可能会面临项目产品投入市场的不确定性，或项目产品市场需求的不确定性。因此，识别项目的风险可以从识别产品或服务的不确定性入手，而项目产品或服务的说明书可以提供大量风险识别所需的信息。通常情况下，应用较新技术的产品或服务可能遇到的风险要比应用成熟技术的产品或服务多。

草业投资项目产品或服务的说明书可以从项目章程、项目合同中得到，也可以参考用户的需求建议书。

（2）项目的前提、假设和制约因素

可从审查草业投资项目其他方面的管理计划得到项目所有的前提、假设和制约因素。

①项目范围管理计划：审查项目成本、进度目标是否定得太高等。

②人力资源与沟通管理计划：审查人员安排计划，确定哪些人对项目的顺利完成没有重大影响。

③项目资源需求计划：除了人力资源外，项目所需的其他资源，如某种设备或设施的获取、维护、操作等对项目的顺利完成是否可能造成影响。

④项目采购与合同管理计划：审查项目合同采取的计价形式，不同形式的合同对项目组承担的风险有很大影响。

（3）与本项目类似的案例

借鉴过去类似项目的经验和教训是识别项目风险的重要手段。一般的草业投资项目公司会积累和保存所有的项目档案，如项目的原始记录等。通常可以通过如下渠道来获得经验和教训。

①查看项目档案，可能包含已经整理好的需要吸取的教训，发生的问题和解决的办法，或者可以从项目利害关系者或组织中其他人处获得经验。

②阅读公开出版的资料，对于许多应用领域，都可以利用商用数据库、学术研究成

果、基准测试和其他公开出版的研究成果。

③采访项目参与者，对曾经参与项目的有关各方进行调查，征集有关资料。

8.2.2.2 草业投资项目风险形势估计

（1）草业投资项目风险形势估计的目的

草业投资项目风险形势估计就是要明确项目的目标、战略、战术、实现项目目标的手段和资源，以确定项目及其环境的变数。此外，还要明确项目的前提和假设。通过项目风险形势估计可以将项目规划时没有被意识到的前提和假设找出来。明确了项目的前提和假设可以减少许多不必要的风险分析工作。

（2）草业投资项目风险形势估计的内容

通过项目风险形势估计，判断和确定草业投资项目目标是否明确，是否具有可测性，是否具有现实性，有多大不确定性；分析保证项目目标实现的战略方针、战略步骤和战略方法；根据项目资源状况分析实现战略目标的战术方案是非常重要的（表8-1）。

表8-1　草业投资项目风险形势估计的内容

1. 项目及其分析	（1）为什么要搞这个项目？本项目的积极性来自何方？ （2）本项目的目标说明 （3）将本项目的目标同项目执行组织的目标进行比较 （4）研究本项目的目的：①明确项目目标，包括经济的，非经济的；②说明本项目对项目执行组织的目标的贡献；③说明本项目的主要组成部分；④约束、机会和假设 （5）说明本项目同其他项目或项目有关方面的关系 （6）说明总的竞争形势 （7）归纳项目分析要点
2. 对行动路线有影响的各方面考虑（对于每一个因素都应该说明它对项目的进行会产生怎样的影响）	（1）总的形势 （2）项目执行过程的特点：①一般因素，包括政治的、经济的、组织的；②不变因素，包括设施、人员、其他资源 （3）研究项目的要求：①比较已有资源量和对资源的需求；②比较项目的质量要求和复杂性；③比较组织的现有能力；④比较时间和预算因素 （4）对外部因素进行评价：①查明缺乏哪些信息资料；②列出优势和劣势；③初步判定已有资源是否足够
3. 分析阻碍项目的行动路线	（1）阻碍项目成功的因素：①列出并衡量阻碍项目实现其目标的因素；②衡量妨碍因素发生的相对概率；③如果妨碍目标实现的因素发生作用的话其严重程度 （2）项目的行动路线：①列出项目的初步行动路线；②列出项目行动路线的初步方案；③检查项目行动路线和初步方案是否合适，是否可行，能否被人接受？④列出保留的项目行动路线和初步方案 （3）分析阻碍项目的行动路线：①可能会促进上述阻碍项目成功的因素出现的行动；②当上述阻碍项目成功的因素出现时，为了实施上述行动路线，仍然必须采取的行动；③因上述两种行动而发生的行动；④针对上述行动的可能后果做出结论，以此为基数判断上述行动路线是否可行，能否被人接受，并将其优点与其他路线相比较
4. 项目行动路线的比较	（1）列出并考虑各行动路线的优点和缺点 （2）最后检查行动路线和方案是否合适、可行，能否被别人接受 （3）衡量各行动路线的相对优点和选定项目的行动路线 （4）列出项目的最后目标、战略、战术和手段

注：依据项目计划、项目预算、项目进度等。

8.2.2.3 草业投资项目风险识别的技术与方法

草业投资项目风险识别一般要借助一些技术和工具，这样不但识别风险的效率高而且操作规范，也不容易产生遗漏。项目风险识别的方法主要有检查表法、流程图法、预先危险性分析法、头脑风暴法、情景分析法、德尔菲法、SWOT 分析法、故障树分析法和敏感性分析法等，在具体应用过程中要结合项目的具体情况，组合应用这些工具。

（1）检查表法

检查表是风险管理中用来记录和整理数据的常用工具。应用检查表法时，须将草业投资项目可能发生的潜在风险列在一张表上，供识别人员进行检查核对，用来识别某项目是否存在表中所列的各种风险。检查表中所列风险都是历史上类似项目曾发生过的风险，是项目风险管理经验的结晶，对项目管理人员具有拓展思路、启发联想、抛砖引玉的作用。

（2）流程图法

流程图法是进行草业投资项目风险识别时常用的一种工具。绘制流程图有助于项目人员分析和了解草业投资项目风险所处的项目环节、项目各个环节之间存在的风险以及项目风险的起因和影响。通过项目流程分析，可以识别项目风险可能发生的项目环节和位置。进行项目风险识别时，所绘制的流程图包括项目系统流程图、项目实施流程图、项目作业流程图等多种形式。

绘制草业投资项目流程图的主要步骤：①确定工作过程的起点（输入）和终点（输出）；②确定工作过程经历的所有步骤和判断；③按顺序连接成流程图。

（3）预先危险性分析法

预先危险性分析法（preliminary hazard analysis，PHA）是在进行某个项目活动（包括设计、施工、生产、维修等）之前，对系统存在的各种危险因素（类别、分布）的出现条件和事故可能造成的后果进行宏观、概率分析的系统安全分析方法，其目的是通过尽可能早地发现系统潜在危险因素，确定危险性等级，并提出相应的防范措施，从而有效防止危险因素发展成为事故，尽量避免和减少考虑不周造成的损失。

为评判危险、有害因素的危险性等级以及它们对系统的破坏性及其影响的大小，预先危险性分析法将危险性划分为 4 个等级。

①第一级：安全的，即不会造成人员伤亡及系统损坏，可不采取控制措施。

②第二级：临界的，即处于事故的边缘状态，暂时还不至于造成人员伤亡，可考虑采取控制措施。

③第三级：危险的，即会造成人员伤亡和系统损坏，要立即采取防范措施。

④第四级：灾难性的，即造成人员重大伤亡及系统严重破坏的灾难性事故，必须予以果断排除并进行重点防范。

（4）头脑风暴法

一群人围绕某个特定的问题或兴趣领域进行讨论并激发新观点，这种情境称为头脑风暴。头脑风暴法也称畅谈会法，是将对解决某问题有兴趣的人集合在一起，敞开思路，畅所欲言，通过讨论过程采取不设或者少设拘束的规则，推崇自由地思考、发言和讨论，从而产生新观点和解决问题的新思路。

讨论程序的组织是头脑风暴法能否有效实施的重要因素，采用头脑风暴法的关键环节包括以下几个方面。

①确定议题：通常从对问题的定义开始。因此，必须在会议前将问题定义清晰，使与会者知晓通过这次会议需要解决什么问题，同时不对可能解决方案的范围加以限制。

②会前准备：如收集一些资料预先发给大家作为参考，以便与会者了解与议题有关的背景材料和发展动态。

③确定人选：与会人数要适中，太少不利于交流信息、激发思维，太多则不容易掌控，每个人发言的机会相对较少，也会影响会场气氛。可以选择 5~10 人，并且最好这些人相互间有一定的互补性，同时确定主持人。

④发言和记录：无条件接纳任何意见，不加评论，并将发言记录在白板或大白纸上。应尽量记录发言者的原话。

⑤终止和评价：当无人再有新想法或到了规定的时间后，发言终止。组员共同评价每一条意见，最后由主持人总结出几条重要结论。所以，头脑风暴法要求主持人有较高的素质和较强的归纳、总结能力。

（5）情景分析法

情景分析法就是通过情景展现等手段，对草业投资项目未来的某个状态或某种情况进行详细描绘和分析，从而识别导致项目风险的关键因素及其影响程度的一种风险识别方法。

情景分析法在识别项目风险时主要表现为以下 4 个方面的功能：①识别项目风险可能造成的后果，并报告和提醒决策者。②对项目风险范围提出建议。③对主要分析因素及其对项目的影响进行分析研究。④对各种情况进行比较分析，选择最佳结果。

（6）德尔菲法

德尔菲法也称专家调查法，是指将所需分析的问题当地征询各个专家的意见，汇总后整理出综合意见，然后将该综合意见连同分析的问题再分别反馈给专家征询意见，各专家将根据综合意见修改完善各自的意见，经过多次反复逐步取得较为一致的结果。

（7）SWOT 分析法

SWOT 分析法是站在企业的角度把企业内外环境所形成的优势（strengths）、劣势（weaknesses）、机会（opportunities）、威胁（threats）4 个方面的情况综合起来进行分析，以寻求制订适合本企业实际情况的经营战略和策略的方法。SWOT 分析法可以作为选择和制定战略的一种方法，也可以作为项目战略管理的手段，它提供了 4 种战略，即 SO 战略、WO 战略、ST 战略和 WT 战略。SWOT 分析法的主要目的在于对企业的综合情况进行客观公正地评价，以识别各种优势、劣势、机会和威胁因素，有利于拓展思路、正确地制订企业战略。在项目管理中，SWOT 分析法主要运用于项目的决策分析和系统分析方面。

（8）故障树分析法

故障树是指在项目风险定性分析过程中通过对可能造成项目失败的各种因素（包括硬件、软件、环境、人为因素等）进行分析，画出逻辑框图，从而确定可能导致项目失败的原因的各种可能组合方式的一种树状结构图。故障树分析法是以故障树为模型，对草业投资项目可能发生的风险进行定性分析的过程，把项目实施中最不希望发生的事件或项目状态作为风险分析的目标，在故障树中称为顶事件；继而找出导致这一事件或状态发生的所有可能的直接原因，在故障树中称为中间事件；再继续找出导致这些中间事件发生的所有可能的直接原因，在故障树中称为底事件，直到追寻到引起中间事件发生的全部原发事件为止。

故障树分析法是一种演绎的逻辑分析方法，遵循从结果找原因的原则，分析草业投资项目风险及其产生原因之间的因果关系。它是一种具有广阔应用范围和发展前途的风险分析方法。

（9）敏感性分析法

敏感性分析法是研究在草业投资项目生命周期内，当项目的变数（如销售量、单价、投资、成本、项目寿命、建设期等）和项目的各种前提假设发生变动时，项目的经济评价指标（如净现值、内部收益率等）会出现何种变化和变化范围有多大。敏感性分析法一般在财务、经济效益和盈亏平衡分析的基础上进行，如对项目的盈亏平衡点、净现值、内部收益率等进行项目敏感性分析。

8.3 草业投资项目风险的敏感性分析

8.3.1 草业投资项目风险敏感性分析的步骤

草业投资项目风险敏感性分析是指在项目建设期和生产期的许多不确定因素中，选择对草业投资项目经济效益指标反映灵敏的各种因素，然后计算出这些因素对投资效益的影响程度而进行的系统分析方法。

草业投资项目风险敏感性分析是项目效益评估中常用的一种研究不确定性的方法，它是在确定性分析的基础上，进一步分析不确定因素对投资项目经济效果指标（主要是净现值和内部收益率）的影响及其影响程度。在对草业投资项目进行经济分析和财务分析的基础上进行敏感性分析，可在拟建项目的生命周期内确定敏感性因素及其敏感度，并与指标建立一一对应的定量关系。对各种因素的敏感性进行综合评估分析，可使项目的决策更加切合实际。项目敏感性分析的具体步骤如下。

（1）确定敏感的经济评价指标

在草业项目评估工作中，经常会遇到各种不同类型的项目，例如，种草生产干草产品、种草养畜（肉牛、肉羊）、牧草种子生产加工、草产品物流配送等，无论项目有多么不同，在进行项目敏感性分析时，我们只针对不同项目的特点，挑选一些最能反映该项目收益敏感的指标作为分析对象。一般来说，应选择项目的净现值、内部收益率、投资回收期和贷款偿还期等指标作为分析对象。如果需要分析方案状态和参数变化对方案投资回收快慢的影响，可选投资回收期作为分析指标；如果需要分析产品价格波动对方案超额净收益的影响，可选财务净现值作为分析指标；如果需要分析投资大小对方案资金回收能力的影响，可选财务内部收益率等指标。

（2）选取不确定因素

通常来说，影响草业投资项目经济效益的不确定因素很多，但可用来进行敏感性分析的因素一般有以下几种。

①价格因素：涉及草业项目投资、费用、效益估算中的各种价格，如地租、草畜产品市场价格、草料外购价格、牧草种子、化肥等材料价格、燃油价格、水费、人工费等。

②工期因素：一个草业项目从开始建设到开始生产或达到设计生产能力要经历一定时

期，这就是项目建设工期，种植项目建设工期较短，只要土地基本达到种植要求即可种植，但种草养殖一体化项目工期可能会较长。

③成本因素：如固定成本、可变成本、固定资产投资。

④产量因素：如产品产量。

⑤其他因素：如汇率、基准折现率。

对于上述诸因素，在实际项目敏感性分析过程中不必要也不可能对这些不确定变量进行逐一分析，在选取需要分析的不确定因素时，可以从以下两方面考虑：第一，选择的因素要与确定的经济效益评价指标相联系，预计这些因素在可能变动的范围内对经济效益评价指标的影响；第二，根据方案的具体情况，选取在项目确定性分析中难以预测或预测准确性不高的数据，或者未来变化可能性较大且其变化会对评价指标产生很大影响的数据作为主要的不确定性因素。这样一来，草业投资项目不确定性分析作为项目确定性分析的一种补充和完善，使项目评估有更高的准确度。一般选择在项目成本、效益构成中占比较大的，或者较可能发生变动的一个或多个不确定因素作为敏感性变量。

(3)确定敏感性变量的变化范围

对于所选取的敏感性变量的变化，一般是有范围的，并非无边际的变化。在实际工作中，应结合实际情况，根据各不确定因素可能波动的范围，设定不确定因素的变化幅度，如5%、10%、15%等，然后根据调查收集来的资料进行分析判断。例如，产品价格在一定时期内往往是在一定范围内变化，这可通过市场调查或者初步预测获得。一般来说，进行项目不确定性分析时设定因素的变化幅度比收集到的变化幅度略高一点。假定某产品的价格几年来是围绕社会平均水平而发生±10%的变化，这样就可以将价格的变化范围确定为±15%。敏感性变量的变化范围通常可用3个值来表示：最佳或最可能的估计值、最高估计值、最低估计值。其中，最佳或最可能的估计值是此范围的重点，而最高估计值和最低估计值为此范围的两个端点。

(4)分析确定敏感度

对其进行比较分析，找出敏感性因素。敏感性因素就是其数值变动能显著影响方案经济效益的因素。寻找敏感性因素的方法有两种：一是列表法；二是图解法。在敏感性分析图中，若能确定评价指标的临界点，则可判明允许某变量变化的最大幅度，即极限变化。如果发生这种极限变化的可能性很大，表示项目承担的风险很大，如果变量的变化幅度超过此极限，则认为项目不可行。因此，这个极限对于决策十分重要。

8.3.1.1　单因素敏感性分析

单因素敏感性分析就是假定其他因素保持不变，仅就单个不确定因素的变动对草业投资项目经济效果的影响所做的分析。

单因素敏感性分析的步骤如下：

第一步，选择并计算敏感性分析的评价指标。前面所讨论过的动态、静态的评价指标，如 NPV(或 NAV)、IRR、P_t 等，都可以作为敏感性分析的经济效果评价指标。《建设项目经济评价方法与参数》(第2版)中指出："通常是分析全部投资的内部收益率指标对产品产量、产品价格、主要材料或动力价格、固定资产投资、建设工期等影响因素的敏感程度。"在确定评价指标后，计算出指标值作为目标值。

第二步，选择不确定因素作为敏感性分析变量。前面所列举的不确定因素都可以选择，但一般选择投资、价格、成本、产量。此外，应当考虑：①未来其数值变动的可能性比较大的因素；②在确定性评价中，对其数据准确性把握不大的因素。

第三步，选定不确定因素的变动范围。变量的变动范围应当根据历史统计资料和对市场的调查、预测进行估计。估计值可以比历史资料和市场资料预测值略微偏大。

第四步，逐一计算在其他因素不变时，某一不确定因素的数值在可能的变动范围内变动所引起的经济评价指标的变动值，并建立一一对应的关系，用表格和图形表示。

第五步，计算敏感度系数，通过比较，确定草业投资项目的敏感因素。

敏感度系数 S_{AF} 的计算公式：

$$S_{AF} = \frac{\Delta A/A}{\Delta F/F} \tag{8-2}$$

式中　S_{AF}——评价指标 A 相对于不确定因素 F 的敏感度系数；

　　　F——该因素的预期值(估计值)；

　　　A——该指标的目标值；

　　　$\Delta F/F$——不确定因素 F 的变化率；

　　　$\Delta A/A$——不确定因素 F 发生 ΔF 变化时，评价指标的响应变化率。

若 $S_{AF}>0$，表示评价指标与不确定因素的变化同方向；若 $S_{AF}<0$，表示评价指标与不确定因素的变化反方向。$|S_{AF}|$ 较大，说明该因素的变化对项目指标的影响比较大。

第六步，分别求出在草业投资项目可行的前提下，不确定因素的允许变动范围(使项目由可行变为不可行的临界点)，以及相对应的不确定因素的数值(临界值)，它们是判断草业投资项目风险大小的依据。

第七步，草业投资项目风险分析和建议。分析项目抗风险能力，不确定因素允许变动的范围越大，项目的风险越小；不确定因素允许变动的范围越小，项目的风险越大。同时，提出控制风险的建议。

实际上，许多因素的变动具有相关性，一个因素的变动也伴随着其他因素的变动。对于单因素敏感性分析的局限性，改进的方法是进行多因素敏感性分析，即考察多个不确定因素同时变动对项目经济效果的影响。

8.3.1.2　敏感性分析的作用和局限性

敏感性分析使用了项目寿命期内的现金流量及其他经济数据，在一定程度上就各种不确定因素的变动对项目经济效果的影响做出了定量描述。我们可以从不确定因素中识别草业投资项目经济评价指标的敏感因素，以及在项目可行的前提下敏感因素允许变动的范围，从而考察项目的风险程度。虽然计算出了临界点和临界值，在一定程度上定量地描述了草业投资项目的风险状况，但是我们无法提出一个统一的判据(以此作为项目取舍的依据)，来确定项目在怎样的风险下是可选的。因为任何风险分析，首先要看项目风险的大小，但更重要的是，面对同样的风险，投资者(企业)对于风险的承受能力和态度(保守还是冒险)是大不相同的，因而他们做出的决策往往大相径庭。

敏感性分析提供在决策前对重点项目的敏感因素进一步进行精确预测、估算和研究的机会，减少敏感因素的不确定性，尽量降低敏感因素可能引起的项目风险。便于在未来项目的实施中，采取有力措施控制敏感因素的变动，降低草业投资项目风险，以保证项目获得预期的经济效果。

草业投资项目敏感性分析可以帮助我们确定对项目经济效益影响较大的敏感性因素，从而对其做出重点分析，以降低草业投资项目风险，并为方案的抉择提供参考依据。但是，由于方案本身的局限性，项目敏感性分析实际上是一种定性分析，它存在以下问题：①不确定因素的变化范围往往很难确定，有时无法求出某一不确定因素的真正变化范围及其在此范围内变化的可能性。在草业投资项目敏感性分析中，为了计算方便而采用中点及两点范围而非线或面的方法，只是根据单一变量的高、中、低值对关键指数进行估计，即用很少的变数来代替大量的变数进行分析，因而有可能遗漏合乎需要的变数，或遗漏有用的信息。②在进行草业投资项目敏感性分析时，需要对多指标进行多变量分析。对于一个项目来说，往往一个指标就要对应多个变量；若对多个指标综合分析，则需要计算和处理的数据会很多，计算工作量也会很大，只能借助计算机或财务计算器来完成。③项目敏感性分析虽然找出了草业投资项目的敏感性因素，为项目规避风险提供了依据，但项目敏感性分析不能确定在这种风险下的项目效益水平如何。④项目敏感性分析通常只进行因素分析，而将同时变化的多个因素割裂开来，单独进行分析，这样很难反映实际情况。各个因素的变化方向可相同也可相反，单独定向分析不能反映某项指标的综合影响。因此，对所有不确定因素来说，难以做出全面和综合的定量分析结论。

8.3.2 草业投资项目风险的概率树分析

如前所述，草业投资项目风险的敏感性分析无法预测不确定因素在未来发生变动的概率，从而影响分析结果的准确性。对于这个问题，可以借助概率树分析来弥补和解决。简单地说，概率树分析是一种借助概率论和数理统计的原理，计算项目净现值小于零的概率，定量测定草业投资项目风险的风险分析方法。

8.3.2.1 草业投资项目风险概率树分析原理

对影响草业投资项目经济效果的各种因素进行百分之百准确的预测是不可能的，种种原因导致了它们的随机性，因此它们都是随机变量。投资项目周期（各年）的净现金流量序列，就是由上述多种随机因素的取值确定的。所以，草业投资项目每年的净现金流量都是独立的随机变量。项目每年净现金流量的现值之和 NPV，必然也是一个随机变量，即随机净现值。例如，某项目两互斥方案 NPV 并不是我们在确定性评价中计算出来的确定 NPV。通过表 8-2 可以看出，市场需求所造成的销量的不确定性也造成了方案净现金流量的不确定性，进而使该项目两个方案产生 3 种可能的 NPV。

表 8-2　某项目两个方案的随机 NPV 及其概率

市场需求	发生的概率	NPV_j	
		方案 1	方案 2
大	0.25	70	30
中	0.50	8	7
小	0.25	−50	−10

对于一个随机变量，可以通过概率分布和参数来完整地予以描述。

（1）随机变量的期望值

期望值即随机变量所有可能取值的加权平均值，权重就是各种可能取值出现的概率。期望值的计算公式：

$$E(NPV) = \sum_{j=1}^{m} NPV_j \times P_j \tag{8-3}$$

式中　NPV_j——NPV 可能出现的第 j 个（$j=1,2,\cdots,m$）离散值；

　　　P_j——各 NPV_j 出现的概率。

如果由净现金流量来计算，草业投资项目或方案 NPV 期望值的公式：

$$E(NPV) = \sum_{t=0}^{n} E(X_t)(1+i) - t$$
$$= \sum_{t=0}^{n} \sum_{j=1}^{m} X_{tj} \times P_{tj} \times (1+i) - t \tag{8-4}$$

式中　$E(X_t)$——第 t 年（$t=0,1,\cdots,n$）净现金流量的期望值；

　　　X_{tj}——第 t 年净现金流量的第 j 个（$j=0,1,\cdots,m$）离散值；

　　　P_{tj}——相应 X_{tj} 出现的概率；

　　　n——项目寿命期；

　　　i——无风险折现率。

（2）方差

方差反映随机变量的可能取值与其期望值偏离（离散）的程度。草业投资项目 NPV 方差的公式：

$$D(NPV) = \sum_{j=1}^{m} [NPV_j - E(NPV)]^2 \times P_j \tag{8-5}$$

式中　符号意义同前。

（3）标准差

净现值与其方差的量纲不同，为了便于分析，通常采用与净现值量纲相同的参数——标准差 σ 来反映随机 NPV 取值的离散程度。

$$\sigma(NPV) = \sqrt{D(NPV)} \tag{8-6}$$

标准差用于测度和比较方案的相对风险，标准差越小，说明各个 NPV 的取值越集中靠近其期望值，故草业投资项目风险越小。

（4）概率分布

随机变量的各个取值对应的概率分布情况称为概率分布。一般来说，在多数情况下可以认为草业投资项目的随机现金流量、随机 NPV 近似服从正态分布（图 8-4）。

下面以随机 NPV 为例，说明正态分布曲线的特点。

μ 值（即期望值）决定了正态分布曲线在横坐标上的位置，是随机 NPV 所取各值的分布中心。

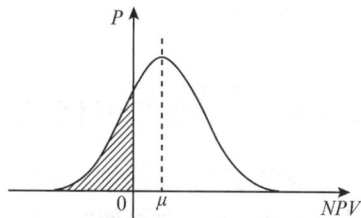

图 8-4　NPV 的概率分布

σ 为标准差，刻画各个 NPV 对于其均值的分散程度。该值决定了正态分布曲线的"胖瘦"。σ 的值越大，则曲线越胖，说明随机 NPV 的可能取值偏离其期望值的离散程度较大，概率分布密集程度较低，即随机 NPV 的不确定性程度较大，项目的风险大。相反，σ 的值越小，则曲线越瘦，说明随机 NPV 的可能取值偏离其期望值的离散程度较小，概率分布密集程度较高，即随机 NPV 的不确定性程度较小，项目的风险小。

正态分布曲线和 x 轴所围成的全部面积等于1，曲线与区间 (x_1, x_2) 围成的面积表示随机 NPV 在区间 (x_1, x_2) 取值的概率。利用这一点，可以利用标准正态分布求出 NPV<0 的概率，这样就对草业投资项目的风险有了一个定量的描述。

8.3.2.2 草业投资项目风险概率树分析步骤

第一步，给出不确定因素可能出现的各种状态及其发生的概率。在草业投资项目风险概率树分析的实际工作中，可以分成客观概率分析和主观概率分析。

客观概率分析指根据历史统计资料来估算草业投资项目寿命期内的基础数据、不确定因素各种状态的取值及其发生概率，在未来的项目寿命期内会以同样的规律出现，如水利工程就是一个典型案例，因为历史洪水水位、径流量等的规律同样会出现在未来。

而对大量草业和其他项目来说，未来和历史的情况不可能相同。此时，基础数据的各种状态及其发生概率的确定，只能凭主观预测、分析和估算，这就是主观概率分析。

第二步，完成多种不确定因素不同状态的组合。可以借助概率树来完成对各种因素不同状态的组合，并求出方案所有可能出现的净现金流量序列及其发生的概率，以便求出方案所有可能出现的 NPV 及其发生的概率。

第三步，计算草业投资项目或方案 NPV 的期望值和标准差。

第四步，用解析法或图解法求出项目 NPV>0（或 NPV<0）的概率，从而完成对草业投资项目风险的定量分析。

概率树分析的主要优点是可以给出项目 NPV<0 的概率，从而定量地测定项目不可行的风险有多大。对于投资者来说，这是进行投资决策的重要信息。

注意：对于概率树分析求出的项目 NPV<0 的概率，我们仍然无法提供一个决定项目取舍的标准或依据，但这并不是概率树分析本身的不足。因为对于任何风险决策问题，项目的取舍都取决于两个方面：一个风险的大小；二是投资者对风险的态度和承受能力。例如，某项目 NPV 的期望值为 65.42 万元，但存在 NPV<0 的可能性为 18.5% 的风险。该项目是否被采纳，要看投资者是否能够或敢于为取得 65.42 万元 NPV 期望值而去冒 18.5% 亏损可能性的风险。

在概率树分析中，无论使用客观概率分析还是主观概率分析，基础数据的取值及其发生概率的估算对分析的准确程度都有很大的影响。这时，工作人员的经验和能力就成为重要的因素。

8.3.3 草业投资项目多方案的风险决策

前面讨论了相同风险条件下方案间比选的问题。但在投资活动中，往往会遇到多个备选方案又具有多种可能发生的状态的情况，这类问题的比选决策称为多方案风险决策。

8.3.3.1 草业投资项目风险决策方法

风险决策要满足一定的条件，即存在两个或两个以上不依决策者主观意志为转移的自然状态，要求各种状态之间不仅是互斥的，而且是完备的，即各种状态的概率之和等于1，也就是存在两个或两个以上的备选方案。可以计算出不同方案在不同状态下的损益值(费用或收益的度量结果),并存在决策者希望达到的目标。决策者能给出每种状态出现的概率,但不能肯定哪种状态将出现。

常用的风险决策的方法主要有矩阵法和决策树法。

(1)矩阵法

草业投资项目通用风险决策矩阵模型见表 8-3 所列。它给出了进行草业投资项目风险决策的所有要素,包括状态、各状态发生的概率、备选方案和各方案在不同状态下的损益值。

表 8-3　草业投资项目通用风险决策矩阵模型

方案	状态					
	θ_1	θ_2	$\cdots$	θ_j	$\cdots$	θ_n
	概率					
	P_1	P_2	$\cdots$	P_j	$\cdots$	P_n
A_1	v_{11}	v_{12}	$\cdots$	v_{1j}	$\cdots$	v_{1n}
A_2	v_{21}	v_{22}	$\cdots$	v_{2j}	$\cdots$	v_{2n}
$\cdots$	$\cdots$	$\cdots$	$\cdots$	$\cdots$	$\cdots$	$\cdots$
A_i	v_{i1}	v_{i2}	$\cdots$	v_{ij}	$\cdots$	v_{in}
$\cdots$	$\cdots$	$\cdots$	$\cdots$	$\cdots$	$\cdots$	$\cdots$
A_m	v_{m1}	v_{m2}	$\cdots$	v_{mj}	$\cdots$	v_{mn}

$$V = \begin{bmatrix} v_{11} & v_{12} & \cdots & v_{1n} \\ v_{21} & v_{22} & \cdots & v_{2n} \\ \cdots & \cdots & \cdots & \cdots \\ v_{m1} & v_{m2} & \cdots & v_{mn} \end{bmatrix} \tag{8-7}$$

$$P = \begin{bmatrix} P_1 \\ P_2 \\ \cdots \\ P_n \end{bmatrix} \tag{8-8}$$

$$E = \begin{bmatrix} E_1 \\ E_2 \\ \cdots \\ E_m \end{bmatrix} \tag{8-9}$$

式中　V——损益矩阵;

　　　P——概率向量;

　　　E——损益期望值向量。

可以方便地求出 $E = V \times P$。

利用矩阵模型的形式,可采用多种决策原则进行多方案的草业投资项目风险决策。

【例题 8-1】某草业公司经销一种产品,进货价为 200 元/kg,售价为 400 元/kg。经预测,销售状况良好的概率为 0.3;销售状况中等的概率为 0.4;销售状况较差的概率为 0.3。现有两种进货方案:一是进货 4 万 kg,在 3 种销售状况下,利润分别为 800 万元、

400 万元和 0；二是进货 3 万 kg，在 3 种销售状况下利润分别为 600 万元、600 万元和 200 万元。

解：列出问题的决策矩阵(表 8-4)。

表 8-4　某公司的决策矩阵

销售状态	概率	方案	
		1. 进货 4 万 kg	2. 进货 3 万 kg
4 万 kg	0.3	800	600
3 万 kg	0.4	400	600
2 万 kg	0.3	0	200

在该矩阵的基础上，根据具体情况，我们可以选择某种决策原则进行方案的风险决策。

(2)决策树法

借助决策树法进行草业投资项目风险分析也是常用的方法。决策树法一般采用期望值原则对方案进行选择(图 8-5)。

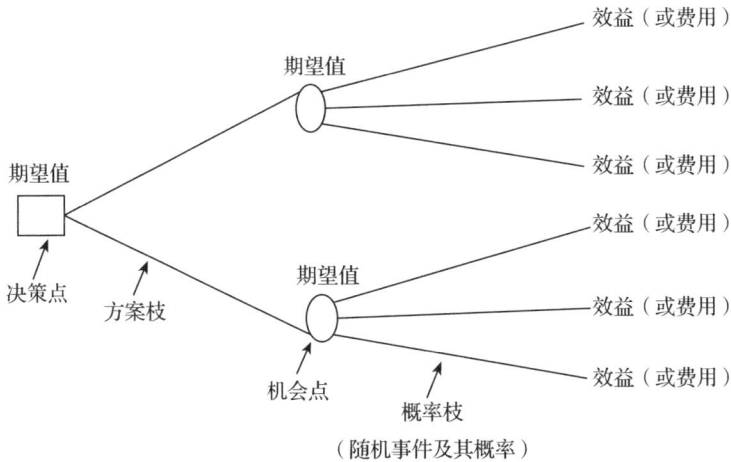

图 8-5　决策树法示意图

据图 8-5，画出[例题 8-1]的决策树，如图 8-6 所示。

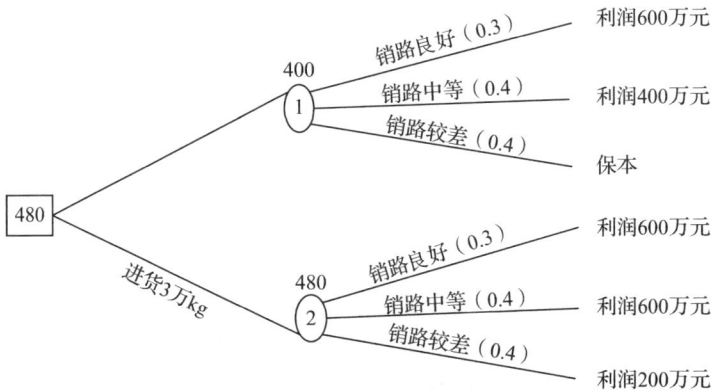

图 8-6　某公司的决策树

画出决策树后，分别计算每一草业投资方案的损益期望值，并标注在相应的机会点上方，就可以直观地做出判断。在期望值较小的方案枝上，用符号"//"进行剪枝，以示淘汰。最后将最优方案的损益期望值写在决策点上方。

8.3.3.2　草业投资项目风险决策的原则

（1）优势原则

在给定的 A、B 两种方案中，如果无论在什么状态下，A 总是优于 B，则可认定 B 为劣势方案，应当将其从备选方案中剔除。应用优势原则一般不能决定最佳方案，但能淘汰劣势方案，缩小决策范围。因此，它是一种及早淘汰方案的方法。在采用其他决策原则之前，应当首先采用优势原则剔除劣势方案。

优势原则的数学描述分为两种情况：

①当损益值用费用类指标表示时，对于备选方案 A_{kj} 和 A_{ij} 而言，若满足

$$V_{kj} < V_{ij}(j = 1, 2, \cdots, n)$$

则说明 A_k 比 A_i 有优势。

②当损益值用效益类指标表示时，对于备选方案 A_{kj} 和 A_{ij} 而言，若满足

$$V_{kj} > V_{ij}(j = 1, 2, \cdots, n)$$

则说明 A_k 比 A_i 有优势。

【例题 8-2】在［例题 8-1］的基础上，如果还有一个进货 5 万 kg 的方案，其决策矩阵见表 8-5。

表 8-5　某公司的决策矩阵

销售状态	概率	方案		
		1. 进货 4 万 kg	2. 进货 3 万 kg	3. 进货 5 万 kg
4 万 kg	0.3	800	600	600
3 万 kg	0.4	400	600	200
5 万 kg	0.3	0	200	-200

解：从表 8-5 中可以判断出，进货 5 万 kg 的方案 3，在各种状态下的利润值都比进货 4 万 kg 的方案 1 小，应当作为劣势方案淘汰。然后采用其他决策原则，对另外两个方案进行风险决策。

（2）期望值原则

期望值原则即根据各备选方案损益值的期望值进行决策。当损益值用费用类指标表示时，应当选择费用期望值最小的方案，即 $\min\{E_i \mid i = 1, 2, \cdots, m\}$；当损益值用效益类指标表示时，应当选择效益期望值最大的方案，即 $\max\{E_i \mid i = 1, 2, \cdots, m\}$。

【例题 8-3】采用期望值原则对［例题 8-1］进行风险决策。

解：首先列出［例题 8-1］的决策矩阵（表 8-4）。

画出决策树（图 8-6），然后计算各方案的利润期望值。

$$E_1 = 800 \times 0.3 + 400 \times 0.4 + 0 \times 0.3 = 400（万元）$$

$$E_2 = 600 \times 0.3 + 600 \times 0.4 \times 200 \times 0.3 = 480（万元）$$

在图 8-6 中把两方案的利润期望值写在机会点的上方。由于 480 > 400，按照期望值原则应当选择方案 2。把 E_2 的 480 写在决策点的方框里，并对方案 1 剪枝。

再用矩阵法的形式。由于 $E = V \times P$，故有

$$\begin{bmatrix} E_1 \\ E_2 \end{bmatrix} = \begin{bmatrix} 800 & 400 & 0 \\ 600 & 600 & 200 \end{bmatrix} \times \begin{bmatrix} 0.2 \\ 0.5 \\ 0.3 \end{bmatrix} = \begin{bmatrix} 400 \\ 480 \end{bmatrix}$$

$\max\{E_i \mid i = 1, 2\} = E_2 = 480$（万元）

即按最大期望值原则，应当选择方案 2。

（3）最小方差原则

方差表示方案的损益值偏离期望值的程度，方差大，则投资风险大，所以，投资者倾向于选择损益值方差小的方案。

计算[例题 8-1]的两个方案的方差，比较它们风险的大小。

$D_1 = (800-400)^2 \times 0.3 + (400-400)^2 \times 0.4 + (0-400)^2 \times 0.3 = 96\ 000$（万元）

$D_2 = (600-480)^2 \times 0.3 + (600-480)^2 \times 0.4 + (200-480)^2 \times 0.3 = 33\ 600$（万元）

显然方案 2 的风险比较小，应当选择方案 2。

但是，期望值原则和最小方差原则在使用时应当注意：由于期望值与方差可能组成表 8-6 中的 4 种情况，期望值原则与最小方差原则可能产生矛盾。

表 8-6 在决策中比较期望值和方差

序号	期望值	方差值	决策
1	$E_2 > E_1$	$\sigma_2 = \sigma_1$	选择方案 2
2	$E_2 = E_1$	$\sigma_2 < \sigma_1$	选择方案 2
3	$E_2 > E_1$	$\sigma_2 < \sigma_1$	选择方案 2
4	$E_2 < E_1$	$\sigma_2 < \sigma_1$	取决于 E 与 σ 之间的折算

当各备选方案的风险大小（方差 D 或者标准差 σ）相同或接近时，一般应当根据期望值原则，选择效益期望值较大（或费用期望值较小）的方案。

在各备选方案的期望值相同或接近时，一般应当根据最小方差原则，选择风险较小的方案。

情况 3 最易做出判读，应选 E 大 σ 小者，即方案 2（如同[例题 8-1]中我们选择方案 2）。也就是说，在上述 3 种情况中，期望值原则与最小方差原则没有矛盾。

对于效益期望值大（或费用期望值小）风险也大或者效益期望值小（或费用期望值大）风险也小得多方案比选问题，期望值原则和最小方差原则将失去作用，即使我们使用测度和比较"相对风险"的变异系数 $CV = \sigma / E$，也难以符合人们的实际判断。

【例题 8-4】如果已知两方案 $E_1 = 9$ 万元，$E_2 = 5$ 万元；而 $\sigma_1 = 42.44$ 万元，$\sigma_2 = 15$ 万元。试使用变异系数进行方案的风险决策。

解：可求得 $CV_1 = 42.44/9 = 4.72$ 名，$CV_2 = 15/5 = 3$ 名。按照概念机械地进行判断，似乎方案 2 的相对风险较小，应当选择方案 2。但是实际中，不同的投资者面对相同的风险，做出的决策往往是不同的。这一方面取决于草业投资及决策者的胆略和冒险精神；另一方面取决于草业投资主体对风险的承受能力。冒险精神和风险承受能力强者，倾向于按照期望值原则进行决策，在本例中可能选择方案 1；反之，冒险精神和风险承受能力较差者，则倾向于按最小方差原则进行决策，在本例中可能会选择方案 2，宁可期望收益不太高，

但是更安全。

可以利用 E 与 σ 之间的折算值作为依据来解决上述情况。这需要给出 $\Delta\sigma/\Delta E$ 的标准，即 1 元钱的增量期望值 ΔE 最多应当与多少增量风险——增量标准差 $\Delta\sigma$ 相抵。

（4）满意原则

对于实际决策者而言，问题的复杂性使人们难以找出最佳方案，因而就会采取一种比较现实的原则，即满意原则。该原则把决策效果目标定在一个足够满意的水平上，将各备选方案不同状态下的损益值与该目标相比较，优于或等于该满意目标值的方案中，概率最大者为当选方案。通常满意目标：达到某一水平的 IRR；$NPV \geqslant 0$；实现某一数额的利润等。

在［例题 8-1］中，假定满意目标定为利润不少于 600 万元，则

方案 1：

$$P(V \geqslant 600\ \text{万元}) = P_1 = 0.3$$

方案 2：

$$P(V \geqslant 600\ \text{万元}) = P_1 + P_2 = 0.3 + 0.4 = 0.7$$

方案 2 达到满意目标的可能性最大，按满意原则应当选择方案 2。

（5）最大可能原则

在草业投资项目风险决策时，如果其中一种状态发生的概率明显高于其他状态发生的概率，此时，将这种最大概率的状态看作确定状态（概率为 1），根据这种状态下各方案损益值的大小进行决策，而将其他状态发生的可能性看作零（发生的概率为零）。该原则即最大可能原则，它将风险决策问题转化为确定性问题予以求解。

必须注意的是，该原则有如下适用条件：存在某一状态，其发生的概率大大高于其他状态发生的概率。如在［例题 8-1］中，销路中等的状态概率最大（0.4），如果按最大可能原则，应选择在该状态下利润最大的方案，即方案 2。但是，必须注意到，该状态发生的概率与其他状态发生的概率相差不大，不符合最大可能原则的思路和使用条件。如果硬性使用，在有些项目中将得出错误结论。

各方案在不同状态下损益值的差别应当不悬殊。

【例题 8-5】某草业项目有如下决策矩阵（表 8-7），试用最大可能原则进行决策。

表 8-7　某项目的决策矩阵

销售状态	概率	方案		
		1	2	3
1	0.1	60	70	50
2	0.8	50	100	40
3	0.1	-20	-200	-2

解：采用最大可能原则应当选择方案 2。但必须注意，选择方案 2，仍然避免不了有 10% 的可能要遭受 200 万元损失。如果投资者认为无法承受这样的风险，就不能采用最大可能原则。

前面讨论的都是一次性分析决策的情况，实际中，在项目的寿命周期中也许还需要进行多次风险决策，它可以看作多方案风险决策的一种特例，也称多阶段风险决策问题。解

决这类问题的最好方法是决策树法，同时，使用期望值原则选出最优方案。

8.4 草业投资项目风险防范

草业投资项目风险防范是针对上一步风险分析和评价的结果，为降低草业投资项目风险发生概率、减少项目风险负面效应、增加项目目标实现机会，从而确定采用何种措施和策略的过程。

8.4.1 草业投资项目风险防范的方法

草业投资项目不仅受自然因素的影响，也受当地经济社会和国际因素的影响。在确定项目投资时应当进行风险评估，在进行完草业投资项目风险分析之后，再具体针对某一风险制定风险防范策略和确认风险影响，并采取防范措施。

8.4.1.1 风险防范

风险防范是在损失发生前为了消除或减少各种因素的可能性及损失而采取的一种主要的风险管理策略，通常分为无形和有形两种手段。

（1）有形的风险防范手段

有形的风险防范手段如工程法，该方法以工程技术为手段，通过控制物质因素来减少或消除损失。具体的措施包括如下几个方面。

①预防并控制风险因素出现。在草业投资项目活动开始之前，要采取一系列预防措施，消除物质性风险威胁。

②分析现状，采取措施，减少已存在的风险因素，或者改变风险因素的性质。

③在时间和空间上，将风险因素同人、财、物分离。

工程法的特点是每一种措施都与具体的工程技术设施相关联，但不能过于依赖工程法。一方面，采取工程措施需要很大的投入，决策时必须进行成本效益分析；另一方面，任何工程设施都需要有人的参与，且人的素质起决定性作用。除此之外，任何工程实施都不会百分百可靠，所以工程法要同其他措施结合起来使用。

（2）无形的风险防范手段

①教育法：项目管理人员及其他有关各方的不当行为也可构成项目的风险因素。因此，须对有关人员进行风险和风险管理教育，从而减轻与不当行为有关的风险。教育内容应包括工程、投资、城市规划、土地管理知识，及其相关法规、规范、标准和操作流程、风险知识、安全技能及安全意识等。风险和风险管理教育的目的，是要让有关人员全面了解项目风险，学习和掌握控制这些风险的方法，并意识到个人的任何疏忽或错误行为，都可能给项目带来巨大损失。

②程序法：是指将项目活动制度化、流程化，来减少风险损失。项目管理者及相关专家制定的各种管理规章、制度及方针一般都是前人历史经验的总结，体现了项目活动的客观规律性，如果不按程序办事，就容易犯错，造成损失。

8.4.1.2 风险减轻与回避

风险减轻又称风险缓解，是指提前采取适当措施将草业工程项目风险的发生概率或影响损失降低到某一可接受程度。如不能降低风险发生概率，则应设法减轻风险的影响，可通过采取措施改进或完善决定影响严重程度的关键点来减轻风险的影响。

风险回避就是在草业投资项目的风险发生概率及其损失都很大时，主动放弃或终止该项目以避免风险及其所致损失的一种应对风险的方式。为了避免前期资源浪费或中途变更方案产生不便，风险回避的决策应在项目的计划阶段确定。风险回避虽然能避免损失，但也失去了草业投资项目的潜在收益，同时也打击了项目有关各方的创造力，因此风险回避是一种消极的方法手段，存在局限性。另外，在避免某种风险的同时，可能会产生另一种风险。所以，风险回避适用于以下几种情形。

①对于客观上不必要的项目，无须冒险。

②风险可能性及频率不高，可是一旦发生，后果非常严重，并且超出项目方的承受能力。

③采用风险管理措施的经济成本超过预期收益。

8.4.1.3　风险转移与自留

风险转移是指借用合同或协议等手段，在风险事件发生时将损失的一部分或全部转移给有相互经济利益关系的第三方。

实行此策略要遵循 3 个原则：一是应有利于降低工程成本和有利于履行合同；二是谁能更有效地防止或控制某种风险或减少该风险引起的损失，就由谁承担该风险；三是应有助于调动人员积极性，使其认真做好风险管理，降低成本，节约投资。

风险转移主要有两种方式，即保险风险转移和非保险风险转移。

（1）保险风险转移

保险风险转移是指通过购买保险的办法将风险转移给保险公司或保险机构。

（2）非保险风险转移

非保险风险转移是指通过保险以外的手段将风险转移出去。非保险风险转移的方法主要有担保合同、租赁合同、委托合同、分包合同、责任约定、合资经营、实现股份制等。

风险自留是指在已知可能发生风险的背景下，在权衡其他风险应对策略后，出于经济性和可行性的考虑，将风险留下，若风险事件发生，则依靠草业投资项目主体自己的资源、财力弥补损失。

当采取风险应对的费用超过风险事件造成的损失额，并且损失额没有超出项目主体的风险承受能力时，方可接受风险。因此，是否接受风险要求项目管理者对项目风险有充分的估计，掌握充分的风险事件信息是前提。

该方法分为主动和被动两种方式。主动接受是指在风险管理规划阶段已有准备，接受风险的成本比采取预防或减轻、回避、转移等手段低，不如选择主动承担。被动接受是指风险未预料，但是造成的损失数额不大，不影响草业投资项目总体目标时，项目团队相机处理，管理人员将该损失列为一种费用。

8.4.2　草业投资项目风险监控与方法

8.4.2.1　草业投资项目风险监控的目标

草业投资项目风险监控是指在整个草业投资项目过程中根据项目风险管理计划和项目实际发生的风险与变化所开展的各种项目风险监控活动。项目风险监控是建立在项目风险的阶段性、渐进性和可控性基础之上的一种项目风险管理工作。项目风险监控是指追踪已识别风险、监测残余风险、修改项目风险管理计划、确保风险计划的执行并评估其降低风险有效性的过程。草业投资项目风险监控对于应急计划实施相关的风险进行计量。项目风险监控是在项目生命周期内不间断进行的过程。

草业投资项目风险监控的主要内容包括：持续开展草业投资项目风险的识别与度量，及早发现草业投资项目存在的各种风险和项目风险各方面的特性；监控草业投资项目潜在风险的发展；追踪草业投资项目风险发生的征兆；通过采取各种风险应对措施，避免项目风险的实际发生，减小风险发生的可能性，从而减少项目风险所造成的损失；对于不可避免的项目风险，要积极采取行动，努力消减这些风险事件的消极后果；充分吸取项目风险管理中的经验与教训，努力避免同样风险事件的发生；加强对项目不可预见费的有效管理和合理使用；实施草业投资项目风险管理计划等。

草业投资项目风险监控的主要目标：风险应对措施是否已按计划实施；风险应对行动是否取得了预期的效果，是否需要制定新的应对措施；项目的假设是否依然成立；风险的原有状态是否已经改变，是否需要对其趋势进行分析；是否出现了风险触发因素；是否遵循了恰当的方针与程序；是否发生或出现了以前未曾识别的风险。项目风险监控可能涉及选择其他对策、实施应变计划、采取纠正行动或重新规划项目。风险应对负责人应当定期向项目经理汇报计划的有效性、未曾预料到的后果以及为减轻风险所需采取的措施；根据项目风险的具体情况，应对项目费用或进度应急储备进行适当修改。

8.4.2.2　草业投资项目风险监控的依据

（1）风险管理计划

这是项目风险监控最根本的依据，草业投资风险管理计划的主要依据是草业投资项目风险管理人员、项目风险的有关负责人、有关的时间安排和需要的其他资源。在通常情况下，项目风险监控活动大多是以风险管理计划作为依据，同时要注意在识别出新的项目风险后，需要对项目风险管理计划进行更新。

（2）风险应对计划

一些草业投资项目风险有可能最终会发生，而其他一些项目风险有可能不发生。这些发生或不发生的项目风险的发展变化情况应该在项目风险应对计划中得到体现。

（3）项目沟通

草业投资项目的工作成果与其他项目记录提供了项目绩效与风险的有关资料。通常来说，用于监控风险的文件包括事件记录本、行动规程、危险警告或风险升级通知。

（4）工作绩效信息

工作绩效信息包括草业投资项目可交付成果的状态、纠正性措施和绩效报告，是风险监控工程的重要依据。

（5）附加的风险识别与分析

在草业投资项目的实施进展过程中，对项目进行评估时，可能会发现未曾识别的潜在风险事件。对这些潜在风险事件应继续执行风险识别、分析、量化、评估和制定应对计划等常规分析操作。

（6）项目工作范围变更

项目实施过程中可能需要对工作方法、合同条款、范围和进度计划进行修订，经过批准的变更可能会引致新的风险或导致已识别的风险产生变化。因此，需要对这些变化进行分析，并根据变更情况制定新的风险分析与应对计划。

8.4.2.3　草业投资项目风险监控的过程

草业投资项目风险管理主要是依据项目风险管理计划来实施的。要根据草业投资项目风险管理计划对项目风险控制工作的安排来建立风险控制体系，确定项目将要面临的具体风险事件，对项目风险监控的责任和任务进行合理的分配，制定项目风险监控的行动方案，实施风险监控的行动方案，跟踪项目风险监控的结果，判断风险监控的效果。

当草业投资项目的实践风险有了新的发展变化时，就要对项目风险管理计划进行更新，用更新后的项目风险管理计划来指导风险监控行动。

（1）建立草业投资项目风险监控体系

在项目开始实施之前，要根据项目风险分析与度量的结果，制定出关于草业投资项目风险管理所必须贯彻执行的方针政策、项目分析监控必须遵循的程序，以及项目风险管控必须落实的管理体制。例如，项目风险责任制度、项目风险月报告、项目风险监控决策制度、项目风险监控的沟通程度等。项目风险监控体系是一套监控风险的制度性框架，又称安全保障体系，由 6 个要素构成：项目信息系统、预警指标、应急预案、责任制度、时间安排、操作规程。

（2）确定要监控的具体项目风险

根据项目风险识别与度量报告和具体风险后果的严重性，结合项目组织自身的抗风险能力，决定承担哪些风险、转移哪些风险。

（3）分配项目风险监控的职责

将项目风险监控任务的内容、职责和权力落实到具体的部门和个人，由他们对具体的工作负责。

（4）制定草业投资项目风险监控的具体行动计划

针对将要监控的具体风险事件的特点，选择风险监控的措施，安排风险监控行动的时间等。

（5）实施草业投资项目风险监控的具体行动计划

依照已制定的项目风险监控行动计划，开展风险监控活动。

（6）跟踪项目风险监控的结果

这一过程一直伴随着项目风险监控活动的全过程，目的在于不断地跟踪了解风险监控的行动效果，把握项目风险因素的新变化、新动态，及时反馈这些信息，指导风险监控方案的调整。

（7）判断草业投资项目风险监控的效果

这一步骤是为了判断项目风险是否已经解除，从而揭示项目风险监控工作是否应该继续。如果风险没有解除，就要开展新一轮的风险监控工作。

8.4.2.4　草业投资项目风险监控的工具与技术

（1）草业投资项目风险应对审计

风险审计人员对规避、转移风险发生等各项风险应对措施以及风险负责人的效率进行检查与记录，并用文件表述风险对策的效果。风险审计在整个项目生命周期内实施，通过检查风险应对措施在处理已识别风险时是否发挥应有的作用，以达到控制风险的目的。

（2）定期的项目风险审计

在所有项目团队的会议上，项目风险均应列为一项议事日程。在草业投资项目生命周期内，风险等级和优先级可能会发生变化，对于发生的任何变化都可能需要进行新的定性或定量分析，因此应安排定期的项目风险审议。这个事项占用的会议时间长短，主要取决于已识别的风险、风险的优先级和应对的难度。检查风险管理的时间间隔越短，就越有利于及时发现与解决风险管理过程中存在的问题。

（3）实现价值分析（净值分析）

实现价值（净值）用于检测相对于基准计划的项目整体绩效。实现价值分析是按基准计划监控整体项目的分析工具，可以确定是否符合计划的费用和进度的要求，其结果可以反映项目竣工时在成本费用与进度目标方面的潜在偏离，与基准计划的偏差可以表明威胁或机会的可能影响。在项目与基准发生重大偏离时，应该对风险识别与分析进行进一步的评估和量化。

（4）技术绩效衡量

技术绩效衡量是将项目执行期间的技术成果与项目计划中的技术成果进行比较。如果出现偏差，则表明没有达到某一阶段规定的要求，可能说明在完成项目预期目的过程中存在一定的风险。

（5）储备金风险分析

在草业投资项目实施过程中可能会出现对预算或进度造成一定影响的风险。储备金风险分析是指在项目的任何时点，将剩余的储备金数额与项目实施过程中的剩余分析进行比较，据此判断剩余的储备金是否能够满足应对风险的需要。

（6）附加的风险应对规划

如果出现了风险应对计划中未曾预料的某种风险，或者风险对项目目标的影响大于预期的影响，则原先所计划的应对措施就可能无法应对新出现的风险，因而有必要制定附加的风险应对规划，以便有效地控制新出现的风险。

8.4.2.5 草业投资项目风险监控的方法

传统的风险监控的工具和方法包括检查表法、偏差分析法、定期或不定期审核、专项审查和风险跟踪报告等。当发现潜在隐患时，应出具风险预警报告，当发现风险升级时，应及时上报上一级管理组织。

大数据、云计算、物联网、人工智能等新型技术的兴起，为草业投资项目的风险监控特别是大型重点建设项目的风险监控提供了新的手段，如可以采用无人机、物联网等技术快速实时收集项目的数据，采用云计算、人工智能等技术进行分析，及时发现风险并加以处理。

复习思考题

1. 简述草业投资项目风险的特性和类型。

2. 简述草业投资项目风险识别的特点和依据。

3. 在敏感性分析中，判断草业投资项目风险大小的依据是什么？确定项目敏感因素的目的是什么？应当如何对待它们？

4. 试述草业投资项目风险监控的概念，草业投资项目风险监控的工具与技术有哪些？

第 9 章

草原文化经济

草原文化是具有浓郁地域色彩和鲜明民族特色的一种文化。在经济全球化、政治多极化和文化多元化交流激荡、交汇融合的今天，草原文化的传承和发展越来越引起世人的瞩目。草原文化与草业经济的紧密结合、互相渗透，既对草原文化的传承和发展夯实了经济基础，也为草业经济的发展注入了文化的内涵。经济的发展可以为文化提供充足的资源和保障，而文化的繁荣又能够为经济发展提供创新的视野和竞争的环境。草原文化经济作为一个崭新的研究领域，成为草原文化研究和草业经济研究的重要对象。

9.1 草原文化及其特征

9.1.1 草原文化的定义

草原文化是指世代生活在草原地区的先民、部落、民族共同创造的一种与草原生态环境相适应的文化。这种文化包括草原人们的生产方式、生活方式，以及与之相适应的风俗习惯、社会制度、思想观念、宗教信仰、文学艺术等。草原文化可分为生产文化、生活文化、精神文化、生态文化等多个类型。不同的草原民族有其独特的草原文化，因此，草原文化具有很强的地域性。草原地区各民族创造的各具特色的草原文化，同黄河文化和长江文化一样都是灿烂中华文化的组成部分，在中华文化的产生和发展中起着重要的作用。草原文化以历史传承的悠久性、区域分布的广阔性、创造主体的多元性和文化形态的复合性，为当今世人留下了丰厚的文化遗产。这些遗产至今仍影响着人们的生活，也为草业和草原文化产业的发展提供了不竭的源泉。

9.1.2 草原文化的特征

在中国，草原是最大的陆地自然生态系统。因此，在以自然环境和生态系统为主要特征的文化中，草原文化是比长江文化、黄河文化分布更广阔、生态功能更全面的地域文化。草原文化的特点主要表现在以下几个方面。

（1）民族特色鲜明

我国草原分布地域广泛，广袤的草原孕育了多元化的民族，形成了各具特色的民族文化，如蒙古族、藏族、哈萨克族、柯尔克孜族、塔吉克族、鄂温克族、鄂伦春族、达斡尔族、裕固族等。

蒙古族是主要分布于东亚地区的一个草原游牧民族，蒙古族人民世居草原，以畜牧为生。在很长的一段历史时期过着"逐水草而居"的游牧生活，尽管这种生存方式在现代社会被弱化，但游牧仍然被视作蒙古族的标志。蒙古族生活在地处亚洲北部腹地的草原地带，这里春季多风，冬季漫长，气候严寒，在这种自然环境中世世代代生息繁衍的草原民族，如蒙古族、鄂温克族、达斡尔族等，形成了刻苦耐劳、坚韧不拔的民族性格和文化传统。蒙古包是蒙古族牧民的住所，这种圆形的"毡包"，建造和搬迁都十分方便，适于牧业生产和游牧生活。蒙古族服饰以蒙古袍为代表，主要有长袍、腰带、靴子、首饰等，不同地区样式上有所差异。蒙古族服饰、马头琴等具有浓郁的草原风格特色。

藏族是居住在青藏高原上的主体民族。西藏最古老的宗教苯教和主导了西藏社会政治、经济、文化的藏传佛教，其影响渗透在社会生活的各个方面，从而形成了不同于别的民族的民俗风情和审美情趣。西藏丰富的民俗文化为我们演绎出藏族丰厚的历史文化的变迁与升华的过程。藏族服饰是青藏高原一道绵延久远的亮丽文化景观，而蕴含其间的工艺技术、生活情趣、审美观念、道德伦理、宗教信仰都成为研究西藏文化的活化石。由于地理气候和物产的不尽相同，即使在藏区内不同的区域呈现出五彩缤纷的风貌。藏族以适宜在高原生长的青稞为主要食物，青稞种植具有悠久的历史，青稞的食用方法更是多种多样，蕴含着藏族的生产文化和饮食文化。藏族的牦牛被称为高原之舟，是高寒山区最为理想的运输工具。从喜马拉雅山、冈底斯山、念青唐古拉山到南迦巴瓦峰、冈仁波齐峰，从纳木错到雅鲁藏布江到世界上最宽广的羌塘草原，绚丽多彩的地理景观、独特的自然地理环境造就了独特的高寒草原文化。

哈萨克族的文学丰富多彩，既有口头传承的民间故事和歌谣，也有书面创作的文学作品。哈萨克族的民间故事多以动物为题材，如"狐狸和乌鸦""牧羊人与天鹅"等，这些故事富含哲理，具有很高的艺术价值。哈萨克族许多优秀的文学作品，描绘了哈萨克族人民的生活和情感世界。哈萨克族的艺术形式多种多样，由冬不拉演奏的音乐具有独特的韵律和节奏。哈萨克族的圆形或半圆形的毡房，也以建筑风格独特而著称。

各民族的文化是经过长期的历史发展形成的，并在各民族之间以稳定的形式保留下来。作为上层建筑中的传统文化，是当时社会经济发展的真实反映，传统文化是社会经济向前发展的基础，也是创造和谐社会的根基。

（2）以放牧为主要生计

欧亚大草原从中国大兴安岭以西绵延万里，这一草原带位于大陆深处，干旱少雨为其基本的自然地理特征。草原上除少数几块靠高山冰雪融水与流经大陆腹地的河流滋润的绿洲外，绝大部分地区不适于农业开垦，长期以来只能作为羊、牛、马、驼的牧地。生活在这里的人们依草原为生，逐水草而居，以饲养羊、牛、马、驼为主要生计，营造了独特的游牧方式与草原文化。

草原生态的自然特征决定了草原载畜量的有限性，因为没有一片草场能经得起长期放牧，因此游牧一经产生就与移动性的生活相伴而行。为了追寻水草丰美的牧场，游牧社会中人与牲畜均做定期迁移，这种迁移既有冬夏之间季节牧场的变更，也有同一季节内水草营地的选择。从表面上看，游牧社会的随阳而迁是空间上的无序行为，实际上无论家庭还是部族都"各有分地"，他们在长期的游牧生活中已经通过习惯与利益认同，形成固定的牧场分割。虽然草原民族不像农耕民族常年束缚在小块土地上，但无论"逐水草迁徙"还是"各有分地"，都将他们的生活与草地联系在一起。"逐水草迁徙"与"各有分地"是草原游牧生活的基本环节。

由于自然因素，包括地形地貌、海拔、日照、温度、降水、土壤水分和养分等都会影响草地植物的生产力，从而也影响草地动物的生产，最终对牧民的放牧生计带来影响。所以，逐水草而居是牧民对草原生态环境的适应方式，而环境适应又与资源特性直接相关，牧草虽然属于可再生资源，但一个牧场无法经得住定点长期放牧，若要使草原上被牲畜啃食过的牧草能够及时恢复，保证草原上牧放的牲畜能够繁衍不断，必须适时转移放牧地，追寻丰盛的牧场驻牧，并在游牧中满足牲畜对草、水的需求，以保障牧民的生计。因此，逐水草而居不仅包含牲畜对牧场因时而动的选择，也包含在不同环境背景下各类草场的利用。

（3）崇尚自然、珍惜草原

各民族草原文化中，崇尚自然是草原文化的核心理念之一。草原民族敬畏自然、崇尚自然、爱护自然、保护自然，把人置于自然的整体当中去看待。正是有这种优良的传统意识，在我国从内蒙古东部到新疆西部，从呼伦贝尔、锡林郭勒大草原到伊犁河谷的那拉提、喀拉峻、唐不拉、巩乃斯草原以及巴音布鲁克、青藏高原、祁连山等众多草原得以完好保护，能够保留下来一片片"蓝蓝的天上白云飘，白云底下马儿跑"的美丽草原画卷。

崇尚自然、珍惜草原也是一种环保理念，表达了对自然环境的尊重和保护。草原是生态系统的重要组成部分，对于维护生态平衡和生物多样性具有重要意义。同时，草原也是人类文明的重要发源地之一，为人类提供了丰富的资源和文化价值。草原民族在历史的经验中得知，必须尊重自然、顺应自然、保护自然，否则就会遭到大自然的报复。草原民族的崇尚自然、珍惜草原，也是他们最基本的自然观。

尊重自然、顺应自然、保护自然，这也是生态文明最基本、最重要的理念，其中尊重自然是基础、顺应自然是核心、保护自然是责任。尊重自然必须尊重自然的权利。自然权利，这是自然界生物普遍固有的权利。人类不但要认识自然存在与发展的价值，而且要尊重自然存在与发展的权利，树立与自然为友的生态道德良知，遵循公平公正的原则对待自然，使人对自然再也不是主宰或征服的关系，而是平等的伙伴关系。尊重自然必须树立和谐协调的理念。一个和谐协调的系统必然是结构合理、联系密切、运行有序、功能强大的系统，更能充满生机，走向繁荣。

为了实现与自然和谐相处的理念，我们就应当减少对草原的破坏。减少开垦、采矿等破坏草原生态系统的行为，保护草原免受污染和破坏，恢复草原生态系统的平衡和生物多样性，合理利用草原资源，避免过度放牧，倡导绿色低碳的生活方式，减少对环境的负面影响，推动可持续发展。总之，崇尚自然、珍惜草原是一种环保理念，需要我们每个人都从自身做起，积极行动起来，共同保护我们美好的自然环境。

（4）重义友好、开放包容

草原文化天然去雕饰，没有那些繁文缛节、粉饰雕琢、清规戒律的约束，因而能够更真实贴切地反映人们的本质特性。其歌，或昂扬激越，或豪迈粗犷，或热烈奔放，或如泣如诉，情感流淌，自然质朴；其舞，或盘旋腾跃，或舒展轻柔，或矫健刚劲，或婀娜多姿，抒情达意，美在天成。草原文化之所以有着如此强大的生命力与感召力，还在于它的开放性、包容性与文化内涵的博大精深。

草原民族是中华民族大家庭中的一员，也是重感情、讲义气的民族，讲情重义、先义后利是中国人数千年来一以贯之的道德准则和行为规范。开放、包容对别人的理解，是一种放得开、容得下的大度，是一种与人为善的观念。

（5）历史悠久、内涵丰富

从远古开始，全球各地辽阔的草原上就有人类的祖先繁衍生息，远在旧石器时代，人类的祖先就在这里留下原始生产和生活的足迹。从旧石器时代晚期到新石器时代，这里相继产生多种开启文明先河的文化成果；特别是游牧文明形成后，将草原文化推向一个新的发展阶段，使草原文化成为具有历史统一性和连续性并充满活力和发展潜力的文化。

草原文化的内涵广博丰厚，不是仅仅从表面看到的喝酒吃肉、唱歌跳舞、骑马摔跤。固然，草原文化包含衣、食、住、行等方面，但草原文化的内涵要宽广、深厚得多，而且对中华文化产生了广泛、深远的影响。可以说草原文化是中华文化的重要组成部分，是中华文化发展的重要动力源泉之一。中华文化源远流长、长盛不衰，在世界各文明古国中极为罕见。造就这种独特而伟大的文化发展现象的原因之一，就在于它多元一体、和而不同的内在架构。从文化发展的角度看，草原民族与中原民族的融合，也是草原文化同中原内地文化的汇聚与创新。这种大规模的融合汇聚每进行一次，中华民族、中华文化的多元性、包容性就得到一次加强，中华文化所产生的向心力、凝聚力也就进一步增强。正是这样一次次的大规模融合、汇聚、创新，加速推动着中华民族、中华文化多元一体格局的形成。

（6）分布广阔、形态多样

草原文化是在全球草原分布区这一特定历史地理范围内形成和发展的文化。在这一广大的区域范围内，虽然不同民族在不同时期所创造的文化不尽相同，但都是以草原这一地理环境为载体，并以此为基础建立起内在的联系，形成具有复合特征的草原文化。草原既是一个历史地理概念，又是重要的文化地理概念。草原文化是草原地区不同民族创造的文化。由于这些民族分别活跃在不同历史时期，而且各自相异，使草原文化在不同历史时期呈现出不同的民族文化形态。虽然草原文化的创造主体是多元的，但由于这些民族相互间具有很深的历史渊源和族际传承关系，因此这种连续性和统一性体现在草原文化发展的整个历史进程之中。

草原文化是一种内涵丰富、形态多样、特色鲜明的复合型文化。草原文化在早期经历新石器文化之后，前后演绎为以西辽河流域为代表的早期农耕文化和聚落文化，以朱开沟文化为肇始的游牧文化以及中古时期逐步兴起的游牧和农耕文化交错发展的现象。因此，草原文化不仅是地域文化与民族文化的统一，也是游牧文化与其他经济文化的统一。不同的文化形态在不同历史时期从不同角度为草原文化注入了新的文化元素和活力。草原文化是传统文化与现代文化的统一，在走向现代化的历史过程中，传统文化和现代文化相互激荡、碰撞、冲突和吸纳的过程中形成新的统一，使草原文化成为传统文化与现代文化有机统一的整体。草原文化随之呈现出传统与现代、地域与民族相统一、多种经济类型并存的复合型文化形态。

进入 21 世纪，草原文化的传承和发展越来越引起世人的瞩目。作为具有几千年历史的众多草原民族，草原文化在中华文化乃至世界文化发展史上的地位可谓举足轻重，并产生了深远的影响，从而形成了公认的以中国文化为核心的"中国草原文化"。草原文化经久不衰，流传至今的奥秘在于鲜明的区域特点、民族特点和时代特点，以及无数人的传承守候，才能流传到今天，让我们领略历史的辉煌，文化的魅力。

传承和发展草原优秀文化，就是要根据现代的发展需求，取其精华，弃其糟粕，既在物质文化上发展和创新，更应在理念和精神层面加以弘扬，形成具有现代特征的新的草原文化，尤其是把草原文化的精髓渗透到草业产业中去，使文化在产业发展中繁荣。在今天和未来生活中，草原文化中的节庆、祭祀、娱乐、餐饮、服饰、工艺、歌舞、文学艺术等都会在现实生活中与现代文明有机结合。草原文化以特有的方式吸纳现代文明的成果，实现发掘、更新和重构，以增强自我发展的能力；现代文明也在与草原文化的结合中获得新的实现领域和形式。随着"一带一路"倡议被越来越广泛地接受和参与，草原文化的发展迎来了前所未有的机遇。在现代的主要草原分布区，草原文化的传承和发展有许多群众喜闻乐见的形式，对繁荣地区经济、促进民族团结、丰富百姓生活、助推旅游产业等发挥了重要的作用。

9.2 草原文化与经济

9.2.1 草原文化与经济的关系

草原文化不仅是草原地区民族的灵魂，更是经济社会发展的重要支撑。它不仅反映了草原区人类的思想、情感、价值和创造，还影响了人类的行为、交往、组织和制度。草原文化与经济、政治、法律、教育、科技等相互作用、相互渗透、相互促进，构成了社会发展的综合体系。草原文化的发展水平、创新能力、传播效果和国际影响，是衡量草原区和民族综合实力、竞争力和软实力的重要标志。草原文化能够提供经济发展的思想指导和价值取向。草原文化是人类认识世界、改造世界的思想工具，是人类选择发展道路、制定发展目标的价值准则。草原文化能够为经济发展提供科学的理论依据、正确的发展理念、合理的发展模式、有效的发展策略，引导经济发展遵循客观规律、符合人民利益、适应时代要求，实现社会经济的高质量发展。

经济是指社会物质资料的生产和再生产，经济活动是指社会物质生产、流通、交换等活动的总称。经济是人类社会的物质基础，是人类社会生存即维系人类社会运行的必要条件，社会的一切行为都离不开人类劳动和资源的消耗。经济基础决定上层建筑，经济基础的性质决定上层建筑的性质，经济基础的变化发展决定上层建筑的变化发展及其方向，上层建筑反作用于经济基础，这种反作用集中表现在为自己的经济基础服务。所以，一切社会行为都是经济因素，包括人类创造的一切科技、艺术、管理等，都要消耗资源和人类劳动，这些都是经济因素。

草原文化与经济之间是紧密交织的关系，草原文明无法把文化和经济直接区分开来，现实社会既不存在纯粹的经济活动，也不存在纯粹的文化活动，一切经济活动都有文化的表现，一切文化活动又有经济的身影。草原文化可以简单地分为表层、中层和深层等不同的结构。草原文化的表层结构就是显性地能看得见的各种文化，包括草原区生产、生活中的各类器具、建筑等；草原文化的中层结构包含了人们的行为方式、行为规范、社会制度的总和；草原文化的深层结构是人们的价值观念、思维方式、哲学信仰。在草原文化与经济的关系中，草原文化的表层结构往往对应着物品、产品的制作、生产，是通过对生产资料加以利用、改造变成有用的产品、工具等；草原文化的中层结构更多是关注生产方式、行为准则，即制作、生产一种物品的规范化、标准化。显然，如果以这样的文化指导生产，就会使生产更上一层楼，会有更多的经济价值；草原文化的深层结构展现了人们的思

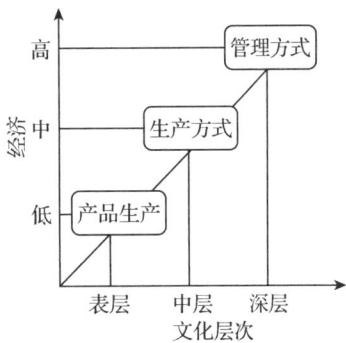

图 9-1　草原文化层次对经济的
影响示意图

维方式、价值取向，更注重管理方式，发挥人的潜能。草原文化层次与经济的关系可以简单地用图 9-1 来说明。

人类的物质财富、知识都是人类文化的产物，都是文化因素。草业经济发展是文化发展的基础，当然这并不意味着草原文化的发展始终与经济的发展同步。草原文化有其自身的传承性和相对的独立性。那种认为只要物质条件好了，精神文化自然而然地就会好起来，物质条件差一点，精神文化就不可能搞好的观点，不符合历史发展的事实，是不正确的。当今世界，草原文化与经济和政治相互交融，在经济全球化的浪潮中，一个国家综合国力的增长、经济的振兴，对国家或地区文化竞争力的依赖性越来越强。

草原文化与草原经济的融合催生草原文化经济，其重要特征就是草原文化与经济紧密联系在一起，互相渗透，形成以经济为依托的草原文化新形态，或形成以草原文化为内涵的经济新业态。

9.2.2　草原文化经济研究

我国著名经济学家于光远早在 1985 年就提出应建立中国自己的文化经济学的主张，此后，全国不少地方也都纷纷举行各类文化发展战略研讨，一批关于文化经济研究的学术成果相继问世。所有这些，不仅推动了对文化领域的一些经济和管理的现实问题的探讨，而且直接为我国文化经济学的理论研究和学科的建立提供素材积累和理论准备。1993 年，我国第一个以文化经济方向的大学本科专业"文化艺术事业管理"在上海交通大学设立，文化经济学的理论研究、高级专门人才培养和学科建设，由此进入我国学术界的视野和高等教育领域。2004 年，教育部批准在山东大学、中国传媒大学、中国海洋大学、云南大学四所高校中开设"文化产业管理"专业，以文化经济学作为专业课之一。随后众多高校纷纷开设"文化产业管理"专业。

草原文化经济的研究对象并不是草原文化本身，而是生产文化、供应文化和使用文化的活动过程中表现出来的经济现象，是从草原文化理论与经济理论的相互结合上来考察草原文化商品的运动、变化和发展的客观规律，具体内容包括：草原文化经济在国民经济中的地位和作用，草原文化作为生产力要素的特征、功能以及结构体系，草原文化产业化对现代社会经济的影响和发展趋势，草原文化产业的经济规模及其结构增长和变动的规律，草原文化市场的结构运动、功能以及文化市场价格变动的规律，价值规律和文化规律在草原文化艺术产品的生产和流通中的特殊作用，草原文化产业同其他国民经济部门、特别是同社会经济部门发展之间的相互关系，以及文化艺术部门作为非物质生产领域同物质生产领域之间的相互关系等。

草原文化经济兼有文化科学和经济科学的双重特质，属于社会科学的门类。因此，必须以马克思主义政治经济学和马克思主义文化理论为指导，研究草原文化的价值、草原文化产品的生产、使用、消费中的经济规律。

草原文化是文化门类中最具民族特色的文化。草原文化在草业经济中扮演着越来越重要的角色，研究草原文化与经济的相互作用和相互促进关系，就成为新时代草业经济研究的新内容。草原文化经济不仅要研究草原传统文化，更要关注草原文化经济的新业态和发展趋势。随着人们生活水平的提高，文化需求正在发生新的变化，更具个性、参与性和互动性的文化活动受到人们欢迎，例如，草原游牧文化体验、草地文娱体育文化等都属于参与性和体验式的草原文化。随着社会经济的发展，草原游牧文化在逐渐消失。保护草原游牧文化并使之得以传承，就需要将游牧文化与经济发展联系起来，以文化经济学的视角来保护草原游牧文化遗产，促进草原牧区经济发展。在以国家公园为主体的自然保护地体系中，草原自然公园是重要的组成部分。在草原自然公园建设中，在强调自然保护的同时，深入挖掘草原自然景观美学资产潜力，更多更巧妙地植入文化元素，将使草原自然公园的社会经济价值更大。文化经济是人类社会发展的重要形态和现象。草原文化经济正日益成为一门草业经济与管理方向的交叉性学科，成为草原文化和经济关系研究的重要对象。

9.3 草原文化产业与资源

9.3.1 草原文化产业的概念

联合国教科文组织（UNESCO）对文化产业（culture industry）的定义是：生产和销售文化产品和服务的产业，是按照工业标准，生产、再生产、贮存以及分配文化产品和服务的一系列活动。文化产业更多是一种创意产业，如音乐、文学、电影和艺术等，这些创意产业不仅丰富了人们的生活，给人以娱乐享受，还影响了社会价值观和人们的行为规范。文化产业不同于大众文化。文化产业的发展使审美的商品属性完全展现，并使审美生产与消费呈现出规模化的效应。文化产业作为一种特殊的文化形态和特殊的经济形态，影响了人们对文化产业本质的理解。文化产业是以生产和提供精神产品为主要活动，以满足人们的文化需要为目标，进行文化意义上的创作与销售，包括文学艺术创作、音乐创作、摄影、舞蹈、建筑设计等。

我国文化产业的范围和特征

草原文化产业是整个文化产业的组成部分之一。在草原文化经济中，既要从文化的精神性、娱乐性方面审视文化产业在意识形态方面扮演的角色，也要从经济学的视角看待草原文化产业所依赖的草原文化资源、文化商品生产、流通、消费以及与之相应的价格、市场、投资等，深入研究和探索草原文化产业发展的规律。

草原文化产业中，目前最具影响力和规模的当属草原文化旅游产业和以服务形式展现的草原演艺产业，至于以物态形式呈现的文化产品的产业，草原民族民俗文化产品、草原民族地区特色产品、图书、影视作品、音像产品等，种类繁多，规模不足，但潜力巨大。

9.3.2 草原文化产业的类型

9.3.2.1 草原文化旅游产业

联合国世界旅游组织（UNWTO）大会第二十二届会议指出，文化旅游意味着"一种旅游活动，游客的基本动机是学习、发现、体验和消费旅游目的地的有形和无形文化景点或产品。这些景点或产品涉及一个社会的一系列独特的物质、知识、精神和情感特征，包括艺术和建筑、历史和文化遗产、烹饪遗产、文学、音乐、创意产业以及生活文化及其生活方式、价值体系、信仰和传统"。

草原文化旅游首先是一项旅游活动，支持这一旅游活动的物质基础就是草原自然景观。首先，天然草原是大自然创造的一种自然景观，经过人类的发现、探索和认识，这种自然景观具有重要的美学价值，人置其中可以带来精神的愉悦和享受，同时，天然草原及人工草地也为人们提供了休闲体育、科学教育和文化传承，使人们从中获得愉悦的心情，这不仅丰富了人们的精神财富，也为人们进一步在各种生产领域创造物质财富奠定了基础。其次，草原文化旅游的主体是游客。近年来草原旅游火爆，为什么那么多的游客涌向草原？其基本动机就是去发现和体验他们未曾看到过的草原景观。草原的自然美景和生态价值是一种自然留给我们的馈赠，是一种自然文化和遗产。我们唯有保护好这种自然遗产，才能留给子孙后代永续利用。但是，如果我们的草原文化旅游仅仅满足游客对有形草原景观的体验，说明草原文化旅游还停留在显性的表面的观光式旅游，这种旅游就是走马观花、坐在汽车里看草原，没有达到学习、发现和体验的目的。

因此，要把草原文化旅游作为一项经营活动，它凭借草原景观、生态、人文资源等基础设施，组织接待游客，为其提供交通、游览、住宿、餐饮、购物、文娱等方面的综合性服务。由此可以看出，草原文化旅游产业不是一个单一的产业，主要由三部分构成：交通设施、草地资源、住宿设施，即三大支柱（图9-2）。交通、住宿这些行业同时也为当地居民或非旅游者提供服务，因此旅游产业的经营范围存在模糊性和不确定性。由此也造成信息统计、数据分析和经营决策上的困难。总之，草原文化旅游产业是一项综合性强、层次多、功能全的朝阳产业，也是当今世界上产业链最丰富的产业之一。

图9-2 草原文化旅游业的三大支柱

草原文化旅游产业赖以生存和发展的基础就是草原旅游资源，包括自然资源和人文资源，也包括旅游交通设施、旅游住宿设施、旅游餐饮设施、旅游游乐设施等；还包括各种劳务和管理行为相结合的经营旅游业的接待能力。旅游交通设施、住宿设施、旅游资源及服务是影响草原文化旅游产业的重要因素。

9.3.2.2 草原文化演艺产业

草原文化演艺产业不仅包含专业团体的演艺产品及活动，也包含各类文化、体育等大众演艺和竞赛活动。通过演艺活动，带动了当地的旅游经济，包括餐饮、商品销售等。演艺产业在文化产业中占据重要地位。近年来，国家多项重要规划都将发展文艺产业定位为发展文化产业的重点之一。

草原文化演艺产业，是由创作、生产、表演、销售、艺术表演场地等配套服务构成的产业，但由于草原地广人稀，文化演艺产业的产出或市场有限，因此，草原文化演艺服务的对象大多是草原旅游的团体。近年来，随着经济的发展，草原文化旅游发展迅速，游客不仅观赏、体验草原大自然的神奇与魅力，也对草原民族文化有着强劲的消费需求。观看娱乐性强、影响力大的演出，亲临现场参与大型群众文化聚会，已经成为游客最普遍的文化消遣方式之一。草原文化演艺产业是草原文化产业发展繁荣的重要推动力。演艺产业链链接着文艺表演团体、演出场所、演出中介、演出票务等，是一个创意密集和劳动密集的产业，也是一项低能耗、低碳产业，将为草原旅游带来巨大的支撑作用。

以专业团队为骨干的草原演艺产业，各草原民族都有其自己的专业团队。例如，内蒙古草原"乌兰牧骑"就是草原民族文化的重要传承者和新时代草原文化的开拓者。在 20 世纪 50 年代，内蒙古自治区率先成立了宣传和弘扬草原民族文化的民族歌舞团体"乌兰牧骑"，其名称中的"乌兰"为红色，寓意着革命事业的光辉，"牧骑"代表了草原人民的生产、生活，具有很强的草原文化特征。乌兰牧骑的艺术特点鲜明，充分展示了蒙古族文化的独特魅力。他们在表演中融入了大量的民族舞蹈和音乐元素，使观众能够感受到浓郁的民族气息。

草原民族演出文化艺术最具特色的是各民族风情浓郁、群众喜闻乐见的演出艺术。例如，内蒙古草原上的那达慕大会，是蒙古族历史悠久的传统节日，在蒙古族人民的生活中占有重要地位。每年七、八月牲畜肥壮的季节举行的那达慕大会，是庆祝丰收的文体娱乐大会。大会上有惊险刺激的赛马、摔跤、射箭、套马、拔河、篮球等体育项目，也有引人入胜的歌舞。赛马是大会上重要的活动之一。2006 年 5 月 20 日，那达慕经国务院批准列入第一批国家级非物质文化遗产名录。

被称为藏族三大民间舞蹈之一的锅庄舞，分布于西藏昌都、那曲，四川阿坝、甘孜，云南迪庆及青海、甘肃的藏族聚居区。在大型宗教祭祀活动上跳"大锅庄"，在民间传统节庆日一般跳"中锅庄"，在亲朋好友聚会跳"小锅庄"。2006 年 5 月 20 日，锅庄舞经中华人民共和国国务院批准列入第一批国家级非物质文化遗产名录。

哈萨克族传统的"冬宰"季节，牧民们会制作独具风味的马肉和马肠来过冬宰节。在"冬宰"季节，牧民们会在雪原上举办热闹的传统冬季赛马、叼羊、"姑娘追"群众文娱体育比赛。叼羊比赛是骑手力量与勇气的较量，在 2008 年被列入第二批国家级非物质文化遗产名录。"姑娘追"是哈萨克族青年男女最喜爱的马上游戏，由最初表白爱情的一种别致方式逐渐成为当地冬季旅游的一项特色内容。

草原文化演艺极富民族和地域特色。我们过去总认为大众文化演出艺术指的是人们在从事自己本职工作的同时，有意愿、主动参与的娱乐性文化，就是以人民群众为主体的、以自娱自乐为本质的文化演出活动，没有作为一个产业来看待。实际上，经济与文化之间的关系密不可分，经济发展促使文化进步，而文化发展又能反作用于经济的发展。大众文化演出艺术在推动社会经济发展、繁荣农村牧区文化方面贡献不小。在市场经济条件下，弘扬群众文化艺术，发扬优秀的群众文化传统，有利于让人们形成正确的价值观与消费理念，有助于培养积极的社会风气，但也具有带动经济发展的潜力。因此，以各地文化馆等群艺团体或民营文艺表演团体为骨干，组织、创作、生产、排练、演出，以草原旅游为目标市场，为游客提供多样化的旅游文化服务。这种服务就是大众文化演艺产业的产品。再紧随草原旅游市场，深入观察和研究草原旅游对文化服务的需求，以及草原文化服务的供给。根据供求决定价格这一市场经济中的基本规律，确定大众文化演艺服务产品的价格。

从行业管理层面应积极鼓励和大力支持民营文艺表演团体的发展，充分调动社会力量和民间文艺工作者的积极性，激发全社会的创造活力，共同开创草原群众演艺产业的新局面。大众文化演出要与草原旅游产业相结合，增强旅游产品的多样化和旅游文化吸引力。针对草原旅游的季节性特点，组建平(时)——战(时)相结合的群众演艺组织，创作和生产长期的、临时的、不同规模及不同档次的文娱演艺服务产品，培育富集民族特色的演艺品牌，丰富演艺内容，提升演艺的文化价值及社会教育价值。在保留各民族民间传统节庆日群众演艺活动的同时，将这种群众演艺活动日常化、半专业化，为旅游季节来草原的各地游客展现当地民族文化的魅力，让传统文化在市场经济中焕发活力创造价值。

9.3.3 草原文化资源

草原文化经济发展的重要基础就是草原文化资源，包括草原自然景观资源和草原人文景观资源。

9.3.3.1 草原自然景观资源

草原是大自然的杰作，也是人类赖以生存的基础。人类在草原上生存，草原就是人类文化的重要源泉和素材。自然文化涵盖了宇宙天地万物等所有自然存在的根本文化形态，这种文化形态始终自然地承载着天地万物一体共存的自然道理。中国儒家文化中的"天人合一"的观念，就是将自然与人类社会融为一体，强调人与自然的和谐关系。随着人类社会的发展，自然文化的内涵更充实和更丰富，人类对自然的认识和利用也变得越来越深入。人类发明了各种技术手段，改变了自然环境，并以此满足自身的物质需求，同时也引发了一系列的生态环境问题。自然文化的本质是万物一体不离自然，文化一体同属自然。

（1）草原自然景观资源的类型

作为草原文化旅游的资源：首先是草原的自然景观资源，也可以称为草原风景资源。草原风景为纯自然景观，而大片种植的人工草地、城市草坪应当是人工建植的草地景观。21世纪是崇尚绿色生命的时代，草原、森林等生态旅游成为热点。人们开始认识到具有个性和地方特色的自然景观的价值。我国草原分布广阔，地形地貌变化多样，草原景观地域差别明显。这些都造成了不同区域的草原都有其自身的景观资源价值。

①草原地貌景观资源：如波状起伏的呼伦贝尔大草原，位于大兴安岭西侧，地跨森林草原、草甸草原、典型草原3个地带；青藏高原以高耸的雪山，突出的冰川和绵延的草原构成了壮丽的自然风景；新疆伊犁草原，连绵的丘陵，巍峨的雪山，草原上的树林，森林中的草原，景色辽阔秀美。

②草原水体景观资源：如草原河流、湖泊、湿地、瀑布、涌泉等。平坦草原上的河流如一条银带，在绿色的草地上蜿蜒曲折，从一个接着一个的牛轭湖中平静地流淌，最后形成湖泊；山地草原上的河流，它从高处倾泻而下，与起伏的山峦、草原共同构成了一幅美丽的画卷。

③草原生物景观旅游资源：如有马、牛、羊、驼等家畜，也有各类野生动物，包括哺乳动物、鸟类、两栖类及爬行类动物以及昆虫、野生菌类；有以草原上优势植物名称称呼的五花草甸、贝加尔针茅草原、羊草草原、金露梅草甸、林缘草地；有不同的物种、植物群落、生态系统、景观。

④草原自然地带性景观旅游资源：如青藏高原，地处中低纬度地带，但因地势升高温度与同纬度其他地区差别很大，自然景观表现为高山草甸、草原和高寒荒漠景观；而雅鲁藏布江大峡谷的河谷地带因地势较低则表现为热带雨林、季雨林景观特征自然景观。

⑤草原气候旅游资源：气候旅游资源是指具有能够满足人们正常的生理需求和特殊的

心理需求功能的气候条件。如我国草原地区，从内蒙古东部到新疆西部、青藏高原、甘南、川西北草原、云南香格里拉，都是夏季气候最为宜人的避暑胜地。气候旅游资源不仅存在于以优越的气候条件为主要吸引力的消寒避暑胜地，而且也是任何一个旅游环境必不可少的重要构成因素，故称背景旅游资源。气候旅游资源的分布具有地带性、特定性特点。

⑥草原天气气象旅游资源：天气气象旅游资源是指大气中的冷、热、干、温、风、云、雨、雪、霜、雾、雷、电、光等各种物理现象和物理过程所构成的旅游资源，如草原上的雷雨、云海、彩虹等。

(2)草原自然景观资源保护的意义

草原景观资源不仅与其周围大环境组成一个整体，其内部也是一个有机的整体，包括植物、动物、水体、土壤、气候等，它们共生共存，每个元素都是这一整体中不可缺少的部分。另外，整个系统占有的生态空间越大，组织结构越复杂，其稳定性就越强。因此，草原自然景观资源的组成及生态完整性是其保持良性循环的必要条件。相反，如果草原生态系统内部因子缺失过多，系统的无序性就会越加显著，自然景观能否保存的危机就越大。所以，在草原自然景观资源利用过程中，如果过度开发，常会造成资源完整性的破坏，如动物栖息地的缩减造成动物的灭绝，水体、土壤被污染，气候、土壤的变化又会造成植物的死亡，这些都有可能导致景观资源的衰退甚至消失。所以，草原景观资源的完整性是草原资源保护的一项重要内容，必须从生物多样性保护、景观类型多样性维持及景观视觉吸收力的提高等多方面加强草原自然景观资源的完整性。

(3)草原自然景观资源保护的方式

目前，我国已经建立了不同类型的草原自然资源的保护方式，如草原自然保护区、草原风景名胜区和草原自然公园等。草原自然保护区以保护没有受到人类活动干扰的自然生态系统、物种和基因多样性及景观遗留地为目的。例如，内蒙古涉及草原自然保护的有内蒙古锡林郭勒草原国家级自然保护区，主要保护对象为草甸草原、典型草原、沙地疏林草原和河谷湿地生态系统；内蒙古呼伦湖国家级自然保护区，主要保护对象为湖泊湿地、草原及野生动物；内蒙古辉河国家级自然保护区，主要保护对象为湿地生态系统及珍禽、草原；内蒙古科尔沁国家级自然保护区，主要保护对象为湿地珍禽、灌丛及疏林草原；内蒙古阿鲁科尔沁国家级自然保护区，主要保护对象为沙地草原、湿地生态系统及珍稀鸟类等。

草原风景名胜区具有观赏、文化和科学研究多方面的价值。目前，最为公众熟知的草原风景名胜区包括：呼伦贝尔草原，地跨森林草原、草甸草原和干旱草原3个地带，地势平坦、河流众多、湖泊星罗棋布；锡林郭勒草原，是我国天然草原面积最为广阔的草原，也是内蒙古主要的天然牧场，是华北地区重要的生态屏障，是距首都北京最近的草原牧区；新疆巴音布鲁克草原的天鹅湖，是我国唯一的天鹅自然保护区；环绕青海湖的环湖草原，四周被大通山、日月山、青海南山所环抱，形成一个封闭的内陆盆地；桑科草原位于甘肃省甘南藏族自治州，以优良的草场和历史上多在此举行盛大的藏传佛教佛事活动而享誉西北藏区；云南迪庆草原，该草原不仅是云南省最大的天然牧场，而且是香格里拉旅游景区的重要组成部分。

草原自然公园是以国家公园为主体的自然保护地体系的重要组成部分，建立草原自然公园的主要目的是加强草原生态保护，创新草原利用方式，兼具生态旅游、科研监测和宣教展示等功能。国家林业和草原局积极推动草原自然公园建设工作，将具有典型性和代表性、区域生态地位重要、生物多样性丰富、景观优美及草原民族民俗历史文化特色鲜明的草原纳入草原自然公园试点建设。2020 年 8 月 29 日，公布了内蒙古自治区敕勒川等 39 处全国首批国家草原自然公园试点建设名单，这标志着我国草原自然公园建设正式开启。

9.3.3.2　草原人文景观资源

人文景观资源即人文旅游资源，是指由各种社会环境、人民生活、历史文物、文化艺术、民族风情和物质生产构成的人文景观，由于各具传统特色，而成为旅游者游览观赏的对象。它们是人类历史文化的结晶，是民族风貌的集中反映，既含有人类历史长河中遗留的精神与物质财富，也包括当今人类社会的各个方面。与自然风景旅游资源不同，人文景观旅游资源可被人们有意识地创造出来，可通过建造博物馆、美术馆、游乐园、文化宫、体育运动中心，以及组织文化艺术节等别具特色的文化活动来丰富旅游内容，招揽远方游客，形成充满现代气息的人文旅游资源。

草原人文景观资源最显著的特点就是历史性，草原民族历史上创造的物质文明和精神文明保存、传承到现在，说明它有着顽强的生命力，并且保持着本民族风格和地方特色，而且活跃在当地社会生活的方方面面。

草原、牧民、家畜是草原文化的 3 个基本要素，放牧是草原文化的主要载体，通过放牧这一基本功能，将牧民与草原和家畜组成一个生命共同体，形成了一个草原自然生态系统。在这一系统中，牧民扮演着重要的角色和作用。他们通过放牧获得食物，并通过对草原自然资源的开发和利用，推动经济的发展，进而创造出丰富多彩的草原文化。与此同时，草原民族在长期与自然相处的过程中深刻认识到保护自然的重要性，始终承担着保护生态的责任，避免过度开发利用以免破坏草原生态系统。

所以，放牧为草原文化的发展和传承起了重要作用。放牧提供了草原游牧民族的流动生活方式。为了适应常年迁徙，牧民以便于拆卸和装配的帐篷、毡房、蒙古包等帐幕为家，而不是采用类似农耕民族的定居生活方式。因此，衍生出了草原民族独特的建筑风格。

放牧还使草原部落政权组织与游牧系统紧密结合。游牧过程中组织大批的羊群转场，需要牧民的组织性、纪律性与机动性。牧民与畜群紧密相伴的生产、生活方式，至今仍是草原民族极具特色的文化内容。此外，放牧赋予了草原民族独特的性格。移动性的放牧生活使草原民族具有与生俱来的忍耐力与冒险精神，他们经常需要跨越高山大漠寻找水草丰茂之地，迁徙中的各种磨炼，养成了草原民族坚毅、进取、豁达的民族性格，同时也孕育了他们千姿百态的饮食文化。

游牧生活中，面对广袤无垠的辽阔空间，草原民族感受到宇宙的神秘和无限的可能，激发了他们的文艺创作情感，使草原民族的诗歌大多具有自由奔放、开朗活泼的特点。放牧还赋予草原民族对自然资源的感悟。草原民族对牧场、牲畜等生产资料异常珍视，形成了朴素的自然伦理观，敬畏自然、珍爱动物。迁徙的生活使草原民族更加明显地感受到自然环境的影响，雪灾、瘟疫、冰冻、旱灾以及风调雨顺等，都能严重影响牧民生活，使他们对这些事物产生了敬畏，仰赖自然的恩赐，表现为宗教上的万物有神论，或是对某种具体自然事物的图腾崇拜。

9.4 草原文化产品的生产与需求

9.4.1 草原文化产品的生产

9.4.1.1 草原文化产品的类型

草原文化产品是基于草原文化资源，通过人们的智力劳动和体力劳动所创意、创造、生产出来的物质产品和精神产品。这些产品具有精神产品和物质产品的双重属性。草原文化产品主要有以下几类。

（1）草原文学艺术作品

反映草原文化的文学艺术、影视类作品是艺术家智力劳动成果的结晶。它作为一种特殊商品流通于艺术市场，与其他商品相同的是，它也具备普通商品的基本属性，即使用价值和价值，不同的是，艺术品的使用价值体现在精神层面而不是物质层面，它是以满足人们的审美需求和精神需要为目的的。为了满足人们的精神生活，人们需要这类作品，从艺术作品的商品属性来说，这类商品有市场需求。

文学艺术作品着重于作品的个性，可以被人们毫无缺损地共享，而且可以传承，可以被世世代代反复消费共享。但是，文学艺术作品不等于文化产品，文学艺术作品的核心是它的独创性，不能复制，也就是说没有两件文学艺术作品是完全一样的。例如，对绘画作品进行复制仿制，即使技术再高，其价值也无法与原件相比。但文化产品是按一定的标准生产出来的，同一类型的两件产品是一样的。文化产品的生命力在于创新，通过创作生产出不同类型的文化产品。文化产品和一般产品价值不同，主要在于其价值的体现方式不同。文化价值是文化产品的核心价值，文化产品作为精神产品，其价值取决于文化产品中的文化含量和文化意义。文化价值有社会性和时代性，社会和时代属性是文化产品价值的本质属性之一。例如，唐卡是藏族文化中一种独具特色的绘画艺术形式，题材内容涉及藏族的历史、政治、文化和社会生活等诸多领域，传世唐卡大都是藏传佛教作品。传统唐卡的绘制要求严苛、程序极为复杂，必须按照经书中的仪轨及上师的要求进行，包括绘前仪式、制作画布、构图起稿、着色染色、勾线定型、铺金描银、开眼、缝裱开光等一整套工艺程序。制作一幅唐卡用时较长，短则半年完成，长则需要十余年。每一幅唐卡就是一件民族艺术品，但按照唐卡的绘制程序制作出一系列的唐卡，就成为文化艺术产品，就可以在艺术品市场按需定价进行交易。电影《嘎达梅林》是一部讲述 20 世纪 30 年代蒙古族英雄嘎达梅林率领各族人民奋起反抗日本侵略者、军阀，保护草原的故事。电影《狼图腾》把我们带到一望无际的大草原，看人狼之间如何彼此尊重，和谐共处。电视剧《草原英雄小姐妹》以草原为背景，讲述小姐妹在广袤的草原上成长、奋斗的故事，通过她们的生活经历，展现了草原的风土人情和深厚的人文关怀。这些影视作品，同时也是文化产品，为人们带来精神享受的同时，也取得了丰厚的经济效益。

（2）草原民俗文化产品

民俗工艺品、民族乐器、骑射用具、生活器皿等都属于民俗文化产品。草原各民族都有其各具特色的民族民俗文化产品。例如，鄂温克族这个历史悠久善于迁徙的狩猎民族，现已成为草原民族大家庭中的一员，他们用桦树皮剪成各种工艺品构成了鄂温克族文化的灵魂。蒙古族的马头琴是一种两弦的弦乐器，有梯形的琴身和雕刻成马头形状的琴柄，是蒙古族人民喜爱的乐器。蒙古族的马具及其制作技艺列入第二批国家级非物质文化遗产名录。手工艺人制作的马具，用料考究、装饰华丽、技术精湛，使用舒适，与其他草原民族的马鞍相比有其突出的特点。蒙古族牛角弓及其制作技艺，是蒙古民族在古代战争、狩猎和那达慕上所使用的弓箭，曾是蒙古族男子必备的一门技艺，具有浓郁的蒙古族特色。西藏的藏毯是中国国家地理标志保护产品，与波斯地毯、东方艺术毯并称为世界三大名毯。藏刀，不仅是西藏人民生产生活中不可缺少的一种用具，也是一种具有民族特色的工艺品。藏香，西藏尼木县制作藏香的历史悠久，以其在制作过程中不伤害生物和独特的原料配方而深受广大群众青睐，是全西藏最著名的藏香原产地之一。

（3）草原民族服饰产品

草原各民族最富有特色的就是他们自己的民族服饰。蒙古袍是蒙古族传统文化的精髓之一，2008 年被列入国家级非物质文化遗产名录。蒙古袍的特点是宽大袖长、高领、右衽，多数地区下端不开衩。袍子的边沿、袖口、领口多以绸缎花边、"盘肠""云卷"图案或虎、豹、水獭、貂鼠等皮毛装饰。这种服饰经过改革，现已成为蒙古族等的民族服饰，在节日庆典场合穿着突显民族特色。哈萨克族的帽子种类丰富，按照性别、年龄、婚否划分为不同类型，常见的样式有小圆帽、尖顶帽、兽皮帽等。未出嫁的姑娘夏天扎一条漂亮的三角形或方形头巾，冬天戴一种绒布的硬壳圆顶帽，帽顶饰有羽毛，象征勇敢、坚定。藏族服饰的基本特点是肥腰、长袖、大襟、右衽、长裙、长靴、编发、金银珠玉饰品等，不同地区有一定差异。

（4）草原民族饮食、医药产品

草原民族的饮食传统及其饮食产品，风味独特，不仅是草原人们日常生活所必需，而且成为草原民族特色的产品。藏族的糌粑，一般用青稞面炒制而成，营养丰富、热量高，很适合高寒地区的人们食用。青稞酒是青藏人民最喜欢喝的酒。蒙古族的烤全羊，是从元代宫廷继承下来的一种整羊宴。除此之外，蒙古族还有很多已经成为日常餐饮一部分的各种美食，如羊血肠、肚包肉、布里亚特包子、手把肉、烧麦等。新疆纯天然饮品马奶子，也称"马奶酒"，是哈萨克族、柯尔克孜族、乌孜别克族、蒙古族等少数民族最喜爱的饮料。哈萨克族制作马奶子的工艺也十分讲究，从挤马奶、盛马奶子的木盆和木桶，到搅动马奶子的木杵、木勺，以及喝马奶子的木碗、木杯等，都用桦木制成。

藏医藏药、蒙医蒙药都是草原民族地区独具特色的医药学体系，包括诊疗方法和药品制剂加工、生产，已成为草原民族文化产品的重要组成部分。

（5）草原牧区土特产品

草原牧区生产的农牧土特产品，种类繁多，品种多样，现已成为草原民族地区最重要的特色产品类型。仅以牛羊肉为例，草原牧区人们和各级政府都在为本地风味独特的牛羊肉向外界大力推介。藏族地区的牦牛肉、牦牛奶、牦牛毛、牦牛绒、牦牛皮、牦牛角、牦牛骨被制成各种食品和生活用品。内蒙古草原都有各自的奶制品、风干牛肉制品。呼伦贝尔草原最著名的牛肉就是鄂温克旗的南屯牛排。南屯牛排选用的是散养在鄂温克草原上的苏白牛的牛肋条，肉质鲜嫩，高蛋白、低脂肪。呼伦湖的特产小白鱼被誉为"鱼中极品"，是国家农产品地理标志产品。草原上许多野生的特色产品为草原牧区土特产品增添了绚丽多彩的一笔。例如，呼伦贝尔草原上的白蘑，菌肉肥厚，质地细嫩，香味鲜美，营养丰富。达斡尔族人民喜爱的柳蒿芽，微苦清香，可健脾去火。被誉为"万菌之王"的松茸，生长地理环境要求严苛,青藏高原地带(主要是西藏、云南、四川)是其主要产地。

(6)草原文化旅游服务产品

从旅游者角度出发,草原旅游产品就是指游客花费了一定的时间、费用和精力所换取的一次草原旅游经历,也可以说是旅游经营者凭借着旅游资源,向旅游者提供的用以满足其旅游活动需求的全部服务。所以,旅游产品的实质是服务产品,它由实物和服务构成,包括旅游景区,交通、餐饮、娱乐设施,以及旅游线路等。旅游产品具有综合性、无形性、生产与消费同时性、不可贮存性、所有权不可转移性等特点。

中华人民共和国文化和旅游部对旅游产品的分类,包括:①观光旅游产品(自然风光、名胜古迹、城市风光等);②度假旅游产品(海滨、山地、温泉、乡村、野营等);③专项旅游产品(文化、商务、体育健身、业务等);④生态旅游产品;⑤旅游安全产品。生态旅游最初作为一种新的旅游形式出现,旨在保护生态环境、回归自然,变革了以往的旅游发展模式。但如今的生态旅游无论从概念、方式、要求等方面都有很大的创新,成为旅游业可持续发展的核心理论。旅游安全产品是指旅游保护用品,如旅游意外保险产品、旅游防护用品用具等,这些产品是保障旅游游客安全的工具。

草原文化旅游资源如同我国广袤的草原一样,博大精深,草原的历史文化、民族风情、自然风光、物产等旅游资源,符合现代社会人们回归自然,求新、求特、求奇等精神文化需求,旅游业发展前景广阔,具有丰富的旅游产品发展潜力。因此,草原文化旅游产品的创新也是层出不穷。例如,内蒙古近年来经过精心打造的四条精品旅游线路,这也就是旅游产品,即“呼伦贝尔—满洲里—阿尔山草原森林、火山温泉、民族风情旅游线”“锡林郭勒—克什克腾—喀喇沁地质奇观、民族文化、草原风情旅游线”“呼包鄂—乌兰察布—巴彦淖尔民族文化、民俗风情、草原沙漠旅游线”“阿拉善—乌海大漠秘境、岩画访古、航天科技旅游线”。甘肃甘南藏族自治州这个被费孝通先生称为“青藏高原的窗口”和“藏族现代化的跳板”的草原牧区,近年来着力推介的草原旅游产品有天下黄河第一弯旅游风情线,这里是藏族英雄史诗《格萨尔王》的主人公崛起之地,是探寻藏族部落文化的摇篮。这条风情线上荟萃了遗世独立的自然风光和灿烂悠久的民俗文化,是“中国锅庄舞之乡”。在这条风情线上有藏传佛教格鲁派六大宗主寺之一的拉卜楞寺,跌宕起伏的白龙江起源郎木寺。还有“甘南草原红色旅游风情线”,追寻红军二万五千里长征先烈的足迹,聆听当地人讲述红军抢夺天险腊子口的峥嵘往事。

9.4.1.2　草原文化产品生产过程

草原文化产品可分为草原文学艺术、草原物质文化、草原文化旅游等类型,不同类型的草原文化产品生产流程是不同的。

(1)草原文学艺术产品的生产

草原文学艺术类文化产品的生产,是在认识和深入了解草原文化资源价值的基础上,创意、创新是文化产业和内容产品生产的核心要求与本质特征。这种文化产品的生产过程如图 9-3 所示。以草原文化资源为创作源泉的影视剧、图书、多媒体产品等,都是草原文化产品,但与物质产品的区别在于创意的艺术性、娱乐性、叙事性、视听效果、社会关注度和影响力。具备这些特性的创意,才能形成有社会影响力的作品,进而产出文化产品。例如,长篇小说《狼图腾》,讲述了 20 世纪六七十年代内蒙古草原大面积垦草种粮,造成草原风蚀沙化。20 世纪八九十年代推行草原承包制,畜牧业养殖数量的发展以及过度放牧，使草原退化问题十分严重，草原生态环境急剧恶化，草原生态系统服务功能下降，抵御各种自然灾害的能力减弱。作者在这样的大背景下创作了《狼图腾》，体现出了生态主义学者对生态问题的关注。该小说发表后，引起社会广泛关注。2015 年改编自《狼图腾》的同名电影在中国大陆上映。2019 年《狼图腾》入选"新中国 70 年 70 部长篇小说典藏"。

图 9-3　草原文化产品生产过程

草原文化产品的生产是草原文化经济形成的前提，也是草原文化经济赖以发展的动力。从文学艺术作品到文化产品，是从艺术创作到形成商品的创意转化过程，同时也是由精神创作形态转变为物质形态的过程。文学、影视艺术作品是由个人或集体创作完成的，而图书的出版发行、电影的拍摄制作都有严格的生产流程。

（2）草原物质文化产品的生产

草原物质文化产品包括民族民俗、民族服饰、饮食医药、草原土特产品，这类产品都具有物质形态。物质产品的生产过程是指从投入原材料、能源、人力、设备、资金开始，经过一系列的生产准备、生产技术加工和产品质量控制和过程管理，直至经过产品质量检验、产品包装和产品营销的成品生产出来的全部过程。在生产过程中，主要是劳动者运用劳动工具，直接或间接地作用于劳动对象，使之按人们预定目的变成一项产品，只有生产出合乎标准的合格产品，才能创造产品的使用价值，并作为商品出售，以满足社会需求（图 9-4）。例如，牦牛酸奶的原料取自青藏高原上生活的牦牛原奶，经过生产加工成为消费的商品。

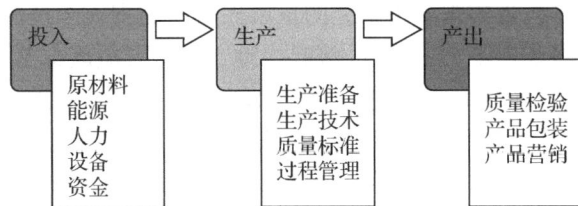

图 9-4　草原物质产品生产过程

草原文化产品包罗万象，其生产过程难以用一个流程来描述。从产业链角度来看，涉及草原文化产品的生产组织、内容生产、市场运作、营销传播等多个层面。

（3）草原文化旅游产品的生产

草原文化旅游产品是依托草原文化资源组织游客去观赏、体验、学习的一种服务产品，主要以服务游客、满足游客的游览体验为目标。服务产品以顾客至上，提供精心周到的服务为宗旨。因此，草原文化旅游产品的生产不同于文创产品和文化物质产品的生产。服务产品的生产离不开游客的参与，服务产品生产的每一个步骤和流程，被服务者都能感受到或享受到。服务产品生产的流程、线路的策划、规划、设计、打造，就是为了检查消费者是否对提供的服务产品感到合适和满意。例如，一条草原文化旅游线路的设定，就需要在充分了解当地草原文化旅游资源的基础上，深入研究线路上的旅游文化资源特色，提出旅游线路策划方案，经过反复论证后实施。策划方案应当包括该旅游线路策划的目的意义、时间计划、费用预算等。

草原节庆旅游策划创意，结合地方节庆活动的时间节点，可以与旅游线路结合起来，也可以单独作为草原文化旅游的一项服务产品。内蒙古草原各地的那达慕大会、甘南草原香巴拉旅游艺术节、藏区草原上的锅庄舞比赛大会、草原音乐会等具有较高的知名度和影响力。草原民族的节庆文化旅游产品设计，重在创意，深入挖掘具有地方特色的草原民族历史文化资源，通过创意策划转化成规模不一、形态各异的草原文化旅游产品。

近年来，草原文博旅游展现出了一种草原文化旅游的新场景。以各类博物馆、草原历史文化遗址、民族宗教场所等为载体，与创意设计、展示展览、研学旅行等相互交集，充分展示民族文化、历史文化、地域文化。例如，仅内蒙古自治区兴安盟就有众多的博物馆，包括兴安盟博物馆、阿尔山温泉博物馆、科尔沁右翼中旗博物馆、阿尔山林俗博物馆、阿尔山国家地质公园博物馆、阿尔山市地质博物馆、秘巢失恋博物馆、科尔沁右翼前旗博物馆、科右前旗满族屯博物馆。这些博物馆成为旅游线路上的重要景点，是草原文化旅游产品的重要组成部分。

9.4.2　草原文化产品的消费

9.4.2.1　草原文化产品生产与消费的关系

前面讲述了草原文化产品的类型及其生产。草原文化产品生产的根本目的就是不断满足人民群众日益增长的物质文化生活的需要。从经济学的角度，生产的目的就是为了满足人们的消费需求。随着社会经济的发展，人们对文化产品的消费需求日趋多元化，既有精神文化产品的需求，也有物质产品的需求，包括人们日常生活中吃、穿、用产品的需求。只有不断满足人们对文化产品的消费需求，才能最大限度地实现文化产品的商品价值。草原文化产品以其鲜明的民族特色和地域性，不仅为人们提供了富有草原民族文化特色的精神文化产品，还为人们提供了丰富多彩的吃、穿、用等日常生活所用的产品。但是，人们是否对草原文化产品和服务具有强烈的需求愿望，是否愿意购买草原文化产品和服务，两者是不同的，前者就是对商品或服务有需求的愿望，而后者就是在一定价格条件下愿意购买这些商品或服务，购买了商品或服务就是消费。所以，消费是人们为满足自身需求而购买商品或享受服务的行为，而需求是指人们对商品有需求的愿望。消费需求必须具备两个条件，即购买意愿与购买能力。消费者拥有的货币量决定了能够购买商品和服务的能力。

对于草原文化产品来说，并非人们想要什么就能购买什么，而是我们生产出了什么样的产品或服务，作为消费者只能从中选择消费。也就是说，生产决定了消费的对象、方式、质量和水平。例如，草原文化旅游作为一种综合性的服务产品，游客通过组织或自由行来到草原，就是为了享受这种服务给他们提供的沿旅游线路观赏草原景色、体验民族风情、领略草原文化等。旅游线路这个服务产品所包含的内容决定了消费者的类别、成分、消费的层次和消费的方式。这条旅游线路上没有提供的产品或服务，游客即使有需求，也不可能有消费。这就是生产决定消费。

作为草原文化产品的生产者，会关注消费者对所生产的产品或提供的服务的消费情况，也会及时听取消费者对其产品种类、产品或服务质量的满意程度以及消费者对其产品的改进意见或建议等。这个过程对产品的改进或服务质量的提高将会产生积极作用，这就是消费反作用于生产。因此,促进消费是草原文化产品生产的目的,以消费调节产品的生产,以消费促进产品质量的改进,以消费提高产品生产者的生产积极性。

9.4.2.2 草原文化产品的消费行为

草原文化产品消费的群体,可分为域内和域外两部分。域内就是草原民族地区,即本区域内的个人或家庭对本地民族文化产品的消费;域外就是草原区域以外的个人或家庭对草原民族文化产品的消费。有些草原文化产品的地域性比较强,该产品本地消费者比较了解,也受本地消费者的欢迎,但外地消费者不了解或不认可;有些草原文化产品不仅在本地受消费者欢迎,而且产品走向全国、走向世界,产品不仅受到域内人们的喜爱,而且行销域外。草原文化产品的消费者主要是个人和家庭。对草原民族区域来说,家庭既是民族文化产品的消费者,也是民族文化产品的生产者或生产要素的供给者。

个人或家庭消费文化产品的目的是获得一种心理上的满足感或幸福感。追求幸福是人的天性。对于什么是幸福,这是一个哲学问题,一千个人有一千种答案。一个农民往往觉得衣食无忧就是最大的幸福;一个商人把赚到更多的钱当作最大的幸福;老师把学生喜欢听自己的课作为最大幸福。幸福是一种感觉,自己认为幸福就是幸福。美国经济学家萨缪尔森用一个公式表达了幸福:

$$幸福 = \frac{效用}{欲望} \tag{9-1}$$

式(9-1)说明,人的欲望越大,就越不幸福;或欲望不变的情况下,效用越大,就越幸福。人的欲望是无限的,如此人们就没有幸福感了。因此,在分析消费者行为的时候,首先假定欲望是一定的。人们常说的"知足常乐""适可而止",其经济学的意义就是对人的欲望要有所限制,否则人生永无幸福之日。在欲望一定的条件下,人们消费某种物品的满足感、幸福感就取决于效用。草原文化产品中有相当一部分是民族特色食品和草原牧区乡土特产。当消费者在购买食品和非食品商品及服务时,他们通常面临着一系列广泛的选择。假设消费者是理性的个体,他们会最大化自己的满意度或幸福度。

经济学中的效用理论(utility theory)是指消费者从商品或服务中得到满足的一种度量,或者是商品或服务满足消费者欲望或需要的能力。效用是消费者的一种主观心理感受。按萨缪尔森的幸福公式,消费者获得的满足感越高,这个商品的效用就越大,反之,效用就越小。消费者通过消费某种商品获得的满足感具有主观性和相对性。例如,内蒙古草原上的烤羊排是蒙古族特色食品,对喜爱吃羊肉的游客和不喜爱吃羊肉的游客来说,效用是不一样的;即使喜爱吃羊肉的人,吃第一份烤羊排和吃第二份烤羊排的效用也是不一样的。这说明,商品给消费者带来的幸福程度取决于消费者的主观感受,而且这种满足程度因人、因时、因地而异。但效用理论提示我们,当消费者的收入和商品价格既定时,人们消费的愿望总是如何实现效用最大化。

根据效用理论,总效用随消费者消费商品或服务(Q)而变化,即总效用(TU)是消费商品或服务(Q)的函数,即

$$TU = f(Q) \tag{9-2}$$

边际效用(MU)是指消费者在一定时间内每增加一个单位商品或服务的消费所得到的效用增量:

$$MU = \frac{\Delta U}{\Delta Q} \tag{9-3}$$

边际效用的微分形式：

$$MU = \frac{dU}{dQ} \tag{9-4}$$

根据总效用的定义，也可以写为：

$$TU = \sum_{i=1}^{n} (MU_1 + MU_2 + \cdots + MU_n) \tag{9-5}$$

式中　MU_i——第 i 个商品的边际效用，$i = 1,\ 2,\ \cdots,\ n$。

如图 9-5 所示，边际效用总是递减的。如前例，一个人吃第一份烤羊排的满足感最高，吃第二份烤羊排的时候满足感就小很多，到第三份的时候就吃不下去了，满足感变成零甚至是负数。再如，随着人们收入的增加，每增加一元钱收入给人们带来的边际效用是越来越小。边际效用递减规律普遍存在于各种产品或服务消费中，同样适用于草原文化产品的消费。

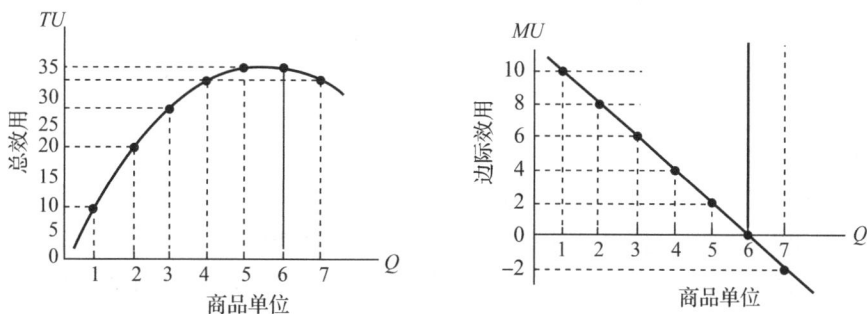

图 9-5　总效用及边际效用

在收入和商品价格既定条件下，如何实现购买商品或服务的效用最大化？我们假定一个家庭只购买并消费两种物品：面包和饮料。经济学研究的结果是，第一，家庭用于购买饮料和面包的支出正好等于用于消费的收入，在家庭收入一定、面包和饮料价格一定时，多买了面包就得少买饮料。第二，消费的这两种物品所带来的边际效用与价格之比要相等，即

$$\frac{面包的边际效用}{面包价格} = \frac{饮料的边际效用}{饮料价格} \tag{9-6}$$

在满足了这两个条件以后，消费者就实现了购买物品的效用最大化。

现实中，人们很少会想到购物时的边际效用与价格的比例，但这种理论的确说明了消费者无意识行为背后的决定因素。用效用理论可以解释消费中的各种现象，例如，人们一般不买相同款式的几件衣服，因为同样款式的衣服买好几件，其边际效用就会减少，总效用自然就会降低。如果在市场上你要买相同款式的衣服好几件，价格就会降低。因为按式(9-6)，要保持边际效用与价格的比值保持不变，相同的物品边际效用减小了，相应的价格也要减小，这样才能保持比值的不变。这个结果也说明了产品价格与需求的关系，即需求定理：需求量增加，价格就会下降。

根据北京师范大学文化创新与传播研究院(2019)开展的一项调查，大众对文化创意产品的消费具有以下特征：一是消费者偏爱美食、饰品、文具等轻型文化创意产品。其中，最受欢迎的前三类为创意美食、饰品配件、家居摆件。对一些传统的旅游纪念品，人们已

经有了一定的审美疲劳，兴趣度不高。二是消费者更注重文创产品的品质美观、设计的趣味性和品位，对价格便宜、生活实用的重视程度并不高。三是文创产品单价有一定阈值，也就是说产品单价不应过高，否则超出人们的预期。如果产品极具设计特色，人们也可以接受更高的售价。

解释消费者行为，不仅对人们如何消费文化产品有意义，对文化产品生产的企业也有意义。草原文化产品的消费群体主要是个人和家庭，草原文化产品的生产企业、个体农牧户应了解消费者的心理，按消费者的爱好组织生产，按消费者的心理预期确定产品售价，同时，还要生产各式各样的、花色款式众多的产品，因为同一款式的产品边际效用是递减的。

9.4.3　影响草原文化产品价格的因素

草原文化产品通过市场交易就变成商品了。生产商品的目的就是为了实现利益的最大化，但由于有一只看不见的手的调节，这种追求个人或企业利益最大化的活动增加了社会利益。这只看不见的手就是价格。在市场经济条件下，价格的调节作用是市场经济有活力的关键。

（1）草原文化产品的需求与价格

一般认为价格是生产成本加利润的方式确定的，但文化产品的价格并不总是按这样的方式确定。例如，某地举办盛夏草原摇滚音乐会，主办者邀请了为数不多的几位摇滚歌手参加演出。音乐会的门票定价不低，闻讯而来参加音乐会的人，特别是青年人，成千上万，密密麻麻占据了一片草原。这种门票价格无法用成本加利润的方式解释。事实上，决定盛夏草原摇滚音乐会这一文化产品价格的不是生产这一产品的成本，而是人们对草原摇滚音乐会的需求。草原上也就每年盛夏举办一次这样的音乐会，供给有限，而需求很大，因此门票价格很高。但是，当音乐会主办者制订的门票价格过高时，一部分人就会因为门票价格高而放弃参加音乐会，即需求减少。反之，门票价格较低，参加的人数可能会增加。

草原文化产品的价格是影响需求的最主要因素。在影响草原文化产品需求其他因素不变的条件下，文化产品的总需求随着文化产品价格的变化而变化。文化产品价格上升，需求量就会降低；反之，文化产品价格降低，需求量就会升高，即需求量与商品价格成反比。这是需求与价格关系的基本规律，如图9-6所示。

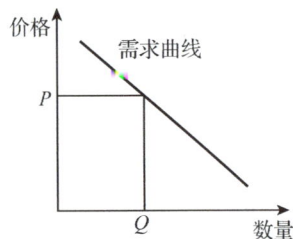

**图 9-6　草原文化产品价格与
　　　　需求的关系**

（2）草原文化产品需求价格弹性

任何一个因素发生变化引起文化需求量的变化称为文化需求弹性。其中，需求的价格弹性（PED）最为典型。

$$PED = \frac{需求量变化}{价格变化} \tag{9-7}$$

需求的价格弹性是指价格的变动引起市场需求量的变化，它是企业决定产品提价或者降价的主要依据。

草原文化产品种类繁多，有些产品存在需求价格弹性，有些产品就不存在价格弹性。例如，草原旅游的各种纪念品，价格提高或降低都不会对销量有过大的影响，因为这些产品对许多人来说并不是必须买的。这类产品不存在价格弹性。而有的产品，价格低的时候，人们就热衷于去买它，价格高的时候就观望少买，如草原牛肉、羊肉、土特产等。因此，这些产品的价格弹性就大。对草原域内消费者来说，有些日常生活用品、食品等，不管价格高低，大家每天都需要，所以必须去购买。这属于生活必需品，而且不能长久贮存，也极少存在价格低时就大量囤货的现象，它们的价格弹性就小。

对消费者来说，价格是别人定的，消费者只能决定买还是不买，对价格弹性没有必要关注。但对于经销商要制订文化产品的销售价格，价格弹性是非常重要的。如果产品的价格弹性较大，提高或者降低价格对产品的销量影响较大。如果降低一个合理价格幅度，引起产品销量的变化幅度更大，企业总体收入提高，从而达到促销的目的。如果降价比例合适，企业总体利润增加，这样，虽然产品单价降低，但企业却会更多地获益。反之，如果产品的价格弹性较小，降低价格很难带来产品销量的提高。或者销量虽然提高，但是生产成本也提高，企业总体收入并没有增加，甚至利润会降低。

从经济学的角度，草原文化产品需求规律与任何商品需求规律都是相同的，主要表现为在影响需求其他因素不变的条件下，文化商品的需求与人们的可支配收入水平、替代品价格和闲暇时间有关，与文化商品的价格、互补品价格有关。人们对草原文化产品需求的主要目的，对于域外的人们来说，就是走进草原，感受大草原的雄浑壮阔，体验草原人民世代传承下来的自然文化、生态文化、生活文化和生产文化，购买或享受草原人民丰富多彩的可观赏、可实用的文化产品或文化服务，达到陶冶情操、放松身心、丰富知识、提升自我的目的。对于域内的人们来说，草原文化产品就是本地区、本民族传承下来或日常生活中不可或缺的物品，他们对草原文化产品的需求并不完全依赖经济学的规律。

(3)草原文化产品需求与收入

草原文化商品需求的群体主要是个人和家庭，例如，草原旅游游客主要是以个人或家庭为基本单位组成的。个人或家庭的可支配收入是影响草原文化旅游或文化产品需求的重要因素。在其他因素不变的条件下，个人或家庭的可支配收入越多，人们的购买力就越强，对草原文化产品的需求量就越多。反之，人们购买草原文化产品的能力就会下降。

(4)草原文化产品需求与闲暇时间

一般来说，人们的闲暇时间多了，同时也有一定的收入水平，就会想到出去旅游等，也就是对文化的需求就会增加。闲暇时间越多，文化的需求量也就越多，尤其是节假日期间，人们对文化的需求更多。在一定意义上说，草原文化产业就是休闲产业。休闲产业存在的基础，一是人们有闲，二是人们有钱。所以，有了多余的时间和一定的经济能力，人们的注意力就会转移到文化方面。从文化产品的需求量与闲暇时间呈正比的关系中，我们看到草原文化产业未来的发展一定具有广阔的空间。实际上，休闲产业或文化旅游产业的发展，在一定程度上成为衡量一个地区或国家社会经济发展和社会文明程度的一个重要标志。

除文化产品价格、消费者收入水平以及闲暇时间外，消费者本身的嗜好、文化素养、消费者与草原文化区域的社会交往程度、文化交流也会影响草原文化产品的需求。例如，青年人喜欢盛夏草原音乐会，而老年人更多喜欢各类博物馆等。

复习思考题

1. 什么是草原文化？
2. 草原文化有哪些特点？
3. 简述草原文化经济的内涵。
4. 什么是效用理论？
5. 简述影响草原文化产品需求的因素。

参考文献

白永飞，潘庆民，邢旗，2016. 草地生产与生态功能合理配置的理论基础与关键技术[J]. 科学通报，61(2)：201-212.

白永飞，赵玉金，王扬，等，2020. 中国北方草地生态系统服务评估和功能区划助力生态安全屏障建设[J]. 中国科学院院刊(35)：675-689.

陈元刚，孙平，刘燕，2017. 文化经济学[M]. 重庆：重庆大学出版社.

陈仲新，张新时，2000. 中国生态系统效益的价值[J]. 科学通报，45(1)：17-22.

成其谦，2021. 投资项目评价[M]. 6版. 北京：中国人民大学出版社.

戴维·思罗斯比，2011. 经济学与文化[M]. 王志标，张峥嵘，译. 北京：中国人民大学出版社.

丁玎，任亮，2023. 基于外部性理论构建草地生态产品价值实现制度体系[J]. 草地学报，31(5)：1539-1545.

杜青林，2006. 中国草业可持续发展战略[M]. 北京：中国农业出版社.

方国华，2011. 水利工程经济学[M]. 北京：中国水利水电出版社.

方天堑，2012. 农业经济管理[M]. 2版. 北京：中国农业大学出版社.

高鸿业，2021. 西方经济学[M]. 8版. 北京：中国人民大学出版社.

高雅，林慧龙，2015. 草业经济在国民经济中的地位、现状及其发展建议[J]. 草业学报，24(1)：141-157.

顾江，2007. 文化产业经济学[M]. 南京：南京大学出版社.

郭彦军，2021. 饲草作物生产学[M]. 北京：科学出版社.

国家发展改革委，建设部，2006. 建设项目经济评价方法与参数[M]. 3版. 北京：中国计划出版社.

赫尔曼·E·戴利，乔舒亚·法利，2014. 生态经济学：原理和应用[M]. 2版. 金志农，陈美球，蔡海生，等译. 北京：中国人民大学出版社.

胡惠林，李康化，2006. 文化经济学[M]. 太原：书海出版社、山西人民出版社.

胡自治，2005. 草原的生态系统服务：Ⅱ. 草原生态系统服务的项目[J]. 草原与草坪(1)：3-10.

黄季焜，侯玲玲，冗楠楠，等，2023. 草地生态系统服务经济价值评估研究[J]. 中国工程科学，25(1)：198-206.

贾玉山，玉柱，2018. 牧草饲料加工与贮藏学[M]. 北京：科学出版社.

姜立鹏，覃志豪，谢雯，等，2007. 中国草地生态系统服务功能价值遥感估算研究[J]. 自然资源学报，22(2)：161-170.

蒋高明，吴光磊，程达，等，2016. 生态草业的特色产业体系与设计：以正蓝旗为例[J]. 科学通报，61(2)：224-230.

靳胜福，2008. 畜牧业经济与管理[M]. 2版. 北京：中国农业出版社.

孔祥智，马九杰，朱信凯，2023. 农业经济学[M]. 3版. 北京：中国人民大学出版社.

孔祥智，钟真，柯水发，2021. 农业经济管理导论[M]. 北京：中国人民大学出版社.

李秉龙，薛兴利，2019. 农业经济学[M]. 3版. 北京：中国农业大学出版社.

李桂君，宋砚秋，王瑶琪，2021. 投资项目评估[M]. 3版. 北京：中国金融出版社.

李建英，王晓翌，杨雪美，等，2022. 项目评估与管理[M]. 北京：中国人民大学出版社.

李向林，2018. 发展草地农业建设生态文明[J]. 民主与科学，172(3)：17-20.

李新文，2010. 草业经济管理[M]. 北京：中国农业出版社.

李紫晶，高翠萍，王忠武，等，2023. 中国草地固碳减排研究现状及其建议[J]. 草业学报，32(2)：191-200.

联合国，欧洲联盟，联合国粮食及农业组织，等，2020. 环境经济核算体系 2012 中心框架[M]. 北京：中国统计出版社.

刘加文，2020. 钱学森的草业情怀[N]. 中国绿色时报，2020-6-24.

刘兴元，龙瑞军，尚占环，2011. 草地生态系统服务功能及其价值评估方法研究[J]. 草业学报，20(1)：167-174.

刘学敏，金建君，李咏涛，2008. 资源经济学[M]. 北京：高等教育出版社.

牛若峰，夏英. 2000. 农业产业化经营的组织方式和运行机制[M]. 北京：北京大学出版社.

农业农村部畜牧兽医局. 全国畜牧总站，2023. 中国草业统计 2021[M]. 北京：中国农业出版社.

乔娟，潘春玲，2018. 畜牧业经济管理学[M]. 3 版. 北京：中国农业大学出版社.

任继周，2008. 草业大辞典[M]. 北京：中国农业出版社.

任继周，2004. 草地农业生态系统通论[M]. 合肥：安徽教育出版社.

苏益，2021. 投资项目评估[M]. 3 版. 北京：清华大学出版社.

王德章，2011. 价格学[M]. 2 版. 北京：中国人民大学出版社.

王金南，蒋洪强，曹东，等，2009. 绿色国民经济核算[M]. 北京：中国环境科学出版社.

王效科，杨宁，吴凡，等，2019. 生态效益评价内容和评价指标筛选[J]. 生态学报，39(15)：5442-5449.

吴德庆，王保林，马月才，2018. 管理经济学[M]. 7 版. 北京：中国人民大学出版社.

谢高地，张钇锂，鲁春霞，等，2001. 中国自然草地生态系统服务价值[J]. 自然资源学报，16(1)：47-53.

徐强，2020. 投资项目评估[M]. 3 版. 南京：东南大学出版社.

薛黎明，李翠平，2017. 资源与环境经济学[M]. 北京：冶金工业出版社.

赵金龙，刘永杰，韩丰泽，2023. 碳达峰、碳中和目标下草原增汇路径的思考[J]. 草地学报，31(5)：1273-1280.

赵同谦，欧阳志云，郑华，等，2004. 草地生态系统服务功能分析及其评价指标体系[J]. 生态学杂志，23(6)：155-160.

张倩，范明明，2020. 生态补偿能否保护草场生态——基于阿拉善左旗的案例研究[J]. 中国农业大学学报(社会科学版)(3)：36-46.

翟建华，刘超，2021. 价格理论与实务[M]. 6 版. 辽宁：东北财经大学出版社.

COSTANZA R，D'ARGE R，DE GROOT R，et al.，1997. The value of the world's ecosystem services and natural capital[J]. Nature，387，253-260.

COSTANZA R，2008. Ecological economics// JORGENSEN S E，FATH B D.（eds）. Encyclopedia of ecology [M]. Amsterdam：Elsevier：999-1006.

DEBERTIN D L，2012. Agricultural production Economics[M]. 2nd ed. Lexington：CreateSpace Independent Publishing Platform.

GARRETT H，1968. The tragedy of the commons[J]. Science，162：1243-1248.

GRISCOM B W，ADAMS J，ELLIS P W，et al.，2017. Natural climate solutions[J]. Proceedings of the National Academy of Sciences，114(44)：11645-11650.

JOHN P，ORAL C，ROSSON C P，et al，2018. Introduction of agricultural economics[M]. 7th ed. NewYork：Pearson.

MAHMOUDZADEH V M, 2016. Crop water production functions—A review of available mathematical method[J]. Journal of Agricultural science, 8(4): 52-60.

MALONE T, SWINTON S M, PUDASAINEE A, et al., 2022. Economic assessment of morel (*Morchella* spp.) foraging in Michigan, USA[J]. Economic Botany, 76(1): 1-15.

RASMUSSEN S, 2011. Production economics: The basic theory of production optimisation [M]. Berlin Heidelberg: Springer.

SPEELMAN S, HAESE M, BUYSSE J, et al., 2008. A measure for the efficiency of water use and its determinants, a case study of small-scale irrigation schemes in North-west Province, South Africa[J]. Agricultural Systems, 98(1): 31-39.

WEIMIN J, JIN F, KAILAN T, 2021. Input-output production structure and non-linear production possibility frontier[J]. Journal of Systems Science & Complexity, 34(2): 706-723.